核武器物理与效应

王尚武　杨晓虎　编著

科学出版社

北京

内 容 简 介

　　核武器是利用大规模的核裂变或核聚变反应瞬间释放的巨大能量产生爆炸和大规模杀伤破坏效应的武器的总称，主要有原子弹、氢弹和特殊性能核武器三种类型。本书全面介绍了核武器物理与爆炸效应相关的基础知识。全书共分九章，内容包括核物理基础，原子弹、氢弹和特殊性能核武器的物理原理、结构设计和核爆炸过程，核爆炸产生的各种效应及其防护手段，核爆炸探测及核试验的诊断和测量方法，全面核禁试条约签订后的核武器研究的方法与手段，惯性约束核聚变的基本理论和模拟方法等方面的内容，最后简要介绍了国际核军控态势及各国核武器现代化的发展状况。

　　本书所涉及的知识面广，涵盖的内容多，知识体系结构相对完整，所选内容的难度适中，能够适应大学生的知识背景和认知水平。本书写作叙述清晰明了，前后知识连贯呼应，可读性强，适合作为高等院校物理类专业、核技术专业和其他国防特色专业的高年级本科生教材，也可供相关专业的科技人员参考。

图书在版编目（CIP）数据

核武器物理与效应 / 王尚武，杨晓虎编著. —北京：科学出版社，2024.3
ISBN 978-7-03-077077-6

Ⅰ. ①核… Ⅱ. ①王… ②杨… Ⅲ. ①核武器-核物理学 Ⅳ. ①O571

中国国家版本馆 CIP 数据核字（2023）第 227239 号

责任编辑：李　欣　杨　探 / 责任校对：彭珍珍
责任印制：赵　博 / 封面设计：无极书装

科 学 出 版 社 出版
北京东黄城根北街 16 号
邮政编码：100717
http://www.sciencep.com

北京华宇信诺印刷有限公司印刷
科学出版社发行　各地新华书店经销

*

2024 年 3 月第 一 版　开本：720×1000　1/16
2024 年 9 月第二次印刷　印张：23 1/4
字数：468 000

定价：168.00 元

核武器是指利用重原子核裂变或轻原子核聚变反应瞬间释放的巨大能量，产生爆炸和大规模杀伤破坏效应的武器的总称。典型的核武器类型有原子弹、氢弹和中子弹。目前，除了联合国安理会五个常任理事国外，印度、巴基斯坦、以色列和朝鲜也宣称自己是拥有核武器的国家。迄今为止，原子弹在战场上的实战应用仅有两次，一次是 1945 年 8 月 6 日由美国轰炸机投掷在日本广岛的代号为"小男孩"的枪式原子弹，另一次是 1945 年 8 月 9 日投掷在日本长崎的代号为"胖子"的内爆式原子弹。

核武器的出现带动了现代科学技术的迅猛发展，也深刻地影响着世界军事、政治和外交格局。同时，科学技术的突飞猛进，又极大地推动了核武器技术朝小型化、精密化的方向发展。虽然当今世界局势总体上处于和平发展态势，但处在百年未有之大变局的时代，世界形势风云变幻，局部地区的动荡和战争仍时有发生，恐怖主义的威胁仍在持续发酵。作为一种战略（战术）武器，核武器仍然是遏制核战争、反对侵略、维护世界和平的重要力量，是拥核国家维护国家安全必不可少的一把利剑和战略盾牌。

1945 年 7 月，世界第一颗原子弹在美国爆炸成功，这是人类历史上进行的首次核爆炸试验。自原子弹研制成功以来，核武器的发展大致经历了三代。第一代指原子弹（裂变弹）和原始氢弹（聚变弹或称热核弹），它们的特点是爆炸威力强、质量重，但精密度低、核材料的利用率低、设计粗放，没有达到最优状态。第二代指 20 世纪六七十年代发展起来的各类小型化程度高、爆炸威力大、可靠性和实用性更强的核武器（主要是氢弹），它们大部分已装备部队，成为五个核大国战略核力量的中坚。第三代指核爆炸破坏效应可调控的特殊性能核武器，如中子弹、冲击波弹等，它们以突出提高核武器的某一种杀伤破坏能力为特征，更加适应不同的作战需求。

中国的核武器研究经历了波澜壮阔的发展历程，在艰辛中不懈探索，在苦难中创造辉煌。1955 年，中国地质部门开始铀矿的勘探工作，成功找到了丰富的铀矿资源。1956 年，以钱学森为主任的导弹研究机构——国防部第五研究院成立。1958 年，邓稼先等 28 名专家组成了中国核武器研究的骨干力量，着手开展原子弹的理论设计工作。1959 年完成了我国第一颗原子弹的理论和工程设计工作。1964 年 10 月完成我国第一颗原子弹实体的组装，随即在 1964 年 10 月 16 日 15 时成功进行了我国第一颗原子弹的爆炸试验。巨大的蘑菇状烟云在中国西部人迹罕至的罗布泊沙漠腾空而起，向世界宣示中国原子弹爆炸试验成功。紧接着于 1966 年 10 月 27 日又成功进行了核武器导弹运载投送爆炸试验。从此，打破了帝国主义对新生的中华人民共和国的核讹诈。原子弹爆炸试验成功的 2 年 8 个月后，1967 年 6 月 17 日我国又成功进行了第一颗氢弹的爆炸试验，20 世纪七八十年代又成功掌握了中子弹技术。

20 世纪 80 年代以后，随着我国核弹头技术和火箭运载投送能力的巨大进步，中国的战略核力量变得更加强大和可靠，中国的核盾牌更加坚实，大国地位更加稳固。1996 年 7 月 29 日，中国郑重向全世界宣布不再进行地下核试验。1996 年 9 月 24 日，联合国在总部举行了《全面禁止核试验条约》（简称 CTBT）的签字仪式，中国是条约签字国之一。

CTBT 只是禁止条约签署国不再继续进行各类核爆炸试验，各拥核国家对核武器技术的研究和探索并未随之终止，只是使核武器研究进入了一个新的发展阶段。签署 CTBT 以后，如何在不进行核爆炸试验的条件下，通过对核爆炸物理过程的实验室模拟和计算机模拟，保持核武器的可靠性、安全性及有效性，保证库存时"不变性"、使用时"炸得响"，是今后核武器技术研究的主要任务。从美国公布的核禁试后核武器发展计划看，他们不仅没有停止核武器研究，而且还在投入巨资加强对现役核武库的维护和管理，大力发展新一代核武器以及对武器运载投射工具进行升级和更新，以保持其持久可靠的核威慑能力，确保自己对竞争对手的技术优势，维护世界霸权地位。目前，世界的核武库依然庞大，核武器并未全部销毁。弓在弦上，随时待发。爆发核战争的危险依然存在，在百年未有之大变局下，世界变得更加动荡、更加危险。

经过前辈们半个多世纪艰苦卓绝的努力，中国已建立起一支精干有效的核自卫力量。中国发展核力量完全是为了维护国家主权和领土完整，保卫人民的生命财产和和平安宁的生活，是为了打破核大国的核垄断，防止核战争发生，最终消灭核武器。鉴于目前还看不到世界上的主要核大国放弃核威慑政策的迹象，为了维护我国核武库的可靠性，确保二次核反击的有效性，必须继续加强核武器科学技术的研究。长江后浪推前浪，后辈们任重而道远。

　　本书全面介绍了核武器相关的基础知识，包括核物理基础，各类核武器的工作原理、结构设计和爆炸过程，核爆炸原理、效应及防护手段，核爆炸探测，核试验诊断和测量，核禁试后的核武器研究等方面的内容，可作为高等院校核工程与核技术专业学生的教材，也可以作为其他国防特色专业学生或相关科技人员的参考书。在准备本书初稿时，马燕云教授对初稿进行了审阅，研究生曾博和徐碧浩作了部分图表，在此，对所有为书稿提供帮助的老师和学生们一并表示衷心的感谢。书中彩图可扫描封底二维码查看。

　　本书由于涉及的知识面广，涵盖的内容多，尽管编者常怀谨慎敬畏之心，但囿于自身的学识能力和水平，书中难免有疏漏之处，敬请读者不吝赐教。同时对编写过程中参考和引用资料的编著者和提供者深表谢意，恕不在此一一列举。

编　者

2023 年 2 月于长沙

目　　录

前言

第1章　核物理基础知识 ………………………………………………… 1

1.1　原子和原子核 ……………………………………………………… 1

1.2　核能 …………………………………………………………………… 8

1.3　核裂变 ……………………………………………………………… 12

1.4　核聚变 ……………………………………………………………… 22

附录 F.1.1 …………………………………………………………………… 26

习题 ………………………………………………………………………… 27

参考文献 …………………………………………………………………… 28

第2章　原子弹 ………………………………………………………… 29

2.1　原子弹的基本原理 ………………………………………………… 29

2.2　中子增殖（链式）反应 …………………………………………… 32

2.3　中子有效增殖系数和临界质量 …………………………………… 35

2.4　原子弹的两种基本结构 …………………………………………… 44

2.5　原子弹的爆炸过程 ………………………………………………… 47

2.6　战后原子弹的主要发展 …………………………………………… 50

附录 F.2.1　一次爆炸威力（总爆炸能量）为 Q（吨）的原子弹有关
　　　　　　物理量计算式 ……………………………………………… 53

附录 F.2.2　炸药厚度的最佳选择原则 ………………………………… 54

附录 F.2.3　飞层-空腔结构合理性的力学解释 ……………………… 57

习题 ………………………………………………………………………… 60

参考文献 …………………………………………………………………… 60

第3章　氢弹··61

3.1　氢弹的基本原理··61

3.2　聚变反应条件与热核反应速率··62

3.3　氢弹的主要结构··72

3.4　氢弹爆炸的反应过程···73

3.5　主要核国家的核试验情况···80

3.6　氢弹的研究与发展··83

习题···86

参考文献··87

第4章　特殊性能核武器··88

4.1　中子弹··88

4.2　减少剩余放射性弹···98

4.3　增强 X 射线弹···100

4.4　感生放射性弹··103

习题···104

参考文献··104

第5章　核爆炸效应··105

5.1　核爆炸效应简介··105

　　5.1.1　不同环境下核爆炸的方式和景象···105

　　5.1.2　核爆炸的主要杀伤破坏因素··111

　　5.1.3　核武器的综合作用与防护原则··119

习题···121

5.2　爆炸力学基础··122

　　5.2.1　冲击波基本理论···122

　　5.2.2　理想气体中的冲击波关系···125

　　5.2.3　空气中爆炸波的形成及传播···128

　　5.2.4　爆炸相似律··130

习题···136

5.3　热辐射迁移理论··136

　　5.3.1　热辐射基本概念···136

　　5.3.2　辐射与物质相互作用··139

　　　5.3.3　辐射输运方程 ··· 141

　　　5.3.4　黑体辐射 ··· 143

　　　5.3.5　辐射输运方程的积分形式 ·· 145

　　　5.3.6　扩散近似和发散近似 ··· 150

　　　5.3.7　辐射热传导近似，热波 ·· 155

　　　5.3.8　辐射流体力学方程组 ··· 160

　习题 ·· 166

5.4　核爆炸火球 ··· 166

　　　5.4.1　火球发展的主要过程 ··· 166

　　　5.4.2　火球照度 ··· 169

　　　5.4.3　X 射线火球 ·· 170

　习题 ·· 178

5.5　核爆炸中子 ··· 178

　　　5.5.1　中子的基本性质 ··· 178

　　　5.5.2　中子与物质相互作用 ··· 179

　　　5.5.3　中子的慢化 ··· 181

　　　5.5.4　中子的扩散 ··· 187

　　　5.5.5　核爆炸中子的空间分布 ·· 190

　　　5.5.6　中子的能谱和角分布 ··· 197

　习题 ·· 200

5.6　核爆炸 γ 辐射 ··· 201

　　　5.6.1　核爆炸 γ 辐射源 ··· 201

　　　5.6.2　γ 辐射与物质的相互作用 ·· 201

　　　5.6.3　γ 辐射的迁移 ·· 211

　　　5.6.4　点源 γ 辐射在无限均匀大气中的传输 ······························ 214

　　　5.6.5　核爆炸 γ 辐射的传播 ··· 217

　习题 ·· 222

5.7　核电磁脉冲 ··· 223

　　　5.7.1　空气的辐射电离、复合动力学 ··· 226

　　　5.7.2　康普顿电流模型 ··· 231

　　　5.7.3　核电磁脉冲的特点 ··· 233

　　　5.7.4　康普顿电流、空气电导率 ·· 235

　　　5.7.5　源区核电磁脉冲的近似分析 ·· 241

5.7.6 远区核电磁脉冲的特点 ·················· 247

习题 ··· 249

参考文献 ·· 249

第6章 核爆炸探测及核试验的诊断和测量 ·················· 250

6.1 核爆炸的探测 ·· 250

6.1.1 核爆炸探测方法 ·································· 250

6.1.2 核爆炸探测系统 ·································· 259

6.2 核试验的诊断和测量 ···································· 260

6.2.1 物理方法诊断 ···································· 260

6.2.2 样品放射化学诊断 ································ 261

6.2.3 效应参数测量 ···································· 262

习题 ··· 263

参考文献 ·· 263

第7章 核禁试后的核武器研究 ····························· 264

7.1 核武器物理与设计 ······································ 266

7.2 核爆炸过程的实验室模拟 ································ 269

7.3 大规模科学计算 ·· 271

7.4 核武器的库存管理 ······································ 274

7.5 各国核武器研究机构 ···································· 275

习题 ··· 277

参考文献 ·· 278

第8章 惯性约束核聚变 ·································· 279

8.1 基本理论 ·· 279

8.1.1 核聚变研究的背景 ································ 279

8.1.2 核聚变的实现条件 ································ 279

8.1.3 激光惯性约束聚变 ································ 286

8.1.4 Z箍缩驱动 ······································· 295

8.1.5 辐射磁流体力学 ·································· 299

习题 ··· 306

8.2 粒子模拟方法 ·· 306

　　　8.2.1　惯性约束聚变的集成模拟 ································· 306
　　　8.2.2　粒子模拟的基本概念 ····································· 307
　　　8.2.3　粒子模拟方法描述 ······································· 313
　　习题 ··· 318
　8.3　粒子-流体混合模拟方法 ······································· 319
　　　8.3.1　混合模拟的思想 ··· 319
　　　8.3.2　混合模拟方法描述 ······································· 321
　　习题 ··· 328
　8.4　辐射流体力学模拟方法 ··· 328
　　　8.4.1　辐射流体力学模拟的需求 ································· 328
　　　8.4.2　辐射流体力学模拟的几个基本概念 ······················· 329
　　　8.4.3　辐射流体力学模拟方法描述 ····························· 334
　　习题 ··· 338
　参考文献 ··· 339

第 9 章　国际核军控态势及核武器发展 ······························· 340
　9.1　世界核军控态势 ··· 340
　9.2　美国核力量发展现状 ·· 341
　9.3　俄罗斯核力量发展现状 ·· 347
　9.4　其他有核国家核力量发展现状 ·································· 354
　9.5　中国核力量和面临的形势 ······································ 356
　　习题 ··· 358
　参考文献 ··· 359

第1章
核物理基础知识

1.1 原子和原子核

1. 原子的结构

物质是由分子和原子构成的，分子是能保持物质化学性质的最小单元，分子是原子通过共价键结合而形成的。分子由一个或多个相同类型和不同类型的原子组成，如 Ar 分子、O_2 分子、H_2O 分子等。原子由带正电的原子核和核外带负电的电子组成（参见图 1.1），一个原子内正负电量相等，故原子不带电。原子核由若干质子和中子组成，质子带一个单位正电荷，而中子不带电。图 1.1 所示为 C 原子的太阳系模型，C 原子核（内有 6 个质子和 6 个中子）位于中心位置，核所占空间体积极小。C 原子核外有六个电子，原子核与电子依靠四种相互作用构成一个整体。

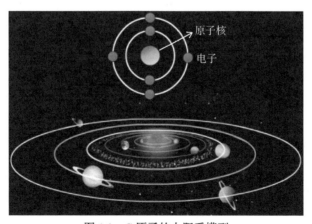

图 1.1　C 原子的太阳系模型

　　根据量子力学理论，核外电子只能占据一些特定的轨道（或能级），且能级是不连续的。图 1.2（b）给出了 H 原子的能级图。对于多电子原子，核外电子所处的能级也是不连续的，一个给定的能级上占据的电子数是一定的，当这个能级填满后，其他电子只能占据能量较高的能级。电子的不同能级 $E_{n\ell}$ 与主量子数 n 和轨道量子数 ℓ 有关。多个电子在各能级 $E_{n\ell}$ 上的一组排列方式称为原子的一个电子组态。例如，He 原子核外有 2 个电子，原子基态的电子组态为 $1s^2$，代表 $1s$ 能级（$n=1, \ell=0$）上有 2 个电子。Na 原子核外有 11 个电子，Na 原子基态的电子组态为 $1s^2 2s^2 2p^6 3s$，$1s^2$ 代表 $1s$ 能级（$n=1, \ell=0$）上有 2 个电子，其余能级类推。

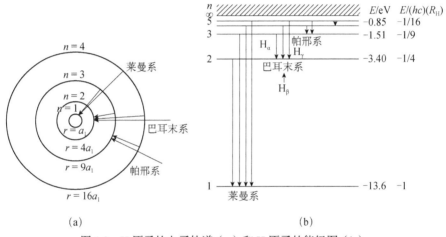

图 1.2　H 原子的电子轨道（a）和 H 原子的能级图（b）

　　原子的一个电子组态对应一个确定的能量。原子基态是指原子能量最低的状态，此时原子中的电子束缚得最紧。原子的激发态是指能量比基态高的状态，其中有一些电子跃迁到了较高的能级上，能量值低的一些能级出现了空位。

　　原子可以从一个能量状态过渡到另一个能量状态，称为跃迁。从高能态跃迁到低能态就会向外发射电磁辐射，这种跃迁过程可以自发地发生，也可以受外部刺激而发生。相反，原子中的电子由低能态跃迁到高能态，必须要有外部激发才能发生，一般说来这种跃迁是通过吸收外来电磁辐射而发生的。图 1.2 所示为 H 原子的电子轨道、能级图，以及电子在能级间跃迁产生的电磁辐射谱线系——莱曼系、巴耳末系、帕邢系等。莱曼系的光谱线波长最短，处在紫外波段。

2. 原子的大小

　　原子的大小由原子核外电子壳层的大小决定。由于电子具有波粒二象性，其分布没有明确的边界，因此原子也没有清晰的边界。我们通常把分子或晶体中距离最小的两个相同原子中心之间的距离的一半作为一个原子的半径。实验表明，原子种类很多，但不同原子的半径却相差不大，半径数值大多在 $1\sim2\times10^{-10}$m 之间。表 1.1 给出了不同方法测量的几种惰性原子的半径。可见电子数目相差很大的两个原子，半径相差很小。为什么不同原子的半径随核外电子数变化很小呢？原因有二：①对于核外电子较多的原子，处在原子中心的核电荷也较大，对电子的吸引力较大，轨道半径变小；②根据泡利（Pauli）不相容原理，原子中不可能有两个或两个以上的电子处在同一能级状态。核外电子增多，轨道的层次也增加，轨道半径变大。以上两种原因相互制约，使不同原子的半径相差不大。

表 1.1　不同方法测量的原子半径　　　　　　（单位：10^{-10}m）

	方法（1）	方法（2）	方法（3）
氖（Ne）	1.18	1.60	1.20
氩（Ar）	1.44	1.90	1.48
氪（Kr）	1.58	1.97	1.58
氙（Xe）	1.75	2.20	1.72

3. 原子的质量

原子的质量分为绝对质量和相对质量。绝对质量就是真实质量。由于原子的真实质量实在太小（如氢原子的质量只有 1.67×10^{-27} kg），为了表示方便，1960 年的国际物理学会议和 1961 年的国际化学会议均通过决议，统一采用碳原子 $^{12}_{6}C$ 质量的 1/12 作为衡量原子质量的标准单位，称为碳单位 u，因为 1 摩尔 $^{12}_{6}C$ 的质量正好是 12 克，故 1u 的实际质量为

$$1u = \frac{1}{12}\cdot\frac{12g/mol}{N_A} = \frac{1g}{6.022045\times10^{23}} = 1.6605655\times10^{-27}\,kg \qquad (1.1.1)$$

原子的相对质量 A_r 就是用原子质量单位 u（或碳单位 u）来度量的质量：

$$A_r = M/u = M/1.6605655\times10^{-27}\,kg$$

表 1.2 给出了几种原子的绝对质量 M、相对质量 A_r 和质量数 A。最接近相对原子质量 A_r 的整数叫质量数 A。中子质量和质子质量两者基本相当，大小在 1u 左右，$m_n=1.008665u$，$m_p=1.007276u$。电子质量很小，仅为 $m_e=9.109534\times10^{-31}$ kg $=m_p/1836$，对于氢原子，电子质量与原子质量的比值=1/1837=0.05%，可见，原子质量的 99.95% 以上集中在质子和中子上，即原子核的质量占原子质量的 99.95%。

表 1.2　几种原子的质量

	质量数 A	绝对质量 $M/(\times 10^{-27}\text{kg})$	A_r
氢原子	1	1.67356	1.007825
碳原子	12	19.92679	12.00000
氧原子	16	26.56061	15.99492
铁原子	56	92.88357	55.9349
铀原子	238	395.29895	238.0508

4. 原子核

原子核是由质子和中子组成的。质子和中子统称为核子。核子数 A＝质子数 Z＋中子数 N，即 $A = Z + N$，它们都是整数。由于原子的相对质量（不是整数）与 A 接近，因此整数 A 称为质量数，一个质子带一个电子电量的正电荷，原子核所带电量为 $+Ze$，所以整数 Z 称为电荷数。原子核的表示方法是 ${}_{Z}^{A}X_{N}$，如 ${}_{2}^{4}He_{2}$，${}_{7}^{14}N_{7}$，${}_{8}^{16}O_{8}$，简记为 ${}^{A}X$。

5. 原子核的大小

原子核的形状基本为球形，原子核的大小一般用核半径来表示。核半径分为三种：核电荷的分布半径、核物质的分布半径和核力作用的半径，其中核力作用半径稍大一些。三种半径均与原子核的质量数 A 的立方根成正比，可近似表示为

$$R = r_0 A^{1/3} \qquad (1.1.2)$$

其中比例常数 $r_0 \approx (1.1 \sim 1.5) \times 10^{-15}\,\text{m}$，一般取 $r_0 \approx 1.2\,\text{fm}\ (1\text{fm} = 10^{-15}\,\text{m})$，由此可算出碳、铅和铀核的半径分别为 $R({}^{12}C) = 2.7\,\text{fm}$，$R({}^{208}Pb) = 7.1\,\text{fm}$，$R({}^{238}U) = 7.4\,\text{fm}$。原子核半径要比原子半径小 5 个数量级。

因为核体积 $V = 4\pi R^3/3 = 4\pi r_0^3 A/3$，核质量 $M \approx A(\text{u})$，故核的质量密度 $\rho \approx 3\text{u}/(4\pi r_0^3)$，可见核的质量密度与核的质量数 A 无关，对于任何核都为常数。取比例常数 $r_0 \approx 1.2\,\text{fm}$，$1\text{u} = 1.6605655 \times 10^{-24}\,\text{g}$，可估算出核密度 $\rho \approx 10^{14}\,\text{g/cm}^3$。

6. 核素

化学上把具有特定质子数 Z 的一类原子称为一种元素，相同元素的原子具有相同的化学特性。核物理中则把具有特定质子数 Z 和中子数 N 的一类原子核称为一种核素。核素分稳定的和不稳定的两类，稳定核素就是不发生放射性衰变的核素。目前已经知道的核素大约有 2700 种，其中只有约 280 种是稳定的核素。图 1.3 给出了核素分布图，图中横坐标为核素的中子数 N，纵坐标为核素的质子数 Z。

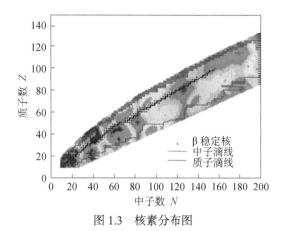

图 1.3　核素分布图

从图 1.3 可以看出，稳定核素几乎落在一条光滑曲线（称 β 稳定线）上或紧靠曲线的两侧。β 稳定线经验公式为

$$Z = \frac{A}{1.98 + 0.0155A^{2/3}} \tag{1.1.3}$$

对于轻核，β 稳定线与直线 $Z=N$ 重合，当 N、Z 增大到一定数值时，β 稳定线逐渐偏向 $Z<N$ 的区域（头朝下弯）。位于 β 稳定线上侧的属于缺中子的核素，下侧的则属于丰中子的核素，这些核素一般都有 β 放射性，通过 β 衰变往 β 稳定线上靠近。

某些性质相近的核素还可以归纳为以下几类：

（1）同位素：指原子序数 Z 相同而质量数 A 不同（即中子数不同）的核素。如 ^1_1H, ^2_1H, ^3_1H 为 H 核的同位素；^4_2He, ^3_2He 为 He 核的同位素；$^{233}_{92}U$, $^{235}_{92}U$, $^{238}_{92}U$ 为 U 核的同位素。同位素的化学性质基本相同，但核的性质差异很大。H 同位素 ^1_1H, ^2_1H, ^3_1H 的化学性质有小的差别，如氚水（^3H_2O）和重水（^2H_2O）的沸点都比普通水（^1H_2O）的沸点要高。

（2）同中子异位素：指中子数 N 相同，但质子数 Z 不同的核素。

（3）同量异位素：指质量数 A 相同，但质子数 Z 和中子数 N 不同的核素。

（4）同质异能素：指质子数 Z 和中子数 N 均相同，但能量状态不相同的核素。

一种核素的天然丰度是指在自然界存在的一种元素的同位素混合物中，某特定核素的摩尔分数（即原子百分数）。例如，自然界中核素 $^{238}_{92}U$ 的天然丰度为 99.274%，$^{235}_{92}U$ 的天然丰度为 0.72%，$^{234}_{92}U$ 的天然丰度为 0.006%，指的是 1 万个 U 核中分别有 0.6 个 $^{234}_{92}U$、72 个 $^{235}_{92}U$ 和 9927.4 个 $^{238}_{92}U$。

7. 放射性

放射性衰变是指不稳定的核素自发蜕变成另一种核素同时放出各种射线的一种核转变过程。根据放出射线种类的不同，放射性衰变分为 α 衰变、β 衰变和 γ 衰变。

（1）α 衰变：指核素放出 α 粒子（氦核）的衰变。核反应式为 $_Z^A X \longrightarrow _{Z-2}^{A-4} Y + _2^4 He$。如 $^{210}Po \longrightarrow ^{206}Pb + _2^4 He$。根据能量守恒定律，一个核素发生 α 衰变的条件是，衰变前母核原子的质量必须大于衰变后子核原子的质量和氦原子的质量之和。

（2）β 衰变：包括 β⁻ 衰变、β⁺ 衰变和轨道电子俘获三种类型。β⁻ 衰变核反应式为 $_Z^A X \longrightarrow _{Z+1}^A Y + e^- + \bar{\nu}_e$。如 $^3 H \xrightarrow{12.3a} ^3 He + e^- + \bar{\nu}_e$，$n \xrightarrow{10.6min} p + e^- + \bar{\nu}_e$。只有母核的原子质量大于子核的原子质量时才能发生 β⁻ 衰变。β⁺ 衰变核反应式为 $_Z^A X \longrightarrow _{Z-1}^A Y + e^+ + \nu_e$。如 $^{13}N \longrightarrow ^{13}C + e^+ + \nu_e$。只有母核原子的质量比子核原子的质量大出 $2m_e$ 时才能发生 β⁺ 衰变。轨道电子俘获核反应式为 $_Z^A X + e_i^- \longrightarrow _{Z-1}^A Y + \nu_e$，其中，$e_i^-$ 为 i 壳层电子。只有当母核的原子质量与子核的原子质量之差大于第 i 层电子结合能相应的质量时，才能发生第 i 层的轨道电子俘获。

（3）γ 衰变：指激发态原子核发射 γ 光子跃迁到较低能态的一种核转变过程。

一种放射性核素可能有多种类型的衰变方式，人们把一种放射性核素衰变的方式、放出的射线类型和能量、分支比等数据画在一张图上，称为核素的衰变纲图。图 1.4 所示是 ^{60}Co 核素的衰变纲图。母核 ^{60}Co 先通过 β⁻ 衰变跃迁到子核 ^{60}Ni 的激发态（激发能为 2.50MeV），接着 ^{60}Ni 的激发态通过两次 γ 衰变跃迁到 ^{60}Ni 的基态，放出能量分别为 1.17MeV 和 1.33MeV 的两条 γ 射线。子核 ^{60}Ni 的 Z 值大，故画在右边。

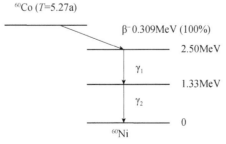

图 1.4　^{60}Co 的 γ 衰变纲图

8. 放射性衰变规律

放射性核素通过衰变会变成另一种核素，核素的数目会随时间变得越来越少，那么核素的数目随时间变化的数学规律是怎样的呢？设 t 时刻放射性核素的数目为 $N(t)$，则在 $t \rightarrow t + \mathrm{d}t$ 时间间隔内，核素数目的减少量为 $N(t) - N(t + \mathrm{d}t) = -\mathrm{d}N(t)$，$-\mathrm{d}N(t)$ 应该正比于 $N(t)$，也正比于时间间隔 $\mathrm{d}t$，即

$$-\mathrm{d}N = \lambda N \mathrm{d}t \qquad (1.1.4)$$

其中 λ 为比例因子（称为衰变常数）。λ 表示一个放射性核素单位时间内发生衰变的概率，单位为 s^{-1}。解微分方程得

$$N(t) = N_0\, \mathrm{e}^{-\lambda t} \qquad (1.1.5)$$

其中 N_0 为 $t=0$ 时的放射性原子数（初始条件）。（1.1.5）称为放射性核素随时间衰减的指数规律。

放射性核素衰变到原来一半所需的时间称为该核素的半衰期 $T_{1/2}$，由（1.1.5）可得

$$T_{1/2} = \frac{\ln 2}{\lambda} = \frac{0.693}{\lambda} \qquad (1.1.6)$$

放射性活度 A 定义为放射源每秒钟发生的核衰变数，其表达式为

$$A = -\frac{\mathrm{d}N}{\mathrm{d}t} = \lambda N \qquad (1.1.7)$$

可见半衰期 $T_{1/2}$ 越长的放射性核素，其活度 A 越弱。活度的国际单位为贝可勒尔（Bq），常用单位有居里（Ci）

$$1\mathrm{Bq} = 1 核衰变/\mathrm{s}，\quad 1\mathrm{Ci} = 3.7 \times 10^{10}\,\mathrm{Bq}$$

活度随时间的衰变规律同样满足指数规律

$$A(t) = A_0\, \mathrm{e}^{-\lambda t} \qquad (1.1.8)$$

其中 A_0 为 $t = 0$ 时刻的放射性核素的活度。

9. 级联衰变规律

放射性核素 A 通过衰变会变成另一种核素 B，子核 B 仍然具有放射性，B 衰变成第三代核素 C（C 可能是稳定核）。设 $N_1(t)$ 为核素 A 的数目，它随时间的衰变规律为 $N_1(t) = N_{10}\, \mathrm{e}^{-\lambda_1 t}$，$N_2(t)$ 为子体核素 B 的数目，其初始值为 $N_2(t=0) = N_{20} = 0$。$N_2(t)$ 随时间的衰变规律只取决于核素 A 和自身，与核素 C 无关，满足核素数目守恒方程

$$\frac{\mathrm{d}N_2(t)}{\mathrm{d}t} = \lambda_1 N_1(t) - \lambda_2 N_2(t) \qquad (1.1.9)$$

其中 $N_1(t) = N_{10}\, \mathrm{e}^{-\lambda_1 t}$，满足初始条件 $N_2(t=0) = 0$ 的解为（具体求解过程见附录

F.1.1）

$$N_2(t) = \frac{\lambda_1 N_{10}}{\lambda_2 - \lambda_1}\left(e^{-\lambda_1 t} - e^{-\lambda_2 t}\right) \qquad （1.1.10）$$

下面分两种情况讨论：

情况一：母体 A 的半衰期很长而子体 B 的半衰期很短，即 $\lambda_1 \ll \lambda_2$，由于经过长时间后 $e^{-\lambda_1 t} \gg e^{-\lambda_2 t}$，（1.1.10）化为

$$\frac{\lambda_2 N_2(t)}{\lambda_1 N_1(t)} = \frac{\lambda_2}{\lambda_2 - \lambda_1} \approx 1 \qquad （1.1.11）$$

即经过长时间后两种核素以相同的速率衰变，活度相等，达到"久期平衡"，此时，子体 B 的放射性活度与母体 A 的放射性活度相等，单位时间内子体 B 衰变掉的数目等于它从母核 A 的衰变中补充得到的核数。同时，总活度 $A = A_1 + A_2$。

推广：只要母体 A 半衰期足够长，即使有多代放射性子体，长时间后都会满足以下长期平衡关系：

$$\lambda_1 N_1 = \lambda_2 N_2 = \lambda_3 N_3 = \cdots \approx \lambda_i N_i, \quad A = \sum_i A_i \qquad （1.1.12）$$

情况二：母体 A 的半衰期很短而子体 B 的半衰期很长，即 $\lambda_1 \gg \lambda_2$，由于经过长时间后 $e^{-\lambda_1 t} \ll e^{-\lambda_2 t}$，（1.1.10）化为

$$N_2(t) = \frac{\lambda_1}{\lambda_1 - \lambda_2} N_{10}\, e^{-\lambda_2 t} \qquad （1.1.13）$$

可见，当时间足够长时，母体核数目 $N_1(t) = N_{10}\, e^{-\lambda_1 t} \to 0$，A 几乎全部转变为子体 B，子体 B 则按自身的指数规律衰减。因此，子母体间活度不会出现任何平衡。

1.2 核　　能

1. 核力

核力是指核子（质子和中子）之间的短程强作用力，主要是吸引力。说核力是短程力，是因为只有当核子间距离为 fm 量级或更近时，核力才显著。说核力是强作用力，是因为它比电磁力强 2 个数量级。核力随核子间距离的变化情况一般用核力势 $E_p(r)$ 来表示，两个核子间的作用力为 $f(r) = -\partial E_p(r)/\partial r$，若 $f(r) < 0$ 则为吸引力，若 $f(r) > 0$ 则为排斥力。图 1.5 所示为 n-n、n-p 和 p-p 的相互作用核力势 $E_p(r)$，可见核力不直接与电荷相关，均为引力势，但距离很近时

存在排斥芯。

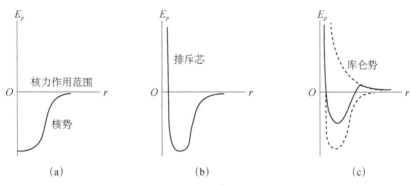

图 1.5　n-n（a）和 n-p（b）相互作用势，p-p（c）相互作用势
（虚线为纯库仑势和纯核力势）

2. 质量亏损和结合能

核子之间存在短程强作用力，而且作用力的大小与距离有关，因此要把核子间的相对位置改变，就需要外力对核做功或核对外做功，这就有可能有核能的放出。从相对论的质能等效原理可知，核子间的相对位置的改变对应着核的静止质量的改变。因此就会出现这种状况——虽然原子核是由质子和中子构成的，但在质子和中子组成原子核的过程中，由于核力要做功，核的静止质量会小于核内所有质子和中子的静止质量。实验表明，任何原子核的静止质量总是小于组成它的核子的静止质量之和，我们把这个质量差称为质量亏损。具体说，一个原子核的质量亏损等于组成原子核的 Z 个质子和 $A-Z$ 个中子的静止质量之和与该原子核的静止质量之差。以氘核的质量亏损为例，氘核由 1 个中子和 1 个质子组成，中子的静止质量为 $m_n = 1.008665\text{u}$，质子的静止质量为 $m_p = 1.007276\text{u}$，两者之和为 $m_n + m_p = 2.015941\text{u}$，而氘核的静止质量为 $m_d = 2.013552\text{u}$，氘核的质量亏损 $\Delta m = (m_n + m_p) - m_d = 0.002389\text{u}$。这个质量亏损对应的能量为 $\Delta mc^2 = 2.225\text{MeV}$，称为氘核的结合能。

一般地说，自由核子结合成原子核时放出的能量称为核的结合能，原子核结合能的计算公式为 $E_B = \Delta E = \Delta mc^2$，它与原子核的质量亏损成正比。核内每个核子的结合能 $\varepsilon = E_B / A$ 称为核的比结合能，比结合能 $\varepsilon(Z, A)$ 是核素的函数。表 1.3 列出了一些核素的结合能和比结合能。图 1.6 所示的曲线为比结合能曲线 $\varepsilon\text{-}A$，它是核素比结合能 ε 随核素质量数 A 变化的曲线。

表 1.3　一些核素的结合能和比结合能

核	结合能/MeV	比结合能/（MeV/核子）
$^{2}_{1}$H	2.2245	1.1123
$^{3}_{2}$He	7.718	2.573
$^{4}_{2}$He	28.296	7.074
$^{6}_{3}$Li	31.993	5.332
$^{7}_{3}$Li	39.245	5.606
$^{9}_{4}$Be	58.163	6.463
$^{10}_{5}$B	64.750	6.475
$^{12}_{6}$C	92.163	7.680
$^{14}_{7}$N	104.659	7.476
$^{16}_{8}$O	127.620	7.976
$^{20}_{10}$Ne	160.646	8.032
$^{24}_{12}$Mg	198.258	8.261
$^{238}_{92}$U	1801.73	7.570

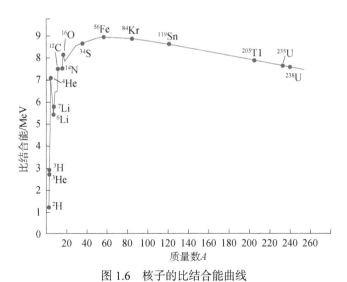

图 1.6　核子的比结合能曲线

从表 1.3 和图 1.6 我们可以看出比结合能的一些特点：①对于质量数 A 在 30 以下的轻核，比结合能曲线总的趋势是随 A 增加而增加，表示随 A 增加，核子结合得越紧，放出的能量越多。偶-偶核（质子数和中子数均为偶数的核，例如 $_2^4$He、$_4^8$Be、$_6^{12}$C、$_8^{16}$O、$_{10}^{20}$N）的比结合能 ε 有极大值，说明偶-偶核特别稳定，两个 $_1^2$H 核结合成偶-偶核 $_2^4$He 时会释放大量能量，轻核聚变可以放能，这就是聚变能。奇-奇核（质子数和中子数均为奇数的核，如 $_3^6$Li、$_5^{10}$B、$_7^{14}$N）的比结合能 ε 有极小值，说明奇-奇核相对不稳定。②中等质量数的核（A 在 40～120 的范围）的比结合能 ε 近似相等，约为 8.6MeV，其中 $A=60$ 的核，比结合能 ε 有极大值。这表明中等质量数的核结合得较紧，一般比较稳定。③当 A 继续增大时，比结合能 ε 逐渐减小。重核（$A>200$）比中等质量数的核结合得较松，例如，^{238}U 的比结合能 7.5MeV 比中等质量核的比结合能 8.6MeV 小了 1.1MeV。如果使重核裂变成中等质量的核，是可以放能的，这就是裂变能。

核的比结合能 ε 近似相等，与核子总数 A 无关，说明每个核子只与它紧邻的核子有相互作用，这就是核力的饱和性。

追根溯源，核的结合能来源于核力做功，这就如同原子的结合能来自于原子核对电子的电磁力做功一样。电磁力对核外电子做功使原子系统的电势能降低，向外放出结合能；核子间的核力做功使核的势能降低，放出结合能。由于核力的强度比电磁力的强度大得多，因此原子核的结合能比原子的结合能大 6 个量级。自由核子结合成原子核时放出结合能，一个原子核的结合能也是把其中的核子分离成自由核子时所需的分离能。

3. 核反应

核能来源于不同核的结合能差异，要获得核能，必须让核发生转变，从一种核变成另一种核，例如让轻核聚变和或使重核裂变。原子核或粒子（如中子、γ 光子等）与另一种原子核相互作用导致原子核变化的现象称为核反应，一般核反应可记为 a＋A——→B＋b，简记为 A(a,b)B，a,A,B,b 分别表示入射粒子、靶核、生成核和出射粒子。出射粒子 b 和入射粒子 a 相同的核反应过程称为散射，包括弹性散射和非弹性散射。弹性散射时散射前后体系的总动能不变，只是动能配比发生变化而原子核内部能量不变。非弹性散射时散射前后体系的总动能并不守恒，此时原子核内部的能量状态发生了变化，生成核常常处于激发态。出射粒子 b 和入射粒子 a 不相同的核反应过程称为核反应（广义讲散射过程也属于核反应）。

每一个具体的核反应过程 a＋A——→B＋b 称为一种反应道，反应前的 a＋A 称入射道，反应后的 B＋b 称出射道。有时一个入射道可能对应若干个出射道，

每个出射道的反应截面各不相同。例如，D+D 反应就有两个反应道

$$D+D \longrightarrow \begin{cases} {}^{3}\text{He+n} + 3.27\text{MeV} \\ {}^{3}\text{H+p} + 4.03\text{MeV} \end{cases} \qquad (1.2.1)$$

每个出射道的反应截面各不相同。

核武器中重要的核反应有中子参与的核反应和带电粒子间的核反应。中子核反应不需要高温，带电粒子间的核反应一般是轻核的聚变反应，需要高温条件。例如，中子与 ^{238}U 的辐射俘获反应为

$${}^{238}\text{U}(n,\gamma){}^{239}\text{U} \xrightarrow{\beta^{-}} {}^{239}\text{Np} \xrightarrow{\beta^{-}} {}^{239}\text{Pu}$$

出射粒子是 γ 光子，生成的剩余核为 ^{239}U，它具有 β 放射性。上式就是用核反应堆里的中子辐照 ^{238}U 制造核燃料 ^{239}Pu 的反应过程。常见的带电粒子间的核反应有

$$D(d,n){}^{3}\text{He}, \quad Q=3.27\text{MeV}；D(d,p){}^{3}\text{H}, \quad Q=4.03\text{MeV}$$

$${}^{3}\text{H}(d,n){}^{4}\text{He}, \quad Q=17.6\text{MeV}；{}^{3}\text{He}(d,p){}^{4}\text{He}, \quad Q=18.3\text{MeV}$$

其中的 Q 值表示某聚变反应放出的能量。

核反应可能发生但并不代表一定会发生，核反应发生有一定的概率。核反应概率用核反应截面 σ 来刻画。σ 定义为单位时间内发生的核反应次数除以入射粒子的注量所得的商，表示一个入射粒子打在单位面积只含一个靶核的靶上与靶核发生反应的概率。反应截面 σ 与入射粒子的能量有关，常用单位是靶恩（b），$1b=10^{-28}\text{m}^2$，$1\text{mb}=10^{-3}\text{b}=10^{-31}\text{m}^2$。当入射粒子与核反应存在几个反应道时，各个反应道的截面之总和称为入射粒子与核反应的总截面。反应截面 σ 与核的几何截面不同。例如，^{198}Au 核的几何截面积（赤道圆面积）是 2.1b，但它对慢中子的俘获截面 σ 却高达 35000b。

宏观截面 Σ 是反应截面 σ 与单位体积中原子核数目 N 的乘积，即 $\Sigma = N\sigma$。取 N 的单位为 cm^{-3}，σ 的单位为 cm^2，则宏观截面的单位为 cm^{-1}。宏观截面 Σ 的物理意义是粒子通过单位长度的物质时发生核反应的概率。平均自由程 l 定义为粒子在介质中发生两次反应之间所移动的平均距离，它与宏观截面 Σ 互为倒数，即 $l=1/\Sigma$。

1.3 核　裂　变

原子核裂变是获得核能的一种途径。核裂变是指重原子核分裂成两个（少数情况下，可分裂成三个或更多）质量相近的碎片的现象。核裂变包括诱导裂变和

自发裂变，诱导裂变一般采用中子与重核核反应的方式，要想获得大量的核裂变能就必须采用诱导裂变。自发裂变是指重原子核在没有外界激发的情况下自发分裂成两个质量相近的中等质量碎片的现象，它是重核的一种特殊衰变方式，发生的概率一般非常小。表 1.4 给出了几种重核的自发裂变半衰期 $T_{1/2}$，半衰期很长，一般在 10^{11} 年和 10^{17} 年范围，因此自发裂变速率非常低，不可能依赖重核的自发裂变来大规模地获得核能。

表 1.4　几种重核的自发裂变半衰期

核素	半衰期 $T_{1/2}$（SF）
^{239}Pu	$5.5 \times 10^{15}a$
^{240}Pu	$1.45 \times 10^{11}a$
^{235}U	$1.8 \times 10^{17}a$
^{238}U	$1.01 \times 10^{16}a$

注：$T_{1/2}$ 后面括号中的 SF 表示自发裂变。

在核工程中一般采用热中子来诱导重核 ^{235}U 和 ^{239}Pu 裂变。所谓热中子，是指在室温下（300K 左右）与物质原子达到热力学平衡态的中子。根据热力学和统计物理知识，可得热中子的最概然速率，对应的中子动能为 kT。室温（20℃）下，$kT = 0.025eV$，相应的中子速率为 $2.2 \times 10^3 m/s$。因为热中子的动能小，速度慢，与原子核相互作用的时间长，故裂变截面大。能量较高的中子在物质中与原子核多次碰撞，能量不断减小变成热中子的过程称为中子的热化过程，也叫中子慢化过程。最好的中子慢化剂往往含有大量的质量数 A 很小的轻原子核。核反应堆工程中常用的慢化剂是轻水（H_2O）、重水（D_2O）和石墨（C）。在轻水反应堆中，轻水（H_2O）既是中子的慢化剂，也是冷却剂，负责把堆芯核裂变反应放出的能量从一回路带出来，通过热交换器变成二回路的高温蒸气，推动汽轮机发电。石墨（C）反应堆中的石墨只能作为中子慢化剂，冷却剂采用的是氦气，称为高温气冷堆。

1. 裂变机制

重核自发或诱导裂变动力学问题还是一个没有完全得到解决的问题。目前，对于中子诱导重核裂变过程一般用原子核的液滴模型和复合核反应机制来解释，认为中子被重核俘获后，形成复合核（裂变核），中子的动能加上中子与重核的结合能就是复合核的激发能，处在激发态的复合核发生集体振荡并可能改变形状。形状的改变取决于两种力的相互竞争——复合核（液滴）的表面张力力图使原子核恢复球形，而核内质子间库仑斥力促使复合核形变增大，从球形向椭球形形变。图 1.7 所示为复合核的表面能和库仑能随形变变化及裂变势垒形成示意图。

当复合核从球形向椭球形形变时，其表面能 E_s 增大，库仑能 E_c 逐渐减小，总的势能 $E=E_s+E_c$ 曲线会在一特定形状时出现一个高度为 W_i 的"裂变势垒"。复合核发生裂变的条件是其激发能>裂变势垒，此时复合核的裂变概率才开始大于 0。

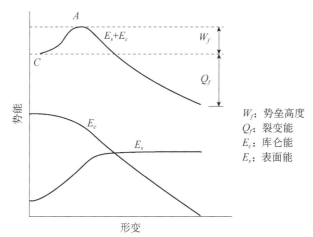

图 1.7 复合核的表面能和库仑能随形变变化及裂变势垒形成示意图

表 1.5 给出了热中子入射三种重核 ^{235}U、^{238}U、^{239}Pu 时复合核的激发能与裂变势垒高度，可见复合核 ^{239}U* 的裂变势垒高度为 6.2MeV，而激发能仅为 4.8MeV，所以热中子很难诱发 ^{238}U 裂变。也就是说，当激发能低于势垒高度时，裂变概率很小。事实上，热中子与 ^{238}U 裂变反应的截面为 0。

表 1.5 热中子入射三种重核时复合核的激发能与裂变势垒高度

靶核	复合核	激发能/MeV	裂变势垒高度/MeV
^{235}U	^{236}U*	6.54	5.9
^{238}U	^{239}U*	4.8	6.2
^{239}Pu	^{240}Pu*	6.4	5.9

注：复合核右上标*表示激发态。

要使复合核 ^{239}U* 发生裂变，必须使其激发能超过裂变势垒高度 6.2MeV，所以必须使用快中子，因为快中子的动能加上中子与 ^{238}U 的结合能就是复合核 ^{239}U* 的激发能。要使激发能超过势垒高度，就需要增大入射中子的动能。满足激发能等于裂变势垒高度条件的中子动能就是入射中子的裂变阈能。计算证明，当中子能量为 1.0MeV 时，^{239}U* 的激发能刚好超过裂变势垒高度 6.2MeV，即能够诱发 ^{238}U 裂变的入射中子的裂变阈能为 1.0MeV。

图 1.8～图 1.10 给出了三种重核 ^{235}U、^{239}Pu、^{238}U 的裂变截面与入射中子能

量的关系曲线，其中 ^{238}U 的热中子裂变截面最小，但对于 1.0MeV 以上的快中子，^{238}U 的裂变截面就变得较大了。由于 ^{238}U 与热中子结合形成的复合核 ^{239}U* 的激发能低于其裂变势垒高度，所以 ^{238}U 不易裂变。相反，由表 1.5 和图 1.8、图 1.9 可以看出，^{235}U、^{239}Pu 的热中子裂变截面较大。因为复合核 ^{236}U* 与 ^{240}Pu* 的激发能分别高于其裂变势垒高度，热中子的裂变截面很大。

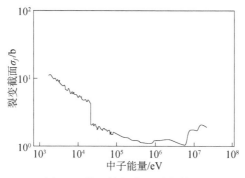

图 1.8 ^{235}U 核的中子裂变截面

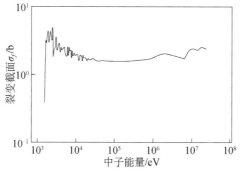

图 1.9 ^{239}Pu 核的中子裂变截面

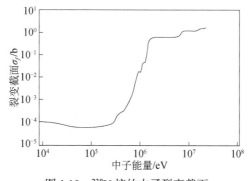

图 1.10 ^{238}U 核的中子裂变截面

根据裂变截面的大小可将重核分为三种：①热中子的裂变截面很大的核，如 ^{233}U，^{235}U，^{239}Pu，称为易裂变核；②热中子的裂变截面很小，但中子能量超过 1MeV 时裂变截面迅速增大的核，如 ^{238}U，^{232}Th，^{240}Pu，称为可裂变核；③热中子和 1MeV 中子裂变截面都很小的核，称为不可裂变核。

图 1.11 所示为中子诱发 ^{235}U 核裂变过程的示意图。核裂变过程分为三个阶段：第一阶段是 ^{235}U 吸收一个中子形成激发态的复合核 ^{236}U*；第二阶段是复合核发生剧烈振荡和形变，形状变得不稳定，形变的走向和大小取决于表面力和库仑力的竞争；第三阶段是复合核分裂成裂变碎片，同时发射几个次级中子。这些伴随裂变过程出射的次级中子能使其他原子核继续裂变，因此，核裂变的同时有多于 2 个的次级中子放出是能够形成链式裂变反应的物质基础。

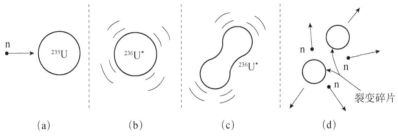

$$(a)\qquad\qquad(b)\qquad\qquad(c)\qquad\qquad(d)$$

图 1.11 原子核裂变图解：（a）^{235}U 吸收一个中子形成处于激发态的 ^{236}U*；（b），（c）由于 ^{236}U* 的振荡变得不稳定；（d）分裂开来，同时发射几个能使其他原子核裂变的中子

2. 裂变产物与裂变产额

原子核在中子作用下发生裂变后形成的两个碎片及其衰变子体称为裂变产物。^{235}U 的第一种裂变方式为

$$^{235}\text{U}+n \longrightarrow {}^{236}\text{U}^* \longrightarrow {}^{146}\text{Ba}+{}^{90}\text{Kr} \qquad (1.3.1)$$

其中裂变碎片 ^{146}Ba 和 ^{90}Kr 属于丰中子的不稳定核，激发能很高，能在 10^{-14}s 内瞬间释放出中子，称为瞬发中子

$$^{146}\text{Ba} \longrightarrow {}^{145}\text{Ba}+n, \quad {}^{145}\text{Ba} \longrightarrow {}^{144}\text{Ba}+n, \quad {}^{90}\text{Kr} \longrightarrow {}^{89}\text{Kr}+n$$

裂变碎片发射瞬发中子后的产物 ^{144}Ba 和 ^{89}Kr 一般会继续 β 衰变，直到变成稳定核 ^{144}Nd 和 ^{89}Y，衰变方式为

$$\begin{cases} ^{144}\text{Ba} \xrightarrow{\beta^-} {}^{144}\text{La} \xrightarrow{\beta^-} {}^{144}\text{Ce} \xrightarrow{\beta^-} {}^{144}\text{Pr} \xrightarrow{\beta^-} {}^{144}\text{Nd} \\ ^{89}\text{Kr} \xrightarrow{\beta^-} {}^{89}\text{Rb} \xrightarrow{\beta^-} {}^{89}\text{Sr} \xrightarrow{\beta^-} {}^{89}\text{Y} \end{cases}$$

^{235}U 的第二种裂变方式为

$$^{235}\text{U}+n \longrightarrow {}^{236}\text{U}^* \longrightarrow {}^{140}\text{Xe}+{}^{94}\text{Sr}+2n \qquad (1.3.2)$$

裂变碎片发射瞬发中子后的产物 ^{140}Xe 和 ^{94}Sr 一般会继续 β 衰变，直到变成稳定核 ^{140}Ce 和 ^{94}Br ，衰变方式为

$$\begin{cases} ^{140}\text{Xe} \xrightarrow{\ \beta^- \ } ^{140}\text{Cs} \xrightarrow{\ \beta^- \ } ^{140}\text{Ba} \xrightarrow{\ \beta^- \ } ^{140}\text{La} \xrightarrow{\ \beta^- \ } ^{140}\text{Ce} \\ ^{94}\text{Sr} \xrightarrow{\ \beta^- \ } ^{94}\text{Y} \xrightarrow{\ \beta^- \ } ^{94}\text{Br} \end{cases}$$

裂变产额是指核裂变中产生某一种裂变产物的份额。某个裂变产物原子核 A 的裂变产额 $Y(A)$ 通常用每 100 个重核裂变产生的该核的个数来表示。裂变产额 $Y(A)$ 随质量数 A 的分布称为产额曲线，产额曲线一般呈双峰结构，曲线的具体形状与入射中子能量略有关系。图 1.12 所示为热中子诱发三种重核裂变的产额曲线，图 1.13 所示为热中子与 14MeV 中子诱发重核 ^{235}U 裂变的产额曲线。由图可见，裂变所产生的不同产物原子核 A 的裂变产额 Y 差别很大，在某些 A 处，产额很大，而在某些 A 处，产额很小。对于热中子引起的 ^{235}U 裂变，所有产物核素中产额最大的为 6%～7%，最小的仅 1.5×10^{-4}%，表示 100 个核裂变后，产额最大的核素最多有 6～7 个。在 $A=96$ 和 $A=140$ 附近出现两个极大，表示这两种裂变产物的产额最高，在 $A=118$ 附近出现深谷，表明产物质量数对称性分布的概率非常小。

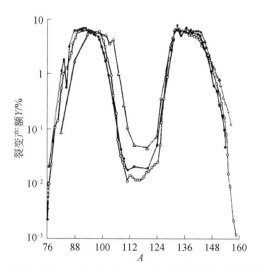

图 1.12　铀-233（●）、铀-235（○）、钚-239（△）的热中子裂变碎片的质量分数

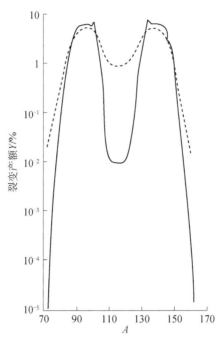

图 1.13   铀-235 热中子（实线）与 14MeV 中子裂变碎片（虚线）的质量分数

3. 裂变中子

重核裂变过程中放出来的中子称为裂变中子。裂变中子可分为瞬发中子和缓发中子两种。瞬发中子是指伴随裂变过程产生的中子，基本上在裂变开始 10^{-14}s 时间内发射，瞬发中子占裂变中子 99% 以上。缓发中子则是裂变碎片经过 β^- 衰变而处于激发态的裂变产物发射的中子，缓发中子只占裂变中子的千分之几。在核反应堆控制上，缓发中子起着极其重要的作用，通过控制棒的插入，吸收缓发中子，可以降低中子引起的核裂变速率，从而降低裂变放能的功率甚至停堆。虽然缓发中子对核武器设计不重要，但对核爆炸产物的放射性沾染有影响。

中子产额是指一个裂变核每次裂变释放出的中子（包括缓发中子）的平均数 v。有的裂变不发射中子，多数裂变发射 2～3 个中子，最多发射 7～8 个中子。表 1.6 给出了（热中子引发）某些重核裂变的中子产额 v 值，典型值在 2.4～2.9 范围。裂变中子的能量分布范围为 0～15MeV，主要集中在 0.1～5MeV 范围。热中子引起 ^{235}U 裂变放出的裂变中子的最可几能量为 0.7MeV，平均能量约为 2MeV。缓发中子的平均能量在 1MeV 以下。

表 1.6　某些重核裂变的中子产额 ν 值（热中子）

核素	铀-233	铀-235	钚-239
中子产额 ν	2.51	2.44	2.89

4. 裂变能

重核裂变是重原子核分裂为中等质量核的过程。根据核的比结合能曲线可知，核裂变过程可释放巨大能量，称为裂变能。约在裂变发生的 10^{-20}s 内裂变能一部分转换为两个裂变碎片的动能，其余部分表现为裂变碎片的激发能。激发能会通过发射瞬发中子和瞬发 γ 辐射释放，还会通过裂变产物的 β 衰变和缓发中子及缓发 γ 辐射释放。表 1.7 给出了热中子引起的几种重核裂变放能的分配方式。

从表 1.7 可以看出，热中子引起 ^{235}U 裂变放能约 203MeV，其中可探测的能量约 195MeV，约 10MeV 能量不可探测，被 β 衰变中释放的中微子带走。可探测的能量 195MeV 中，两个裂变碎片的动能占约 170MeV，其余被裂变中子（4.8MeV）、瞬发 γ 辐射（7.5MeV），以及裂变产物的 β、γ 射线所携带。中微子与物质的相互作用极为微弱，它们会漏出系统，其动能不能被利用。

表 1.7　^{233}U、^{235}U 及 ^{239}Pu 热裂变中能量的释放　（单位：MeV）

释放形式	^{233}U	^{235}U	^{239}Pu
轻碎片动能	99.9 ± 1	99.8 ± 1	101.8 ± 1
重碎片动能	67.9 ± 0.7	68.4 ± 0.7	73.2 ± 0.7
裂变中子动能	5.0	4.8	5.8
瞬发 γ 辐射动能	约 7	7.5	约 7
裂变产物的 β 衰变	约 8	7.8	约 8
裂变产物的 γ 衰变	约 4.2	6.8	约 6.2
总共	约 192	约 195	约 202

5. 裂变燃料

核燃料是指热中子裂变截面大的核素 ^{233}U、^{235}U、^{239}Pu。这些核燃料天然存在的只有 ^{235}U，其余均要人工生产。表 1.8 列出了天然铀的三种同位素 ^{234}U、^{235}U、^{238}U 的含量，其中 ^{235}U 的丰度极低，摩尔分数仅为 0.7202×10^{-2}，不论用于核反应堆发电还是用于核武器制造，都必须富集（浓缩），从摩尔分数为 99.2742×10^{-2} 的 ^{238}U 的混合物中分离出来。然而，^{235}U 和 ^{238}U 是同位素，两者的质子数完全相等，化学性质完全相同，故不能用化学方法来提纯 ^{235}U，只能利用它们两者物理性质的差异来进行分离提纯。

表 1.8　天然铀同位素的成分和含量

同位素	含量	
	质量分数	摩尔分数
铀-234	0.0054×10^{-2}	0.0055×10^{-2}
铀-235	0.7110×10^{-2}	0.7202×10^{-2}
铀-238	99.2836×10^{-2}	99.2742×10^{-2}

^{233}U 在自然界不存在，必须人工生产。核工程中，通过将核素 ^{232}Th 放在核反应堆中用慢中子轰击，可获得 ^{233}U。核反应式为

$$n + Th^{232} \longrightarrow Th^{233} + \gamma, \quad Th^{233} \xrightarrow{\beta^-} Pa^{233} \xrightarrow{\beta^-} U^{233}$$

^{239}Pu 在自然界也不存在，必须人工生产。^{239}Pu 是剧毒物质，有很强的 α 放射性和一定的 β 放射性。一旦进入人体，会在人体骨髓中沉积，其生物半衰期 200a，人体最大容许摄入量 0.65μg。通过在核反应堆中用慢中子轰击 ^{238}U，可人工生产 ^{239}Pu，核反应式为

$$n + U^{238} \longrightarrow U^{239} + \gamma, \quad U^{239} \xrightarrow{\beta^-} Np^{239} \xrightarrow{\beta^-} Pu^{239}$$

6. 同位素分离技术

从摩尔分数为 99.2742×10^{-2} 的 ^{238}U 的铀混合物中分离出 ^{235}U 的技术称为同位素分离技术。同位素分离技术中有气体扩散法、离心机法、气动分离法、电磁分离法、热流体扩散法等。这些方法都是根据 ^{238}U 和 ^{235}U 核素的质量差异来设计的。

（1）气体扩散法。1940 年，Francis Simon 等量化了 ^{235}U 的气体扩散分离。其原理是，当气态混合物处于热力学平衡态时，每个粒子的平均热运动动能正比于 kT，与质量无关，因此，平均动能相同而质量不同的两种分子的速度就不相同，因为速度与其质量的平方根成反比，质量越大速度就越小。图 1.14 给出了气体扩散法的示意图，气体扩散法采用分离膜来分离同位素，因为质量小的同位素的速度大，容易通过分离膜，而质量大的同位素就被薄膜隔离了。气体扩散法中，分离膜的研制是关键，分离膜上每平方厘米有几亿个孔径在 $0.01 \sim 0.03 \mu m$ 的微孔。气体扩散法的缺点是效率低，^{235}U 的浓度从 3%富集到 4%，需经过 1400 次扩散级。

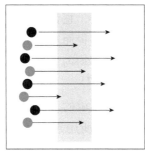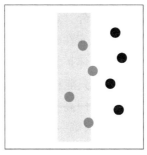

图 1.14 气体扩散法示意图

（2）离心机法。离心机法利用核素 ^{235}U 和 ^{238}U 在质量上的微小差别来将它们分离。其原理是，在高速旋转的离心机中，因为核素做圆周运动，向心加速度为 $-\omega^2 r$，离心力为 $m\omega^2 r$，质量大的核素离心力就大。因此，质量较重的分子就会靠近外周富集，质量较轻的分子则在转轴的附近富集。从外周和轴线附近分别引出气体流，就可将轻重两种同位素分离。为了获得有效分离效果，离心机旋转速度通常在 50000～70000rpm（1rpm=1r/min），柱形外壳的旋转线速度将达到 400～500m/s，向心加速度 $\omega^2 r$ 可达重力加速度的 100 万倍。将 ^{235}U 浓度富集到 3%，需经过 100 级左右的离心机分级。

（3）气动分离法（或喷嘴法）。图 1.15 所示为气动分离法工作原理。为了提高气流速度，在供料端用氦气或氢气（约 95%）稀释 UF_6 气体，迫使其通过狭缝喷嘴而膨胀，在膨胀过程中加速到超声速的气流顺着喷嘴沟 2 的曲面弯曲，轻、重不同的分子受到不同离心力而得到分离。在出口端，重流分在外侧，轻流分在内侧。气动分离法的效率介于气体扩散法和离心机法之间。

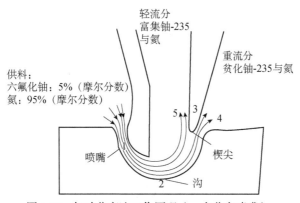

图 1.15 气动分离法工作原理（一个分离喷嘴）

1. 狭缝喷嘴；2. 喷嘴沟；3. 分离楔尖；4. 重流分；5. 轻流分

除以上三种分离方法外，还有一种电磁分离法，它类似于质谱仪，靠挥发电离后两种质量不同的同位素在磁场中的不同运动路径而实现分离，该方法花费太高，现在已经不用。热流体扩散法则是对混合物不均匀加热时，较轻的同位素向温度较高的区域集中，但只能将 ^{235}U 富集到 1% 左右。

同位素分离技术是一门高技术。中国在这一领域的工作起步早，水平高，具有一定优势。1964 年中国第一颗原子弹爆炸试验所用裂变材料就是高富集度的 ^{235}U，而非通过反应堆生产的 ^{239}Pu，说明中国自启动核武器研制工程开始，在短时间内就依靠自己的能力，在一穷二白的工业基础上，解决了铀同位素分离这一难题，这是一条有别于美国第一颗原子弹采用 ^{239}Pu 核燃料的技术路线。

1.4 核 聚 变

1. 聚变反应

获得核能的另一种途径是轻核聚变。四个重要的轻核聚变反应为

$$D + D \longrightarrow T + p + 4.03\text{MeV} \tag{1.4.1}$$

$$D + D \longrightarrow {}^3\text{He} + n + 3.27\text{MeV} \tag{1.4.2}$$

$$D + T \longrightarrow {}^4\text{He} + n + 17.6\text{MeV} \tag{1.4.3}$$

$$D + {}^3\text{He} \longrightarrow {}^4\text{He} + p + 18.3\text{MeV} \tag{1.4.4}$$

其中最后两个聚变反应中消耗的 T（氚）和 ^{3}He 是通过前两个 D-D（氘）反应产生的。四个聚变反应的总效果可简化为

$$6D \longrightarrow 2\,{}^4\text{He}+2p+2n+43.2\text{MeV} \tag{1.4.5}$$

即消耗 6 个 D 核可释放出聚变能 43.2MeV，平均每个 D 核释放能量 7.2MeV，平均每个核子释放能量 3.6MeV。我们知道，^{235}U 裂变时每个核子释放的裂变能仅为 0.85MeV（200MeV/235 =0.85MeV），可见，每个核子释放的聚变能是每个核子释放的裂变能的 4 倍。

聚变反应发生的概率用聚变反应截面描述，反应截面是入射粒子能量的函数。图 1.16 所示为 D-D（总）、D-T 和 D-^{3}He 聚变反应截面随 D 核能量 E_d 的变化曲线。D-D 反应有两个反应道，两者的截面近似相等；D-T 反应的截面最大，在 $E_d \sim 105\text{keV}$ 附近出现共振，峰值截面约为 5b，在 $E_d < 100\text{keV}$ 时 D-T 聚变截面仍然比其他反应道高得多。D-^{3}He 反应的优点是反应能 Q 值高，且没有中子产生，核辐射的防护简单，聚变反应释放出的能量表现为带电粒子动能，能量俘获

和转换容易，其缺点是温度较低时反应截面小，而且 ^{3}He 要人工生产。

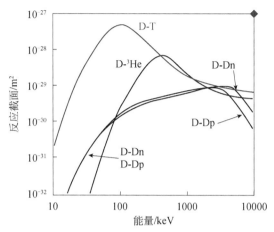

图 1.16　D-T、D-D（总）和 D-^{3}He 的核反应截面

　　轻核聚变需要的 D（氘）核可从海水中提取。海水中 D 核和氢（H）核数目之比为 $1.5：10^4$，即 D 核数占 H 核数的 1/6700。1dm^3（1L）海水中含有 $3.35×10^{25}$ 个 H$_2$O 分子，其中有 $6.7×10^{25}$ 个 H 核，10^{22} 个 D 核。若 1L 海水中所含的 10^{22} 个 D 核全部发生聚变反应，放出的聚变能大约为 $7.2×10^{22}$MeV，约合 $1.2×10^{10}$J，相当于 275L 汽油燃烧放出的热量。地球上海水的总量估计有 10^{18}t，其中的 D 核聚变放能约为 10^{31}J。海水可谓是取之不尽，用之不竭的能源。问题是如何提炼 D，又如何创造让 D 核发生聚变放能所需的高温高密度条件。

　　实际上，聚变反应（1.4.3）D + T —— ^{4}He + n + 17.6MeV 的截面最大，对温度的要求也最低。D 可通过电解重水 D$_2$O 提取，而 T（氚）在自然界极少，只能人工生产，因为 T 是不稳定的放射性核素（β 发射体），半衰期只有 12.3a。用中子核反应生产 T 的核反应有三个：

$$^6\text{Li} + \text{n(热)} \longrightarrow \text{T} + {}^4\text{He} \qquad (1.4.6)$$

$$^7\text{Li} + \text{n(快)} \longrightarrow \text{T} + {}^4\text{He} - 2.5\text{MeV} + \text{n}'(\text{慢}) \qquad (1.4.7)$$

$$^3\text{He} + \text{n} \longrightarrow \text{T} + \text{p} \qquad (1.4.8)$$

氢弹所用的聚变燃料为氘化锂，它是一种固体化合物，密度约为 0.8g/cm^3。D + T 聚变反应所需的 T 主要是通过热中子与 ^{6}Li 的核反应（1.4.6）产生的。然而，在天然 Li 同位素中，^{6}Li 的丰度（摩尔分数）只有 $7.42×10^{-2}$，而 ^{7}Li 的丰度（摩尔分数）为 $92.58×10^{-2}$，^{6}Li 必须富集到 90%摩尔分数才能在武器中使用。固体氘化锂是通过化学反应 D$_2$ + 2Li —— 2LiD 来合成的，其中的 ^{6}Li 丰度很高，但也有少部分 ^{7}Li 混在其中，由此要考虑中子与 ^{7}Li 的造氚反应。地球上天然 ^{3}He 的含量太低，没有提炼价值，但月球上的 ^{3}He 资源丰富，^{3}He 可以通过 D+D 反应（1.4.2）产生。

2. 聚变燃料

若采用纯氘做聚变燃料，其四个聚变反应（1.4.1）～（1.4.4）的总效果是（1.4.5），即平均每个 D 核释放能量 7.2MeV，由此可推出 1kg 氘发生聚变可放出8.3 万 t TNT 当量的能量。在《大美百科全书》中"氢弹"条目是美国核物理学家 E·特勒所写，他给氢弹下的定义是：氢弹是从氦的形成中获取能量的一种爆炸装置。

虽然消耗 1kg 氘可放出 8.3 万 t TNT 当量能量，但用纯氘做氢弹的聚变燃料是不合适的，因为常温常压下的氘为气体，密度小体积大，不合适做大威力的氢弹。即使将气态氘冷却为液体氘也不合适，因为液态氘需要体积庞大的低温冷却装置。

为减小装置的体积和重量，苏联科学家首先想到用氘化锂（LiD）做聚变燃料，LiD 在常温常压下为固体，密度为 0.92g/cm^3，重量轻体积小，也不需要低温装置。因为 Li 是能与 D 形成固体化合物的最轻的金属，且中子与 ^{6}Li 的核反应可以现场生产氚（^{3}H）。天然锂有两种同位素，其中 ^{6}Li 的丰度（摩尔分数）为7.42%，^{7}Li 的丰度（摩尔分数）为 92.58%，武器用的氘化锂必须对 ^{6}Li 进行富集。美国生产的 ^{6}LiD 材料中，核素 ^{6}Li 分别有 95.5%，60%，40%三种富集度。

D+T 聚变反应所需的 T 主要是通过热中子与 ^{6}Li 的核反应（1.4.6）产生的。但是实验室生产氚的成本是很高的，通过热中子与 ^{6}Li 的核反应生产氚，一座热功率为 10 万 kW 的重水天然铀反应堆一年也只能生产出 100g 氚。1 个中子与 ^{6}Li核反应可造一个 ^{3}H 核，而 1 个中子与 ^{238}U 作用也可造 1 个 ^{239}Pu 核，即生产 1g^{3}H（1/3mol）消耗的中子也可生产 1/3mol 的 ^{239}Pu，即 80g ^{239}Pu。可以计算，80g^{239}Pu 核完全裂变的放能是 1g ^{3}H 通过 ^{2}H-^{3}H 聚变反应放能的 10 倍。可见，反应堆生产 ^{3}H 的代价是很高的。而且 ^{3}H 是不稳定的放射性核素，它将通过^{3}H —→ ^{3}He + β$^-$ 衰变为 ^{3}He 气体，^{3}H 的半衰期只有 12a 左右。可以算出 1kg ^{3}H衰变一半放出的 ^{3}He 气体的体积可达 3.7m^3，会胀破密封 ^{3}H 的容器。

LiD 氢弹中主要的核反应有 12 个。其中：①四个聚变反应（1.4.1）～（1.4.4），它们是主要的聚变放能反应；②八个中子核反应，它们的主要作用是产氚。

$$n + {}^6\text{Li} \longrightarrow \begin{cases} {}^4\text{He} + \text{T} + 4.78\text{MeV} \\ {}^4\text{He} + \text{p} + 2\text{n} - 3.70\text{MeV} \\ {}^4\text{He} + \text{D} + \text{n} - 1.48\text{MeV} \end{cases} \qquad (1.4.9)$$

$$n + {}^7Li \longrightarrow \begin{cases} {}^4He + T + n - 2.47MeV \\ {}^4He + D + 2n - 8.72MeV \\ {}^6Li + 2n - 7.25MeV \end{cases} \quad (1.4.10)$$

$$n + D \longrightarrow p + 2n - 2.22MeV \quad (1.4.11)$$

$$n + {}^3He \longrightarrow T + p + 0.764MeV \quad (1.4.12)$$

以上 12 个核反应中，产 T 的核反应有四个： $D + D \longrightarrow T + p$（聚变），$n + {}^6Li \longrightarrow {}^4He + T$，$n + {}^7Li \longrightarrow {}^4He + T + n$，$n + {}^3He \longrightarrow T + p$。图 1.17 和图 1.18 所示分别为中子与 ^7Li 的造氚截面和中子与 ^6Li 的造氚截面。从图中看出，因为 $n + {}^7Li \longrightarrow {}^4He + T + n$ 是吸热反应，存在反应阈能。当中子能量超过反应阈能 4MeV 时，$n+^7Li$ 反应的截面甚至比 $n+^6Li$ 反应的截面还大，并且 $n+^7Li$ 反应还不消耗中子，因此反应的作用不可忽视。

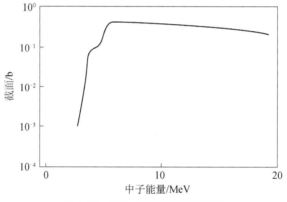

图 1.17　中子与 ^7Li 的造氚截面

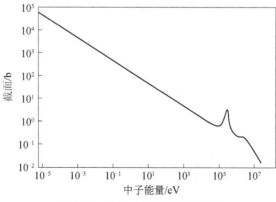

图 1.18　中子与 ^6Li 的造氚截面

美国在早期氢弹的理论设计中，忽略了造 T 反应 $n + {}^7\text{Li} \longrightarrow {}^4\text{He} + T + n - 2.47\text{MeV}$，导致理论设计当量比实测当量要小很多，特别是 ${}^7\text{Li}$ 的丰度越大理论当量偏离实测值越远。这是因为天然氘化锂中 ${}^7\text{Li}$ 的丰度大（92.58%），当中子能量超过反应阈能时，$n + {}^7\text{Li}$ 反应的造氚截面大，且反应不消耗中子。

表 1.9 给出了各种聚/裂变燃料的能量含量。根据 $6D \longrightarrow 2{}^4\text{He} + 2p + 2n + 43.2\text{MeV}$，可算出每千克纯氘燃料完全燃烧放出的能量为 8.3 万 t TNT 当量；根据 $D+T \longrightarrow {}^4\text{He} + n + 17.6\text{MeV}$，可算出每千克氘氚（50∶50 混合）燃料完全燃烧可放出的能量为 8.1 万 t TNT 当量；根据 ${}^6\text{Li}+D \longrightarrow 2{}^4\text{He} + 22.4\text{MeV}$，可算出每千克氘化锂-6 完全燃烧放出的能量为 6.4 万 t TNT 当量；根据 ${}^7\text{Li}+D \longrightarrow 2{}^4\text{He} + n + 15.1\text{MeV}$，可算出每千克氘化锂-7 完全燃烧放出的能量为 3.87 万 t TNT 当量。

表 1.9　各种聚/裂变燃料的能量含量表

燃料	放能/（万 t TNT）
纯氘	8.3
氘氚（50∶50）	8.1
氘化锂-6	6.4
氘化锂-7	3.87
天然氘化锂	4.1
铀-235	1.76
钚-239	1.73

附录 F.1.1

级联方程的求解

$$\frac{\mathrm{d}N_2(t)}{\mathrm{d}t} = \lambda_1 N_1(t) - \lambda_2 N_2(t)$$

解　因为母核按指数规律随时间衰减，即 $N_1(t) = N_{10}\,\mathrm{e}^{-\lambda_1 t}$，所以方程变为

$$\frac{\mathrm{d}N_2(t)}{\mathrm{d}t} + \lambda_2 N_2(t) = \lambda_1 N_{10}\,\mathrm{e}^{-\lambda_1 t}$$

两边乘以因子 $\mathrm{e}^{\lambda_2 t}$，得

$$\frac{\mathrm{d}(N_2\,\mathrm{e}^{\lambda_2 t})}{\mathrm{d}t} = \lambda_1 N_{10}\,\mathrm{e}^{(\lambda_2 - \lambda_1)t}$$

两边对时间积分，利用初始条件 $N_2(t=0)=0$ ，可得

$$N_2(t)\mathrm{e}^{\lambda_2 t} = \frac{\lambda_1}{\lambda_2 - \lambda_1} N_{10}\left(\mathrm{e}^{(\lambda_2 - \lambda_1)t} - 1\right)$$

故解为

$$N_2(t) = N_{10}\frac{\lambda_1}{\lambda_2 - \lambda_1}(\mathrm{e}^{-\lambda_1 t} - \mathrm{e}^{-\lambda_2 t})$$

利用此解 $N_2(t)$ ，可进一步得其放射性子核数目 $N_3(t)$ 满足级联衰变方程的解。$N_3(t)$ 满足的级联衰变方程为

$$\frac{\mathrm{d}N_3(t)}{\mathrm{d}t} + \lambda_3 N_3(t) = \lambda_2 N_2(t)$$

两边乘以因子 $\mathrm{e}^{\lambda_3 t}$ ，可得

$$\frac{\mathrm{d}(N_3(t)\,\mathrm{e}^{\lambda_3 t})}{\mathrm{d}t} = N_{10}\frac{\lambda_1 \lambda_2}{\lambda_2 - \lambda_1}(\mathrm{e}^{-\lambda_1 t} - \mathrm{e}^{-\lambda_2 t})\mathrm{e}^{\lambda_3 t}$$

两边对时间积分，利用初始条件 $N_3(t=0)=0$ ，可得方程解 $N_3(t)$ 。

习　题

1. 放射性衰变主要有哪几种？每一种衰变需满足什么前提条件？

2. 什么是级联衰变中的久期平衡？

3. 什么是比结合能？比结合能有些什么特点？

4. 什么是宏观截面？宏观截面的本质是什么？

5. 核素的定义是什么？与元素有什么不同？具有哪些分类？核素图有些什么特征？

6. 什么样的核容易发生裂变？发生裂变需达到什么条件？

7. 获得核能的聚变反应通常有哪几个？

8. （1）从级联衰变公式 $N_2 = \frac{\lambda_1 N_{10}}{\lambda_2 - \lambda_1}(\mathrm{e}^{-\lambda_1 t} - \mathrm{e}^{-\lambda_2 t})$ 出发，讨论当 $\lambda_1 < \lambda_2$ 时，子体 $N_2(t)$ 在什么时候达到极大值（假设 $N_2(0)=0$）？

（2）已知钼-锝"母牛"有如下衰变规律：$^{99}\mathrm{Mo}\xrightarrow[66.02\mathrm{h}]{\beta}\,^{99\mathrm{m}}\mathrm{Tc}\xrightarrow[6.02\mathrm{h}]{\gamma}\,^{99}\mathrm{Tc}$ ，临床中利用同质异能素 $^{99\mathrm{m}}\mathrm{Tc}$ 所放出的 $\gamma(141\mathrm{keV})$ 作为人体器官的诊断扫描。试问

在一次淋洗后，再经过多少时间淋洗 ^{99m}Tc 时，可得到最大量的子体 ^{99m}Tc？

9. 中子与 ^{235}U（或 ^{238}U）形成复合核 ^{236}U*（或 ^{239}U*），已知 ^{236}U 最后一个核子的结合能为 $S_n(^{236}U) = 6.54\mathrm{MeV}$， ^{239}U 最后一个核子的结合能为 $S_n(^{239}U) = 4.80\mathrm{MeV}$，且假设反应前靶核均处于静止状态。

（1）试求热中子与 ^{235}U 形成复合核 ^{236}U* 的激发能 E^*；

（2）若要求快中子与 ^{238}U 形成复合核 ^{239}U* 的激发能 E^* 超过 ^{239}U* 的裂变势垒高度 $E_b = 6.2\mathrm{MeV}$，则实验室系下快中子的动能 E_n 为多少？

10. 中子与 ^{7}Li 的造 T 反应 $\mathrm{n} + {}^7\mathrm{Li} \longrightarrow {}^4\mathrm{He} + \mathrm{T} + \mathrm{n} - 2.47\mathrm{MeV}$ 的反应能为 $Q = -2.47\mathrm{MeV}$，为吸能反应。只有当中子的动能大于一定数值（反应阈能）时，上述反应才能发生。试求反应阈能。（设反应前靶核在 Lab 系静止。）

11. 同位素分离技术有哪几种？各有什么优缺点？

参 考 文 献

春雷. 2000. 核武器概论. 北京：原子能出版社.
卢希庭. 2010. 原子核物理. 修订版. 北京：原子能出版社.

第 2 章

原　子　弹

2.1　原子弹的基本原理

　　核弹包括原子弹和氢弹。准确地说，原子弹应该叫核裂变弹，氢弹应该叫核聚变弹。核弹爆炸的能量来源于核能的释放，核能的本质是原子核的结合能。质子和中子统称核子。追根溯源，核能来源于核子之间存在的强大的短程核力。

　　设 N 个自由中子和 Z 个自由质子结合成原子核 $_Z^A\mathrm{X}_N$

$$Z(_1^1\mathrm{H}) + N(_0^1\mathrm{n}) \longrightarrow {}_Z^A\mathrm{X}_N + B(Z, A) \tag{2.1.1}$$

由于核力作用，这个过程会放出能量 $B(Z, A)$，称为原子核 $_Z^A\mathrm{X}_N$ 的结合能。结合能定义为原子核 $_Z^A\mathrm{X}_N$ 的动能与 $N+Z$ 个自由核子的动能之差，即

$$B(Z, A) = K\left(_Z^A\mathrm{X}_N\right) - \sum_Z K(_1^1\mathrm{H}) - \sum_N K(_0^1\mathrm{n}) \tag{2.1.2}$$

根据能量守恒定律，结合前后系统的静止能量与动能之和不变，即

$$m(_Z^A\mathrm{X}_N)c^2 + K\left(_Z^A\mathrm{X}_N\right) = \sum_Z K(_1^1\mathrm{H}) + \sum_N K(_0^1\mathrm{n}) + Zm_pc^2 + Nm_nc^2 \tag{2.1.3}$$

根据结合能定义式（2.1.2），可得

$$B(Z, A) = [Zm_p + Nm_n - m(_Z^A\mathrm{X}_N)]c^2 \tag{2.1.4}$$

可见结合能来源于结合前后系统静止质量的亏损。忽略原子中电子的结合能，用核素原子质量来代替核的质量，有结合能的计算公式

$$B(Z, A) = [ZM(\mathrm{H}) + Nm_n - M(_Z^A\mathrm{X}_N)]c^2 \tag{2.1.5}$$

其中 $M(_Z^A\mathrm{X}_N)$ 为核素 $_Z^A\mathrm{X}_N$ 的原子质量。核的结合能大，表示自由核子结合成原子核时放出来的能量多。

　　定义核素的原子质量 $M(_Z^A\mathrm{X}_N)$ 与该核素质量数 A 的差值对应的能量为

$$\Delta(Z,A) = [M(^A_Z X_N) - A]c^2 \tag{2.1.6}$$

则结合能的计算公式（2.1.5）变为

$$B(Z,A) = Z\Delta(\mathrm{H}) + N\Delta(\mathrm{n}) - \Delta(^A_Z X_N) \tag{2.1.7}$$

其中 $\Delta(Z,A)$ 在核数据手册上可查到。

原子核中一个核子的平均结合能称为比结合能

$$\varepsilon(Z,A) \equiv B(Z,A)/A \tag{2.1.8}$$

每个核素的结合能和比结合能均不相同，重核和轻核的比结合能小，中等核的比结合能大。例如，$^4_2\mathrm{He}$ 核的结合能为 $B(^4\mathrm{He}) = 28.296\mathrm{MeV}$，比结合能为 $\varepsilon(^4\mathrm{He}) = 7.074\mathrm{MeV}$，其余核的数值与此不同。比结合能 $\varepsilon(Z,A)$ 随核素质量数 A 的变化曲线称为比结合能曲线。

前面讲过，自由中子和自由质子结合成任何原子核时总有能量放出，自由核子从何而来呢？显然拆分原子核可获得自由核子，但这个过程需要外界提供能量。例如，将 $^4\mathrm{He}$ 核拆分为四个自由核子（即 $^4_2\mathrm{He}\longrightarrow 2\mathrm{p}+2\mathrm{n}$），需要外界提供的能量正好是四个自由核子结合成 $^4\mathrm{He}$ 核时放出的结合能 28.296MeV。也就是说，把任何一个原子核拆分成自由核子，再让自由核子结合成原来的核，是没有净能量输出的。要得到净能量输出，可拆分比结合能小的核（如重核、轻核），再让自由核子结合成比结合能大的核（中等核）。这是因为，拆分比结合能小的核，消耗的能量少，结合成中等质量的核，输出的能量大，这个过程有净能量输出。因此，获得核能就有两种途径：一是拆分重核得自由核子（耗能少），再让它们结合成中等核（放能多），这就是重核裂变；二是拆分轻核得自由核子（耗能少），再让它们结合成中等核（放能多），这就是轻核聚变。

重核裂变放能是原子弹（裂变弹）爆炸能量的来源。例如，拆分重核得到一个自由核子平均耗能 7.6MeV，而自由核子结合成中等质量的核，平均一个核子将输出能量 8.6MeV，故重核裂变时平均一个核子净输出的能量大约为 1MeV。

重核自发裂变的概率极低，不可能大规模得到裂变能。核工程中是通过中子来诱导重核裂变的。中子诱导 $^{235}\mathrm{U}$ 核裂变的反应为

$$\mathrm{n} + {}^{235}\mathrm{U} \longrightarrow {}^{236}\mathrm{U}^* \longrightarrow \mathrm{X} + \mathrm{Y} + \xi\mathrm{n} + Q \tag{2.1.9}$$

其中，U^* 为复合核，X 和 Y 为裂变产物（裂变碎片），Q 为裂变放能，ξ 为裂变放出的次级中子平均数（ξ =2.5 左右）。中子诱导核裂变反应有两个重要特点：一是放能（核能来源）；二是平均释放两个以上的次级中子（裂变链式反应的前提）。

少量重核裂变放出的能量毕竟是有限的，很难加以利用。要利用核能，必须

创造条件形成大规模的裂变反应，形成重核裂变的链式反应，图 2.1 所示为重核裂变链式反应的示意图。所谓裂变链式反应是指，重核裂变时产生的 2～3 个次级中子，再诱导其他重核发生裂变，产生更多的下一代中子，从而使更多的核发生裂变。这样核裂变反应就像链条一样，环环相扣自动连续地进行下去。发生裂变链式反应的前提和物质基础是重核裂变释放的次级中子，依靠裂变次级中子这个媒介，可使裂变反应一代一代持续不断地进行下去，形成自持的裂变链式反应，从而释放出巨大的能量。原子弹作为裂变武器，核裂变能的释放必须要十分剧烈，要求中子的增殖过程必须十分迅速。

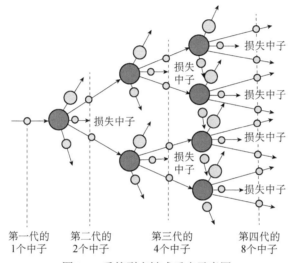

图 2.1 重核裂变链式反应示意图

关于重核裂变放能 Q，需强调两点：①Q 为裂变产物的动能；②Q 可通过裂变反应前后核的结合能来计算，该能量来自于中等核和重核结合能的差异。以中子诱导 ^{235}U 核裂变反应（2.1.9）为例

$$n + {}^{235}U \longrightarrow {}^{236}U^* \longrightarrow X + Y + \xi n + Q$$

Q 定义为反应后产物（包括碎片）的动能减去反应前入射粒子和靶核的动能，即

$$Q = \Delta K \equiv K_{反应后} - K_{反应前} \qquad (2.1.10)$$

另一方面，因为孤立系统的总能量（体系动能+静止能量）守恒，即总能量的变化为零

$$\Delta K + \Delta \left(\sum_i m_i \right) c^2 = 0$$

所以裂变放能

$$Q = -\Delta\left(\sum_i m_i\right)c^2 \tag{2.1.11}$$

它是聚变前后系统静止质量亏损对应的能量。对于 ^{235}U 核裂变反应（2.1.9），其裂变放能（2.1.11）变为

$$Q = [m(^N_Z\text{U}) + m_n - m(^{N_1}_{Z_1}\text{X}) - m(^{N_2}_{Z_2}\text{Y}) - \xi m_n]c^2 \tag{2.1.12}$$

根据核子数守恒 $A = A_1 + A_2 + \xi - 1$ 和电荷守恒 $Z = Z_1 + Z_2$，有 $N + 1 = N_1 + N_2 + \xi$，故（2.1.12）可改写为

$$Q = [Z_1 m_p + N_1 m_n - m(^{N_1}_{Z_1}\text{X})] \cdot c^2 + [Z_2 m_p + N_2 m_n - m(^{N_2}_{Z_2}\text{Y})] \cdot c^2$$
$$- [Z m_p + N m_n - m(^N_Z\text{U})] \cdot c^2$$

按照结合能的定义，上式为

$$Q = B(\text{X}) + B(\text{Y}) - B(^{235}\text{U}) \tag{2.1.13}$$

可见，裂变放能 Q 就是中等碎片核的结合能和裂变重核结合能的差值，等于自由核子结合成碎片核放出的能量减去拆分裂变核所耗费的能量。取中等核的比结合能为 $\varepsilon_1 = 8.6\text{MeV}/$核子，重核的比结合能为 $\varepsilon_2 = 7.6\text{MeV}/$核子，注意到核子数守恒 $A = A_1 + A_2 + \xi - 1$，则由（2.1.13）有

$$Q = (A_1 + A_2)\varepsilon_1 - A\varepsilon_2 = A(\varepsilon_1 - \varepsilon_2) - (\xi - 1)\varepsilon_1 \tag{2.1.14}$$

将 $\varepsilon_1 = 8.6\text{MeV}/$核子，$\varepsilon_2 = 7.6\text{MeV}/$核子，$A = 235$，$\xi = 2.44$ 代入（2.1.14），可估算出中子诱导 ^{235}U 核裂变反应的放能为 $Q = 235 - 1.44 \times 8.6 \approx 222.6(\text{MeV})$。

裂变放能表现为系统动能的增加，如果裂变前系统动能为 0，则裂变放能就表现为裂变产物的能量，包括轻重碎片的动能、裂变中子和瞬发 γ 辐射的能量，裂变产物的 β、γ 衰变能以及中微子的能量。热中子诱导的 ^{235}U 裂变放能为 $Q = 203\text{MeV}$，这些能量的分配比例如表 1.7 所示。其中，碎片动能占 170MeV，约有 10MeV 能量被中微子带走，其余被中子、β、γ 射线所携带。

2.2 中子增殖（链式）反应

中子诱发重核裂变有能量释放，这是利用核能的前提。但是，利用核裂变能的大量释放形成核爆炸，则需满足另外两个条件：一是让重核裂变时产生的次级中子尽可能多地滞留在核材料中诱发新的核裂变，形成中子链式裂变反应持续裂变释能的条件；二是让裂变能量释放的速率极快，即裂变放能功率密度要达到一定要求，使裂变能能够极迅速地在有限体积内释放。这就要求核材料中次级中子

的增殖必须十分迅速。

在核武器物理中,最重要的是中子诱发重核 ^{235}U 和 ^{239}Pu 的裂变。中子按其能量可分为热中子和快中子。热中子是指与物质原子的热运动达到热平衡态的中子,系统有共同的温度 T,中子最概然速率对应的动能为 $E_n = k_B T \approx 0.025\,\mathrm{eV}$(对应 20℃室温)。快中子是指能量高的中子,一般能量在 1MeV 以上。

设 ξ 为中子诱发一个重核裂变放出的平均次级中子数目,它既与核素种类有关,也与入射中子能量有关。表 2.1 和表 2.2 分别给出了热中子(E_n=0.025eV)和快中子(E_n=2MeV)与三种易裂变核(^{233}U、^{235}U、^{239}Pu)的裂变截面 σ_f、辐射俘获截面 σ_c、裂变放出的平均次级中子数 ξ、一个重核每吸收一个中子放出的平均次级中子数 $\eta = \xi\sigma_f / \sigma_a$。

表 2.1   热中子与三种易裂变核相互作用的参数

核素	σ_f/b	σ_c/b	ξ	η
^{233}U	531.1	47.7	2.51	2.28
^{235}U	582.2	98.6	2.44	2.07
^{239}Pu	742.5	268.8	2.89	2.08

表 2.2 E_n=2MeV 快中子与三种易裂变核相互作用的参数

核素	σ_f/b	σ_c/b	ξ	η
^{233}U	1.93	0.04	2.63	2.58
^{235}U	1.28	0.06	2.63	2.52
^{239}Pu	1.95	0.04	3.12	3.06

注意,一个重核每吸收一个中子放出的平均次级中子数 $\eta = \xi\sigma_f / \sigma_a$ 与裂变放出的平均次级中子数 ξ 不同,原因是重核吸收中子后形成的复合核不一定会发生裂变,有可能通过 γ 辐射退激发(辐射俘获)。一个重核每吸收一个中子发生裂变的概率为 σ_f / σ_a,其中 $\sigma_a = \sigma_f + \sigma_c$ 为重核对中子的吸收截面,σ_f 为重核的裂变截面,σ_c 为重核的辐射俘获截面。$\eta = \xi\sigma_f / \sigma_a$ 与核素有关,也与诱发中子的能量有关。

由表 2.1 和表 2.2 可见,热中子(E_n=0.025MeV)诱发 ^{233}U、^{235}U、^{239}Pu 核裂变的截面 σ_f 很大,而快中子(E_n=2MeV)诱发核 ^{233}U、^{235}U、^{239}Pu 裂变的截面 σ_f 只是热中子诱发裂变截面的几百分之一。热中子裂变截面 σ_f 很大的核素 ^{233}U、^{235}U、^{239}Pu 称为易裂变核。

易裂变核 ^{235}U 虽天然存在,但丰度很低,只有 0.72%,做武器前必须富集(浓缩)。易裂变核 ^{239}Pu 的裂变性能虽比 ^{235}U 好,但它是非天然存在的核素,必须人工生产。易裂变核 ^{233}U 也需要人工生产，在 ^{233}U 的生产中一般会含同位素杂质 ^{232}U，^{232}U 有较强的 α、β、γ 辐射，半衰期较短，在含有 ^{9}Be 的材料中，由 γ 产生的核反应 ^{9}Be(γ, n)^{8}Be 会提高中子本底，本底中子可能诱导裂变而导致过早点火风险。另外，α 粒子与裂变材料中轻元素杂质（尤其是铍、硼、氟、锂）相互作用也会产生中子，进一步提高中子本底。因此，应尽量减少裂变材料中所含的轻元素杂质含量。

重核一次裂变可放出 200MeV 左右的裂变能和平均 2.5 个次级中子，这只为核能利用提供了必要（非充分）的条件。要使核能大规模释放成为可能，就必须让裂变反应持续不断地进行，形成裂变链式反应。发生裂变链式反应是有条件的，需要可裂变物质达到一定质量或质量一定时达到一定的质量密度。能够发生裂变链式反应的裂变材料的最小质量叫做临界质量。

一个在核材料中运动的中子诱发重核裂变的概率不一定是 100%，中子从系统中消失前可能遭遇多种可能的命运——漏失、散射、俘获和裂变，图 2.2 中给出了中子的这四种命运，其中只有裂变可使中子数目得到增殖，产生 ξ 个次级中子，使中子净增加数为 ξ−1（也叫中子盈余数）。设 ξ 个次级中子中有 m 个中子通过漏失、俘获等过程而被损失掉，则发生裂变链式反应的条件是 ξ−1 ≥ m，即中子盈余数不小于中子的损失数。

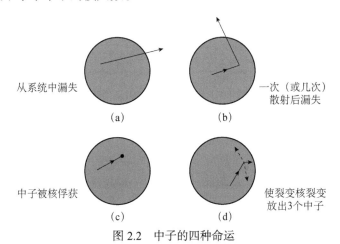

图 2.2　中子的四种命运

在链式反应条件 ξ−1 ≥ m 下，ξ−1 与 m 的差值越大，链式反应就越剧烈。图 2.1 中，对于原子弹，一次重核裂变产生 3 个次级中子，只有 1 个损失，ξ−1 与 m 的差值为 1，裂变链式反应剧烈，裂变放能速率快，链式裂变反应不可控，可能发生核爆炸。如图 2.3 所示，对于反应堆，一次裂变产生 3 个次级中子，有 2 个损失，$\xi-1$ 与 m 的差值为 0，裂变链式反应虽可维持，但裂变放能速率慢，链式裂变反应可控，不可能发生核爆炸。

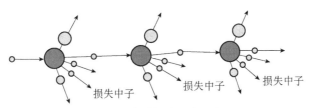

图 2.3 反应堆链式反应示意图

2.3 中子有效增殖系数和临界质量

利用重核裂变放能形成核爆炸，必须满足两个条件：一是形成中子裂变链式反应（要求系统内留存一定数目的裂变次级中子）；二是裂变放能要十分剧烈，即要求系统内中子数目的增殖速度极快。用什么参数衡量系统内中子数目增殖的快慢？如何才能使系统内中子数目增殖得快？

1. 中子有效增殖系数 k 的定义与影响因素

系统内中子数目增殖的快慢用中子有效增殖系数 k 来衡量。我们先看 k 的定义，再看影响 k 的因素有哪些。

如图 2.4 所示，考查一个初始中子在裸 ^{235}U 球系统中的运动。设 p_L 为中子不泄漏出系统的概率（滞留概率），则一个中子在系统中滞留并诱发重核裂变的概率为 $(\sigma_f / \sigma_a)p_L$（其中 $\sigma_a=\sigma_f+\sigma_c$），产生的次级裂变中子数目为 $(\xi\sigma_f / \sigma_a)p_L$，即一个在 ^{235}U 裸球中运动的中子诱发重核裂变，可产生 $(\xi\sigma_f / \sigma_a)p_L$ 个后代中子。

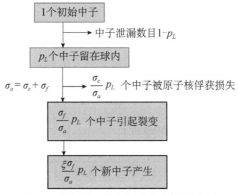

图 2.4 裸 ^{235}U 球中运动的中子的命运

定义中子有效增殖系数 k

$$k = \frac{新生代中子数}{老一代中子数} = \frac{(\xi\sigma_f / \sigma_a)p_L}{1} = \eta p_L \tag{2.3.1}$$

其中 $\eta \equiv \xi\sigma_f / \sigma_a$ 是重核吸收一个中子可能放出的平均次级中子数，它是表征裂变核中子增殖性能好坏的物理量。可见，中子有效增殖系数 k 取决于系统的几何形状、尺寸大小和质量密度（这三者决定中子不泄漏概率 p_L）以及材料的化学成分（核素种类和纯度，决定 η）。

表 2.3 给出了三种易裂变核的核参数，其中 $\eta \equiv \xi\sigma_f / \sigma_a$（其中 $\sigma_a = \sigma_f + \sigma_c$），$c = (\sigma_s + \xi\sigma_f)/\sigma_t$ 为中子与核一次碰撞产生的平均次级中子数，σ_s 为散射截面，$\sigma_t = \sigma_s + \sigma_c + \sigma_f$ 为总截面。不考虑散射时 $c = \eta \equiv \xi\sigma_f / \sigma_a$。显然，当中子不泄漏概率 p_L（滞留概率）相同时，^{239}Pu 材料的中子有效增殖系数最大，^{233}U 次之，而 ^{235}U 最小。要增大 ^{235}U 的中子有效增殖系数，必须提高中子不泄漏出系统的概率 p_L（滞留概率）。

表 2.3 三种易裂变核的核参数

核素	ξ	σ_f / b	σ_c / b	η	c
^{233}U	2.6	1.4	0.25	2.21	1.29
^{235}U	2.6	0.095	0.16	0.97	1.00
^{239}Pu	2.98	1.85	0.26	2.61	1.50

以上中子有效增殖系数 k 的定义式略显粗糙，一个含核燃料的中子增殖系统中，t 时刻中子有效增殖系数 k 的严格定义为

$$k = \frac{裂变中子产生率}{中子泄漏率+中子吸收率} = \frac{N_f(t)}{N_J(t) + N_a(t)} \tag{2.3.2}$$

中子不泄漏概率的严格定义为

$$p_L = \frac{中子吸收率}{中子泄漏率+中子吸收率} = \frac{N_a(t)}{N_J(t) + N_a(t)} \tag{2.3.3}$$

将（2.3.3）代入（2.3.2），得中子有效增殖系数 k 的表达式

$$k = \frac{N_f}{N_a} p_L \tag{2.3.4}$$

再定义中子增殖系统中中子的平均寿命 τ

$$\tau = \frac{N(t)}{N_J(t) + N_a(t)} = \frac{现有中子数}{中子泄漏率+中子吸收率} \tag{2.3.5}$$

利用（2.3.2）和（2.3.3），可得 τ 与 k 和 p_L 的关系为

$$\tau = \frac{N(t)}{N_a(t)} p_L = \frac{N(t)}{N_f(t)} k \qquad (2.3.6)$$

设中子是单能的，速率为 v，则裂变中子产生率为 $N_f(t) = v \xi \Sigma_f N(t)$，那么 τ 与 k 的关系式（2.3.6）变为

$$\tau = \frac{k}{v \xi \Sigma_f} \qquad (2.3.7)$$

中子有效增殖系数 k 是裂变系统整体性质的反映，它依赖于系统的几何形状、大小、材料成分和质量密度。要使系统内的中子数快速增殖，就要求系统的 k 大大超过 1。

表 2.4 列出了 k 与链式裂变反应类型和裂变系统状态的关系：① $k = 1$，裂变链式反应可自持下去，这种情况称自持链式反应，对应的裂变系统状态称为临界状态；② $k > 1$，裂变链式反应的规模越来越大，这称为发散型链式裂变反应，对应的裂变系统状态称为超临界状态；③ $k < 1$，裂变链式反应的规模越来越小，直至裂变反应终止，这称为收敛式链式裂变反应，对应的裂变系统状态称为次临界状态。核反应堆工作在临界状态，而核武器工作在超临界状态。问题是，对于给定核燃料，如何增大中子增殖系数 k 使其处在超临界状态呢？

表 2.4　k 与链式裂变反应类型和裂变系统状态的关系

k 值	链式裂变反应类型	裂变系统状态
$k = 1$	自持	临界
$k > 1$	发散	超临界
$k < 1$	收敛	次临界

2. 提高裂变系统 k 值的途径

由（2.3.4）可见，要提高系统的有效中子增殖系数 k，就要从三方面入手：一是提高系统裂变中子产生率 N_f；二是减小系统内的中子吸收率 N_a；三是提高不泄漏概率 p_L。

当核材料（例如 ^{235}U 和 ^{239}Pu）定了，要增大 k，只有提高中子不泄漏概率 p_L。中子泄漏是通过中子增殖系统的边界发生的，系统边界表面积 S 越大，中子泄漏的概率就越大；而系统体积 V 越大，中子泄漏的概率就越小。因此，要提高中子不泄漏概率 p_L，就要使系统的表面积体积比 S/V 比值尽量小。提高中子不泄漏概率 p_L 的办法有三个：①核材料做成球形。因为当物质的质量一定时，球体的 S/V 最小。②增大球半径。对于半径为 r 的球形物体，$S/V = 1/r$。③增大物质的质量密度。

实际上，增大核材料的体积（球半径 r ），肯定会提高中子不泄漏概率 p_L ，从而提高裂变系统的 k 值，但此办法势必会增加核燃料用量，造成核燃料的浪费。因此，最好采用增大核材料质量密度的方法来提高中子不泄漏概率 p_L ，从而提高裂变系统的 k 值。下面简单分析一下。

核材料大小不仅取决于其几何尺度，更重要的是取决于中子平均自由程 l 。也就是说，如果中子在核材料中运动时平均自由程 l 很短，则几何尺寸小的核材料系统也是大系统，因为中子在材料中不容易逃出去。考虑中子平均自由程 $l = 1 / \Sigma \propto 1 / \rho$ 与材料质量密度 ρ 成反比，减小 l 的方法就是增大 ρ ，也就增大了中子不泄漏的概率 p_L 。在实际工程中，通过压缩核燃料，增大其密度，可以提高中子有效增殖系数。

增大核材料密度为什么可以增大中子不泄漏概率 p_L 呢？如图 2.5 所示，考虑中子对厚度为 d 的平板核燃料的穿透问题，中子（穿透平板）泄漏的概率近似为 $I_d / I_0 = \mathrm{e}^{-\Sigma d}$ （指数规律），不泄漏概率近似为 $p_L = 1 - \mathrm{e}^{-\Sigma d}$ ，其中宏观截面 $\Sigma = N\sigma = (\rho N_A / A)\sigma$ 与 ρ 成正比， ρ 增大，不泄漏概率 p_L 就增大。

图 2.5　中子穿透平板的衰减问题

压缩核材料增大其密度，一方面可以增大中子不泄漏概率 p_L ，另一方面可以大量节省核材料。下面我们来估算一下，把核材料的体积压缩为原来的 $\dfrac{1}{\bar{\sigma}}$ （即密度增大为原来的 $\bar{\sigma}$ 倍），在保持中子不泄漏概率 p_L 不变时，可以节省多少核材料。

设压缩前，球形核材料质量为 M_0 ，半径为 r_0 ，体积为 V_0 ，密度为 $\rho_0 = M_0 / V_0$ ；若保持核材料质量 M_0 一定，将其体积压缩至 $V_0 / \bar{\sigma}$ （其中 $V_0 / V = \bar{\sigma} > 1$ ），则压缩后的核材料体积 V 、半径 r 、密度 ρ 、中子自由程 l 等参数的变化如表 2.5 所示。

表 2.5　燃料球压缩前后参数变化

	体积	半径	密度	自由程
压缩前	V_0	r_0	ρ_0	l_0
压缩后	$V = V_0 / \bar{\sigma}$	$r = r_0 / \bar{\sigma}^{1/3}$	$\rho = \bar{\sigma}\rho_0$	$l = l_0 / \bar{\sigma}$

因为压缩前后质量不变，$\rho V = \rho_0 V_0 = M_0$，即 $\rho r^3 = \rho_0 r_0^3$，所以 $\rho / \rho_0 = V_0 / V = \bar{\sigma}$，$r / r_0 = 1 / \bar{\sigma}^{1/3}$，又 $l\rho = l_0\rho_0 = A / (N_A\sigma)$，所以 $l = l_0 / \bar{\sigma}$。由此可得，压缩后半径自由程之比增大为 $(r / l) = (r_0 / l_0)\bar{\sigma}^{2/3}$，其中 $r_0 / l_0 \equiv \Sigma_0 r_0$ 为核材料压缩前中子从球心到边界与核材料相互作用概率（或自由程个数），而 $r / l \equiv \Sigma r$ 则为中子从压缩后的核材料球心到边界的相互作用概率（或自由程个数）。这表明，核材料体积压缩为原来的 $\dfrac{1}{\bar{\sigma}}$ 后，中子从球心运动到边界时与核材料相互作用的概率将增大到压缩前的 $\bar{\sigma}^{2/3}$ 倍。如果在压缩核材料中选取一个半径 r' 适当的球，使中子从球心运动到边界 r' 的相互作用概率 r' / l 与压缩前中子从球心到边界 r_0 的相互作用概率 r_0 / l_0 相等，即 $r' / l = r_0 / l_0$，此时中子从球心到边界的相互作用概率（或不泄漏概率）保持不变，由此可得泄漏概率相等的压缩球半径 $r' = r_0 / \bar{\sigma}$。换句话说，核材料压缩为原来的 $\dfrac{1}{\bar{\sigma}}$ 后，中子在半径 $r_0 / \bar{\sigma}$ 的压缩球的泄漏概率保持不变。此时，压缩材料的质量 M 与未压缩材料的质量 M_0 之比为

$$\frac{M}{M_0} = \frac{\rho r'^3}{\rho_0 r_0^3} = \frac{\rho}{\rho_0 \bar{\sigma}^3} = \frac{1}{\bar{\sigma}^2} \tag{2.3.8}$$

若 M_0 为未经压缩核材料的临界质量（$k=1$ 对应的是未压缩核材料的质量），则压缩后核材料的临界质量 M 只是 M_0 的 $1 / \bar{\sigma}^2$。因此，通过压缩核材料可以大量节省核材料。

综上所述，使中子有效增殖系数 k 增大（即提高中子不泄漏概率 p_L）的办法有两个：一是增大核燃料的体积（密度不变，增加质量）；二是压缩核燃料（质量不变，增加密度）。据此，制造原子弹的办法主要有两个：一是"枪式"（压拢式），用增大核燃料体积的办法来增大 k 值，使系统处于超临界状态；二是"内爆式"（压紧式），用增大核燃料质量密度的办法来增大 k 值，使系统处于超临界状态。显然，压拢式浪费核燃料，而压紧式节省核燃料。

3. 裂变系统 k 值与系统内中子数目随时间增长的关系

裂变系统的中子增殖系数 k 越大，系统内由于裂变产生的新生代中子数就比老一代中子数多，这样一代接着一代地中子增殖，将使系统内中子数目随时间呈现井喷式增加。我们要问系统内 t 时刻的中子数目 $N(t)$ 随时间增长的规律怎样？$N(t)$ 与 k 的定量关系是什么？

t 时刻系统内的中子数目 $N(t)$ 随时间的增长率满足以下中子数守恒方程：

$$\frac{\mathrm{d}N(t)}{\mathrm{d}t} + N_J(t) + N_a(t) = N_f(t) + q(t) \tag{2.3.9}$$

即系统内中子数增长率+边界泄漏率+中子吸收率=裂变中子产生率+外源中子产

生率。

按照中子不泄漏概率 p_L 的严格定义（2.3.3）和中子平均寿命 τ 的严格定义（2.3.5），有

$$N_J(t) + N_a(t) = \frac{N(t)}{\tau}, \quad N_f(t) = k\frac{N(t)}{\tau} \tag{2.3.10}$$

则中子数守恒方程可写为

$$\frac{\mathrm{d}N(t)}{\mathrm{d}t} = \frac{k-1}{\tau}N(t) + q(t) \tag{2.3.11}$$

引入系统的中子增殖时间常数

$$\lambda = (k-1)/\tau \tag{2.3.12}$$

则有

$$\mathrm{d}N(t)/\mathrm{d}t = \lambda N(t) + q(t) \tag{2.3.13}$$

在初始条件 $N(t=0) = N_0$ 下，微分方程的解为

$$N(t) = N_0 \mathrm{e}^{\lambda t} + q(\mathrm{e}^{\lambda t} - 1)/\lambda \tag{2.3.14}$$

无外中子源时，即 $q = 0$ 时，系统内中子数目随时间指数变化，即

$$N(t) = N_0 \mathrm{e}^{\lambda t} \tag{2.3.15}$$

若 $k > 1$，则 $\lambda > 0$，中子数目随时间指数增加，k 越大，系统内中子数目随时间增长越快，最后中子数目随时间呈现井喷式增加。对于裂变武器来说，必须 $k > 1$，越大越好。

4. 裂变系统 k 值与裂变放能率的关系

裂变系统内的重核裂变是由中子诱发的，系统内中子数目随时间增长得越快，核燃料裂变反应放能就越剧烈，一定量的核燃料裂变完成所需的时间就越短，裂变中子增殖的代数就越少。因此，从（2.3.15）看出，时间常数 $\lambda = (k-1)/\tau$ 越大越好，也就是中子增殖系数 k 越大越好，即核燃料系统要处在超临界状态。

例 设核材料 ^{235}U 处在超临界状态，有效中子增殖因子 $k = 1.2$，试计算由一个初始中子引发的中子链式反应将 1kg 的 ^{235}U 核裂变完所需的时间和裂变中子代数 n（设每一代裂变所需时间大约为 $\tau = 10^{-8}\text{s}$）。

解 由一个中子引起的中子链式反应，可按中子数目随时间的增长公式（2.3.15）来求。因为经历 n 代裂变所需的时间为 $t = n\tau$，此时的裂变核数目 $N_f(t = n\tau)$ 满足

$$\frac{N_f(t = n\tau)}{N_{f0}} = \frac{N(t = n\tau)}{N_0} = \mathrm{e}^{(k-1)t/\tau} = \mathrm{e}^{(k-1)n} \tag{2.3.16}$$

其中 N_{f0} 为 $t = 0$ 时裂变核数目，它与 $t = 0$ 时中子数目 $N_0 = 1$ 成正比。设一个中子引起一个核裂变，则经历前 n 代的裂变总数为

$$1 + e^{k-1} + e^{(k-1)2} + \cdots + e^{(k-1)(n-1)} = \frac{e^{(k-1)n} - 1}{e^{k-1} - 1} \qquad (2.3.17)$$

1kg ^{235}U 中所含的 ^{235}U 核数目为 $1000g / (235g/mol) \times 6.02 \times 10^{23} mol^{-1}$，则将 1kg ^{235}U 核裂变完所需的代数 n 满足

$$\frac{e^{(k-1)n} - 1}{e^{k-1} - 1} = 2.56 \times 10^{24} \qquad (2.3.18)$$

当 $k = 1.1$ 时，由（2.3.18）可求得 $n = 539$，所需时间为 5.66μs。当 $k = 1.2$ 时，由（2.3.18）可求得 $n = 274$，所需时间为 2.74μs。当 $k = 1.3$ 时，由（2.3.18）可求得 $n = 184$，所需时间为 1.84μs。表 2.6 给出了裂变完一定量核材料所需的中子代数和时间。

表 2.6 裂变完一定量核材料所需的中子代数和时间

裂变数量/kg	对应当量/千 t TNT	k=1.2		k=1.3	
		中子代数	时间/μs	中子代数	时间/μs
0.1	2	262	2.62	176	1.76
1	20	274	2.74	184	1.84
2	40	277	2.77	186	1.86

图 2.6 是根据表 2.6 中的数据绘制的曲线，横坐标为时间，纵坐标为裂变放能当量（单位是万 t TNT 当量）。由表 2.6 可见，①由一个中子引发的裂变链式反应，裂变完一定量核材料所需要的代数和时间与中子增殖因子 k 密切相关，k 越大，所需时间越短，代数越少，裂变反应放能越剧烈。②在超临界状态下核系统的裂变链式反应非常迅速，时间为 μs 量级，裂变能量的绝大部分是在裂变反应后期突然放出的。以 $k = 1.2$ 为例，早期 2.62μs 时间内 0.1kg ^{235}U 发生裂变，中期 0.12μs 时间内 0.9kg ^{235}U 发生裂变，后期 0.03μs 时间内 1kg ^{235}U 发生裂变。k 越大，裂变速率越快。为提高核材料利用率，从而提高核武器的爆炸威力，就要尽量提高核反应时的核材料超临界程度，并设法延长裂变链式反应进行的时间。然而，一般裂变链式反应的时间是很难延长的，因为核材料的裂变放能一旦启动，系统温度急剧上升，体积急剧膨胀，密度很快变小，从超临界状态急剧过渡到次临界状态，使裂变链式反应熄灭。只有在系统内进行的裂变链式反应熄灭之前的一段极短时间内迅速完成大量的核裂变反应，裂变放能才能达到一定爆炸威力，这就是要求核武器中的中子增殖因子 k 大、裂变放能率极高的原因。

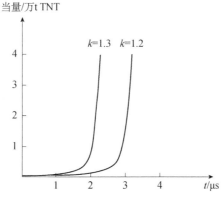

图 2.6　链式反应放能与时间的关系

综上所述，核裂变系统的 k 值越大，其中的中子增殖过程就越迅速，中子诱发一定质量的重核完成裂变所需的时间就越短，核裂变放能的速率就越快，核裂变放能的功率就越大，核爆炸就越剧烈。总之，原子弹爆炸要求核材料系统处于高超临界的状态。

5. 临界系统与临界质量

所谓临界系统是指中子有效增殖系数 $k=1$ 的核材料系统。临界质量是指裂变系统处在 $k=1$ 的临界状态时所含的易裂变核材料的质量。核裂变材料的临界质量取决于材料的几何形状和尺寸、材料的成分和密度，以及材料周围的环境（比如材料周围是否有中子反射层）。核材料的临界质量是原子弹研制时的一个重要数据，可以通过试验和理论计算求得。理论计算核裂变材料的临界质量时，需要数值求解中子输运方程。

美国早期在实施"曼哈顿工程"时，在 Godiva 快中子堆上实验测量了武器用金属铀 Oy 的临界参数（Oy 是 Oralloy 的缩写，意为橡树岭合金 Oak Ridge alloy）。Oy 是一种高富集度铀金属，材料组成和丰度为 93.71% 的 ^{235}U，5.24% 的 ^{238}U 和 1.05% 的 ^{234}U。美国还在 Jezebel 快中子堆上实验测量了武器级钚（Pu）材料的临界参数，表 2.7 给出了以上两种裸金属球的临界质量和密度。瞬发临界是指单独依靠 U、Pu 的瞬发裂变中子就能维持链式反应处于临界状态，而缓发临界则需把 U、Pu 的缓发裂变中子也计算在内才能维持金属球的链式反应处在临界状态。

表 2.7　裸金属球的临界质量和密度（缓发临界时）

装置名称	材料	质量/kg	密度/（g/cm³）	缓发中子份额
Godiva	Oy	52.25	18.71	0.68%
Jezebel	武器级 Pu	16.45	15.818	0.23%

一种核材料的临界质量一般是指球形材料的外围为真空的临界质量，称为裸球的临界质量。因为裸球外围中子的泄漏量很大，要使球内部中子的有效增殖因子达到 1 需要很大的球半径，故裸球的临界质量一般很大。表 2.8 给出了 Pu 球与 Oy 球临界质量比较。当外围有中子反射层时，临界质量要小很多。

表 2.8 Pu 球与 Oy 球临界质量比较

反射层材料	M_c（钚-239）/kg	M_c（铀-235）/kg	$\dfrac{M_c（钚-239）}{M_c（铀-235）}$
无	16.2	48.0	0.338
24.1cm 铀	5.80	16.2	0.358
11.7cm 铀	6.28	18.0	0.350
12.7cm 铜	6.95	约 19.8	约 0.35
无限厚水	8.0	22.8	约 0.35

注：^{239}Pu 密度=15.6g/cm^3，Oy（90×10^{-2} 质量分数的 ^{235}U）密度=18.8g/cm^3。

减少核材料临界质量的方法有很多种，这些方法所依据的基本原理都是增大中子不泄漏概率。

增大中子不泄漏概率的第一种方法是在核燃料外围加中子反射层。这可将从核燃料中漏失的中子再反射回来，增大中子留存概率。反射层材料要选用中子反射截面大而中子俘获截面小的材料。表 2.9 给出了带各种反射层的 Oy 球的临界质量，以及外面包裹不同厚度的反射层材料的金属铀球 Oy 的临界质量。可见，采用加反射层的方法，可使临界质量大大缩小。在原子弹设计中，为了延缓裂变区材料在升温过程中的飞散，延长裂变链式反应的时间，提高裂变材料的利用率，从而最终增大武器的爆炸威力，常常选择天然铀作为裂变燃料外围的中子反射层。由于天然铀的密度大，依靠它的惯性可有效延缓聚变放能区的飞散进程，因此高密度的天然铀反射层也叫"惰层"或"箍缩层"。

表 2.9 带各种反射层的 Oy 球的临界质量 （单位：kg）

反射层材料	密度/（g/cm^3）	反射层厚度			
		2.54cm	5.08cm	10.16cm	无穷大
铍(Be（QMV）)	1.84	29.2	20.8	14.1	—
氧化铍（BeO）	2.69	—	21.3	15.5	约 8.9
碳化钨（WC）	14.7	—	21.3	16.5	约 16.0
铀（U）	19.0	30.8	23.5	18.4	16.1
钨合金（约 92%的 W）	17.4	31.2	24.1	19.4	—

续表

反射层材料	密度/ （g/cm³）	反射层厚度			
		2.54cm	5.08cm	10.16cm	无穷大
石蜡	0.91	32.6	—	—	21.8
水（H_2O）	—	33.5	约22.4	22.9	22.8
重水（D_2O）	—	—	27	21.0	约13.6
铜（Cu）	8.88	32.4	25.4	20.7	—
镍（Ni）	8.88	33.0	25.7	21.5	约19.6
三氧化二铝（Al_2O_3）	2.76	35.1	—	—	—
石墨（CS-312）	1.69	35.5	29.5	24.2	约16.7
铁（Fe）	7.87	36.0	29.3	25.3	23.2
锌（Zn）	7.04	—	29.8	25.0	—
钍（Th）	11.48	—	33.3	—	—
铝［Al（2s）］	2.70	39.3	35.5	32	<30.0
钛（Ti）	4.50	39.7	—	—	—
镁（Mg）	1.77	41.0	—	—	—

注：93.5%质量分数的 ^{235}U，Oy 的密度为 18.8g/cm³。

　　增大中子不泄漏概率的第二种办法是压缩核材料增大其质量密度。因为临界质量与核材料的质量密度相关，质量密度越大，临界质量就越小。如果 M_0 为未压缩的某核材料的临界质量，则当其体积压缩至原来的 $\dfrac{1}{\sigma}$ 后，该核材料的临界质量将缩小为 $M = M_0 / \sigma^2$。如果 M_0 是未压缩的某种核材料的质量，它小于临界质量，通过压缩次临界的核材料，就可使该核材料达到甚至超过临界状态，从而大大节省核材料。

　　因此，使核材料超临界的办法有：一是增大核材料体积（增大质量）；二是压缩核材料提高其密度（不增加质量）；三是增加中子反射层。

2.4　原子弹的两种基本结构

　　在实际工程问题中，使原子弹所用核燃料达到超临界的办法主要有两个：一是采用"枪式"结构，通过增大核材料体积（增加质量）来使核材料达到超临界；二是采用"内爆式"结构，通过增大核燃料的质量密度（缩小临界质量）来使核材料达到超临界。

图 2.7 所示分别为 1945 年 8 月 6 日美国向日本广岛投下的原子弹"小男孩"（Little Boy）和 1945 年 8 月 9 日美国向日本长崎投下的原子弹"胖子"（Fat Man）的结构示意图。

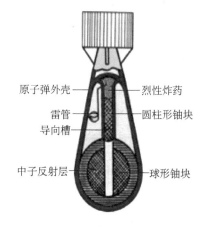

（a）"枪式"原子弹结构原理图

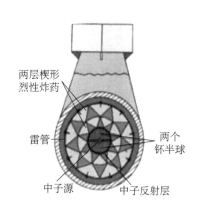

（b）"内爆式"原子弹结构原理图

图 2.7 "枪式"和"内爆式"原子弹示意图

"小男孩"使用 ^{235}U 作为裂变材料，采用"枪式"结构，其爆炸原理是，起爆前三块 ^{235}U 材料分开放置，各自处于次临界状态；首先雷管使烈性炸药起爆，依靠炸药的推力，使其中一块 ^{235}U 材料（炮弹）与另外两块 ^{235}U 材料迅速拼合成球状体，通过增大核材料 ^{235}U 的体积（增加质量）来达到超临界；中子反射层采用碳化钨（WC），弹体外壳用钢制造；当核材料达到超临界状态时，点火中子源产生的点火中子，将引起剧烈的中子链式反应和裂变放能率，引起核爆炸。点火中子源一般用钋（^{210}Po）-铍（^{9}Be）中子源，质量 0.6～6mg 的 ^{210}Po 同位素是 α 粒子的强发射体，α 粒子与 ^{9}Be 发生核反应产生中子，反应式为 α+ ^{9}Be $\longrightarrow$ ^{8}Be+n+ ^{4}He。

图 2.8 是"小男孩"的装配图，其中 3 为 ^{235}U 靶环，11 为 ^{235}U 炮弹。

"枪式"原子弹的优点是技术简单，直径可做得很小，适合做核炮弹和穿地弹。但其缺点有三：一是长度长（由于炮弹要加速）；二是未压缩的核材料 ^{235}U 的临界质量大、武器重、核燃料利用效率低；三是拼合成超临界状态的时间长，存在过早点火危险。所谓过早点火是指，核材料刚达到临界状态（还未达到高超临界），只要有中子注入，就有可能形成裂变链式反应，这样会使系统在尚未达

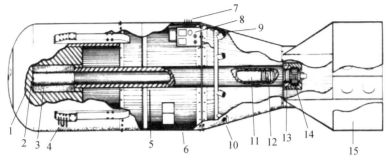

图 2.8　　"小男孩"弹装配图

1. 头部钢锻件；2. 钋-铍中子源；3. 铀-235 靶套（环）；4. "高射炮"引信雷达天线；5. 内炮筒；6. 弹壳；
7. 解除保险线路；8. 解除保险与引信装置；9. 气压计组；10. 气压传感部件；11. 铀-235 "炮弹"；12. 火药包；
13. 炮闩；14. 后栓塞（带雷管）；15. 箱式尾翼

到最佳临界状态时就开始裂变放能，使系统膨胀，从而减小核材料中的中子有效增值系数和降低核裂变的速率，降低核燃料的利用效率，浪费核燃料。

　　"胖子"属于"内爆式"原子弹，使用 ^{239}Pu 作为裂变材料，其基本结构看起来是一个球壳套着一个球壳，有核装料、起爆装置、炸药、中子源、中子反射层、弹体等几个组成部分。炸药起爆前，两块半球形的核材料 ^{239}Pu 组成一球形，但 ^{239}Pu 处于次临界状态，球心有点火中子源（不会使次临界核材料产生不可控的链式裂变）。图 2.9 所示为 ^{239}Pu 弹芯外围的炸药透镜示意图。"炸药透镜"由两层楔形炸药组成，雷管起爆时引爆炸药，形成向 ^{239}Pu 弹芯中心汇聚的爆轰波，汇聚爆轰波的挤压作用瞬间将 ^{239}Pu 压缩成高密度，使其达到高超临界状态，点火中子源随即引起核材料剧烈的裂变链式反应，瞬间大量的聚变放能将引起猛烈的核爆炸。

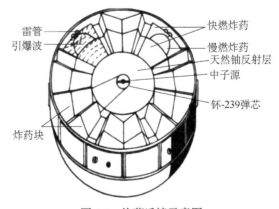

图 2.9　炸药透镜示意图

"炸药透镜"使用快燃和慢燃两种性质不同的炸药。一个透镜单元中有 3 块炸药，其中 2 块快燃炸药，1 块慢燃炸药。快燃炸药是合成炸药，成分为（质量分数）60%的黑索金、39%的 TNT（三硝基甲苯）和 1%的蜡（作黏合剂）。慢燃炸药用巴拉托炸药，是 TNT 和氮化钡的混合物（典型情况下，TNT 的质量分数占 25%～33%），另加 1%的蜡。巴拉托炸药的密度较高，至少为 2.5g/cm³。点火中子源仍然采用钋（^{210}Po）-铍（^{9}Be）中子源。"内爆式"原子弹优点有三：一是内爆时间短，没有过早点火危险，允许使用高自发裂变的核材料 ^{239}Pu；二是 ^{239}Pu 被压缩，临界质量小，用料省，利用效率高；三是可设计成体积小、质量轻、爆炸威力大的武器。"内爆式"原子弹的缺点是技术要求高，要求有很高的武器构件几何加工精度和装配精度。

2.5 原子弹的爆炸过程

爆炸是指大量能量在有限空间和极短时间内释放，能量从一种形式向另一种形式转化且伴有强烈机械效应的过程。炸药爆炸将化学能变为机械能，核爆炸则将核能转变为机械能。这种爆炸过程的能量转换很迅速，能量释放空间很小，功率密度很高。核武器的爆炸威力一般用一定质量的 TNT 炸药释放的能量来衡量。如果核爆炸时放出的能量和 X 吨 TNT 炸药爆炸时释放的能量相当，我们就说核爆炸威力为 X 吨 TNT 当量。核武器威力的计量单位有吨 TNT 当量（t TNT）、千吨 TNT 当量（kt TNT）、兆吨 TNT 当量（Mt TNT）。能量换算公式为

$$1\text{kg TNT 当量}=4.19\times10^{6}\,\text{J}=10^{6}\,\text{cal}$$

$$1\text{t TNT 当量}=4.19\times10^{9}\,\text{J}=10^{9}\,\text{cal}$$

$$1\text{kt TNT 当量}=4.19\times10^{12}\,\text{J}=10^{12}\,\text{cal}$$

例如，1kg ^{235}U 核材料裂变放能相当于 17.6kt TNT 放能，我们说 1kg ^{235}U 的裂变当量为 17.6kt TNT。

内爆式原子弹的爆炸过程大致分为以下四步。第一步为核燃料的内爆压缩阶段。此阶段雷管点燃炸药透镜，产生球面聚心内爆爆轰波，压缩裂变材料，使其达到高超临界状态。第二步为中子点火阶段。在达到高超临界状态的核材料中及时注入点火中子，启动核材料的中子链式裂变反应。第三步为裂变中子数目随时间指数增殖阶段。此阶段留在核材料中的裂变中子数目随时间指数增长。第四步为系统解体阶段。此阶段大量的核裂变完成，核材料燃耗大，裂变核素的浓度降

低，核反应区域体积膨胀，密度降低、中子逃逸量大，核裂变反应和裂变放能逐渐停止。

裂变中子数目随时间的指数增殖阶段是核爆炸过程中裂变反应放能的重要阶段。因为重核裂变由中子诱导，裂变反应放能的快慢取决于系统内裂变中子数目增殖的快慢。在核裂变材料系统中，中子数目的增殖速率=裂变中子产生的速率-中子被吸收的速率-中子泄漏的速率。设裂变材料系统中的中子的有效增殖系数为 k，t 时刻的中子数目为 $N(t)$，中子的平均寿命为 τ，这些中子"死亡"后在系统中产生的新一代中子数目为 $kN(t)$，即在时间间隔 τ 内，系统中的中子数目增加量为 $(k-1)N(t)$，于是可得系统内中子数目的时间增长率方程

$$\frac{\mathrm{d}N(t)}{\mathrm{d}t} = \frac{k-1}{\tau}N(t) = \lambda N(t) \tag{2.5.1}$$

其中 $\lambda \equiv (k-1)/\tau$ 为中子增殖时间常数。在初始条件 $N(t=0)=N_0$ 下，解微分方程可得 t 时刻留在裂变链式反应系统中的裂变中子数目 $N(t)$ 与时间指数增长规律 $N(t)=N_0 \mathrm{e}^{\lambda t}$，其中 N_0 为初始时刻的中子数。可见，当 $k>1$ 即 $\lambda>0$ 时，系统处于超临界状态，留在系统中的裂变中子数越来越多，时间常数 λ 越大，中子数随时间增长越快。时间常数 $\lambda=0$ 时，留在系统内的裂变中子数目不变，核材料处于临界状态。时间常数 $\lambda<0$ 时，留在系统内的中子数越来越少，核材料处于次临界状态。由于重核的裂变数目与留在系统中的中子数目成正比，故系统内 t 时刻的核裂变数目随时间的增长也服从上述指数规律。

系统内产生的中子的平均寿命 τ 与相邻两代中子的平均时间相当，由（2.3.6）可知平均寿命 τ 与系统中中子有效增殖因子 k 的关系为

$$\tau = \frac{N(t)}{N_f(t)}k \tag{2.5.2}$$

假设中子是速率为 v 的单能中子，则 t 时刻裂变中子产生率为 $N_f(t) = v\xi\varSigma_f N(t)$，其中 ξ 为一个重核裂变后产生的次级中子平均数目，$\varSigma_f$ 为中子的宏观裂变截面，那么中子平均寿命 τ 与 k 的关系式（2.5.2）变为

$$\tau = \frac{k}{v\xi\varSigma_f} \tag{2.5.3}$$

可见中子平均寿命大致为中子跑一个裂变自由程 l_f 所需的时间 l_f/v，其中 v 为中子的速率。例如，能量为 1MeV 的快中子的速率为 $v=1.38\times10^9\mathrm{cm/s}$，中子在 $^{235}\mathrm{U}$ 和 α 相钚材料中裂变自由程 $l_f=1/\varSigma_f$ 分别为 14.8 cm 和 10.8 cm，故中子平均寿命 τ 大约为 $10^{-8}\mathrm{s}$ 量级，如表 2.10 所示。

表 2.10 中子的平均寿命 τ

核材料	密度/ (g/cm³)	σ_f / b	l_f/cm	τ /(×10⁻⁸s)
²³⁵U	18.8	1.4	14.8	1.07
α 相钚	19.8	1.85	10.8	0.78

由（2.5.3）可知，中子的平均寿命 τ 与中子速率 v 成反比。热中子反应堆中的中子速度低，因而中子寿命长，达 $\tau = 10^{-3}$ s 。对于中能中子反应堆，中子寿命就短一些，可达 $\tau = 6 \times 10^{-5}$ s 。为提高武器的裂变放能的速率，中子增殖时间常数 $\lambda \equiv (k-1)/\tau$ 值要尽量大，这要求 k 值尽量大，中子寿命 τ 值要尽量小。因此，原子弹必须利用快中子来裂变，即中子不能被慢化。但是，高能快中子对 ²³⁵U 核的裂变截面小，裂变速率慢，故必须用高富集度的金属铀或钚。对民用核电站来说，裂变放能的速率不必过高，即 τ 值不必很小，这样中子的速率就可以小一些。核电站可以充分利用慢中子，因为慢中子对 ²³⁵U 的裂变截面大，故反应堆的核燃料 ²³⁵U 富集度可以低一些。反应堆中的中子增殖时间常数 $\lambda \equiv (k-1)/\tau$ 小，即使发生超临界事故，也不会形成核爆炸，而最多只能使堆体熔化，造成放射性物质泄漏。

在原子弹中，裂变中子数目指数增殖的阶段是放能的主要阶段，是核爆炸放能的高潮。典型情况下，增殖时间常数 $\lambda \equiv (k-1)/\tau$ 在 $25 \sim 250\mu s^{-1}$ 之间。定义 $n = t/\tau$ 为中子增殖的代数，则第 n 代的裂变中子数目为 $N(t) = N_0\, e^{n(k-1)}$ ，只有当 $k > 1$ 时，留在系统中的中子数目才随时间指数增长，k 越大，裂变中子数目增殖越快。设 $k = 2$ ，则裂变中子增殖 n 代后的数目为 $N(t) = N_0\, e^n$ 。对于爆炸当量为 200t TNT 的裂变弹，需要的核裂变数为 2.9×10^{22} 个，对于爆炸当量为 2 万 t TNT 的裂变弹，需要的核裂变数为 2.9×10^{24} 个。因裂变数之比等于裂变中子数之比，故 $N_f(t)/N_{f0} = e^n$ ，设初始时刻的裂变数目为 $N_{f0} = 1$ ，则不同爆炸当量所需的裂变中子增殖代数 n 分别满足

$$\begin{cases} 200t\ TNT： e^{n_1} = 2.9 \times 10^{22}, & n_1 = 51.7 \\ 2万t\ TNT： e^{n_2} = 2.9 \times 10^{24}, & n_2 = 56.3 \end{cases} \tag{2.5.4}$$

可以看出，200t TNT 当量的裂变弹要经历 52 代裂变中子增殖，而 2 万 t TNT 当量的裂变弹只需经过约 57 代裂变中子增殖，中子增殖仅多出约 5 代，裂变放能就多出 1.98 万 t TNT 当量。也就是说，2 万 t TNT 当量的裂变弹的 99% 的能量（1.98 万 t TNT 当量）是从最后 4.6 代裂变中子增殖中产生的中子诱发的裂变反应放出的。若取一代时间（中子平均寿命）为 10^{-8} s ，则释放 200t TNT 当量的能量需经历的时间为 520ns = 0.52μs ，释放其余的 1.98 万 t TNT 当量能量只需 46ns 。

前者称为酝酿放能阶段，后者称为瞬间放能阶段。表 2.11 给出了原子弹各反应阶段的特点和经历的时间尺度。可见，在留在核材料中的裂变中子数目随时间指数增殖的阶段，酝酿放能阶段的时间尺度为 0.5μs，瞬间放能阶段的时间尺度为几十纳秒。这些时间尺度与前面的简单估算在量级上是一致的。

表 2.11　原子弹爆炸中的能量释放阶段特点与时间尺度

阶段划分	内爆压缩	指数增殖		余热释放	定能爆炸
		酝酿阶段	瞬间放能		
起讫	雷管点火到冲击波到达中心	中子点火到释放约1%核能	放出 95%能量的几代中子增殖时间	力学膨胀显著到核能释放停止	核能停止释放到火球形成（对于大气层爆炸）
能量释放及转化	炸药爆炸能量起主导作用。系统从次临界态到高超临界态	从炸药能与核能作用相当到核能占优势的过渡阶段	中子增殖迅速，只在几代增殖里就释放出主要核能。温度、压力升高，辐射起作用。燃耗与膨胀使 λ 迅速下降	系统开始飞散，力学膨胀成为主要方面，仍有不少能量释放。系统处于深次临界	核能向力学能、大气辐射能转化。中子、γ 射线大量释放
时间尺度	几十微秒	0.5μs	几十纳秒	<1μs	几秒
裂变分数（裂变数/总裂变数）	0	0～1%	约95%	约5%	0

当进入系统解体阶段后，裂变能量不再释放，装置已不复存在，一团蓄积了巨大能量的高温、高压、高放射性气团将以排山倒海之势在空气中形成强烈爆炸。

2.6　战后原子弹的主要发展

1. 研制悬置式合成弹芯

1945 年第二次世界大战结束后，世界上再没有在战场上实际使用过核武器，但有核国家一直对核武器开展研究，尤其是持续探索和改进其结构设计。图 2.10 所示为采用悬置式合成弹芯的内爆原子弹结构示意图。所谓"悬置"弹芯是指，在爆轰推进层（^{238}U）与裂变材料芯（^{235}U 和 ^{239}Pu）之间预留一个空隙（环形空腔），这样裂变材料芯就好像悬置在空中一样。爆轰推进层也叫飞层，采用这种飞层-空腔结构的好处是，在炸药透镜爆炸力的推动下，推进层（飞层）有一段空间距离来加速，可以使飞层获得很高的末端速度。通过高速飞行的推进层对裂变材料芯的撞击，可有效提高裂变材料的压缩比（见附录 F.2.3：飞层-空腔结构合理性的力学解释）。

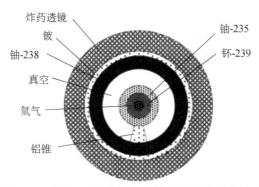

图 2.10　采用悬置式合成弹芯的内爆原子弹示意图

裂变材料压缩比的提高，一方面可以减少核装料的质量，另一方面可以提高裂变放能的爆炸威力。实验表明：在同样的裂变放能威力下，采用悬置弹芯结构可使裂变材料的用量节省 1/4，或在同等质量的核燃料下可使裂变放能威力增大 1 倍。所谓"合成"弹芯是指，用两种易裂变材料 ^{235}U 和 ^{239}Pu 做成复合弹芯，其优点是通过减少 ^{239}Pu 的用量，来减少中子的本底，同时混合核材料的临界质量又比单独使用 ^{235}U 燃料时减少了很多，有利于降低武器的重量。

目前世界上服役的原子弹大多为内爆式结构。悬置式合成弹芯结构把核材料做成空心球壳形状，在装置中间留一个空腔，这是内爆式原子弹中一种非常先进的结构形式，这种结构通过将核材料分为内、外两层，在两层中间留下一定的间隙，为外层推进层留出了加速空间。在炸药爆炸力的驱动下，推进层经过一段距离的加速运动，将大大提高其末端撞击速度，对内层核材料进行冲击压缩。这种靠外层重金属的冲击增压使核材料达到高密度所获得的压缩比很高，比全部用炸药填充空腔所获得的核材料压缩比大得多。另外，采用这种空腔结构的核装置的体积不仅不会增大，反而会减小，质量会减轻，所需核材料也会较少，核材料的综合利用率（燃耗）可高达 10%～20%。这方面的理论研究是高速冲击动力学研究的重点课题之一（参见附录 F.2.2 和附录 F.2.3）。

2. 改进点火中子源

通过压缩或增大体积使裂变材料处在高超临界状态时，通过钋（^{210}Po）-铍（^{9}Be）点火中子源来诱发核材料剧烈的链式裂变反应，引起核爆炸。^{210}Po-^{9}Be 中子源的缺点是，^{210}Po 是 α 放射源，半衰期短，只有 138d，容易失效。战后发展的"外中子源"为轻核聚变中子源，通过氘氚聚变反应产生中子，优点是中子注入时间比较灵活。

内爆式原子弹中的核材料一般都做成球形空壳状，核材料的表面积相对较大，中子容易漏失掉，不容易发生核材料过早点火。此外，内爆式原子弹的核燃料装料一般比较少，平时核材料处于深度次临界状态，消去了中子诱发剧烈核裂变放能而发生过早点火的风险，增加了武器的安全性。核装药的外面包覆有一层球壳形的中子反射层 Be，Be 外是推进层，再往外是球壳形的高能炸药。起爆时，雷管在球壳形炸药的外表面点火，炸药就从推进层外表面被引爆，产生一个向心收聚的球面爆轰波，从各个方向对称地压缩中心部位的核材料球壳。在爆轰波强大压力的作用下，核材料球壳最终被压成一个实心小球，小球的密度大大超过核材料的初始密度，核材料由次临界状态达到高超临界状态。爆轰波的收聚在核材料中形成强大的收聚冲击波，最终聚焦到被压缩后的聚变中子源内部，产生高温高压条件，通过 D-T 聚变反应释放出"点火"中子，引发裂变链式反应，进而放出大量的裂变能量。

3. 聚变助爆裂变武器

图 2.11 所示为聚变助爆裂变武器的示意图。其原理是，在裂变材料芯的中央部位放入少量的 D-T 混合物和 ^{6}LiD（中子和 ^{6}Li 反应可造氚），利用外围聚心爆轰波的压缩和裂变反应提供的高温，引发 D-T 聚变反应，产生 14MeV 的高能中子，使中子数目迅速上升。高能中子又可增加原子核的裂变概率，提高裂变材料的利用率，增加裂变放能的威力，有利于核武器的小型化。这是因为，首先，14MeV 中子的速度高，两代中子间的平均时间 τ 短（中子寿命短），中子增殖时间常数 λ 很大，中子数目的增殖速度极快。其次，高能中子诱发重核裂变放出的次级中子产额比快中子大得多。例如，14.1MeV 的聚变中子诱发 ^{239}Pu 裂变的次级中子产额是 4.6，而 2MeV 的裂变中子诱发 ^{239}Pu 裂变的次级中子产额则只有2.9；最后，14MeV 中子的裂变截面大，与散射截面和俘获截面之比也增大。

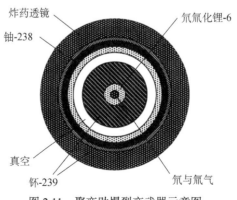

图 2.11　聚变助爆裂变武器示意图

内爆式原子弹的缺点是，对核装置的几何精度要求非常高，理论设计上也非常复杂。为了确保形成良好的球面爆轰波、高度对称地压缩核材料球壳、在中子源内部产生高温和高压条件，对装置各部件的加工公差、装配精度、贮存管理等方面都提出了很高的要求，这是内爆式原子弹工艺复杂的一面。

总之，缩小体积、减轻重量、提高威力是战后原子弹研制的主攻方向。

附录 F.2.1　一次爆炸威力（总爆炸能量）为 Q（吨）的原子弹有关物理量计算式

（换算单位：1t TNT 当量$=4.19\times10^9$ J $=10^9$ cal $=10^6$ kcal ）

爆炸能量：
$$E=10^6 Q(\text{kcal})=4.19\times10^9 Q\,(\text{J})=4.19\times10^{16}Q\,(\text{erg})=2.61\times10^{22}Q\,(\text{MeV})$$
裂变核数：
$$N_f=E/\varepsilon_f=1.45\times10^{20}Q\,(\text{个})$$
其中 $\varepsilon_f=180\text{MeV/裂变}$。

已裂变物质质量：
$$m_f=N_f\frac{A}{N_A}\approx5.6\times10^{-2}Q(\text{g})$$
其中 A 为裂变物质的质量数（这里设裂变材料为 ^{235}U，故 $A=235$），N_A 为阿伏伽德罗常量。

裂变物质的燃耗：
$$\eta=\frac{m_f}{M}=\frac{5.6\times10^{-2}}{M}Q$$
其中 M 为裂变材料装料。

裂变材料体积：
$$V=\frac{M}{\rho}=\frac{5.6\times10^{-2}}{\eta\rho}Q\,(\text{cm}^3)$$
初始时刻的爆炸能量密度：
$$\varepsilon=\frac{E}{V}=1.8\times10^7\eta\rho\,(\text{kcal/cm}^3)=7.5\times10^{17}\eta\rho\,(\text{erg/cm}^3)$$
对比：TNT 炸药爆炸的能量密度为 1.6kcal/cm^3。

裂变反应区温度（按辐射能占总能一半估算）：

$$T = \left(\frac{0.5\varepsilon}{a}\right)^{1/4} = 8.4 \times 10^7 (\eta\rho)^{1/4} \ (\text{K})$$

其中 $a = 4\sigma/c$ ，而 $\sigma = 5.667 \times 10^{-12} \text{J}/(\text{cm}^2 \cdot \text{K}^4 \cdot \text{s})$ ，或 $\sigma = 5.667 \times 10^{-5} \text{erg}/(\text{cm}^2 \cdot \text{K}^4 \cdot \text{s})$ 。

裂变反应区压强：由理想气体状态方程 $p = nkT$ ，当温度为 $T = 10^8 \text{K}$ 时，压强为 $p = 5 \times 10^{15} \text{Pa} = 5 \times 10^{10} \text{atm}$ 。

附录 F.2.2　炸药厚度的最佳选择原则

为确保形成良好的球面聚心爆轰波、高度对称地压缩核材料球壳（推进层或称被驱动物体），一般做法是在推进层的外围包裹一层炸药（称为炸药透镜）。当整个核装置的外径尺寸（相当于炸药部件的外径）给定、被驱动核材料部件的重量确定时，如何选取内部结构尺寸，即炸药的内外径之比 δ（$\delta < 1$），使被驱动部件获得最大的动能呢？这个问题的可靠理论分析与合理结构设计，对实现弹头的小型化具有十分重要的意义。

如图 2.12 所示，C 为球形炸药，A 为被驱动部件，B 为悬置弹芯，A、B 之间为预留的空腔。

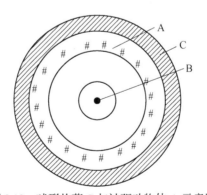

图 2.12　球形炸药 C 与被驱动物体 A 示意图

被驱动部件 A 的动能 E_A 来自于炸药 C 对它做的功，做功过程主要是在 A 部件开始运动到 A 撞击 B 弹芯外表面时这段时间内完成的。设部件 A 的内径为 R_A（部件 B 的中心为圆心），部件 B 的半径为 R_B，部件 A 和部件 B 之间的空腔体积为 V，则部件 A 飞行过程中，炸药 C 对它所做的功为

$$W = \int_{R_A}^{R_B} \boldsymbol{F} \cdot \mathrm{d}\boldsymbol{R} = -\int_{R_A}^{R_B} 4\pi R^2 p(t)\mathrm{d}R \qquad （F.2.2.1）$$

$p(t)$ 为 t 时刻 R 处的压强。若引入平均压强 $\bar{p}$（与时空无关的常数），则炸药 C 做的功为

$$W = \bar{p}\frac{4}{3}\pi\left(R_A^3 - R_B^3\right) = \bar{p}V \qquad （F.2.2.2）$$

其中 V 为空腔体积。由（F.2.2.2）式可见，当核装置的外半径 $R_{外}$ 一定时，空腔体积 V 大就意味着炸药层 C 的厚度很薄，由于厚度很薄的炸药 C 外表面传入的稀疏波会使平均压强 $\bar{p}$ 降低，此时炸药 C 做的功 W 的数值未必很大。反之，若空腔体积 V 太小，虽然炸药层 C 厚一些，平均压强 $\bar{p}$ 也可能会大一些，但炸药 C 做的功 $W = \bar{p}V$ 的数值也未必很大。这就产生一个问题：如何合适地选取炸药厚度（即炸药的内外径之比 δ），以获取最大的炸药做功 W 呢？

因为被驱动部件 A 比较薄，且其内界面是自由面，所以 A 在飞行过程中内表面的压强不会太高，因此可将 A 视为不可压缩的，其密度 $\rho = \rho_0$ 为常量，设 $u(r)$ 为部件 A 内半径 r 处质点的径向速度，根据质量守恒方程，密度为常量时，有质点速度的散度为 0

$$\frac{\partial \rho}{\partial t} + \nabla \cdot \boldsymbol{u} = 0 \rightarrow \nabla \cdot \boldsymbol{u} = \frac{1}{r^2}\frac{\partial}{\partial r}(r^2 u) = 0 \qquad （F.2.2.3）$$

即

$$ur^2 = C \qquad （F.2.2.4）$$

设 $r_{后}$ 为被驱动部件 A 的外径，$r_{前}$ 为部件 A 的内径（$r_{前} < r_{后}$），则被驱动部件 A 的动能为

$$E_A = \int_{m_A}\frac{1}{2}u^2(r)\mathrm{d}m = 2\pi\int_{前}^{后}\rho_0 u^2 r^2 \mathrm{d}r \qquad （F.2.2.5）$$

将（F.2.2.4）式代入（F.2.2.5）式，积分可得

$$E_A = 2\pi\rho_0 C^2 \left(1/r_{前} - 1/r_{后}\right) = 2\pi\rho_0 u_{后}^2 r_{后}^4 \frac{r_{后} - r_{前}}{r_{前}r_{后}}$$

$$\approx 2\pi\rho_0 u_{后}^2 r_{后}^2 \left(r_{后} - r_{前}\right) \approx \frac{1}{2}m_A u_{后}^2 \qquad （F.2.2.6）$$

其中用到 $u_{后}^2 r_{后}^4 = C^2$，$r_{后} \approx r_{前}$。

下面看被驱动部件 A 后端面质点的速度 $u_{后}$ 为多少。对于球面部件，被驱动部件 A 后端面（与炸药 C 的接触面）质点在 t 时刻的速度为

$$u_{后}(t) = -D_J\left\{1 + \frac{1 - \sqrt{1 - 2\xi(l/Dt - 1)}}{\xi}\right\} + \frac{l}{t\sqrt{1 - 2\xi(l/Dt - 1)}} \quad (\text{F.2.2.7})$$

其中 D_J 为炸药的 C-J 爆速，D 为收聚波的速度，l 为药柱的长度，而无量纲参数

$$\xi = \frac{16}{9}\frac{\delta^2}{1 + \delta + \delta^2}\left\{1 + \frac{3}{8}\left(\frac{1}{\sqrt{\delta}} - 1\right)\right\}^3 \frac{1}{\bar{m}_f} \quad (\text{F.2.2.8})$$

其中 $\bar{m}_f = m_A/m_{炸药}$ 为被驱动部件 A 的质量与炸药 C 的质量之比，而 $\delta < 1$ 是炸药的内外径之比。根据（F.2.2.7）式，当 $t \to \infty$ 时，可得被驱动部件 A 后端面质点的速度为

$$u_{后}(t \to \infty) = -D_J\left(1 + \frac{1 - \sqrt{1 + 2\xi}}{\xi}\right) \quad (\text{F.2.2.9})$$

代入（F.2.2.6）式得被驱动部件 A 的动能为

$$E_A = \frac{1}{2}m_A D_J^2\left(1 + \frac{1 - \sqrt{1 + 2\xi}}{\xi}\right)^2 \quad (\text{F.2.2.10})$$

当被驱动部件 A 的质量 m_A，核装置的外半径 $R_{外}$（即 C 的外径）一定时，被驱动部件 A 的动能 E_A 是 ξ，从而是炸药的内外径之比 δ 的函数，使动能 E_A 取最大值的 δ 满足

$$\frac{\partial E_A}{\partial \delta} = \frac{\partial E_A}{\partial \xi}\frac{\partial \xi}{\partial \delta} = 0 \quad (\text{F.2.2.11})$$

根据（F.2.2.10）式

$$\frac{\partial E_A}{\partial \xi} = m_A D_J^2 \frac{\left(\xi + 1 - \sqrt{1 + 2\xi}\right)^2}{\xi^3\sqrt{1 + 2\xi}} \neq 0$$

所以动能 E_A 取最大值的 δ 满足

$$\frac{\partial \xi}{\partial \delta} = 0 \quad (\text{F.2.2.12})$$

把（F.2.2.8）式代入（F.2.2.12）式求导，可得
$$30\delta^{3/2} + 9\delta - 20\delta^{1/2} - 3 = 0 \quad (\text{F.2.2.13})$$

因为炸药的内外径之比 δ 是 0 和 1 之间的实数，对 δ 进行数值求解，可求得炸药的内外径之比 $\delta = 0.572$。由此可知，当炸药部件的外径给定、被驱动核材料部件 A 的重量 m_A 确定时，炸药球壳的内外半径之比 δ 取 0.572 时，金属部件 A 可以通过炸药的爆炸获得最大的动能，这是在内爆式原子弹的结构设计中需要尽量遵循的一条规律。

附录 F.2.3 飞层-空腔结构合理性的力学解释

采用飞层-空腔结构的合理性，可从物体高速碰撞时产生的冲击波力学的角度来做理论分析。为简明起见，讨论一维平面间的碰撞，图 2.13 给出了一维平面碰撞示意图。在一维情况下，当两个高速运动物体相碰撞时，在碰撞界面 J 上将产生两个方向相反的背离界面 J 的平面冲击波 S_1 和 S_2，分别沿两个物体传播，冲击波速度分别为 D_1 和 D_2。

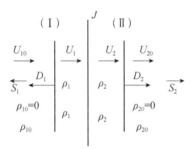

图 2.13 一维平面碰撞示意图

若初始时刻物体 I 和物体 II 分别以速度 U_{10} 和 U_{20} 向右运动，且 $U_{10} > U_{20}$，则某一时刻物体 I 定会碰上物体 II。设物体 I 和物体 II 的初始密度（碰前密度）分别为 ρ_{10}，ρ_{20}，初始压强分别为 p_{10}，p_{20}。当两个物体碰撞时，产生的冲击波 S_1 和 S_2 分别以速度 D_1 和 D_2 沿物体 I 和 II 向左、向右传播。根据固体中冲击波的传播理论，可确定界面 J 处冲击波的初始参数（包括界面的速度、界面压强）。

对于物体 I 中传播的冲击波 S_1，波后物体的速度（质点速度）U_1、压强 p_1、密度 ρ_1 满足

$$U_1 - U_{10} = -\sqrt{(p_1 - p_{10})(v_{10} - v_1)} \qquad （\text{F.2.3.1}）$$

其中 $v = 1/\rho$ 为比容。同理，对于物体 II 中传播的冲击波 S_2，波后物体的速度（质点速度）U_2、压强 p_2、密度 ρ_2 满足

$$U_2 - U_{20} = \sqrt{(p_2 - p_{20})(v_{20} - v_2)} \qquad （\text{F.2.3.2}）$$

由界面 J 处压强和速度的连续条件 $p_1 = p_2 = p_x$，$U_1 = U_2 = U_x$，并设初始压强 $p_{10} = p_{20} = 0$，由（F.2.3.1）和（F.2.3.2）可得界面速度、压强满足以下方程组

$$\begin{cases} U_x = U_{10} - \sqrt{p_x(v_{10} - v_1)} \\ U_x = U_{20} + \sqrt{p_x(v_{20} - v_2)} \end{cases} \quad (\text{F.2.3.3})$$

引入与碰撞物体密度 ρ_1，ρ_2 有关的系数 a_1 和 a_2，

$$\begin{cases} a_1 \equiv (1 - v_1/v_{10}) = (1 - \rho_{10}/\rho_1) \\ a_2 \equiv (1 - v_2/v_{20}) = (1 - \rho_{20}/\rho_2) \end{cases} \quad (\text{F.2.3.4})$$

则有

$$\begin{cases} v_{10} - v_1 = a_1 v_{10} \\ v_{20} - v_2 = a_2 v_{20} \end{cases} \quad (\text{F.2.3.5})$$

则界面速度和压强方程（F.2.3.3）变为

$$\begin{cases} (U_{10} - U_x)^2 = p_x a_1 v_{10} \\ (U_x - U_{20})^2 = p_x a_2 v_{20} \end{cases} \quad (\text{F.2.3.6})$$

解此方程组，得界面速度和压强分别为

$$\begin{cases} U_x = \dfrac{\sqrt{\rho_{10}/a_1}}{\sqrt{\rho_{10}/a_1} + \sqrt{\rho_{20}/a_2}} U_{10} + \dfrac{\sqrt{\rho_{20}/a_2}}{\sqrt{\rho_{10}/a_1} + \sqrt{\rho_{20}/a_2}} U_{20} \\ p_x = \dfrac{(\rho_{10}/a_1)(\rho_{20}/a_2)}{\left(\sqrt{\rho_{10}/a_1} + \sqrt{\rho_{20}/a_2}\right)^2} (U_{10} - U_{20})^2 \end{cases} \quad (\text{F.2.3.7})$$

其中 a_1 和 a_2 分别与碰撞物体的密度 ρ_1，ρ_2 有关，它们可由介质的冲击压缩方程 $p = f(\rho)$ 和界面处的压强 p_x 决定。若取介质的冲击压缩方程为 $p = A((\rho/\rho_0)^m - 1)$，式中 m、A 分别为与碰撞物体有关的参数，代入（F.2.3.4）有

$$\begin{cases} a_1 = 1 - (p_x/A_1 + 1)^{-1/m_1} \\ a_2 = 1 - (p_x/A_2 + 1)^{-1/m_2} \end{cases} \quad (\text{F.2.3.8})$$

四个未知量 a_1，a_2，p_x，U_x 满足（F.2.3.7）和（F.2.3.8）给出的四个方程，可解出碰撞物体的密度 ρ_1，ρ_2，以及界面处的压强和速度 p_x，U_x。由冲击波的质量守恒方程，可分别写出碰撞界面上冲击波 S_1 和 S_2 的初始传播速度

$$\begin{cases} D_1 = \dfrac{\rho_{10}U_{10} - \rho_1 U_x}{\rho_1 - \rho_{10}} \\ D_2 = \dfrac{\rho_2 U_x - \rho_{20}U_{20}}{\rho_2 - \rho_{20}} \end{cases} \quad (\text{F.2.3.9})$$

讨论：当两个碰撞物体的材料相同时，$\rho_{10} = \rho_{20} = \rho_0$，$a_1 = a_2 = a$，由（F.2.3.7）可得界面速度和压强分别为

$$\begin{cases} U_x = \dfrac{1}{2}(U_{10} + U_{20}) \\ p_x = \dfrac{\rho_0}{4a}(U_{10} - U_{20})^2 \end{cases} \quad （\text{F.2.3.10}）$$

U_{10} 和 U_{20} 分别为初始时刻物体 I 和物体 II 向右运动的速度（碰撞前速度）。如果碰撞前物体 II 是静止的（即 $U_{20}=0$），则从（F.2.3.9）可以看出，界面处质点速度等于碰撞前物体 I（飞层）速度的一半，即 $U_x = U_{10}/2$，而飞层内层材料感受的压力 p_x（界面压力）与飞层的能量密度 $\rho_0 U_{10}^2$ 成正比。由此可知，要提高被碰撞物体中的压力 p_x（界面压力），获得较大的材料压缩比，必须提高飞层撞击物体时的速度 U_{10}，或者选用密度 ρ_{10} 较大的飞层材料。当然，飞层的高速度 U_{10} 比高密度 ρ_{10} 更重要。因此留些空腔供飞层加速，可提高飞层撞击时的速度 U_{10}，产生高的撞击压强。

参见图 2.14（a），下面再分析一下飞片 4 在空腔 5 飞行过程中的状态变化。该装置增压的原理和方法是，利用爆轰产物推动金属飞片 4 产生高速运动，使其在空腔 5 中加速后再与靶板 6 产生高速碰撞，从而在飞片 4 和靶板 6 中产生高压。由图 2.14（b）可知，当爆轰产物冲击飞片 4 时，飞片处于状态 1；飞片中透射冲击波到达自由面时反射回膨胀波，使飞片处于自由状态 2；到达飞片后界面时，将再次反射压缩波，使飞片内部压力增大，处于状态 3。依此类推，直至飞片内部状态基本达到零压强状态为止，这时飞片达到极限飞行速度 U_{max}，压缩波和膨胀波在飞片中的多次作用是在飞片运动过程中进行的，这个过程也是飞片不断吸收能量的过程。

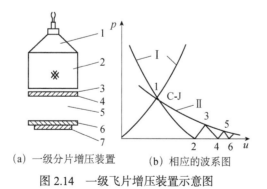

（a）一级分片增压装置　（b）相应的波系图

图 2.14　一级飞片增压装置示意图

1. 雷管和传爆药；2. 平面波发生器；3. 间隙；4. 金属飞片；5. 空腔；6. 靶板；7. 支撑装置

由此可见，为使飞片充分吸收爆轰产物的能量，必须保证飞片有足够长的飞行距离，因此，飞片和撞击靶之间必须留有一定长度的空腔。实验证明，飞片的加速过程是十分迅速的，一般的加速过程在 40～60mm 长的空腔内即可完成。

综上，空腔结构的作用就是利用飞层在空腔中飞行时所造成的低压状态，使爆轰产物对其不断做功，增加本身的动能，所以飞层起了"能量泵"的作用，使金属从爆轰产物中吸收更多的能量。

习　　题

1. 利用裂变能制造原子弹的三个条件是什么？

2. 中子的有效增殖系数是如何定义的？其物理意义是什么？

3. 减小中子泄漏概率的方法有哪几种？

4. 压缩核燃料后中子的自由程和系统的临界质量发生什么样的变化？

5. "枪式"和"内爆式"原子弹的工作原理分别是什么？

6. 一个热中子诱发 ^{239}Pu 核发生裂变，裂变放能为 Q=180MeV，试求消耗质量 m=1kg 的 ^{239}Pu 材料理论上可放出多少万 t TNT 当量的能量（注：1 万 t TNT 当量=2.62×10^{26} MeV）。

参 考 文 献

春雷. 2000. 核武器概论. 北京：原子能出版社.

钱绍钧. 2007. 中国军事百科全书——军用核技术. 2 版. 北京：中国大百科全书出版社.

第3章
氢　弹

3.1　氢弹的基本原理

氢弹是利用核裂变能量提供的高温高压条件，使 D-T 核燃料产生自持聚变反应，瞬间释放巨大能量，产生大规模杀伤破坏作用的一种核武器。由于两个轻核聚变反应需要克服核之间强大的库仑排斥力，只有在极高的温度下聚变反应才有较大的概率，所以聚变反应称为热核反应，氢弹又称为热核武器。氢弹的爆炸当量一般比原子弹大两个量级，五个安理会常任理事国拥有的战略核武器大都是爆炸当量大的氢弹。目前，除了五个核大国以外，还有一些国家声称自己掌握了核武器技术，但大都没掌握氢弹技术。

氢弹的爆炸当量一般比原子弹大两个数量级（放能多百倍），爆炸能量主要来源于轻核的聚变放能。然而，世界上还没有纯粹依赖聚变放能的氢弹，氢弹必须通过原子弹裂变的爆炸能量来引爆，氢弹中的裂变放能占总爆炸能量的 1/3～1/2。

我们知道，原子弹爆炸需要满足三个条件：①重核裂变放能；②裂变产生次级中子使中子链式裂变反应持续进行；③裂变能量在小体积内极迅速地释放。只要易裂变材料的质量远超其临界质量，这三个条件就都能得以满足。同样，氢弹爆炸也需要以下三个条件：①轻核聚变反应是放能反应；②维持高温高密度条件使聚变反应持续进行；③聚变能量在小体积内极迅速地释放。高温高密度条件是氢弹所特有的。

氢弹所用的核材料主要是固体 ^{6}LiD，聚变放能主要依靠聚变反应 D+T $\longrightarrow$ ^{4}He+n+17.6MeV，其中的 T（氚）是通过中子与 ^{6}Li 的核反应 n +^{6}Li $\longrightarrow$ ^{4}He+T 产生的。当 D+T 聚变反应启动后，靠以上两个核反应就可以实现中子和氚核自给自足。氢弹中轻核聚变反应所需的高温高压条件一般由小型原子弹爆炸来提供。由于相同质量的热核聚变反应放出的能量比重核裂变放出的能量要大得多，且氢弹没有临界质量的限制，因此氢弹的当量可以做得很大。世界上试爆的最大当量的氢弹是苏联代号为"伊万"的氢弹，爆炸当量为 5000 万 t TNT。

　　氢弹的设计要比原子弹困难得多。主要原因是，聚变放能需要极高的温度和压缩条件，这个条件实验室难以提供，必须要原子弹核爆炸才能提供，在完成氢弹设计前，不能开展相关试验来研究聚变材料的反应特性。另一方面，如何将原子弹核爆炸产生的高温高压耦合到聚变材料上，是设计中要解决的问题。总之，氢弹爆炸的运作过程要比原子弹复杂得多。

3.2　聚变反应条件与热核反应速率

1. 氢弹聚变反应所需的高温条件

　　氢弹研制初期，人们首先想到采用纯氘核（D）材料来做聚变燃料，因为 D 在海水中提取。纯氘氢弹中主要的聚变反应有以下四个：

$$D+D \longrightarrow \begin{cases} T+p+4.03\text{MeV} \\ {}^3\text{He}+n+3.27\text{MeV} \end{cases} \tag{3.2.1}$$

$$D+T \longrightarrow {}^4\text{He}+n+17.6\text{MeV} \tag{3.2.2}$$

$$D+{}^3\text{He} \longrightarrow {}^4\text{He}+p+18.3\text{MeV} \tag{3.2.3}$$

这四个反应都是放能反应，但反应截面各不相同，其中 D+D 反应（3.2.1）有两个反应道，它们的聚变产物 T 和 ^{3}He 为后面两个聚变反应（3.2.2）和（3.2.3）提供燃料。

　　我们知道，两个轻核要发生聚变反应，要求两个核的距离必须靠得相当近，使短程核力起作用。然而，两个带正电的原子核距离靠得很近是很困难的，因为要克服两核之间的库仑排斥作用。两个电荷数分别为 Z_1、Z_2，质量数分别为 A_1、A_2 的核之间的电势能的最大值 V 称为库仑势垒

$$V = \frac{Z_1 Z_2 e^2}{R} = \frac{Z_1 Z_2 e^2}{r_0(A_1^{1/3}+A_2^{1/3})} \approx \frac{Z_1 Z_2}{(A_1^{1/3}+A_2^{1/3})} \text{ (MeV)} \tag{3.2.4}$$

其中 $R = r_0(A_1^{1/3}+A_2^{1/3})$ 为两个核的半径之和，也是它们最接近的距离。例如，对于两个 D 核，$Z_1=Z_2=1$，$A_1=A_2=2$，它们之间的库仑势垒高度为 $V_{DD} \approx 0.4\text{MeV}$。同理可得 D 核和 T 核之间的库仑势垒为 $V_{DT} \approx 0.37\text{MeV}$。

　　如图 3.1 所示，要克服两核之间的库仑势垒 V，它们的相对运动的动能 E 就要足够大。从经典物理看，当 $E<V$ 时，库仑势垒是不可穿透的势垒，阻止两个核接近。只有当 $E>V$ 时，才可跨过库仑势垒，两核才能发生聚变。

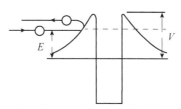

图 3.1　按照经典物理观点，当 $E<V$ 时，库仑势将起到不可穿透的势垒的作用

　　以 D-T 聚变反应为例，如何提高两个核相对运动动能 E 呢？办法一是用加速器将 D 核加速到 MeV 量级，高速 D 核轰击 T 靶产生聚变。理论计算表明，这种 D-T 反应的概率极低，原因是靶中有大量的电子会散射 D，使 D 消耗动能，方向偏转。这种加速 D 的方法不能解决大规模利用聚变能的问题。办法二是把含 D-T 的聚变燃料加热到极高温度，原子电离成裸核和自由电子。温度越高，原子核和电子热运动的动能就越大。根据统计物理，在温度为 T 的热平衡系统中，粒子按速率 v 的分布服从麦克斯韦（Maxwell）速率分布，如图 3.2 所示。

$$f(v)=4\pi v^2\left(\frac{m}{2\pi k_BT}\right)^{3/2}\exp\left(-\frac{mv^2}{2k_BT}\right) \tag{3.2.5}$$

其中 m 为粒子质量，k_B 为玻尔兹曼常量。

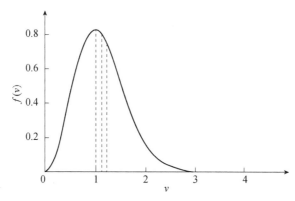

图 3.2　麦克斯韦速率分布（速度以最概然速度 $v_m=\sqrt{2k_BT/m}$ 为单位）

　　粒子的最概然速率是 $f(v)$ 取极大值的速率，根据 $\mathrm{d}f(v)/\mathrm{d}v=0$，可得粒子的最概然速率为

$$v_m = \sqrt{2}\left(\sqrt{k_B T / m}\right) \tag{3.2.6}$$

另外，粒子平均速率为

$$\bar{v} = \int_0^\infty v f(v)\mathrm{d}v = \sqrt{8/\pi}\left(\sqrt{k_B T / m}\right) \tag{3.2.7}$$

粒子均方根速率为

$$v_{\mathrm{rms}} = \sqrt{\overline{v^2}} = \sqrt{\int_0^\infty v^2 f(v)\mathrm{d}v} = \sqrt{3}\left(\sqrt{k_B T / m}\right) \tag{3.2.8}$$

可见，粒子的最概然速率、平均速率、方均根速率均与 $\sqrt{T/m}$ 成正比，三者只有少许差别。讨论速率分布时用最概然速率 v_m；讨论粒子的平均自由程、粒子间平均碰撞频率时用平均速率 $\bar{v}$；而讨论与分子的平均动能有关的温度和压强时则用均方根速率 $\sqrt{\overline{v^2}}$。

由（3.2.8）可得粒子的平均热运动动能

$$\frac{1}{2}m\overline{v^2} = = \frac{3}{2}k_B T \tag{3.2.9}$$

注意，系统中有大量粒子的动能大于粒子的平均热运动动能 $3k_B T/2$。由于温度为 T 的热平衡系统中每个粒子的平均热运动动能为 $3k_B T/2$，则两核发生聚变的温度所满足的条件为 $3k_B T > V$（库仑势垒）。D-T 核的库仑势垒 $V_{DT} = 0.37\mathrm{MeV}$，则两核发生聚变的温度需高达 $T=2.86\times10^9\mathrm{K}$（10 亿 K）。在这么高的温度下，任何核材料早就电离成等离子体了。

实际上，$10^9\mathrm{K}$ 的聚变温度实际是很难达到的，而且聚变反应的温度并不需要那么高，约 $10^7\mathrm{K}$ 即可，太阳核心的温度也只有 $10^7\mathrm{K}$。原因有二：一是量子力学中的隧道效应（虽然相对运动动能 $E<V$，但粒子仍有一定概率穿过库仑势垒，发生聚变），这样温度可降 1/10，达 $10^8\mathrm{K}$ 量级；二是麦克斯韦速率分布曲线中有一个高能尾巴，那里的粒子动能比平均动能要高得多，因而温度可再降 1/10，故聚变温度达 $10^7\mathrm{K}$ 量级即可。需要指出的是，即使两个轻核的相对运动动能 $E > V$，也不一定 100% 会发生聚变反应，因为聚变反应是有一定概率的，这个概率用聚变反应截面 $\sigma(v)$ 来描述，其中 v 为两个轻核的相对速率。

2. 单位体积中热核反应速率

通过将聚变材料加热至极高温度产生的聚变反应称为热核反应。聚变武器要求聚变能能够在小体积内极迅速地释放，即聚变放能功率密度必须非常高。聚变放能的功率密度与哪些因素有关呢？

聚变放能的功率密度与单位时间单位体积内发生聚变反应的数目（也称单位体积中热核反应速率）密切相关。如图 3.3 所示，设截面为 σ 的管道内入射核以

相同的速率 v 运动，则单位时间一个运动的入射核扫过的管道体积为 σv，若单位体积内有 n_2 个靶核，则单位时间一个入射核碰到的靶核数为 $n_2 \sigma v$（单位时间一个核的反应概率），若单位体积中有 n_1 个入射核，则单位时间单位体积发生的核反应总数为 $n_1 n_2 \sigma v$。这里假设入射核相对靶核的运动速度 v 是单一的，靶核的速度没有分布，截面 σ 为管道的横截面，这些都不符合实际情况，因此推导不严格，结果只有借鉴意义。

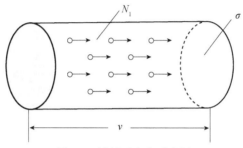

图 3.3 计算反应率示意图

实际上，入射核和靶核都不按单一的速度分布，它们的速率各自服从麦克斯韦速率分布律。图 3.2 给出了麦克斯韦速率分布概率曲线，最概然速率由（3.2.6）给出，由温度和核的质量决定。可以证明，第 i 种核与第 j 种核单位时间单位体积内发生聚变反应的次数为

$$R_{ij} = n_i n_j \langle \sigma v \rangle_{ij} \qquad (3.2.10)$$

其中 n_i, n_j 分别为第 i 种核与第 j 种核的数密度，而

$$\langle \sigma v \rangle_{ij} = \left(\beta_i \beta_j / \pi^2 \right)^{3/2} \int \mathrm{d}\boldsymbol{v}_i \int \mathrm{d}\boldsymbol{v}_j v \sigma(v) \mathrm{e}^{-\beta_i v_i^2 - \beta_j v_j^2} \qquad (3.2.11)$$

称为聚变反应速率，单位是 cm³/s。其中 $v = \left| \boldsymbol{v}_i - \boldsymbol{v}_j \right|$ 为两核的相对速率，$\sigma(v)$ 为两核的聚变反应截面，为相对速率的函数，而

$$\beta_i = \frac{m_i}{2kT_i}, \quad \beta_j = \frac{m_j}{2kT_j}$$

六重积分分别在两核的速度空间进行。

证明 在热平衡下，第 i 种核速率的分布服从温度为 T_i 的麦克斯韦速率分布律

$$f_i(\boldsymbol{r}, \boldsymbol{v}_i, t) = n_i(\boldsymbol{r}, t) \left(\frac{\beta_i}{\pi} \right)^{3/2} \mathrm{e}^{-\beta_i v_i^2} \qquad (3.2.12)$$

其中 $n_i(\boldsymbol{r}, t)$ 为第 i 种核的数密度，$\mathrm{d}n_i = f_i(\boldsymbol{r}, \boldsymbol{v}_i, t)\mathrm{d}\boldsymbol{v}_i$ 为单位体积内（速度处于

$v_i \to v_i + \mathrm{d}v_i$ 范围内）第 i 种核的数目。同理，$\mathrm{d}n_j = f_j(\boldsymbol{r}, \boldsymbol{v}_j, t)\mathrm{d}\boldsymbol{v}_j$ 为单位体积内（速度处于 $\boldsymbol{v}_j \to \boldsymbol{v}_j + \mathrm{d}\boldsymbol{v}_j$ 范围内）第 j 种核的数目。这两群核的速度分别为 $\boldsymbol{v}_i, \boldsymbol{v}_j$，相对速度为 $\boldsymbol{v} = \boldsymbol{v}_i - \boldsymbol{v}_j$，两核发生聚变反应的微观截面为 $\sigma(v)$，则这两群核单位时间单位体积内发生聚变反应的数目为

$$\mathrm{d}R_{ij} = \mathrm{d}n_i \mathrm{d}n_j v\sigma(v) = n_i n_j \left(\beta_i \beta_j / \pi^2\right)^{3/2} v\sigma(v)\mathrm{e}^{-\beta_i v_i^2 - \beta_j v_j^2}\,\mathrm{d}\boldsymbol{v}_i \mathrm{d}\boldsymbol{v}_j \quad （3.2.13）$$

在两核的速度空间做双重积分，可得 i、j 两种核单位时间单位体积发生聚变反应的数目

$$R_{ij} = n_i n_j \left\langle \sigma v \right\rangle_{ij} \quad （3.2.14）$$

其中聚变反应速率

$$\left\langle \sigma v \right\rangle_{ij} = \left(\beta_i \beta_j / \pi^2\right)^{3/2} \int \mathrm{d}\boldsymbol{v}_i \int \mathrm{d}\boldsymbol{v}_j v\sigma(v)\mathrm{e}^{-\beta_i v_i^2 - \beta_j v_j^2} \quad （3.2.15）$$

证毕。

为确保入射核与靶核种类相同时，两核聚变反应不重复计算，引入了 $1/(1+\delta_{ij})$ 因子，则 i、j 两种核单位时间单位体积发生聚变反应的数目（3.2.14）变为

$$R_{ij} = \frac{n_i n_j}{1 + \delta_{ij}} \left\langle \sigma v \right\rangle_{ij} \quad （3.2.16）$$

其中

$$\delta_{ij} = \begin{cases} 1, & i = j \\ 0, & i \neq j \end{cases} \quad （3.2.17）$$

为克罗内克符号。进一步可以证明，反应速率 $\left\langle \sigma v \right\rangle_{ij}$ 公式（3.2.15）中对 i、j 两种核的速度空间的双重积分，可以化为对相对速度的单重积分

$$\left\langle \sigma v \right\rangle_{ij} \equiv \left(\frac{\beta}{\pi}\right)^{3/2} \int \sigma(v)v\mathrm{e}^{-\beta v^2}\,\mathrm{d}\boldsymbol{v} \quad （3.2.18）$$

其中

$$\beta = \frac{\beta_i \beta_j}{\beta_i + \beta_j}, \quad \beta_i = \frac{m_i}{2kT_i}, \quad \beta_j = \frac{m_j}{2kT_j} \quad （3.2.19）$$

证明　注意到两个核的相对速度 $\boldsymbol{v} = \boldsymbol{v}_i - \boldsymbol{v}_j$，再定义两个核的加权平均速度 $\boldsymbol{u}$，即

$$\begin{cases} \boldsymbol{v} = \boldsymbol{v}_i - \boldsymbol{v}_j \\ \boldsymbol{u} \equiv \dfrac{\beta_i \boldsymbol{v}_i + \beta_j \boldsymbol{v}_j}{\beta_i + \beta_j} \end{cases} \quad （3.2.20）$$

由此可得 $(\boldsymbol{v}_i, \boldsymbol{v}_j) \sim (\boldsymbol{v}, \boldsymbol{u})$ 的函数关系

$$\boldsymbol{v}_i = \boldsymbol{u} + \frac{\beta_j}{\beta_i + \beta_j}\boldsymbol{v}, \quad \boldsymbol{v}_j = \boldsymbol{u} - \frac{\beta_i}{\beta_i + \beta_j}\boldsymbol{v} \qquad (3.2.21)$$

故（3.2.15）的指数因子变为

$$e^{-\beta_i v_i^2 - \beta_j v_j^2} = e^{-\beta v^2 - (\beta_i + \beta_j)u^2} \qquad (3.2.22)$$

从而（3.2.15）变为

$$\langle \sigma v \rangle_{ij} = \left(\frac{\beta_i \beta_j}{\pi^2}\right)^{3/2} \int \mathrm{d}\boldsymbol{v}_i \int \mathrm{d}\boldsymbol{v}_j\, v\sigma(v) e^{-\beta v^2 - (\beta_i + \beta_j)u^2} \qquad (3.2.23)$$

利用（3.2.21），速度空间体积元乘积的变换关系

$$\mathrm{d}\boldsymbol{v}_i \mathrm{d}\boldsymbol{v}_j = \left|\frac{\partial(\boldsymbol{v}_i, \boldsymbol{v}_j)}{\partial(\boldsymbol{u}, \boldsymbol{v})}\right| = |J|\mathrm{d}\boldsymbol{u}\mathrm{d}\boldsymbol{v} = \mathrm{d}\boldsymbol{u}\mathrm{d}\boldsymbol{v} \qquad (3.2.24)$$

将（3.2.24）代入（3.2.23），完成 $\boldsymbol{u}$ 空间的积分

$$\int \mathrm{d}\boldsymbol{u}\, e^{-(\beta_i + \beta_j)u^2} = \left(\frac{\pi}{\beta_i + \beta_j}\right)^{3/2} \qquad (3.2.25)$$

则聚变反应速率（3.2.23）变为

$$\langle \sigma v \rangle_{ij} \equiv \left(\frac{\beta}{\pi}\right)^{3/2} \int \sigma(v) v e^{-\beta v^2}\, \mathrm{d}\boldsymbol{v} \qquad (3.2.26)$$

此即（3.2.18）。证毕。

当入射核和靶核两类粒子的温度相等，即 $T_i = T_j = T$ 时，则由（3.2.19）可得 $\beta = \mu/(2kT)$，其中 $\mu = m_i m_j/(m_i + m_j)$ 为两核的折合质量。由（3.2.26）可见，对于确定的聚变反应（入射核和靶核均确定），聚变反应速率 $\langle \sigma v \rangle_{ij}$ 只是等离子体温度 T 的函数。表 3.1 给出了几种常见的热核聚变反应速率 $\langle \sigma v \rangle_{ij}$ 随温度 T 的变化。

表 3.1　几种热核反应速率 $\langle \sigma v \rangle$　　　　　（单位：cm³/s）

T/keV	D-T	D-D（总）	D-³He	D-T/D-D（总）	D-D（总）/D-³He
1.0	6.80（−21）	1.84（−22）	3.42（−26）	37	5380
2.0	2.98（−19）	5.76（−21）	1.59（−23）	52	362
5.0	1.33（−17）	1.69（−19）	7.43（−21）	79	23
6.0	2.48（−17）	2.92（−19）	2.04（−20）	85	14
7.0	4.07（−17）	4.49（−19）	4.56（−20）	91	9.9

T/keV	D-T	D-D（总）	D-³He	D-T/D-D（总）	D-D（总）/D-³He
8.0	6.09（−17）	6.41（−19）	8.85（−20）	95	7.2
9.0	8.53（−17）	8.64（−19）	1.55（−19）	99	5.6
10.0	1.13（−16）	1.12（−18）	2.51（−19）	101	4.5
15.0	2.84（−16）	2.74（−18）	1.39（−18）	104	2.0
20.0	4.50（−16）	4.80（−18）	4.06（−18）	94	1.2
30.0	6.62（−16）	9.68（−18）	1.54（−17）	68	0.63
40.0	7.62（−16）	1.51（−17）	3.44（−17）	51	0.44
50.0	8.07（−16）	2.06（−17）	5.81（−17）	39	0.36

注：①D-D（总）是指反应①和②的聚变反应速率之和；②反应速率值后面括号中的数字表示10的幂次。

图 3.4 所示为 D-T、D-D（总）和 D-³He 聚变反应速率 $\langle\sigma v\rangle_{ij}$ 随温度的变化曲线。在温度 T=6～15keV 范围，D-T 反应速率大概是 D-D（总）反应速率的 100 倍；温度 T > 20keV 时，D-³He 的反应速率将超过 D-D 的反应速率。

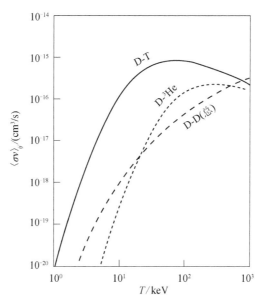

图 3.4 D-T、D-D（总）和 D-³He 聚变反应速率随温度的变化曲线

从图3.4还可以看出，对于 D-T 聚变反应，当温度 T < 20keV 时，$\langle\sigma v\rangle_{ij}$ 的对数与温度的对数近似呈直线关系 $\ln\langle\sigma v\rangle_{ij} \propto \ln T$，斜率近似为常数3～4，也就是说 D-T 聚变反应速率 $\langle\sigma v\rangle_{ij}$ 是温度的幂函数

$$\langle\sigma v\rangle_{ij} \propto T^n, \quad n = 3 \sim 4, \quad T < 20\text{keV} \tag{3.2.27}$$

可见 D-T 聚变反应速率 $\langle\sigma v\rangle_{ij}$ 随温度 T 的变化非常敏感。由于 D 核的数密度 $n_D \propto \rho$ 正比于质量密度 ρ，T 核由中子与 ^{6}Li 核反应产生，其数密度 $n_T \propto n_{Li} \propto \rho$，故由 （3.2.16）可知单位时间单位体积中的 D-T 聚变反应数目为

$$R_{ij} = \frac{n_i n_j}{1+\delta_{ij}}\langle\sigma v\rangle_{ij} \propto \rho^2 T^n \tag{3.2.28}$$

单位为 cm$^{-3}\cdot$s^{-1}。由于体积为 V 的聚变材料的质量 $\rho V = m = $ 常数，故单位时间 聚变材料内发生的聚变反应数目为 $VR_{ij} \propto \rho T^n$，如果热核聚变反应的持续时间为 Δt，则整个聚变材料内发生的热核聚变反应数目为 $VR_{ij}\Delta t \propto \rho T^n \Delta t$。设 i、j 两个 核聚变反应的放能为 Q_{ij}，则整个聚变材料内的聚变反应放能为

$$E = VR_{ij}Q_{ij}\Delta t \propto \rho Q_{ij}T^n \Delta t, \quad n = 3 \sim 4 \tag{3.2.29}$$

由此看出，要使聚变材料放能 E 多，必须把握好热核反应放能的三个关键要素——ρ, T, Δt。一是使聚变材料的质量密度 ρ 尽可能大；二是使聚变材料的温度 T 尽可能高，越趋近峰值温度越好；三是热核聚变反应的持续时间 Δt 尽可能长。其中提高温度 T 的效果更为显著（因为聚变反应放能与温度 T 的 3~4 次方成正比）。因此，制造氢弹的关键是：用原子弹爆炸创造的条件，使聚变材料达到高温高密度状态，并维持这种状态足够长时间（即使燃烧时间 Δt 足够长）。

氢弹的运作是依靠裂变初级提供的辐射压强（光压）来增加聚变燃料的质量密度 ρ 的；是依靠压缩做功加热联合芯部裂变放能加热和快速聚变放能加热（聚变放能功率密度要大）来使大量聚变材料达到并维持 10^7K 的高温 T 的；是利用核燃料惯性约束将高温等离子体约束维持一段时间 Δt 使聚变放能反应充分进行的。只有维持等离子体的高温高密度，才能使整个核装置的聚变放能率高，抵消高温等离子体的辐射能量损失，才能在短约束时间 Δt 内放出足够多的聚变能量。因此，要想方设法提高等离子体的温度密度并使之尽量长时间地维持高温高密度状态。

3. 热核反应放能功率密度的计算

（3.2.16）是针对 i、j 两个特定核的聚变反应，计算单位时间单位体积内发生的聚变反应数目 R_{ij} 的公式，如果知道两特定核聚变反应释放的能量 Q_{ij}，则单位时间单位体积中的 i、j 两个特定核聚变反应放能（热核反应的功率密度）为

$$P_{ij} = Q_{ij}R_{ij} = \frac{n_i n_j}{1+\delta_{ij}}\langle\sigma v\rangle_{ij}Q_{ij} \tag{3.2.30}$$

实际上，聚变核燃料中存在多种轻核聚变反应，一般考虑（3.2.1）~（3.2.3）四

种聚变反应

$$D + T \longrightarrow {}^4He + n + 17.6MeV \tag{3.2.31}$$

$$D + D \longrightarrow \begin{cases} T + p + 4.03MeV \\ {}^3He + n + 3.27MeV \end{cases} \tag{3.2.32}$$

$$D + {}^3He \longrightarrow {}^4He + p + 18.3MeV \tag{3.2.33}$$

则这四种聚变反应在单位时间单位体积的聚变总放能（热核反应的功率密度）为

$$P_f = n_D \left[n_T Q_{DTn} \langle \sigma v \rangle_{DTn} + \frac{1}{2} n_D Q_{DDp} \langle \sigma v \rangle_{DDp} + \frac{1}{2} n_D Q_{DDn} \langle \sigma v \rangle_{DDn} + n_{He_3} Q_{DHe_3 p} \langle \sigma v \rangle_{DHe_3 p} \right]$$

$$\tag{3.2.34}$$

其中 $Q_{DTn} = 17.6MeV$，$Q_{DDp} = 4.03MeV$，$Q_{DDn} = 3.27MeV$，$Q_{DHe_3 p} = 18.3MeV$ 分别为四种聚变反应放出的能量，而 $\langle \sigma v \rangle_{DTn}$，$\langle \sigma v \rangle_{DDp}$，$\langle \sigma v \rangle_{DDn}$，$\langle \sigma v \rangle_{DHe_3 p}$ 分别为四种聚变反应的反应速率。

注意 i，j 两核聚变放能 Q_{ij} 表现为聚变产物的动能之和，如果聚变产物中含有中子，由于中子不带电，与物质没有电磁相互作用，没有电离能量损失，中子动能一般不会沉积在中子产生的当地，由于中子逃逸，其能量将不会沉积在产生地，则单位时间上述四种聚变反应沉积在当地单位体积的能量为

$$w = n_D \left[\frac{1}{5} n_T Q_{DTn} \langle \sigma v \rangle_{DTn} + \frac{1}{2} n_D Q_{DDp} \langle \sigma v \rangle_{DDp} + \frac{1}{2} \cdot \frac{1}{4} n_D Q_{DDn} \langle \sigma v \rangle_{DDn} \right.$$

$$\left. + n_{He_3} Q_{DHe_3 p} \langle \sigma v \rangle_{DHe_3 p} \right] \tag{3.2.35}$$

（3.2.35）右边第一项多了因子 1/5。1/5 因子表示聚变反应 $D + T \longrightarrow {}^4He + n + 17.6MeV$ 中带电粒子产物 ${}^4He$ 携带的能量占聚变放能的 $Q_{DTn} = 17.6MeV$ 的份额。因为考虑到动量守恒，产物 ${}^4He$，n 速度的比值与其质量的比值成反比，即 $m_\alpha / m_n = v_n / v_\alpha$，由此可得它们动能之比为 $K_\alpha / K_n = m_n / m_\alpha = 1/4$，考虑到粒子动能之和 $K_\alpha + K_n = Q_{DTn}$，故 ${}^4He$ 携带的动能 $K_\alpha = Q_{DTn} / 5$。同理，（3.2.35）第三项多了因子 1/4，1/4 因子是聚变反应 $D + D \longrightarrow {}^3He + n + 3.27MeV$ 中聚变产物 ${}^3He$ 携带的能量占聚变放能的份额。

在带电粒子产生当地沉积的聚变能量，是使等离子体升温，压强升高，聚变核材料产生流体力学运动的能源。由于单位体积内的核数目 $n_i = \rho n_i'$ 与质量密度 ρ 有关（n_i' 为单位质量介质中所含的轻核数目），聚变反应率 $\langle \sigma v \rangle = f(T)$ 与温度有关，故计算聚变能量沉积时，须知道随时空变化的等离子体的温度 T 和质量密度 ρ，这两个流体力学量要通过数值求解辐射流体力学方程组才能得到，而单位质量中所含的轻核数目 n_i' 随时空的变化，则要数值求解核素的燃耗方程才能得

到。另外，在用 ^{6}LiD 材料制造的氢弹中，核素 T 是中子与 ^{6}Li 核反应生产的，产
氚率与中子通量密切有关，中子通量的时空分布需要数值求解中子输运方程才能
得到。故氢弹设计中要联立求解辐射流体力学方程组、辐射输运方程、中子输运
方程、核素燃耗方程。同时必须知道所用材料的状态方程以及高温物质的辐射不
透明度参数。

4. 实现热核反应的条件（劳森判据）

实现热核反应放能，并在能量上有所增益，必须建立一个热绝缘的稳定的高
温等离子体，使聚变产生的能量 E_{fusion} 减去高温等离子体的辐射能损失 $E_{\text{radiation}}$ 和
其他能量损失 E_{other} 之后，还能超过加热等离子体到高温 T 所需提供的热能
E_{thermal}，即

$$E_{\text{fusion}} \geqslant E_{\text{thermal}} + E_{\text{radiation}} + E_{\text{other}} \tag{3.2.36}$$

这就是实现聚变点火获得能量增益的条件。该条件对等离子体温度、密度和约束
时间提出的要求就称为劳森判据。劳森判据的数学表达式如何呢？

设热核反应的持续时间为 τ，等离子体的体积为 V，则热核聚变放能
$E_{\text{fusion}} = P_f \tau V$，其中 P_f 为聚变放能功率密度。等离子体的物质内能（热能）为
$E_{\text{thermal}} = (3k_B T / 2)(n_e + n_i)V$，高温等离子体的辐射能量损失为 $E_{\text{radiation}} = P_b \tau V$，其
中 P_b 为等离子体中带电粒子轫致辐射的功率密度。忽略其他能量损失 E_{other}，则
实现聚变点火获得能量增益的条件（3.2.36）变为

$$(P_f - P_b)\tau > \frac{3}{2} k_B T(n_e + n_i) \tag{3.2.37}$$

设电子数密度等于离子数密度，即 $n_e = n_i = n$，则对温度、密度、约束时间提出的
条件（劳森判据）为

$$n\tau > \frac{3n^2 k_B T}{P_f - P_b} \tag{3.2.38}$$

根据高温等离子体辐射理论，有轫致辐射功率密度正比于离子数密度的平方

$$P_b = \frac{32}{3} \sqrt{\frac{2}{\pi}} \frac{Z^2 e^6 n_e n_i}{m_e \hbar c^3} \sqrt{\frac{k_B T}{m_e}} \propto n^2 \sqrt{k_B T} \tag{3.2.39}$$

若只考虑 D-T 聚变放能反应，则聚变放能功率密度也正比于离子数密度的平方

$$P_f = n_D n_T \langle \sigma v \rangle_{DT} Q_{DT} \propto n^2 \langle \sigma v \rangle_{DT} / 4 \tag{3.2.40}$$

劳森判据（3.2.38）显然与温度有关，一般聚变反应率参数 $\langle \sigma v \rangle_{DT}$ 在 $k_B T = 10\text{keV}$
时最大，聚变放能功率密度也最大。取 $k_B T = 10\text{keV}$，劳森判据变为

$$\begin{cases} n\tau > 10^{14}\,(\text{s/cm}^3) \\ k_B T = 10\text{keV} \end{cases} \tag{3.2.41}$$

可见，要满足劳森判据，若约束时间 τ 短，则要求离子数密度高（惯性约束聚变路线）。若离子数密度低，则要求约束时间 τ 长（磁约束聚变路线）。

3.3　氢弹的主要结构

氢弹的具体结构细节属于各核大国的绝密。图 3.5 所示为美国先进核战斗部 W87 的结构示意图，图 3.6 所示为美国氢弹之父爱德华·泰勒为《大美百科全书》撰写的"氢弹"条目中所用的氢弹爆炸示意图。

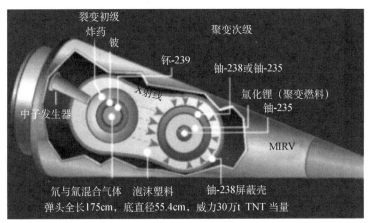

图 3.5　美国先进核战斗部 W87 的结构示意图

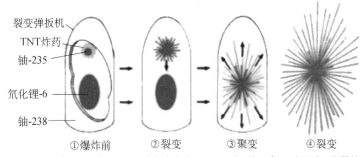

图 3.6　爱德华·泰勒为《大美百科全书》撰写的"氢弹"条目中的氢弹爆炸示意图

据公开资料推测，热核武器一般有四个主要部件：①裂变初级（俗称裂变弹的"扳机")。它是一个纯裂变的放能部件(即原子弹,采用裂变材料 ^{235}U),作用是为引发次级的聚变反应提供高温高密度条件。②聚变次级。它是热核武器的主要放能部件,一般由 ^{238}U 推进层、^{6}LiD 聚变燃料和 ^{235}U 裂变芯组成。③辐射屏蔽壳。它由热辐射穿不透的重材料 ^{238}U 制成,包覆在裂变初级和聚变次级的外面,可把初级裂变弹爆炸时放出的热辐射(X 射线)包围住。④辐射通道。它位于辐射屏蔽壳与次级推进层之间(通道内填泡沫塑料),初级放出的热辐射通过此通道输运到达次级,以对次级进行辐射内爆压缩。

据推测,热核武器的基本结构和运作过程大致为:①氢弹有两级,裂变初级和聚变次级两级分开;②裂变初级爆炸产生的热辐射(X 射线)可以被外围重材料包裹起来,通过辐射通道将能量输运到聚变次级的周围;③辐射能量压缩并点燃聚变次级的聚变材料,引发 D-T 聚变反应,产生聚变放能;④D-T 聚变高能中子再诱发裂变材料裂变放能,增加氢弹的爆炸威力。

3.4 氢弹爆炸的反应过程

热核武器的反应主要分为以下五个过程。

1. 以原子弹爆炸作为氢弹的扳机

氢弹是由作为"扳机"的初级裂变弹点燃的,世界上没有纯粹依赖聚变放能的"干净"氢弹。初级原子弹的链式裂变反应剧烈放能,瞬间产生局部高温,使弹体成为一个辐射能量密度很高的近似为黑体的高温辐射源,黑体辐射的粒子为光子,光子所占的能量份额占比最高可达 80%,辐射内能相当可观,远远高于实物粒子无规则运动的能量(物质内能)。

辐射内能密度 $E_R = aT^4$ (erg/cm^3) 正比于弹体温度 T 的 4 次方,而物质的内能密度(假设为理想气体)为 $E_M \propto \rho T$ (erg/cm^3),只与温度 T 成正比。因此,当弹体温度达到 $T \approx 7 \times 10^7\,\mathrm{K}$ 时,辐射内能密度与物质内能密度两者相当,即 $E_R \approx E_M$;而当弹体温度 $T > 7 \times 10^7\,\mathrm{K}$ 时,辐射内能密度就远远高于物质内能密度,即 $E_R \gg E_M$。

普通化学炸药爆炸温度约为 5000K,其中光辐射能量密度<1 erg/cm^3,而物质的能量(动能和内能)密度~10^8 erg/cm^3,故光辐射能量密度可忽略。然而,原子弹爆炸时,弹体温度为 $10^7 \sim 10^8$K,光辐射能量密度可达到 $10^{17} \sim 10^{18}$ erg/cm^3,大约有 80%的裂变放能是以光辐射能量形式存在的。光辐射的谱能量密度 U_ν 随光子频率 ν 的分布曲线(普朗克分布)如图 3.7 所示。

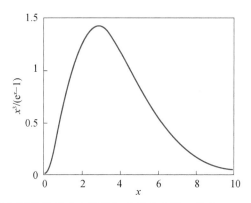

图 3.7　光辐射谱能量密度的普朗克分布函数，其中 $x = h\nu / (kT)$ 是以 kT
为单位的光子能量

　　光辐射谱能量密度曲线峰值对应的光子能量（频率）满足 $x_p \equiv h\nu_p / (kT)$ = 2.822，当温度 $T \approx 10^7 \mathrm{K}$ 时，$kT \approx 1\mathrm{keV}$，对应的光子能量近似为 $h\nu_p \approx 3\mathrm{keV}$。温度越高，光子的能量 $h\nu_p$ 越大，波长 $\lambda_p = c / \nu_p$ 就越短。根据光子能量公式 $\varepsilon = h\nu$ 和光子频率波长关系 $\nu = c / \lambda$，可得光子波长 λ 与光子能量 ε 的关系为 $\lambda(\mathrm{nm}) = 1.24 / \varepsilon\,(\mathrm{keV})$。前面讲过，当温度 $T \approx 10^7 \mathrm{K}$ 时，光辐射谱能量密度曲线峰值对应的光子能量近似为 3keV，对应的光子波长 $\lambda \approx 0.4\mathrm{nm}$，处在 X 射线波段。

　　综上所述，原子弹爆炸瞬时放出的总能量中，大约 80%的能量以光辐射能量的形式存在；由于弹体的温度极高，弹体表面向外发射的光子波长基本处在 X 射线波段。光辐射从裂变芯向外传输能量的速率近似为光速，该速率远远大于高温裂变芯膨胀的速率。

　　氢弹初级原子弹爆炸瞬时产生这么多光辐射能量是通过什么途径输运到达氢弹次级的呢？下面就这一光辐射输运过程作一初步分析。根据普朗克公式，高温物体的辐射本领按波长 λ 的分布函数为

$$e(\lambda, T) = \frac{2\pi hc^2}{\lambda^5} \cdot \frac{1}{\mathrm{e}^{hc/(\lambda kT)} - 1} \qquad (3.4.1)$$

它与温度 T 有关，不同温度下辐射本领按波长的分布曲线如图 3.8 所示。

　　由图 3.8 可见，在给定温度 T 下，辐射本领 $e(\lambda, T)$ 有一个峰值，峰值对应的波长 λ_m 称为峰值波长，根据 $\partial e / \partial \lambda = 0$，可得峰值波长满足以下维恩位移定律

$$\lambda_m T = 0.2897\mathrm{cm} \cdot \mathrm{K} \qquad (3.4.2)$$

这就是说，温度 T 的黑体辐射中，波长为 λ_m 的光子占绝大多数。提高黑体温度，峰值波长向短波长方向移动。已知原子弹爆炸时弹体温度大致为 $T = 3 \times 10^7 \mathrm{K}$，

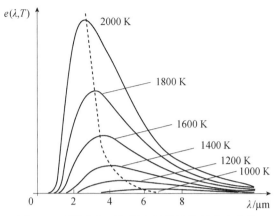

图 3.8 不同温度下辐射本领按波长的分布曲线

由维恩位移定律可得峰值波长为 $\lambda_m = 9.66 \times 10^{-9}\,\mathrm{cm} \approx 0.1\mathrm{nm}$ ，根据波长能量关系 $\lambda(\mathrm{nm}) = 1.24 / \varepsilon\,(\mathrm{keV})$ ，相应的光子能量为 $\varepsilon_m = 12.4\mathrm{keV}$ 。可见核爆炸瞬间高温弹体辐射的光子主要分布在硬 X 射线和软 γ 射线波长范围内。

　　光子与物质的相互作用类型主要有以下三种：①光电效应——光子把能量全部转移给原子的内壳层电子，使其克服原子核束缚而逸出，同时剩余的原子受到反冲，光子本身消失。②康普顿效应——光子与原子外层的弱束缚电子散射，光子损失能量改变运动方向，而电子获得能量而反冲。图 3.9 为康普顿效应的示意图。③电子对效应——光子能量大于电子静止质量的两倍（即 1.022MeV）时，光子在原子核场附近转化为一对正负电子的过程。

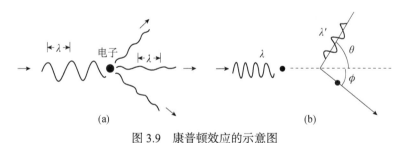

图 3.9 康普顿效应的示意图

　　上述三种效应究竟哪一种效应占主导地位，不仅与吸收光辐射的介质性质有关，也与光子的能量有关，图 3.10 给出了光子与介质相互作用类型与光子能量和介质原子序数的关系。

　　由图 3.10 可见，低能光子与介质相互作用主要以光电效应和康普顿散射为主（对于低 Z 物质，康普顿散射占优；对于高 Z 物质，光电效应占优）。定性地讲，在光子能量输运过程中，哪一种效应损失的光子能量少，则这种效应在辐射能量输运中就起主要作用。显然，对于原子弹爆炸瞬时高温弹体辐射的能量为 12.4keV 左右的光子，只能发生光电效应和康普顿效应。分析表明，康普顿散射光子除了改变传播方向外，其能量损失很小，因此康普顿效应是光子能量输运的主要形式。简单说明如下。

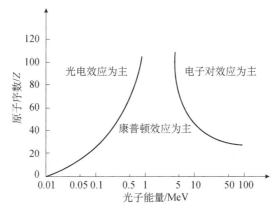

图 3.10　光子与介质相互作用类型与光子能量和原子序数的关系

设能量为 E_γ 的入射光子与原子外层的弱束缚电子发生康普顿散射，则在散射角为 θ 的方向上散射光子的能量 E'_γ 为

$$E'_\gamma = \frac{E_\gamma}{1 + E_\gamma(1 - \cos\theta)/(m_0 c^2)} \qquad (3.4.3)$$

式中 $m_0 c^2 = 0.511\text{MeV}$ 是电子的静止能量。给定入射光子的一组能量，可计算出在散射角 $\theta \in 0 \sim \pi$ 之间散射光子的能量，如表 3.2 所示。

表 3.2　不同能量的入射光子，散射角在 0～π 之间的能量

E_γ/MeV	E'_γ/MeV	θ
2.5	2.5～0.23	0～π
1.0	1.0～0.2	0～π
0.25	0.25～0.13	0～π
0.1	0.1～0.07	0～π
0.025	0.025～0.023	0～π
0.01	0.01～0.0096	0～π

可见，对于能量 $E_\gamma < 0.1\text{MeV}$ 的入射光子，康普顿散射光子的能量损失很小。对于原子弹爆炸瞬时高温弹体辐射出来的能量为 12.4keV 左右的光子，康普顿散射的能量损失更小。在氢弹初级原子弹爆炸瞬时产生的辐射能量输运中，康

普顿散射起着主要作用。

光电效应是否也能输运光辐射能量呢？粗看起来似乎不可能，因为在光电效应中，光子打在原子上，逐出原子内壳层的一个电子，光子本身消失，能量全部转化为光电子动能和原子内部的激发能。光电子的能量主要通过以下两种途径损失：一是原子的电离和激发（这种能量损失过程对能量输运不起什么作用，故我们不关心它）；二是光电子的轫致辐射——所谓轫致辐射指的是电子掠过原子核附近时，由于库仑力的作用会产生加速度，因而发射电磁波，即轫致 X 射线。轫致 X 射线是可以参与光能输运的。如果光电子的轫致辐射截面超过电离和激发截面，占据主导地位，则要考虑光电效应对辐射能量的输运问题。实验表明，光电子的能量绝大部分通过电离与激发形式损失掉了，由其产生的轫致辐射可以忽略。因此，光电效应在氢弹初级原子弹爆炸瞬间产生的辐射能量输运不起什么作用。

所以我们可以得出结论：在氢弹次级辐射内爆过程中，氢弹初级原子弹核爆瞬时放出的 X 射线能量主要是以康普顿散射的方式从输运通道内输运到达氢弹次级的。输运通道内的填充物一般是轻质泡沫塑料，其原子序数 Z 很低，X 射线与 Z 小的原子发生光电效应的截面小，而发生康普顿散射的截面大。

2. 辐射屏蔽壳与辐射通道

在辐射通道内部，X 射线与泡沫塑料等低 Z 填充材料发生康普顿散射，X 射线传播过程中，能量基本不损失。辐射通道内充满了光子气体，并迅速达到热力学平衡状态，使远离氢弹初级的那部分辐射通道加热。辐射屏蔽壳一般用 ^{238}U 材料制作，其原子序数 Z 高，X 射线与原子发生光电效应截面与 Z^5 成正比，故 X 射线在屏蔽壳材料 ^{238}U 上发生光电效应的概率很大。另一方面，光电子在高 Z 材料中的输运距离短，只能深入壁材料表层几个微米范围，即光电子能量会沉积在屏蔽壳材料表面的极薄层内，使薄层很快升温变成高温等离子体。高温等离子体又重新发出热辐射，这样沉积在腔壁重材料薄层内的光电子能量最终会以光辐射形式重新辐射出来，故腔壁重材料只起挡光作用，使 X 射线能量不从通道壁漏失。

3. 辐射内爆压缩

来自氢弹初级的 X 射线在低 Z 材料填充的辐射通道内通过康普顿散射传输，光子只改变方向，基本不损失能量。康普顿散射使得辐射通道内迅速充满了光子气体，并迅速达到热平衡状态。随着通道内 X 射线光子数目增多，辐射能量密度增大，从而辐射温度就升高，将建立起辐射压强 $p_R = aT^4/3$ (erg/cm^3)。由于辐射压强与温度的 4 次方成正比，辐射温度高，压强就会很高。辐射压强施加在氢弹次级推进层（^{238}U）的外围，通过烧蚀过程使聚变燃料（^{6}LiD）内爆压缩，一方面提高聚变燃料密度，另一方面使聚变燃料压缩加热。内爆压缩聚变燃料将起以下三方面的重要作用：①聚变材料 ^{6}LiD 总的热核反应放能率 $dE/dt \propto m\rho T^n Q_{ij}$ 与其质量密度 ρ 成正比，质量密度大聚变放能率就高。②当聚变放能一定时，^{6}LiD 体积压缩越小，辐射能量密度 aT^4 就越高，从而核材料温度 T 就越高，D-T 聚变反应进行得越剧烈（因为热核反应速率对温度的依赖极敏感）。③中子在压缩的 ^{6}LiD 材料中输运时，自由程缩短，中子与 ^{6}Li 造氚反应的宏观截面就增大，从而会加快中子造氚反应的速率。另一方面，中子在高密度的 ^{6}LiD 材料中输运时，与质量较小的 D 核碰撞的概率增大，中子与 D 核一次碰撞将平均损失 51.6% 的能量，碰撞慢化后的中子与 ^{6}Li 反应有更大的造氚截面。

4. 聚变点火

所谓聚变点火是指，聚变燃料能够依靠自身聚变反应放能维持其高温状态使核燃料继续燃烧下去的状态。聚变点火就是聚变自持放能过程开始启动。如何达到聚变点火呢？来自氢弹初级核爆瞬时的高温辐射压强可对聚变材料（^{6}LiD）实现高效率的内爆压缩并加热，虽然可使聚变材料的温度上升到几百万开，但在这个温度下轻核的热核聚变反应率仍然不够高，难以达到自持聚变点火条件，还需要把聚变材料的温度再升高。利用氢弹次级中所含的裂变材料芯的裂变放能可达到再升温的目标。因为次级裂变芯是由 ^{235}U 或 ^{239}Pu 做成的，当辐射内爆压缩聚变材料（^{6}LiD）时，也压缩了次级裂变芯，会使芯部裂变燃料达到高超临界状态，点火中子源会引发其剧烈的裂变链式放能反应，起到类似内燃机中的火花塞作用。芯部裂变材料裂变放能产生的能量会通过热波由中心传给外围的聚变材料，使已经压缩过的聚变材料再次升温，达到剧烈的聚变自持放能状态，称为聚变点火燃烧。

因此，氢弹的爆炸过程是，氢弹初级原子弹爆炸瞬间释放巨大的裂变能量，爆炸能量的一部分以光辐射的形式通过康普顿效应于瞬间输送到氢弹的次级，为次级的热核反应提供了初始高温高压环境。同时辐射压强对次级芯部的重核裂变材料和轻核材料进行压缩，首先引发次级核芯部位的重核裂变链式反应释放出裂变能量（作为火花塞），对轻核材料进行再加热，达到聚变点火条件，引发轻核剧烈的聚变放能反应，最终导致氢弹爆炸。

关于氢弹初级裂变爆炸与次级聚变爆炸反应的时间匹配问题，一般来说，氢弹初级和次级之间的距离大约只有不到 1m，而冲击波的传播速度大约为 1m/ms 量级，也就是说，氢弹初级原子弹（扳机）爆炸以后，大约经过 1ms 左右的时间，强大的爆炸冲击波就将到达氢弹的次级。因此，除去对氢弹次级的辐射压缩所需的时间以外，留给氢弹次级的核反应的时间就只有微秒量级了。否则来自初级原子弹爆炸的冲击波将传播过来，将把热核次级打散摧毁。因此，次级聚变反应必须快速进行（时间只有几十纳秒）。为此，热核材料在聚变点火燃烧前快速地实现温升与高密度压缩是氢弹点火成功和达到高爆炸威力的关键。

5. 燃烧与解体

聚变点火是指聚变自持放能开始启动，聚变燃烧是指聚变反应放能使热斑周围已压缩的燃料加热温升，热核聚变反应迅猛向外发展，维持温度不降甚至继续上升，使聚变反应能够持续进行下去。等聚变燃料烧掉一半后（大约需 20ns），由于温度越高的等离子体的韧致辐射能量损失越大，等离子体温度就会达到一个相对稳定值而不能再继续升高。在 D-T 聚变反应放能的同时，聚变反应产生的中子（能量为 14MeV）会使聚变燃料外围推进层材料 ^{238}U 发生核裂变，形成氢弹次级放能反应的三个阶段（参见图 3.11），即次级芯部链式裂变放能、次级中间聚变材料聚变反应放能、次级外围可裂变材料 ^{238}U 裂变放能，故氢弹实际上是三相弹，氢弹爆炸当量有可观裂变当量的贡献。

围在聚变燃料（LiD）外面的重材料（天然铀、铅）起四方面的作用：一是内爆压缩时作为推进层；二是聚变燃烧时作为惰层，用以箍束燃料、延缓飞散、加深燃耗；三是作为辐射容器防止热漏失；四是作为核材料（天然铀）在14MeV 中子作用下裂变放能，增加氢弹爆炸威力。

图 3.11 所列的氢弹次级中的四个核反应，一开始还是按照顺序先后进行的，然而，一旦氘氚聚变反应启动以后，四个核反应将同时发生，互相促进。例如，D-T 聚变中子除了参与和 ^{6}Li 的造氚反应外，其余的中子还会参与重核的裂变反应放能，而重核裂变次级中子也可能参与和 ^{6}Li 的造氚反应，产生更多的 T 核，促进 D-T 聚变反应放能。这样一种裂变聚变反应放能交织促进的结果，使得系统在极短的时间内将释放出巨大的能量，形成猛烈的氢弹核爆炸。随着核能剧烈地在有限体积内大量释放，将形成极高的温度和压力使系统膨胀，随着次级内部热

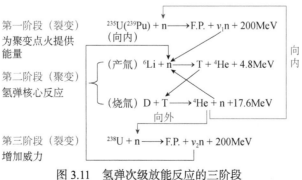

图 3.11 氢弹次级放能反应的三阶段

F.P. 代表裂变产物

波往外传播，聚变燃料外围的惰层将向外加速运动，使内部核燃料密度和温度双双下降，聚变反应就会渐趋熄灭，系统解体。

综上所述，氢弹爆炸的全部过程为，初级原子弹爆炸瞬时释放的光能通过辐射通道以康普顿散射的形式输运到次级外围，辐射压强压缩 ^{6}LiD 材料的同时，也压缩位于次级芯部用于助爆的裂变材料 ^{235}U（或 ^{239}Pu），使其达到高超临界状态，在中子点火下形成裂变链式放能反应，相当于在 ^{6}LiD 材料内部爆炸了一颗小型原子弹，这是氢弹次级放能的第一个阶段——裂变放能阶段。裂变链式反应释放出的能量将产生上百亿个大气压和数千万开的高温，由内向外传播压缩外围聚变材料 ^{6}LiD，此时次级外围的辐射压强也继续由外向内对聚变材料 ^{6}LiD 进行压缩，双向挤压的结果使 ^{6}LiD 的密度大大提高，进而发生中子（来自于裂变）与 ^{6}Li 的造氚核反应和 D-T 聚变放能反应，这是氢弹次级放能的第二个阶段，这个阶段放能占氢弹爆炸能量的绝大部分。D-T 聚变反应产生的 14MeV 高能中子向外运动引发外围 ^{238}U 核发生裂变反应，向内运动引发次级芯部的 ^{235}U（或 ^{239}Pu）裂变反应，这是氢弹次级放能的第三个阶段。这个阶段会增加氢弹的威力。

相对原子弹，氢弹有四个特点：①聚变材料比较便宜。聚变材料的生产成本比裂变材料低，且同样质量的聚变材料放能是裂变材料的 3 倍多。^{235}U 和 ^{238}U 的质量只相差 1.3%，而 ^{6}Li 和 ^{7}Li 质量相差 14%，分离 ^{6}Li 和 ^{7}Li 比分离 ^{235}U 和 ^{238}U 要容易得多。②氢弹比较干净。与裂变反应产生大量半衰期很长的放射性产物相比，聚变反应的产物几乎没有放射性（^{4}He 是稳定核，T 虽有放射性，但几乎烧完）。③氢弹的威力不受核材料临界质量限制。或者说聚变燃料没有临界质量这个概念，燃料质量可以任意多，故氢弹的爆炸当量可以做得很大，苏联曾试验过世界上最大威力的氢弹，爆炸当量达 5000 万 t TNT。而原子弹受裂变材料临界质量限制，裂变弹的最大爆炸当量大致为 50 万 t TNT。④氢弹可制成特殊性能核武器，例如中子弹、X 射线弹这些特殊性能核武器都属于氢弹。

3.5　主要核国家的核试验情况

氢弹研究经历了 70 多年的历史，氢弹的物理设计和制造工艺要比原子弹困难得多。氢弹爆炸过程中包含有丰富复杂的物理过程，包括核能释放的速率；离子、中子、电子、光子的能量输运；冲击波、热波、稀疏波的发生、发展和相互作用；各种能量（内能、动能、辐射能、中子能）间的相互转换；热核燃料的点火与燃烧规律；等等。

氢弹的理论设计必须依赖在超级计算机上进行的大规模数值模拟计算，当然也依赖各种核爆试验。表 3.3 简要给出了各国核试验的重要历史事件。表 3.4 给出了各国各类型核试验次数的统计数据。

表 3.3 各国核试验的重要历史事件

国家	第一次核试验	第一次空投核试验	第一次大威力氢弹试验	第一次地下核试验
美国	1945.7.16	1945.8.6	1954.2.28	1959.11.29
苏联	1949.8.29	1951.10.28	1959.11.22	1969.10.11
英国	1952.10.3	1956.10.11	1958.4.28	1962.3.1
法国	1960.2.13	1966.7.19	1968.8.24	1961.11.7
中国	1964.10.16	1965.5.14	1967.6.17	1969.9.23
印度	1974.5.18			1974.5.18
巴基斯坦	1998.5.28			1998.5.28
南非	1979.9.22			
以色列				
朝鲜	2006.10.9		2016.1.6（自己宣布）	

表 3.4 各国各类型核试验次数的统计数据

国家	核试验次数	核爆炸装置总数	大气层核试验次数	地下核试验次数	高空核试验次数	水下、水面核试验次数
美国	1056	1179	167	839	9	41
苏联	715	969	209	496	5	5
英国	45	45	21	24		
法国	210	210	46	164		
中国	45	45	23	22		
印度	3	6		3		
巴基斯坦	2	6		2		
南非	1	1	1			
朝鲜	6	6		6		

1952 年，美国开展了代号"常春藤行动"的系列核试验。1952 年 11 月 1 日，美国在马绍尔群岛的埃尼威托克环礁上进行了世界上首次成功的氢弹试验，氢弹代号为"Mike"，使用的聚变燃料为液氘（加入适量氚）。因为液氘要靠庞大的冷却装置冷却，故整个核装置有 82t 重，爆炸威力达 1040 万 t TNT 当量，相

当于 1945 年投放在日本长崎的原子弹"胖子"爆炸威力的近 500 倍。这次爆炸将马绍尔群岛的 Elugelab 岛夷为平地，产生了一个宽 1.9km、深 50m 的大坑。图 3.12 为美国氢弹"Mike"爆炸产生的蘑菇云。

图 3.12　美国氢弹"Mike"爆炸产生的蘑菇云图

"Mike"是美国试爆的第一颗热核武器，也是世界上首次成功的氢弹试验，当时，这次氢弹试验的影片经过审查公开放映，连日在美国电视频道轮番播映，第一颗氢弹核爆试验的成功无疑令美国观众欣喜若狂。据试验目击者描述，"Mike"爆炸后产生的火球直径约为 5.2km，蘑菇云在 90s 内升至 17km 的高度，进入大气同温层，1min 后又升高至 33km，最终稳定在 37km 的高度。蘑菇云的冠部最终延伸至 160km 以外的区域，茎干的宽度达到 32km。这颗氢弹爆炸产生了大量的放射性沉降物，产生的冲击波使得周围岛屿的植被完全消失，而遭到辐射的珊瑚尘埃甚至落到停泊在 48km 外的轮船上。使埃尼威托克珊瑚岛周围地区遭到重度核污染。

1954 年，美国部署的第一种可运载的氢弹"MK17"，如图 3.13 所示。"MK17"重 18.8～19t，直径 156cm，威力 15～20Mt TNT 当量。

图 3.13　1954 年美国首次空投氢弹"MK17"

1954 年 3 月 1 日，美国进行了代号"强盗"（Bravo）的氢弹试验，它是美国威力最大的氢弹试验，也是美国第一颗可以投入实用的氢弹，爆炸当量是投掷在日本广岛的原子弹"小男孩"爆炸威力的 1000 倍。"强盗"所用的聚变材料是 ^{6}LiD（^{6}Li 的富集度 40%），实测爆炸当量为 15Mt TNT，是理论设计当量（4～8Mt TNT）的 3 倍。偏离理论设计的原因是理论设计忽略了 n+^{7}Li 反应。"强盗"引爆后瞬间形成了一个宽约 7km、在 400km 外都能看到的金色穹顶。1min 以后，蘑菇云升至距地面 14km 的高度，宽达到 11km。在不到 10min 内蘑菇云到达 40km 的高度，宽度为 100km。强烈的热核反应放能在 37km 以外的小岛引发火灾，爆炸留下一个宽 2000m、深 75m 的大坑。"强盗"核试验产生的放射性沉降物对试验场及其周围地区造成了严重的核污染，使日本"幸运龙 5 号"渔船上的船员辐射中毒，其中 1 人后来死亡。另有数百人暴露在大量的核辐射下，遭受了长期的严重健康问题，包括出生缺陷。由于美国未对外公布"强盗"核试验的消息，自此以后，国际社会开始呼吁禁止大气层热核试验。

1954 年 3 月 27 日，美国进行了"罗密欧"（Romeo）氢弹试验，它是美国的第三大核试验。所用的 LiD 为天然 Li，^{6}Li 富集度仅为 7.42%。测量的爆炸当量为 11Mt TNT，是理论预测当量的两倍多。

3.6 氢弹的研究与发展

大爆炸当量的氢弹的破坏力是惊人的，造成的后遗症也是长久的。起初，人们研制氢弹追求的指标是大爆炸当量。为了使氢弹在实战中"管用、好用"，人们做了大量的改进工作。战略核武器发展的趋势主要体现在以下几个方面：第一，使核弹体积重量更加小型化、弹种类型功能更加多样化。第二，广泛采用可调技术，使核弹适应各种不同的实际使用场景的需要，实现钻地化，提高命中精度，增强打击毁伤能力。第三，增强突防能力，发展多弹头技术和超声速技术。隐形技术、超低空飞行技术、变飞行弹道技术，以及各种抗电子、抗电磁干扰和抗核加固技术得到广泛使用。第四，增强快速反应能力，广泛采用通用技术，使核装置通用化、常规化、实用化。

1. 小型化

在保持同等威力的前提下，如何把武器做到尺寸小、重量轻，适合用洲际导弹运载（早期都是采用大型轰炸机运载），也可增大武器射程。衡量武器小型化技术高低的指标是"比威力"，其定义为：比威力=威力/重量。"比威力"这一指标对于威力大致相当、类型相同的核武器是基本合适的。然而，比较大威力的单弹头和小威力的多弹头时，就不大合理。

从核爆炸冲击波对面目标的破坏效果的统计规律看，核弹头的破坏效果与其爆炸威力的 2/3 次方成正比，并不与爆炸威力的 1 次方成正比。因此，华尔希引入等效百万吨数（EMT）的概念，定义为 EMT=［威力百万吨数］$^{2/3}$，此处，［威力百万吨数］是一个无量纲量，是以百万 t TNT 当量为单位的爆炸威力。与此相应，比等效百万吨数=EMT/W（W 是以千克为单位的武器重量）也用来作为衡量小型化技术高低的指标。

表 3.5 描述了美国核武器小型化进展历程。从 1954 年到 1986 年的 30 多年，"比威力"从 0.79kt/kg 增加到 2.45kt/kg，比等效百万吨数 EMT/W 也提高了一个量级。

表 3.5　美国核武器小型化进展历程

核战斗部/核弹头	生产时间	重量 W/t	直径/cm	威力 Q	比威力/（kt/kg）	比等效百万吨数/kg^{-1}
MK17（空军第一个可投掷氢弹）	1954.5	18.8～19	156	15～20Mt TNT	0.79～1.1	（3.2～3.9）× 10^{-4}
W53/MK6（大力神Ⅱ导弹弹头）	1962.12	2.95～3.18	92.7	9Mt TNT	3	1.44 × 10^{-3}
B61（战术/战略两用热核炸弹）	1966	0.315～0.325	34	4 挡可调，最大 340kt TNT	1.1	1.52 × 10^{-3}
W87/MK21（和平卫士/MX 导弹子弹头）	1986.4	0.194	弹头底部直径 55.37，腰部约 30	标准威力 300kt TNT，可增至 475kt TNT	2.45	3.14 × 10^{-3}

图 3.14 所示为美国核弹头的重量与尺寸的演变过程。例如，1954 年生产的首枚可投掷的氢弹 MK17，重量约 19t，直径 156cm，核弹头使用未富集的天然 LiD 作聚变材料，爆炸威力 20Mt TNT 当量。1962 年生产的大力神Ⅱ导弹与核弹头 W53/MK6，总重量 3.18t，直径 92.7cm，核弹头使用 ^{6}Li 富集度为 95%摩尔分数的 LiD 作聚变材料，爆炸威力为 9Mt TNT 当量。然而，24 年后的 1986 年生产的导弹与核弹头 W87/MK21，重量不到 200kg，直径约 30cm，爆炸威力 30～47 万 t TNT 当量。氢弹小型化技术的进步速度令人震惊。

使氢弹小型化主要从以下两方面着手：①氢弹初级小型化，采用聚变助爆技术，形成裂变-聚变-裂变的放能过程；②氢弹次级小型化，核武器威力 Q 与武器重量 W 的经验公式为 $Q = CW^{3/2}$，其中 C 为比例系数。由于同体积的 U 或 Pu 比 LiD 要重 24 倍，而聚变燃料完全燃烧的放能约为同重量裂变材料的 3 倍，故一

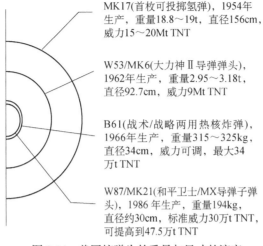

MK17(首枚可投掷氢弹)，1954年生产，重量18.8～19t，直径156cm，威力15～20Mt TNT

W53/MK6(大力神Ⅱ导弹弹头)，1962年生产，重量2.95～3.18t，直径92.7cm，威力9Mt TNT

B61(战术/战略两用热核炸弹)，1966年生产，重量315～325kg，直径34cm，威力可调，最大34万t TNT

W87/MK21(和平卫士/MX导弹子弹头)，1986年生产，重量194kg，直径约30cm，标准威力30万t TNT，可提高到47.5万t TNT

图 3.14　美国核弹头的重量与尺寸的演变

个裂变放能与聚变放能各占一半的次级，聚变材料的体积大约是裂变材料体积的 8 倍，重量是裂变材料的 1/3。因此，要减小武器体积，需多用裂变材料，而要减轻重量，则需少用裂变材料。

为做到武器小型化，在理论设计时需依靠新的物理概念，改进武器的构型，提高辐射输运、辐射流体力学、中子输运计算的精度，以减少设计盈余度。

2. 提高武器的安全性和保安性、可靠性和突防能力

①安全性。包括核爆炸安全和化学爆炸安全。ⓐ核爆安全：美国军标提出的"一点安全"的概念，指的是核武器在异常环境（撞击或枪击）下武器中装有的炸药任何一点起爆所产生的核爆放能在 4lb（约为 1.8kg，1lb=0.453592kg）TNT 当量以上的概率小于 10^{-6}。ⓑ化爆安全：发生化学爆炸时，可能使核材料钚以气溶胶形式散落在空中造成核污染。为了确保化爆安全，核武器的初级要采用钝感炸药，这种钝感炸药在发生燃烧或撞击时不会发生爆轰。另外还采用耐火的弹芯设计，即将氢弹初级的钚芯包裹在高熔点、耐受烧融不腐蚀的金属壳内（能抗 1000℃的高温）。②保安性。采用密码锁，增强核爆安全系统。③可靠性。核武器投入使用时必须要可靠，不能哑炮。④突防能力。指武器发射起飞中要具备突破敌方各种防御系统的能力，保证投送到敌方目标不被中途拦截，甚至在对方核爆环境下还能够继续生存和有效使用。突防措施有超低空运载进入、机动变轨飞行技术、超高速飞行技术、释放金属诱饵和假弹头、分导多弹头技术、隐身技术、抗核辐射加固技术。抗辐射加固包括抗核爆中子及 γ 射线加固、抗核爆 X 射线加固、抗核电磁脉冲加固。

习　题

1. 氢弹聚变为什么需要高温？温度需达到多少？

2. 如何使大量聚变材料达到 10^7K 的高温？如何维持这个高温实现自持的热核反应？

3. 如何将高温等离子体约束不飞散？太阳等恒星内部依靠什么来维持星体高温，依靠什么约束等离子体？

4. 如何计算热核反应的功率密度？

5. 实现热核反应的条件是什么？

6. 氢弹爆炸包括哪几个过程？

7. 氢弹有哪些优点？

8. 氢弹次级，围在聚变材料 LiD 外面的重材料天然铀有什么作用？

9. 内爆压缩聚变材料 LiD 有什么作用？

10. D+T 聚变反应 $D+T \longrightarrow {}^4He+n+17.6MeV$ 为放能反应，反应能为 $Q=17.6MeV$，该反应能表现为产物中子和 ${}^4He$ 的动能。试求中子和 ${}^4He$ 的动能分别是多少？（设反应前 D 和 T 均在 Lab 系静止）

11. D+D 聚变反应有两个反应道，其中一个为 $D+D \longrightarrow T+p+4.03MeV$ 的反应能为 $Q=4.03MeV$，该反应能将变为产物氚的动能 E_T 和质子的动能 E_p。试求 E_T 和 E_p 分别是多少？（设反应前两个 D 核均在 Lab 系静止）

12. D+T 聚变反应 $D+T \longrightarrow {}^4He+n+17.6MeV$ 的反应能为 $Q=17.6MeV$，设反应前 T 在 Lab 系静止，而 D 的动能为 $E_d=1MeV$，试求质心系（COM）下中子和 ${}^4He$ 的动能分别是多少？

13. 纯氘氢弹中的主要聚变反应的总效果是 $6D \longrightarrow 2{}_2^4He+2p+2n+43.25MeV$，试求消耗质量 m=1kg 的氘材料理论上可放出多少万 t TNT 当量的能量。（1 万 t TNT 当量$=2.62×10^{26}MeV$）

14. 氘化锂氢弹中两个主要聚变反应：$n+{}^6Li \longrightarrow T+{}^4He+4.78MeV$ 和 $D+T \longrightarrow {}_2^4He+n+17.6MeV$ 的总效果是 $D+{}^6Li \longrightarrow 2{}^4He+22.4MeV$，试求消耗质量 m=1kg 的 ${}^6LiD$ 材料理论上可放出多少万 t TNT 当量的能量。（1 万 t TNT 当量$=2.62×10^{26}MeV$）

15. 一升海水大约 1kg，其中重水 D_2O 有 1/6700kg。通过聚变反应，一个 D 核可释放 43.25/6MeV 的能量，试问：

（1）一升海水中含有多少个 D 核?

（2）一升海水中 D 聚变放能相当于多少升汽油的放能? （汽油的燃烧热值为 2.04×10^{20} MeV/L ）

参 考 文 献

春雷. 2000. 核武器概论. 北京：原子能出版社.

钱绍钧. 2007. 中国军事百科全书——军用核技术. 北京：中国大百科全书出版社.

特殊性能核武器是指，通过某些特殊设计增强和突出武器的某种杀伤破坏因素同时减弱其他杀伤破坏因素的一类核武器。主要有如下四种：一是中子弹（也叫辐射增强核武器）；二是减少剩余放射性弹（又叫冲击波弹）；三是增强 X 射线弹；四是感生放射性弹。

纵观核武器的发展历史，大致经历了三个阶段：第一阶段以突破武器设计原理、掌握武器制造技术、研制大爆炸当量的武器而展开；第二阶段以研制小型化氢弹和特殊性能核武器为主攻方向；第三阶段主要探索定向能武器和其他新概念武器。第一阶段以成功研制原子弹与早期氢弹为标志；第二阶段产生了小型化氢弹和特殊性能核武器（如中子弹）；目前处在第三阶段，正在探索核爆驱动的定向能武器，包括核激励 X 射线激光器、核激励 γ 射线激光器、核激励的高功率微波武器以及核动能武器等，有些还处在可能性研究阶段核。爆驱动的定向能武器欲把核爆炸放出的非定向发射的巨大能量定向化利用，将作战距离从几千米扩展到几千千米范围，以解决核武器的爆炸威力虽然巨大，但放出的能量向四面八方发散，对目标无差别打击毁伤的问题。

4.1 中 子 弹

中子弹（neutron bomb）是一颗经特殊设计的小当量氢弹，它是一种利用 D-T 聚变反应产生的大量高能中子作为主要杀伤破坏因素的战术核武器。中子弹的特点是爆炸产生的中子产额高，单个中子的能量大，冲击波和光辐射效应弱，剩余放射性物质少。中子弹以高能中子的杀伤效应为主，爆炸后比较"干净"（放射性沾染轻），被人们称为辐射增强核武器（enhanced radiation weapon，

ERW）或弱冲击波强辐射弹。

标准裂变弹与中子弹爆炸时的能量分配如图 4.1 所示。标准裂变弹爆炸时一般会产生四种主要的直接杀伤破坏因素：一是强冲击波（能量占比 50%）；二是强光辐射（能量占比 35%，也叫热辐射）；三是剩余辐射（也叫放射性沾染，能量占比 10%）；四是瞬发核辐射（能量占比 5%，主要成分为高能中子和 γ 射线）。中子弹以高能中子为主要杀伤破坏因素，强化了瞬发核辐射的能量占比（从 5% 提高到 30%），减弱了冲击波能量占比（从 50% 减少到 40%），减弱了光辐射能量占比（从 35% 减少到 25%），剩余辐射也被压低（从 10% 减少到 5%）。

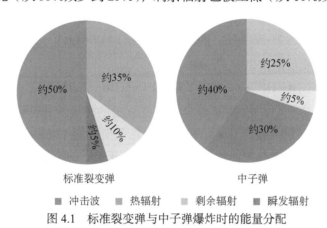

图 4.1　标准裂变弹与中子弹爆炸时的能量分配

这些特点是如何实现的呢？科学家进行了深入的探索。它们认为中子弹既然是一颗特殊设计的小当量的小型氢弹，那么它的结构应该与普通氢弹的结构大体类似，但要突出其特殊性，达到预想的目的，中子弹所用的材料和结构设计与普通氢弹还是有很大的差别。表 4.1 给出了中子弹与普通氢弹所使用核材料和结构材料的区别。可以看出，中子弹的热核装料采用的是高密度氘氚混合物而不是氘化锂，初级的裂变装料采用的是高纯度的 ^{239}Pu 而不是 ^{235}U，中子反射层材料采用的是有中子增殖功能的 ^{9}Be 而不是 ^{238}U，辐射反射层（也称辐射通道壁）采用高密度的镍、铁、铼合金而不是 ^{238}U。使用核材料和结构材料之所以作这些改变，背后都有物理上的细致考量，下面会一一阐述。

表 4.1　中子弹与普通氢弹所用核材料和结构材料的区别

	热核装料	裂变装料	中子反射层	辐射反射层
中子弹	高密度氘氚混合物	高纯度 ^{239}Pu，聚苯乙烯	^{9}Be	高密度的镍、铁、铼合金
氢弹	氘化锂	铀-235，铀-233，钚-239 等	^{238}U	^{238}U

1. 中子弹设计的三个基本要求

在中子弹研制之前，人们并不清楚中子弹应该是采用原子弹（裂变弹）还是氢弹（聚变弹）的结构设计。根据中子弹的杀伤破坏特点，仔细分析得知，要增强中子弹爆炸时瞬发核辐射中的中子产生的破坏效应，设计中子弹时应考虑以下三个基本要求：一是核爆炸放出的中子数量要多、单个中子的能量要高；二是要解决中子能有效穿出弹壳的问题；三是氢弹初级（原子弹）的爆炸威力要尽量低（因为威力高的氢弹冲击波的破坏效应大，会掩盖中子的破坏效应）。

要满足核爆炸放出的中子数量多、单个中子的能量高的要求，中子弹只能利用 D-T 聚变反应产生中子（括号内的数值是产物的动能）

$$D + T \longrightarrow {}^4He(3.5) + n(14.1) + 17.6\,MeV \tag{4.1.1}$$

而不能用重核裂变反应产生中子，如

$$n + U^{235} \longrightarrow (X + Y)(170) + \nu n(10) + 200\,MeV \tag{4.1.2}$$

表 4.2 给出了重核 ^{235}U 一次裂变与 D-T 聚变放出的能量及其分配方式。不难算出，聚变中子携带的能量高达 14.1MeV，占总聚变放能 17.6MeV 的 80%；而裂变中子携带的能量只占总放能的 5%，且单个裂变中子的能量低（2MeV）。聚变反应每放出 1MeV 能量可以产生 1/17.6 个中子，而 1MeV 裂变放能可以净产生 1/100 个次级中子，即同等放能条件下产生的聚变中子数目是裂变中子数目的 5～6 倍。

表 4.2 一次裂变与聚变反应放出不同形式的能量比较

反应类型	裂变	聚变
反应式	$^{235}U + n \longrightarrow X + Y + \nu n + 200MeV$	$D + T \longrightarrow {}^4He + n + 17.6MeV$
瞬时释放总能/MeV	180	17.6
原子核动能/MeV	168	3.5
瞬时核辐射能/MeV	12.3	14.1
瞬时核辐射能占瞬时释放总能份额/%	6.8	80
原子核动能占瞬时释放总能份额/%	93.2	20
一次反应净释放平均中子数/个	1.5~2	1
中子平均动能/MeV	2	14.1
放出 1 个中子释放的原子核动能/MeV	约 100	3.5

注：反应式中 n 代表中子，ν 代表放出中子个数，X 和 Y 为裂变碎片。

另外，采用 D-T 聚变反应的好处除了中子能量大中子产额多以外，还有两个好处。一是聚变反应放出 1 个中子释放的原子核动能是 3.5MeV（聚变产物 ⁴He

的动能），只占聚变放能的 20%，裂变反应放出 1 个中子释放的原子核动能是
100MeV，占裂变放能的 50%。由于原子核动能要转化为物质内能，最终变成冲
击波和光辐射的能量，因此核动能占比小有利于减小冲击波和光辐射的能量。二
是聚变武器比较"干净"，因为聚变产物（^{4}He）无放射性，爆炸后放射性沾染
小。以上分析表明，为提高武器中贯穿辐射（中子）的能量，中子弹应该是以
D-T 聚变放能为主的氢弹而不是裂变弹。应尽量利用 D-T 反应，它的中子数产额
多，单个中子的能量也大。

要满足第二个要求，即解决中子有效穿出弹壳的问题，就要想办法不让中子
消耗在弹体内，排除任何消耗中子的因素。如果中子弹中聚变材料采用 ^{6}LiD，则
中子的造氚反应 n+^{6}Li $\longrightarrow$ T+^{4}He 会消耗中子。因此，中子弹所用的聚变材料不
用 ^{6}LiD 而用高密度 D-T 混合物，所以制造中子弹要消耗贵重材料 T（因氚有 β
放射性，半衰期为 12.3a，氚在自然界中极少存在，必须人工生产，成本很高）。
为保留中子，辐射反射层也采用高密度的镍、铁、铼合金而不用 ^{238}U，因为中子
诱发 ^{238}U 裂变会消耗掉高能中子。同样，采用 ^{9}Be 材料而不是 ^{238}U 做中子反射
层，也是同样的原因。中子弹爆炸后释放大量的高能中子流，飞出弹体后到达目
标可以穿透 1ft(1ft=3.048 × 10^{-1}m)厚的钢板，毫不费力地穿透坦克的装甲、水泥
做的掩体和砖墙等物体，杀伤隐蔽在其中的人员，而坦克、建筑物、武器装备等
不受中子辐照影响，能够完好地保存下来。

要满足第三个要求，即要求氢弹的初级（原子弹）爆炸威力尽量低，就要尽
量设法减少初级裂变弹的核材料装药量。因为裂变燃料多了，裂变反应产生的裂
变碎片多，而裂变碎片携带的动能最终都会转化为冲击波和光辐射的能量。因
此，为压低冲击波和光辐射的破坏效应，就要尽量减少裂变燃料的装药量。

问题是，如果初级裂变弹的裂变燃料装药量少了，其爆炸威力能不能成功引
爆氢弹次级呢？因为氢弹次级是需要一定爆炸威力的初级裂变弹来引爆的，怎么
来协调初级裂变材料的小装药量与大爆炸威力之间的矛盾呢？分析发现，可以通
过以下三个途径来解决这个矛盾。

途径一是裂变材料采用 ^{239}P 代替 ^{235}U（^{239}Pu 的临界质量小），并在 ^{239}Pu 的
球芯部加入 D-T 聚变材料（储氚器），用聚变来助爆裂变。氢弹初级核爆炸时产
生的高温高压条件使球芯部的 D-T 聚变反应放能，同时放出高能中子。采用这种
聚变助爆裂变的方式，不仅可利用 D-T 聚变中子来加速 ^{239}Pu 裂变，提高 ^{239}Pu 的
利用率，而且 D-T 聚变放能可弥补初级裂变放能威力的不足，确保初级放能到达
所需的当量去点燃次级。采用 ^{239}Pu 代替 ^{235}U 的原因是，^{239}Pu 的裂变截面比
^{235}U 更大，^{239}Pu 裂变放出的次级中子数目比 ^{235}U 更多，更为重要的是，^{239}Pu 的

临界质量比 ^{235}U 更小。裸 ^{239}Pu 的临界质量只有裸 ^{235}U 的 1/3，加上中子反射层后 ^{239}Pu 的临界质量更小。

途径二是采用 ^{9}Be 做中子反射层。首先，一个 ^{9}Be 吸收 1 个中子会放出 2 个中子，即 n+^{9}Be $\longrightarrow$ 2n+2^{4}He，起到中子倍增器作用。^{9}Be 反射回来的中子可加速 ^{239}Pu 裂变，提高 ^{239}Pu 的利用率。其次，聚变反应产物（^{4}He、D、H 以及裂变 γ）也能与 ^{9}Be 发生核反应产生中子（例如 ^{4}He+^{9}Be $\longrightarrow$ ^{8}Be+n+^{4}He），这些核反应使中子数目增殖的同时，又吸收了聚变产物原子核的动能，可最终减小冲击波和光辐射能量。

途径三是在初级裂变弹中采用新的 D-T 聚变中子源。使裂变反应刚开始就能有更多初始中子，以加速裂变进程。在裂变材料（^{239}Pu）芯中加入 D-T 聚变材料的好处是，利用裂变反应提供的高温，引发 D-T 聚变产生 14MeV 的高能中子，高能中子可增加 ^{239}Pu 核裂变速率，产生更多的次级裂变中子，提高裂变材料 ^{239}Pu 的利用率和燃耗，增加裂变威力，对核武器的小型化有利。

2. 中子弹的发展历史

中子弹属于特殊性能核武器中的一种，它本质上是一颗经特殊设计的小型化氢弹，属于第二代核武器。目前，小型化氢弹是五个核大国核威慑力量的主体，有人称它为战术核武器。

在核武器发展的早期，为追求效费比，人们大都追求制造大爆炸当量的核武器。因为武器的爆炸当量越大，单位当量所耗费的资金就越低。但是，如果要将核武器投入战术应用，就不得不考虑以下问题：如何减小核武器过度的毁灭性，避免人和物的大规模伤亡？如何有选择性地区别对待杀伤目标？如何减小核爆炸后形成的放射性沾染？中子弹的研制就是在以上背景下提出来的。

中子弹的概念于 1958 年提出，它是适合战场使用的战术核武器，可以对付敌方坦克方阵的进攻。因为中子弹以高能中子为主要杀伤破坏因素，减弱了冲击波、光辐射效应，且剩余放射性低。爆炸后对建筑设施的破坏力小，形成的放射性沾染低，可有效杀伤敌方的有生力量。

美国从 1959 年开始着手研制中子弹，1962 年开始试验，1963 年着手上型号。虽中途几经争论和周折，但终于在 1977 年 6 月宣布研制成功。1981 年 8 月里根总统宣布生产储存中子弹，其型号多种多样，有装在导弹上用的，还有通过榴弹炮发射的。表 4.3 给出了美国几种中子弹的相关参数，其中一款中子核弹头叫 W82-0，直径 15.5cm，长度 86.4cm，质量约 43.1kg，爆炸威力小于 2 千 t TNT 当量。可由 155mm 的榴弹炮发射。

表 4.3　美国几种中子弹的威力、重量与尺寸

核战斗部	威力	重量	长度	直径
"长矛"战术弹道导弹/W70-3	两种可调： （1）略低于 1kt TNT； （2）略大于 1kt TNT	211kg	246cm	56cm
203mm 大炮/ W79-1	0.8kt TNT	约 98kg	109cm	20.3cm
155mm 大炮/W82-0	小于 2kt TNT	约 43.1kg	86.4cm	15.5cm

法国从 1976 年开始研制中子弹，1980 年 6 月德斯坦总统宣布中子弹试验成功。苏联（俄罗斯）的中子弹试验也已经成功，目前不部署。中国在 20 世纪七八十年代也成功掌握了中子弹技术，成为名副其实的五个核大国之一。

3. 中子弹的杀伤破坏作用特点

与一般核武器（原子弹和氢弹）的区别是，中子弹爆炸时瞬发核辐射（中子和 γ 射线）能量占到爆炸当量的 30%，大大增强了瞬发核辐射的毁伤效应，故中子弹又叫辐射增强核武器（ERW）。

表 4.4 给出中子弹和裂变弹的爆炸效应半径（m）。从表 4.4 可以看出，在离爆炸点的固定半径处，1kt TNT 当量的中子弹与 10kt TNT 当量的裂变弹产生的辐射吸收剂量基本相同；当冲击波超压相同时，同当量的中子弹作用半径比裂变弹作用半径小得多。从表 4.4 还可看出，中子弹杀伤破坏具有以下五个特点。

表 4.4　中子弹和裂变弹的爆炸效应半径　　　　　（单位：m）

爆高/m	武器	吸收剂量/Gy			冲击波超压/atm		
		80	30	6.5	0.41	0.27	0.20
150	1kt TNT 中子弹	760	910	1200	430	550	760
	1kt TNT 裂变弹	400	490	760	520	610	910
	10kt TNT 裂变弹	760	910	1200	910	1200	1500
460	1kt TNT 中子弹	760	910	1200	0	240	460
	1kt TNT 裂变弹	0	310	580	210	460	610
	10kt TNT 裂变弹	760	910	1200	1200	1500	2100
910	1kt TNT 中子弹	310	610	1100	0	0	0
	1kt TNT 裂变弹	0	0	0	0	0	0
	10kt TNT 裂变弹	310	610	1100	520	1100	1500

注：1Gy=1J/kg。

　　特点一：辐射杀伤半径增大。中子弹的辐射杀伤半径比同威力的裂变弹大一倍以上，而与爆炸威力大 10 倍的裂变弹相当。例如，对于爆高 150m 当量为 1kt TNT 的中子弹，在离爆点 760m 处的中子吸收剂量为 80Gy，在离爆点 1200m 处的中子吸收剂量为 6.5Gy。人员受 80Gy 的吸收剂量的照射，5min 即失去战斗力，2 天内死亡；受 6.5Gy 的吸收剂量的照射，2 小时内生理功能受损，不治疗几星期内死亡，但治疗有可能存活。

　　特点二：冲击波的破坏半径大大减小。中子弹的冲击波破坏半径显著小于同威力的裂变弹。爆高越高，中子弹冲击波的破坏半径越小。冲击波超压为 0.27atm（=27kPa）时，会使城市建筑物造成中等破坏。例如，对于爆高 460m 当量 1kt TNT 的中子弹，可使 760m 以内的受照射人员受 80Gy 的吸收剂量的照射（5 分钟内失去战斗力，2 天内死亡），但对周围建筑物造成中等破坏的半径只有 240m（即冲击波对 240m 外的建筑物没有影响）。如果换成同当量的普通核弹，其冲击波破坏半径则达 460m。

　　特点三：中子弹一定是低威力的（1kt TNT）特殊氢弹。图 4.2 给出了不同威力核武器爆炸时产生的四种杀伤效应的作用距离。可以看出，效应距离的对数与爆炸威力的对数呈直线关系，但直线的斜率不同。爆炸威力在 10kt TNT 以下，中子杀伤效应的半径比其他三种破坏效应的半径都要大，如果核弹的爆炸威力高了，它产生的光辐射和冲击波效应会占优势，就失去中子弹的特点了。γ

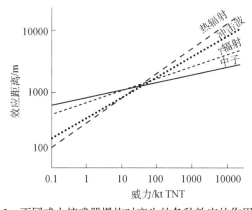

图 4.2　不同威力核武器爆炸时产生的各种效应的作用距离

　　特点四：中子弹的穿甲破坏能力强。图 4.3 和图 4.4 所示分别为 1kt TNT 当量中子弹和 10kt TNT 当量标准裂变弹的杀伤破坏半径和面积，以及它们对坦克和坦克机组人员的杀伤破坏效应范围的比较。

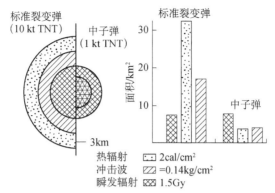

图 4.3　1kt TNT 当量的中子弹头与 10kt TNT 当量标准裂变弹头的杀伤破坏效应的范围比较

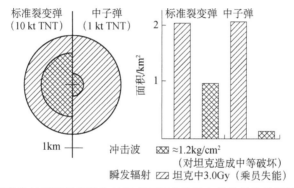

图 4.4　中子弹头与标准裂变弹头对坦克和坦克机组人员的杀伤破坏效应范围比较

中子弹中的 D-T 聚变反应产生的能量为 14MeV 的高能中子，可以穿透厚度为 1ft 的钢板，杀伤坦克、装甲车、掩体和砖墙内的人员，而不破坏装备。因此，中子弹适合打击战场上的集群装甲目标，是保护建筑物和装备，专门杀伤人员的"非人道"武器。

特点五：中子弹的放射性沾染（剩余辐射）小。中子弹爆炸后，己方部队可以很快进入爆炸区打扫战场。

中子弹的突出特点是瞬发核辐射（中子和 γ 射线）的毁伤效应大，它对人员的杀伤程度可按辐射吸收剂量大小划分为三个等级：①80Gy，受到该剂量的瞬发核辐射照射后 5min 失去活动能力，1～2 天内死亡；②30Gy，受到该剂量的瞬发核辐射照射后 5min 失去活动能力，30～50min 后能部分恢复机能，一般 4～6 天内死亡；③6.5Gy，受到该剂量的瞬发核辐射照射后 2 小时内生理功能受损，不治疗几星期内死亡，治疗有可能存活。图 4.5 给出了人员辐射损伤与吸收剂量及爆炸后时间关系。

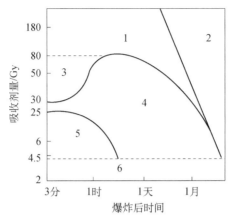

图 4.5　人员辐射损伤与吸收剂量及爆炸后时间关系

1. 完全丧失工作能力；2. 死亡；3. 短时间丧失工作能力；4. 工作能力降低；5. 有工作能力；6. 有死亡的可能性

　　值得指出的是，标准裂变弹爆炸放出的中子和 γ 射线辐射不可能达到中子弹的吸收剂量水平（80Gy），因为裂变弹爆炸单位放能放出的裂变中子数约为 2×10^{24} 中子/万 t TNT，裂变中子的平均能量约为 2MeV。由图 4.6 可知，距离爆心的地面投影点 800m 的位置处，一个能量 2MeV 的中子产生的辐射吸收剂量约 5.7×10^{-23} Gy/中子；因为 1 千 t TNT 爆炸威力的裂变弹产生的中子数为 2×10^{23}，它们在与爆心的地面投影点距离为 800m 处产生的辐射吸收剂量只有 $2 \times 10^{23} \times 5.7 \times 10^{-23} = 11.4$Gy，远远低于中子弹的辐射吸收剂量水平（80Gy），由此中子弹的辐射杀伤因素比标准裂变弹重要得多。

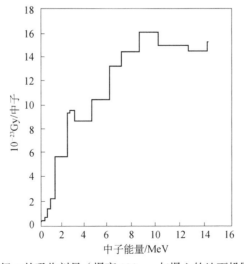

图 4.6　中子及其次级 γ 的吸收剂量（爆高 129m，与爆心的地面投影点距离为 800m）

4. 中子弹的使用与防护

中子弹的冲击波、热辐射、放射性沾染效应小，而贯穿辐射杀伤效应增强，适合在己方（友方）战场作战，对付集群装甲的进攻，有效杀伤敌方的战斗人员，而对附近的建筑物等设施破坏较小，是一种有效的防御武器。放射性沾染效应小也便于部队迅速进入爆炸区域。缺点是破坏作用的半径有限，作用瞬时，只适宜特定情况下的战场使用。

中子弹可通过屏蔽来防护。设中子在穿透厚度 h 的屏蔽层前后的吸收剂量分别为 D_{n0} 和 D_n，则有

$$D_n = D_{n0} \, e^{-\Sigma h} \qquad (4.1.3)$$

其中 $\Sigma = n\sigma$ 为中子的宏观移出截面。设 $d_{1/2}$ 为使中子吸收剂量衰减到原来的一半时所需的防护材料的厚度（$d_{1/2}$ 称为半衰减厚度），即

$$D_{n0} / 2 = D_{n0} \, e^{-\Sigma d_{1/2}} \qquad (4.1.4)$$

则由半衰减厚度 $d_{1/2}$ 可得出中子的宏观移出截面 Σ，即 $\Sigma = \ln 2 / d_{1/2}$，则（4.1.3）变为

$$D_n = D_{n0} 2^{-h/d_{1/2}} \qquad (4.1.5)$$

由（4.1.3）和 $\Sigma = \ln 2 / d_{1/2}$ 可得，使中子吸收剂量衰减到原来的 1/1000 所需的防护材料的厚度为

$$h_{1/1000} = 3 d_{1/2} \ln 10 / \ln 2 = 9.966 d_{1/2} \qquad (4.1.6)$$

表 4.5 给出了各种物质对中子和 γ 辐射的半衰减厚度。可见，对中子的防护，采用水和聚乙烯这类轻材料（Z 小）效果比较好；对 γ 辐射的防护，则采用铅或钢这类重材料（Z 大）效果比较好。土壤对中子和 γ 辐射的防护效果相当。例如，取土壤对中子的半衰减厚度为 $d_{1/2} = 14\text{cm}$，则将中子吸收剂量衰减 3 个数量级所需的土壤层厚度近似为 h=140cm。

表 4.5　各种物质对中子和 γ 辐射的半衰减厚度

材料	密度/（g/cm³）	半衰减厚度 $d_{1/2}$/cm	
		中子辐射	γ 射线
水	1	4～6	14～20
聚乙烯	0.92	4～6	15～25
钢	7.8	8～12	2～3
铅	11.3	10～20	1.4～2
土壤	1.6	11～14	10～13
混凝土	2.3	9～12	6～11
木材	0.7	12～15	15～20

思考题：为什么坦克的装甲（钢板）防护中子的效果差？如何改进坦克的装甲结构来有效防护中子？美国 M2 坦克在钢板与铝基体之间放聚氨基甲酸酯。苏联野战装甲战车采用铅、镉和硼氢化物，原因是什么？

4.2　减少剩余放射性弹

减少剩余放射性弹是一种以冲击波为主要毁伤破坏因素，同时降低剩余放射性产物生成量的一种特殊性能氢弹，简称 3R 弹（reduced residual radioactivity weapon），又称冲击波弹。

要降低核爆炸产生的剩余放射性，必须首先搞清楚剩余放射性物质的来源。剩余放射性是指核爆炸放射性产物造成的延续时间较长的放射性，它来源于三个方面：一是核裂变燃料 ^{235}U 和 ^{239}Pu 的裂变产物的放射性和未裂变完的核裂变燃料 ^{235}U 和 ^{239}Pu 材料本身的放射性；二是经核爆炸中子辐照而活化的产物的感生放射性；三是未燃烧完的聚变燃料氚（T）的 β 放射性。图 4.7 所示为放射性沾染分布图。

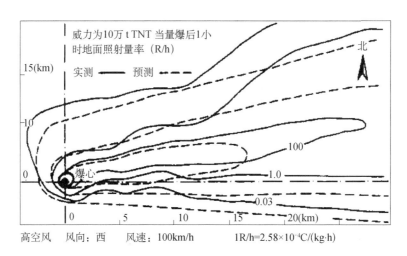

图 4.7　放射性沾染分布图

1R=2.58×10^{-4}C/kg

氚（T）是由中子与核素 Li 的核反应产生的。核爆炸后的放射性产物 T 以气态存在，很少沉降至地面，其余的核爆放射性产物绝大部分存在于核爆炸火球和烟云中，随风飘散和漂移，最后沉降于爆点在地面的投影点附近和下风处广大地区。核爆放射性产物会持续放出 α、β、γ 射线，放射性核素的半衰期从几分之一秒到几百万年不等。

减少剩余放射性弹就是要设法降低核爆炸产生的剩余放射性。设计 3R 弹有两个主要的技术途径：①降低氢弹中裂变威力的份额，以减少裂变产物，使武器尽可能干净。这就要求氢弹的初级最好不使用有害有毒的核材料 ^{239}Pu，同时要降低氢弹初级的爆炸威力；用非裂变材料 Pb 代替 ^{238}U 来作氢弹次级的推进层（惰层）；次级芯部用氘氚材料代替裂变火花塞 ^{235}U 来为核聚变材料聚变反应点火。②减少核爆中子在弹体材料中产生的感生放射性。这可以采取三个措施：一是使用 ^{197}Au 代替铀来做外壳材料（^{197}Au 虽然可以被中子活化成放射性的 ^{198}Au，但其 γ 衰变的半衰期只有 2.7d，危害持续时间短）；二是在位于辐射通道的组件支撑材料（致密泡沫塑料）中掺入 ^{10}B，一方面通过 ^{10}B(n,α)^{7}Li 核反应吸收中子，另一方面轻材料也可以慢化快中子；三是采用不产生感生放射性的结构材料，例如，用塑料/钒/铅来代替钢/铝/钨，以减少核爆产生的感生放射性核素。

下面简述一下 3R 弹的研究历史。1954 年美国进行"强盗"氢弹核试验时发生了严重的放射性沾染事件。"强盗"核试验在 1954 年 3 月 1 日被引爆时，瞬间形成了一个宽约 7km、在 400km 外都能看到的金色穹顶。1min 以后，蘑菇云升至距地面 14km 的地方，宽度达到 11km，并在不到 10min 内到达 40km 的高度，宽度扩展为 100km，产生的放射性沉降物对试验场及其周围地区造成了严重的核辐射污染，数百人暴露在大量的核辐射下，遭受了长期的严重健康问题，包括出生缺陷等。美国未对外公布"强盗"核试验的消息，使得国际社会呼吁禁止大气层热核试验。

"强盗"氢弹核试验后，人们就着手研究如何减少放射性沉降的办法。1956 年美国试验了一颗所谓的"干净"氢弹，聚变放能占比高达 95%；1980 年，美国劳伦斯·利弗莫尔国家实验室（LLNL）宣布成功研制出 3R 弹，使得放射性沉降比同威力的原子弹降低 1 个量级以上，且光辐射的破坏作用也显著减小。

与小威力的中子弹不同，3R 弹的爆炸威力与普通氢弹差不多，但放射性沉降和热辐射的次生破坏效应则要小得多。3R 弹的威力大小可根据实际需要来调节，主要调节聚变放能的威力，因为裂变威力要控制在 5%以下，调节的范围不大。3R 弹适合在哪些场合应用呢？由于 3R 弹放射性沉降少、感生放射性低，爆后不久己方部队即可进驻战场，可像普通氢弹那样摧毁坚固的军事目标，适合在战场使用。3R 弹也适合核爆炸的和平利用，比如使用小型核爆炸来刺激石油和天然气生产、进行深层地质勘探、开挖运河和人工湖、建造水坝等。

4.3 增强 X 射线弹

增强 X 射线弹是一种以增强和放大 X 射线破坏效应为特征的特殊性能氢弹，主要用于对对方来袭导弹（核武器）进行高空核爆拦截（反导）。

核爆炸时，剧烈的裂变聚变放能将使弹体的温度升得极高，高温弹体的黑体辐射中，短波长的 X 射线成分丰富，辐射能量占爆炸总能量的份额为 70%～80%，然而，低空核爆炸时，这些 X 射线的能量是传播不远的。这是因为，低空（海平面）核爆炸产生的 X 射线的自由程在 2m 以下，X 射线能量（包括碎片动能）基本被爆点周围的空气所吸收，形成炽热的等离子体火球，使核爆炸能量转变成了长波（紫外、红外和可见光）热辐射（能量份额 30%）和在大气中传播的冲击波能量（能量份额 60%），只有少量的短波长 X 射线（能量份额 5%）。表 4.6 给出了海平面核爆炸的能量分配。即使能量为 10keV 的高能 X 射线在大气中的自由程也只有 1.9m 左右，也会被爆点周围的空气吸收。因此，低空核爆炸 X 射线的杀伤破坏作用很弱，火球的热辐射作用和冲击波作用强。只有高空的核爆炸，才能发挥 X 射线的杀伤破坏作用。

表 4.6 海平面核爆炸的能量分配

热辐射		冲击波
X 射线	紫外、红外、可见光	
5%	30%	60%

1. 高空核爆炸的能量分配

与表 4.6 给出的海平面核爆炸的能量分配不同，氢弹在 100km 的高空爆炸时放出的能量分配方式由表 4.7 给出，其中热（光）辐射能占比 75%（短波长的 X 射线能量占比高达 70%），瞬发核辐射能占比约 5%（包括瞬发中子、γ 射线），裂变碎片的动能占比约 20%，其余为剩余核辐射能量（放射性沾染物的核辐射能）。

表 4.7 高空核爆炸的能量分配（缓发核辐射能量没有计算在核爆总能量内）

热辐射		核辐射（瞬发）		碎片动能	核辐射（缓发）		
X 射线	紫外、红外、可见光	中子	γ 辐射		中子	γ 辐射	β 辐射
70%	5%	约 2%	约 0.2%	20%	可忽略	约 2%	约 3%

不论在什么高度爆炸，氢弹爆炸的瞬时，大量的核能释放会先转化为高温弹体物质的内能 E_m（表现为实物粒子无规则运动的动能）和辐射内能 E_R（表现为光子的能量）。物质内能是指弹体物质原子分子（包括电子）无规则热运动的动能，辐射内能就是光辐射的能量。当弹体温度很高时，物质的内能密度与温度成正比，$E_m \propto T$，而辐射内能密度与温度的 4 次方成正比，$E_R \propto T^4$。由于氢弹爆炸瞬时弹体内部的温度很高，辐射内能占主导地位，而物质内能可以忽略。辐射内能中约有 70%以 X 射线的形式辐射出来。

如果氢弹在 100km 的高空爆炸，由于此高度的空气稀薄，X 射线就会传播很远。因为 100km 高空的空气密度只有海平面空气密度的 10^{-7}，核爆炸瞬时产生的各种射线（X，γ，n）与大气物质的相互作用就可以忽略。表 4.8 给出了各种不同能量射线（X，γ，n）在 100km 高空与海平面处的平均自由程。可见，能量 10keV 的 X 射线在 100km 高空的自由程长达 2900km，而 γ，n 的自由程更长。能量 1keV 的 X 射线在 100km 高空的自由程也有 3km。因此，高空核爆时，高能 X 射线几乎可以没有障碍地自由传播，能量占比高达 70%的 X 射线辐射就成为核爆炸主要的杀伤破坏因素。

表 4.8　100km 高空与海平面处各种射线的平均自由程比较

海拔 H/km	ρ/ρ_0	$\rho/(\mathrm{mg/cm^3})$	L_x（10keV）	L_x（1keV）	l_n（10keV）
0	1	1.22	1.9m	2mm	240m
100	6.55×10^{-7}	8×10^{-7}	2900km	3.06km	3.7×10^5km

2. 核爆炸 X 射线（光子）的能谱与传输特点

根据氢弹的爆炸当量 Q、弹体半径 R 以及 X 射线辐射能量占比（70%），如果把氢弹爆炸瞬间发出的 X 射线辐射视为黑体辐射，则黑体表面的光辐射功率满足能量守恒方程

$$4\pi R^2 \sigma T_{\mathrm{eff}}^4 = 0.7\frac{Q}{\Delta t} \qquad (4.3.1)$$

其中 T_{eff} 为弹体表面等效温度，Δt 为辐射持续时间，$\sigma = 5.67 \times 10^{-8} \ \mathrm{W/(m^2 \cdot K^4)}$ 为斯特藩-玻尔兹曼（Stefan-Boltzmann）常量。由此可得弹体表面等效温度的估计值为

$$T_{\mathrm{eff}} = \left(\frac{0.7Q}{4\pi R^2 \sigma \Delta t}\right)^{1/4} \qquad (4.3.2)$$

如果爆炸当量 Q 的单位取为万 t TNT，弹体半径 R 的单位取为 cm，辐射持续时间 Δt 的单位取为 ns，表面等效温度 T_{eff} 的单位取为 10^6K，则（4.3.2）变为

$$T_{\text{eff}} = 45.04 \left(\frac{Q}{R^2 \Delta t} \right)^{1/4} \qquad (4.3.3)$$

根据黑体辐射的普朗克（Planck）分布曲线，可求出曲线峰值处 X 射线（光子）的能量

$$h\nu_{\max} = 2.82 k_B T_{\text{eff}} \qquad (4.3.4)$$

其中玻尔兹曼常量 $k_B = 0.862 \times 10^{-4}$ eV/K。例如，取 Q=100 万 t TNT，R=40cm，Δt=30ns，则由（4.3.3）得弹体表面等效温度为 $T_{\text{eff}} = 9.62 \times 10^6$ K，$k_B T_{\text{eff}} = 0.829$keV，曲线峰值处 X 射线（光子）的能量为 $h\nu_{\max} = 2.82 k_B T_{\text{eff}} = 2.34$keV，且能量在 $5k_B T_{\text{eff}} = 4.15$keV 以上的 X 光子超过 25%。若爆炸当量 Q 更大，则辐射持续时间 Δt 更短，等效温度 T_{eff} 会更高，普朗克分布曲线峰值处的光子能量 $h\nu_{\max}$ 会更大。

在 100km 高空，大气密度与海平面密度的比值为 $\rho / \rho_0 = 6.55 \times 10^{-7}$，X 射线的平均自由程与其能量和大气密度的关系近似为

$$l_x \approx 0.2(h\nu)^3 (\rho_0 / \rho) \ (\text{cm}) \qquad (4.3.5)$$

可以算出，能量 $h\nu = 2$ keV 的 X 射线的平均自由程 $l_x \approx 24$ km，能量 $h\nu = 4$ keV 的 X 射线的平均自由程 $l_x \approx 192$ km。能量 $h\nu = 13$ keV 的 X 射线的平均自由程可达 6591km。超过 25% 的 X 射线（$h\nu = 4.15$ keV）的平均自由程在 $l_x \approx 192$ km 以上。可见，X 射线在 100km 高空近似无衰减传播，可作为主要的杀伤破坏因素。

3. 增强 X 射线弹的用途和杀伤机制

氢弹只有在 100km 以上高空爆炸时，产生的 X 射线才可作为主要的杀伤破坏因素。高空爆炸的增强 X 射线弹可作为反敌方来袭的洲际弹道导弹的导弹核弹头，作为"以核反核"的高空拦截弹使用。高能 X 射线在高空的自由程长，可近似无衰减地远距离传播，是主要的杀伤破坏因素，其破坏机理有：①核爆软 X 射线（光子能量低）在被攻击目标表面上的能量沉积可瞬间升温烧蚀敌方导弹壳体表面的烧蚀层，使其失去热防护屏障，在再入大气层的过程中烧毁；另一方面，敌方导弹壳体表面软 X 射线能量沉积产生的高温高压层会产生热激波，热激波在传入弹头内部过程中将引起导弹壳体层裂，造成结构破坏。②核爆硬 X 射线（光子能量高）可穿透敌方导弹壳体，可使导弹壳体内部的金属焊点和金属导线熔化，甚至可使导弹壳体内部核弹头中的炸药和裂变材料熔化。③硬 X 射线与壳体相互作用，通过光电效应和康普顿散射在壳体内部产生电子，形成脉冲次级电流，产生瞬时电磁脉冲（称为系统电磁脉冲（system-generated electromagnetic pulse，SGEMP））。系统电磁脉冲引发大电流、过电压，从而造成导弹电子学系

统的破坏。

4. 增强 X 射线弹的设计要求

增强 X 射线弹作为"以核反核"的高空拦截弹，是一种反导防御性武器，一般要在本土高空使用，因此，一是要求这种特殊性能的氢弹爆炸时尽量"干净"，即氢弹的聚变份额要高，裂变份额尽量降低，故不能用天然铀做惰层和辐射屏蔽层。二是要用 X 射线产额高的结构材料，尽量增大辐射出来的 X 射线份额。例如，美国核战斗部 W71 的次级系统就包了一层金（Au）材料，使用这种高 Z 金属可使 X 射线的输出达到最大。三是要通过特殊设计改变 X 射线的能谱来调节破坏机制。若要求破坏效应以烧蚀效应、热激波引起壳体层裂效应为主，则设计时增加软 X 射线的份额；若要求破坏效应以熔融效应、内电磁脉冲效应为主，则增加硬 X 射线的份额。

4.4　感生放射性弹

感生放射性弹以核爆产生的次级放射性产物为主要杀伤破坏因素。它是另一种特殊性能的，其设计原理是，将普通氢弹中包在聚变材料外面的惰层(可裂变材料，一般为天然铀)，用经过特殊选择的同位素材料来代替，目的是使这些特殊选择的同位素充分吸收核爆炸产生的中子（或其他粒子）后转变成放射性同位素，增大核武器爆炸后放射性沉降造成的危害。

表 4.9 列出了 4 种可能用到的同位素 ^{59}Co（钴），^{197}Au（金），^{181}Ta（钽），^{64}Zn（锌），它们在天然核素中是高丰度的，与中子作用产生的放射性同位素的产额高。产生的放射性同位素一般为 β、γ 辐射源，它们的半衰期适中，短的 115d，长的 5.26a，发出的 γ 射线穿透能力强。

表 4.9　感生放射性弹可能用到的几种同位素

同位素	天然丰度 （摩尔分数）	反应方程式	半衰期	射线形式
^{59}Co	100×10^{-2}	$^{59}\text{Co} + n \longrightarrow {}^{60}\text{Co}$	5.26a	β、γ
^{197}Au	100×10^{-2}	$^{197}\text{Au} + n \longrightarrow {}^{198}\text{Au}$	2.697a	β、γ
^{181}Ta	99.99×10^{-2}	$^{181}\text{Ta} + n \longrightarrow {}^{182}\text{Ta}$	115d	β、γ
^{64}Zn	48.89×10^{-2}	$^{64}\text{Zn} + n \longrightarrow {}^{65}\text{Zn}$	244d	β、γ

使用同位素 ^{59}Co 作为特殊材料的感生放射性弹，又称钴弹，它是最有名的

感生放射性弹。钴弹的概念最早是由 L. 西拉德于 1950 年 2 月提出的。钴弹可将放射性产物 ^{60}Co 散布到大片面积上。^{60}Co 的放射性可构成数十年的危害，其半衰期太长，危害不易消去，不适合军事应用。军事上有用的放射性武器最好能构成局部、短时间的强污染，用钽（^{181}Ta）、锌（^{64}Zn）作为特殊材料更适合于军事运用，它们形成的放射性同位素半衰期只有一二百天。

值得指出，感生放射性弹是一种可对全人类构成极大辐射危害的武器，是大规模杀伤性武器，不符合国际核军控条约要求。迄今为止，还没有国家用感生放射性弹做过大气层核试验，故它仅是一种理论上的构想武器，尚未有人制造过。

习　　题

1. 什么是特殊性核武器？主要包括哪几种？
2. 中子弹的特点是什么？应如何防护？
3. 减少剩余放射性弹的特点和设计原理各是什么？
4. 增强 X 射线弹的特点是什么？如何应用？
5. 高空核爆中，X 射线对目标的破坏机理有哪些？
6. 核爆后产生的剩余放射性污染主要来自哪几个方面？

参 考 文 献

春雷. 2000. 核武器概论. 北京：原子能出版社.
钱绍钧. 2007. 中国军事百科全书——军用核技术. 北京：中国大百科全书出版社.

第 5 章

核爆炸效应

5.1　核爆炸效应简介

5.1.1　不同环境下核爆炸的方式和景象

核武器的爆炸威力指核爆炸过程中所释放的总能量，通常用"TNT 当量"（简称当量）来衡量。例如，某次核爆炸当量为 Q 吨，是指核爆炸时放出的总能量相当于 Q 吨 TNT 炸药爆炸时放出的能量。一般来说，核武器的爆炸当量越大，其杀伤破坏作用也越显著。值得注意的是，核爆炸当量仅仅表示核爆炸放出的能量与炸药的放能相当，并不是指两者的杀伤破坏作用相当。事实上，相同放能的核爆炸比炸药爆炸产生的破坏效应严重得多。

1. 核爆炸方式的分类及特征

核爆炸的外部景象与核爆炸方式密切相关。不同的爆炸方式对目标的杀伤破坏范围、破坏程度（尤其是对地面的放射性沾染程度）有很大差别。为定量科学地区分核爆炸方式及其特征，引入"比高"概念。比高用字母 h 表示，定义为核弹距地面的实际爆炸高度 H（m）与核爆炸当量 Q（kt）三次方根的比值

$$h = H / \sqrt[3]{Q}$$

单位为 $m/(kt)^{1/3}$。注意，对于地面以下的核爆炸，H 取负值。

核爆炸分为大气层核爆炸、高空核爆炸和地（水）下核爆炸三类。大气层核爆炸又分地面核爆炸和空中（低空和中空）核爆炸。我国对各种爆炸方式比高的规定为，地面（水面）核爆炸比高 $0 < h \leqslant 50$，低空核爆炸比高 $50 < h \leqslant 120$，中空核爆炸比高 $120 < h \leqslant 200$，高空核爆炸比高 $200 < h \leqslant 250$，超高空核爆炸比高 $h > 250$ 以上。表 5.1 给出了不同比高下的核爆炸方式及其特征。

表 5.1　核爆炸方式及特征

爆炸方式区分			特征
大气层核爆炸	地面核爆炸	小比高 $0 \leqslant h \leqslant 50$	火球接触地面
	空中核爆炸	中比高 $50 < h \leqslant 120$（低空）	火球不接触地面，烟云和尘柱相接
		大比高 $120 < h \leqslant 200$（中空）	火球不接触地面，烟云和尘柱分离
高空核爆炸		$h > 200$	与空中核爆炸相似 火球与爆点分离
地（水）下核爆炸	地下核爆炸	成坑地下核爆炸 $-120 < h \leqslant 0$	形成弹坑
		封闭式地下核爆炸 $h < -120$	不形成弹坑
	水下核爆炸	浅层水下核爆炸	火球露出水面
		深层水下核爆炸	看不到火球

（1）空中核爆炸。爆炸火球不接触地面，分低空和中空核爆炸。低空核爆炸主要来杀伤地面或露天工事内的人员，破坏地面和浅层地下的坚固目标，地面放射性沾染较重；中空核爆炸主要用于摧毁城镇和地面建筑，杀伤地面上的暴露人员和不太坚固的目标，地面放射性沾染较轻。

（2）高空核爆炸。比高 $200 < h \leqslant 250$ 的爆炸，爆炸特征与空中核爆炸相似，主要用于摧毁飞行中的导弹、火箭、飞机等，杀伤地面暴露人员和破坏较脆弱目标，地面放射性沾染很轻。比高 $h > 250$ 的超高空核爆炸，不会形成核爆炸火球和烟云，主要用于反导。

（3）地面（水面）核爆炸。小比高 $0 \leqslant h \leqslant 50$ 的核爆炸。爆炸火球接触地面（水面），主要用于摧毁和破坏地面或浅层地下的坚固目标，杀伤隐蔽在工事内的人员，并造成严重的地面放射性沾染。触地爆炸时，地面放射性沾染更为严重。水面爆炸主要用于破坏水面舰艇、海军基地、港口码头等设施，并能对爆区下风方向一定水域或地面造成严重的放射性沾染。

（4）地下（水下）核爆炸。地下核爆炸是指在地面（水面）以下一定深度的核爆炸，主要用于破坏地下军事目标，摧毁地下坚固工事，或堵塞关卡、隘路，并造成严重的地面放射性沾染。水下爆炸主要用于破坏水下和水面舰艇（潜艇）、水下工程建筑和水中障碍物等，也能在爆区下风方向一定水域或地面造成严重的放射性沾染。

2. 大气层核爆炸的外部景象

大气层核爆炸的典型景象是先有发光火球，继而产生蘑菇云。核爆炸时首先出现非常耀眼的淡蓝色闪光（持续时间约 $0.1 \sim 0.01s$），闪光过后可听到巨雷般的爆炸声，随即出现圆而明亮的发光火球，其亮度可达到太阳量级（图 5.1）。大气层核爆炸情况下，火球不接触地面，进而产生烟云和尘柱，形状如图 5.2 所示，外观景象形似蘑菇，因此俗称"蘑菇云"。

图 5.1　我国首次氢弹空爆试验火球　　　　图 5.2　美国"罗密欧"氢弹海平面爆炸
　　　　　（左上为太阳）　　　　　　　　　　　　　产生的火球

　　火球是核爆炸时产生的高速弹体碎片和发射的 X 射线将爆点周围的冷空气加热形成的炙热球形空气团，内部温度高达 10^7K。初始时刻火球内部温度大致均匀，火球边沿存在温度和压强突变的锋面，叫等温火球。随后等温火球一边迅速膨胀一边向外辐射能量，温度和压强逐渐下降。当火球温度下降至 $3×10^5$K 左右时，形成速度 40～50km/s 的冲击波，冲击波的锋面就是火球的锋面。当冲击波形成后，火球外沿温度较低，芯部有一高温核，温度产生空间梯度，此时冲击波没有脱离火球。当冲击波阵面温度降低到 2000K 左右时，冲击波与火球脱离，按力学规律向外传播，之后冲击波阵面不再发光。

　　蘑菇云产生的原理是，核爆炸火球产生后，内部温度很高，压力很大，体积膨胀，火球内部密度越来越低，像一个装满热空气的气球，空气浮力的托举使其不断上升。上升过程中继续膨胀。另一方面，火球膨胀对外做功和辐射能量损失使火球的温度逐渐降低，最后熄灭冷却，化为一团灰白或棕褐色的烟云。当冲击波到达地面时，被地面反射将产生负压区，抽吸地面的尘埃，在爆心地面投影点附近掀起巨大的尘柱。尘柱上升运动并追及烟云，与烟云衔接形成高大的蘑菇状烟云。图 5.3 与图 5.4 分别为中国第一颗原子弹爆炸形成的蘑菇云结构与氢弹爆炸的蘑菇云示意图，由图可见明显的核爆特征。

　　火球产生的必要条件是爆点周围存在吸热介质（如大气）。火球形状和蘑菇云形状与核爆炸高度密切相关。火球最大直径和发光时间、蘑菇云的稳定高度主要取决于核爆炸当量。地面核爆炸时，火球呈半球形，烟云与尘柱一开始就连接在一起上升，并向四周抛出大量沙石，形成弹坑；低空核爆炸（爆高 $h<30$km）时，爆炸瞬间先出现强烈而明亮的闪光，后形成不断增大的发光火球。冲击波经

图 5.3　中国第一颗原子弹爆炸的蘑菇云　　　　　图 5.4　氢弹爆炸蘑菇云

过地面反射回到火球后使火球呈现"馒头"状，从地面升起的尘柱和烟云共同形成高大的蘑菇云；中空核爆炸（30km<h<80km），火球为竖直椭球状，其膨胀、上升速度和最大半径都比低空核爆炸时要大得多；超高空核爆炸（h>100km），无火球产生，因光辐射的照射，在80～100km的高度上会形成发光暗淡的"圆饼"，同时在爆点下方和南北半球对称区域（称为共轭区）由于地磁场对带电粒子的捕获而产生人造极光和其他地球物理现象。

3. 地面（水面）核爆炸的特点

地面核爆炸与空中核爆炸的外观景象有所不同，其火球接触地面，近似为半球形，烟云则呈棕褐色，尘柱粗大并与火球连接一起上升。对于触地的核爆炸，爆点周围会有大量土石碎块抛出并形成爆炸弹坑（见图5.5（a））。在较远距离上，冲击波在传输过程中产生的声爆，往往可连续听到几次响声。

（a）　　　　　　　　　（b）

图 5.5　地面（a）和水面（b）核爆炸的外观景象

4. 地下核爆炸的特点

地下核爆炸分浅层地下核爆炸和封闭式地下核爆炸。前者形成弹坑以达到军事或其他目的，后者主要是作为核武器研究、观察核武器爆炸效应或达到某些特定的试验目标等。

浅层地下核爆炸的火球冲击地面，其外观景象与触地核爆炸相似，有大量土石抛出地面，形成发散状尘柱，但造成的弹坑更大，如图 5.6 所示。

图 5.6　地下（浅层）核爆炸的外观景象

封闭式地下核爆炸分竖井和平洞两种类型，环保要求核爆炸时向外泄漏的放射性活度小于 3.7×10^{12}Bq。为满足此要求，对于千吨级当量以上的核爆炸，安全埋深要大于 $120Q^{1/3}$（Q 单位为 kt）；对于千吨当量以下的核爆炸，安全埋深则需大于 180m。封闭式地下核爆炸看不到火球，但能形成冲击波，并伴有强烈的地震。地下核试验一般在坚固的花岗岩山洞内进行，一般没有弹坑，放射性物质几乎全部封闭于地下。爆炸时放出的巨大能量将蒸发爆点周围的地质和设备材料，同时，核爆炸产生高温和震动波将使洞壁生成空隙、裂隙和孔穴，或者改变洞壁的地质结构。爆炸后，随着温度冷却，气压消散，孔穴内气体成分开始按顺序冷凝。首先，岩石和放射性核素同洞内壁上的熔融岩块一起，在洞的底部积聚成熔融的泥胶土。几小时（或几天）后，洞上面的材料坍塌进入洞内，形成一个垂直的"碎石"竖井，竖井随着地面的扩大而扩展，形成一个弹坑。部分倒塌的材料会落入熔融胶泥体内。如果最初的爆炸点位于地下水之下，则地下水此时会再次涌入洞内。

5. 浅层水下核爆炸的特点

浅层水下核爆炸会在水中形成火球，但火球的规模比空爆时要小，发光时间也要短得多。水中火球熄灭后将形成猛烈膨胀的水蒸气球，产生水中冲击波。水蒸气球上升到水面时，将抛射出大量蒸汽，同时有大量的水涌入爆炸形成的空腔，因而形成巨大水柱，其上方继续向外喷射放射性物质，形成菜花状的烟云

（参见图 5.7），其高度比空中核爆炸的蘑菇云低。当巨大的水柱下沉时，形成由水滴组成的云雾（称基浪），从爆心水面投影点向周围快速运动。由小水滴组成的带放射性的环状云雾随风飘荡，可造成持续时间较长的大雨。图 5.8 所示为 1946 年 7 月美国在太平洋海面上试爆一颗核弹产生的巨大蘑菇云。

图 5.7　浅层水下核爆炸菜花状烟云　　　　图 5.8　海面核爆炸蘑菇状云

深层水下核爆炸时，爆炸火球不明显，也不出现菜花状云，但其他景象与浅层水下核爆炸类似，能产生多次水中冲击波，形成巨大的波浪。火球熄灭后在水中形成猛烈膨胀的气球（主要成分是水蒸气），引起水中冲击波，气球上升到水面时，抛射出大量蒸汽，同时有大量水涌入爆炸中形成的空腔，因而形成巨大水柱，其上方继续向外喷射放射性物质，形成像菜花一样的云顶。

表 5.2 汇集了不同类型核爆炸的外观景象特征。

表 5.2　核爆炸外观景象特征

		火球	烟云和尘柱	其他
空中核爆炸	低空	火球不触地，最初呈球形，很快变为扁球形	烟云和尘柱最初不相连，以后尘埃迅速追及烟云	
	高空	火球不触地，最初呈球形，后期也变为扁球形	烟云和尘柱通常不相连	
地面核爆炸		火球触地近似半球形	烟云和尘柱一开始就连接在一起；烟云颜色深暗，尘柱粗大	比高小于 15 的地爆能形成弹坑
地下核爆炸		通常看不到火球	形成发散状的巨大尘柱	形成很深的弹坑
水下核爆炸		近距离上能看到持续时间很短的发光区	形成空心水柱和菜花状云团	水柱回落在水面形成巨浪和放射性基雾

5.1.2　核爆炸的主要杀伤破坏因素

核爆炸对人体和物体的杀伤及破坏因素主要包括强冲击波、强光辐射、早期核辐射、核电磁脉冲和放射性沾染这五种。前四种只在核爆后几十秒内起作用，称为瞬时杀伤破坏因素，而放射性沾染能持续几十天甚至更长时间，称为延续（或隐蔽）杀伤破坏因素。与常规武器产生的杀伤破坏作用相比，核武器具有以下四个特点：一是多种因素综合使杀伤破坏效应复杂；二是杀伤破坏范围和规模很大，大规模毁伤破坏顷刻形成；三是存在延期、无形、积累的杀伤作用，对受害者的精神威胁心理影响严重；四是产生的杀伤破坏程度极为深重。

核爆炸强冲击波是指从爆心呈球形向四周高速传播的高压气浪，由核爆产生的高温高压强烈地压缩和加热周围空气而形成，它以超声速传播。冲击波能量占核爆炸总能量的 50%，可以摧毁地面构筑物，伤害人畜，是核武器的基本杀伤因素之一。

强光辐射是指核爆炸产生的高温火球辐射出来的强光和热辐射。大气层核爆炸时，来自弹体的高能实物粒子和 X 射线的能量被周围几厘米厚的空气层吸收，使空气温度急骤上升到几百万开，形成一个高温高压的炽热气团（称为火球）。高温火球向周围发射强光辐射，主要成分有可见光、红外线、紫外线、X 射线。光辐射能量沉积可烧伤人眼和皮肤，燃烧可燃物体，熔融金属材料，引起火灾。

早期核辐射是指核爆炸瞬间伴随核反应发射出来的强中子流和 γ 射线流，因为它们的能量高，又电中性，对物体的贯穿能力很强，因而又称贯穿辐射，也称瞬发辐射、早期核辐射，是核武器特有的重要杀伤破坏因素。早期核辐射能量虽然只占核爆炸总能量的 5%，但可贯穿并破坏建筑物，使人在短时间吸收大量的辐射而致残致死，也使电子仪器功能失效或性能改变。

核电磁脉冲（NEMP）是指核爆炸发出的瞬发和缓发 γ 射线在空气中通过康普顿（Compton）散射产生非对称的脉冲式电子流在大气中输运激励出来的极高电场峰值幅度的脉冲电磁波，它也是核武器特有的杀伤破坏因素，可在广大空间范围内对战略武器系统的控制和运行、全球无线电通信构成干扰和威胁。

放射性沾染是指核爆炸产生的放射性物质（主要包括裂变碎片、未烧完的放射性核燃料和被核爆中子活化生成的感生放射性元素）冷凝为尘粒沉降到地面而形成的，可对人员、地面、空气、水及其他物体造成放射性沾染。这些放射性物质所发出的 β 和 γ 射线称为核爆炸剩余辐射，它们也能对人体造成伤害。早期核辐射、核电磁脉冲和放射性沾染是核武器特有的杀伤破坏因素。

1. 冲击波的形成和传播及其毁伤效应

冲击波是由核爆炸产生的高温高压强烈地压缩和加热周围空气而形成的一种密度压力间断面。核爆炸时所形成的高温高压火球猛烈膨胀，急剧地压缩周围空气而形成一个压强高于大气压的空间压缩区域，随着火球体积的膨胀，压缩区继续扩大。到一定时刻压缩区便脱离火球，其后即出现一个压强低于大气压的稀疏区域，压缩区与稀疏区紧密相连迅速向外传播，便形成冲击波。

与周围未扰动的空气相比，冲击波波阵面是一个压强、密度和温度突变的锋面。锋面上具有很陡峭的压强，很大的密度温度变化量和很高的流体质团速度。冲击波波阵面上超过正常大气压的那部分压强称为超压。波阵面上的高速气流所形成的冲击力称为动压。稀疏区内的气压称为负压，负压区内流体质团的运动方向与超压、动压的传播方向相反。冲击波阵面以超声速向外传播，传播过程中冲击波逐渐衰减为声脉冲，最后消失。

图 5.9 所示为空间某个固定测量点上的压强测量值随时间的变化曲线。从 0 到 t_1 时刻，测点的压强为正常值 p_0（冲击波未到达），t_1 时刻冲击波到达测点，压强突然升高。冲击波内的压强超过正常大气压力的部分 $\Delta p \equiv p - p_0$ 为超压，锋面的最大超压 $(\Delta p)_{\max}$ 称为超压峰值。t_2 时刻测点的压强衰减到正常值，随后低于正常值（测点进入负压状态），t_3 时刻测点压强又回到正常值。$\Delta p > 0$ 的区域称为压缩区，$\tau_+ = t_2 - t_1$ 为压缩区时间间隔。$\Delta p < 0$ 的区域称为稀疏区，$\tau_- = t_3 - t_2$ 为稀疏区时间间隔。压缩区一般为几秒，稀疏区大致为压缩区的 3 倍。

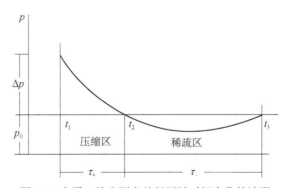

图 5.9　离爆心给定距离处超压随时间变化的波形

衡量超压在空间点破坏能力的是超压在压缩区时间间隔内在空间点上累计的冲量 $I = \int_0^{\tau_+} \Delta p(t) \mathrm{d}t$。超压产生的压强是各向同性的，类似于水压。动压 $q = \rho u^2 / 2$ 为冲击波内高速运动的流动气体（密度为 ρ，质点速度为 u）产生的单向冲击压力，类似风压。物体在冲击波作用下，同时承受超压载荷和动压载荷，冲击波的破坏作用来自于超压和动压的综合效应。超压通过对物体周围的挤压来毁伤物体，动压则靠对物体的冲击和抛掷来毁伤物体。毁伤程度由受力点处超压、动压的大小和持续时间决定。

图 5.10 所示为冲击波对不同结构的房子的破坏情况。对于中间空的箱形物体（如房屋），主要靠冲击波的超压载荷破坏。对于实心柱和球形目标（如坦克），则主要靠冲击波的动压载荷破坏。超压可使物体变形，直接压坏物体，动压能把物体抛出摔坏，图 5.10（a）为超压破坏，图 5.10（b）为动压破坏。表 5.3 给出了不同物体受到不同程度破坏的冲击波超压值。

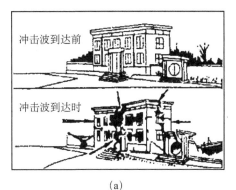
(a)

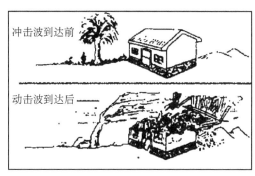
(b)

图 5.10　冲击波对不同结构的房子的破坏情况

表 5.3　不同物体受到不同程度破坏的冲击波超压值　（单位：kPa）

目标	严重破坏	中等破坏	轻度破坏
砖砌低层楼房	25~35（2~1.7）	15~25（3~2）	7~15（5.5~3）
砖木混凝土低层楼房	≥40（≈1.4）	18~40（2.8~1.4）	4~18（7~2.8）
汽车	100~140（≈0.6）	60~100（≈0.9）	20~42（≈1.6）

注：括号内的数字为 2 万 t TNT 当量爆炸的破坏半径，单位为 km。

冲击波对人员的杀伤作用，也是依赖超压的挤压作用和动压的冲击抛掷作用。超压会引起人体的心、肺和听觉器官损伤，动压则会使人体在空中抛出、碰撞造成伤亡。一般说来，超压和动压载荷同时对人体起作用，但动压载荷对人体造成的伤情要严重些，可产生直接伤害和间接伤害。

冲击波的特性可概括为如下几点：①超声速传播，速度快。冲击波的传播速度通常指波阵面传播的速度，一般为超声速。②冲击压力大，杀伤范围广。冲击波的超压可高达 10^7Pa，杀伤半径与爆炸当量的立方根成正比。③作用持续时间短。冲击波作用时间主要是指超压对人员、物体作用的持续时间，它对核爆炸的杀伤破坏程度有直接影响。④冲击波受地形地物影响大。高山、山丘和建筑物等的正面可使冲击波超压增大 1～7 倍，其反斜面可使超压下降 60%～70%。

2. 光辐射及其毁伤效应

光辐射来源于核爆炸产生的火球。火球是由周围稠密空气吸收高温弹体发出的 X 射线能量、裂变碎片动能而形成的一个炙热的空气（或其他介质）团，形状像球体。火球内部温度很高，原子分子处于高度电离的状态，存在高能态的电子。电子往低能态跃迁，可发出超强电磁辐射，频率覆盖红外线、可见光、紫外线、X 射线波段。随着辐射能量损失，导致火球温度降低，从远处观察，火球的表观温度会随时间变化。图 5.11 给出了空爆火球的表观温度随时间的变化曲线，曲线呈现"两峰一谷"的特征，在时间轴上产生两个光辐射脉冲，光辐射主要来源于第二个脉冲。第二个表观温度峰值的出现，完全是高温大气对火球光辐射的吸收特性决定的。

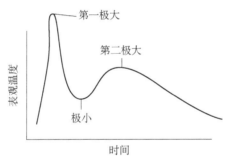

图 5.11　空爆火球表观温度随时间的变化

表征光辐射毁伤程度的物理量是光辐射冲量。光辐射冲量指在火球发光时间内，在测点处垂直于光传播方向的单位面积上接收到的光辐射能量（J/cm^2）。光辐射的毁伤作用是通过目标对光辐射能量的吸收使其表面急剧升温而造成的。通过烧伤皮肤，烧伤眼底，烧伤呼吸道、闪光致盲对人造成伤害。眼底烧伤的杀伤距离最远，对于 2 万 t TNT 的核爆，致伤距离可以达到 10km 以上。表 5.4 给出了皮肤烧伤伤情的分级，由光冲量数值决定。例如，造成重度烧伤的光冲量值在 $130～210J/cm^2$。

表 5.4　皮肤烧伤伤情分级

烧伤等级	伤情标准	光冲量值/（J/cm^2）
轻度	二度烧伤占体表面积的 10% 以下	21～63

续表

烧伤等级	伤情标准	光冲量值/（J/cm²）
中度	二度烧伤占 10%～30% （或三度烧伤占 5%以下）	63～130
重度	二度烧伤占 30%～50% （或三度烧伤占 5%～30%）	130～210
极重度	二度烧伤占体表面积的 50%以上 （或三度烧伤占 30%以上）	210～

光辐射对不同目标产生的烧伤效应，不仅与光冲量数值及持续时间有关，还与目标表面性质有关。避免核爆光辐射烧伤皮肤的首要方法是躲避光辐射的直射，或者穿防护服。实践表明，深色衣服对光辐射吸收强，烧伤程度严重；浅色衣服可部分反射光辐射，烧伤程度减轻；若穿条纹衣服，深色条纹处烧伤严重，而浅色条纹处烧伤程度要轻。

火球光辐射有以下四个特性：①传播速度极快。光辐射以光速直线传播。②热破坏效应强。光辐射能量的占比很大，被物体吸收后，主要转变为热能，温度急剧升高。③辐射作用时间短。光辐射的能量释放虽有个过程，但作用时间短。虽然这个持续时间随当量增大而延长，但通常只有零点几秒到十几秒。④天气、地形等自然条件对光辐射有明显的影响。光辐射通过空气、雾、雨、雪时，其能量和强度都会大大减弱，建筑物、地壕地沟都能屏蔽光辐射。

3. 早期核辐射及其效应

早期核辐射指核爆炸产生的穿透能力很强的中子和 γ 射线流，其产生时间短，对物体的穿透能力强，传播距离远，因此又叫贯穿辐射或瞬发辐射。中子流主要是由弹体中的核裂变或聚变反应瞬间放出的，而 γ 射线主要来源于裂变碎片的 γ 衰变以及中子与空气中的氮原子核反应 $^{14}_{7}N + ^{1}_{0}n \longrightarrow ^{15}_{7}N + \gamma$。裂变弹早期核辐射所占的能量份额为 5%，氢弹占的能量份额为 10%，中子弹占的能量份额为 30%。

早期核辐射的主要破坏效应表现在两个方面：①对人员的杀伤。人员受到 γ 射线和中子流照射时，这些辐射粒子将贯穿到人体内部，通过产生带电粒子引起细胞组织原子电离。当吸收剂量较大时，会使人患急性放射病，中度、重度、极重度骨髓性放射病以及肠型、脑型放射病。②对物体的杀伤。早期核辐射虽然对大多数物体没有明显破坏作用，但能使照相器材感光失效，使光学玻璃变暗变黑，使某些药品和半导体元件失效，对电子学器件与设备会产生信号干扰、数字翻转、锁闭、烧毁等破坏效应。另外，由于 γ 射线和中子会诱导照射物质原子核的感生放射性，因此可能影响某些武器装备的正常使用，使含盐食品不能食用（核反应 $^{23}_{11}Na + ^{1}_{0}n \longrightarrow ^{24}_{11}Na$ 产生放射性的 $^{24}_{11}Na$ ），影响农作物的发育生长，使农作物出现畸形。

早期核辐射具有以下五个特性：①传播速度快。γ 射线以光速传播，中子流的速度也可达几万千米每秒。②穿透能力强。中子和 γ 射线能够穿透较厚物质，能穿入人体内部造成伤害。它们的危害程度用"照射量"和"吸收剂量"来衡量。③γ 射线和中子可以发生散射改变运动方向，使辐射在空间弥散，防护非常困难。④γ 射线和中子可诱发物质产生感生放射性，产生次生危害。⑤作用时间短，杀伤距离受限。早期核辐射持续时间只有几秒钟到十几秒钟。

4. 放射性沾染及其效应

地面核爆炸时，火球接触地面，冲击波发射使地表物质卷入火球内部，并在高温火球中熔融或气化，形成烟云，烟云颗粒由地表物质和放射性物质结合而成。如果烟云颗粒直径较大，则烟云呈棕红色。图 5.12 所示为 1957 年美国在内华达州试验场引爆一颗当量达 3.7 万 t TNT 核弹产生的放射性烟云，烟云呈现棕红色的特点。核弹在空中核爆炸时，火球不接触地面，如图 5.13 所示，地表物质不会卷入火球，烟云颗粒的直径小，烟云就呈淡灰色。当空气湿度大时，水蒸气冷凝成云雾，有时出现图中所示的圆台阶形状的冷凝云。

图 5.12　地面核爆景象图　　　　图 5.13　圆台阶形状的冷凝云

核爆炸火球熄灭后形成的放射性烟云、蘑菇云扩散并随风漂移，最后消散沉降。烟云里面含有大量的放射性物质，包括裂变碎片、未裂变材料和感生放射性核素，它们是放射性沾染源。因为裂变碎片具有放射性，可放出 α、β 和 γ 射线。地面爆炸时，烟云内包含总量 90% 的放射性物质，剩余的 10% 放射性物质存在于尘柱内，而空中爆炸时 100% 放射性物质都在烟云内。放射性微粒随风漂移过程中，因重力作用、大气下沉和降水等因素，通常会降落在爆点附近和下风方向的广大地区，形成地面放射性沾染区，如图 5.14 所示。沾染区通常分为爆区和烟云径迹区（云迹区）。放射性沾染的三个特性为：①放射性物质能不断放出 α、β、γ 射线；②放射性物质不能用化学和焚烧等方法清除，只能用冲洗和扫除法清理；③沾染持续的时间长，与放射性物质的衰变半衰期有关。

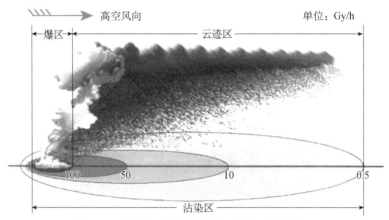

图 5.14　爆炸地区沾染区和烟云径迹地带沾染区

通常采用"照射量率"衡量地面放射性沾染程度，它表示单位时间内受照射物体所受的照射量，单位为伦琴/秒（R/s）（$1R=2.58 \times 10^{-4}C/kg$）。"照射量率"的时间累计就是"照射量"，它是沾染地面的放射性物质放出射线对物体形成的照射剂量。沾染区的分级可用照射量率来划分，一般轻微沾染区的照射量率为 2～10R/h，中等沾染区的照射量率为 10～50R/h，严重沾染区的照射量率为 50～100R/h，极严重沾染区的照射量率为 100R/h 以上。

放射性沾染会对人、生物和环境造成放射性伤害。与贯穿辐射相比较，放射性沾染的特点是危害时间长、危害范围广、危害途径多。放射性沾染对人的伤害途径有体外照射伤害（主要受 γ 射线伤害）、体内照射伤害（吸入受染空气或误食受污染食物和水，或伤口、黏膜沾染了落下的灰尘，主要受 β 射线伤害）、皮肤 β 灼伤（放射性沾染物与皮肤接触时）。长寿命放射性核素的辐射危害分为远期效应和遗传效应（血液病、白内障、恶性肿瘤、无生育能力、寿命缩短）。例如，放射性核素 ^{137}Cs 的半衰期 $T_{1/2}=20.5a$，可损害人的肝脏。放射性核素 ^{90}Sr 的半衰期 $T_{1/2}=27.7a$，可损害人的骨髓。放射性核素 ^{239}Pu 的半衰期 $T_{1/2}=2.4$ 万 a，它既有放射性，同时又是化学剧毒物质，对人和环境的危害更大。

5. 核电磁脉冲及其效应

高空核爆炸会产生大量的 γ（X）射线，它们与大气相互作用时，通过康普顿散射产生大量散射电子流，这种空间非对称的电流分布将激励出持续时间短、电场强度峰值很大的脉冲电磁辐射，这就是核电磁脉冲（NEMP）产生的物理机理。电磁脉冲的电场强度随时间变化的波形与核爆炸的高度密切相关。

爆高在 80km 以上的高空核爆炸，NEMP 覆盖的地域很广，如图 5.15 所示。在距爆点几千千米以外的地面，电场强度可达 $10^3 \sim 10^4 \text{V/m}$。电场强度的峰值与爆炸当量、爆高及距爆心的距离有关。NEMP 的作用范围与爆高有关。与雷电信号或雷达通信用信号相比，NEMP 有四个特点：①作用范围广；②电场强度高；③电磁辐射频率范围宽；④电磁脉冲的上升时间快，持续时间短。

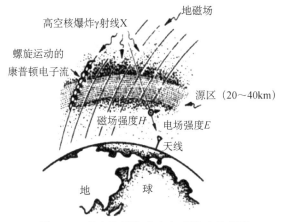

图 5.15　高空核爆炸产生电磁脉冲示意图

对于空中飞行的武器来讲，NEMP 是一种恶劣的电磁环境，它可对雷达、导弹产生干扰。可使通信受阻、电子系统功能损坏，对 C^4I 系统（Command，Control，Communication，Computer，Information）和战略武器的正常工作构成严重的潜在威胁。

表 5.5 给出了美国 1958 年在约翰斯顿岛举行的两次爆高分别为 43km 和 77km 的氢弹试验（代号分别为 "Orange" 和 "Teak"，当量均为 3.8Mt TNT）对通信的影响。试验考察点位于距离爆炸在地面的投影点约 1200km 的夏威夷檀香山。试验表明，核电磁脉冲可造成中低频通信信号中断，数小时后信号也大幅衰减。

表 5.5　美国 1958 年约翰斯顿岛核试验对通信的影响

核试验	Teak	Orange
当　量	3.8Mt TNT	3.8Mt TNT
爆　高	77km	43km

续表

核试验		Teak	Orange
影响	低频（30～300kHz）	中断数小时	中断数小时
	中频（300kHz～3MHz）	完全中断数小时	中断近 1 周
	高频（3～30MHz）	试验后 20min 内完全中断，日本-檀香山 10MHz 通信试验 6h 后衰减 40dB	试验 5h 后才中断，衰减持续的时间较短，日本-檀香山 10MHz 通信试验 5h 后衰减 20dB

　　NEMP 对人体的影响小，但对电子系统是无孔不入。它可使 C^{4}I 系统中断、导弹武器控制系统失灵、系统误动作、抹去计算机中的信息、电网跳闸等，对半导体器件和集成电路可造成永久损伤（烧毁、电击穿）或干扰（翻转）。NEMP 使分立电子器件遭到永久损伤的能量阈值为 3～100μJ，对中小集成电路永久损伤的能量阈值为 1～100μJ。但能量阈值达到损伤阈值的 1/100～1/10 时，电子系统便不能正常工作。实施高空 NEMP 打击，能够实现大范围、大纵深的战略打击，无须知道目标的具体位置。

　　NEMP 既可以在广泛的大气空间范围内产生，也可以通过核爆炸 γ 射线与受照射系统的相互作用而产生。核爆炸 γ 射线与受照射系统相互作用产生的 NEMP 分为内电磁脉冲（INEMP）和系统电磁脉冲（SGNEMP）。金属飞行器在空间遭受核爆炸 γ（X）射线直接照射时，金属腔体的内壁表面将散射出定向电子流，从而激励出内电磁脉冲。金属飞行器在空间遭受核爆炸 γ（X）射线直接照射时，表面将发射出光电子，使系统表面出现电流，从而激励出系统电磁脉冲。这两种电磁脉冲对武器装备的正常工作都会产生巨大影响，对其加以研究并提出针对性的防护措施，具有重要意义。

5.1.3　核武器的综合作用与防护原则

　　裂变核武器若在大气层爆炸，爆炸能量中冲击波约占 50%，光辐射约占 35%，早期核辐射约占 5%，放射性沾染中的剩余核辐射约占 10%，而核电磁脉冲仅占 0.1%左右。对于聚变武器，剩余核辐射所占的比例则要少得多。

　　除了高度超过 30km 的高空核爆炸以外，冲击波能量占低空核爆炸能量的比例约为 40%～50%，故力学效应起主要破坏作用。地面核爆炸会产生在空气中传播的冲击波，以及冲击波拍打地面引起地下土石介质中形成压缩波和地震波，冲击波会在地表形成爆炸弹坑。弹坑周围的土石介质经冲击波压缩和推动产生强烈的地面运动，土石介质产生加速度、速度和位移。地下浅埋核爆炸会形成弹坑和土石介质中的冲击波，冲击波衰减成压缩波和地表波，引起强烈的地球物理运动。封闭式地下核爆炸会在爆点周围形成空腔，并在空腔周围的介质中传播冲击波、压缩波和地震波。水下核爆炸会形成水中冲击波，并在水面形成从爆心投影点向四周扩展的基浪，造成水面物体破坏。如果爆炸深度不大，则在空气中产生的冲击波也不可忽视。

核爆炸杀伤破坏程度与爆炸当量和爆炸高度有关。百万吨以上大当量的空中爆炸，光辐射和冲击波起主要杀伤和破坏作用，其中光辐射的杀伤破坏范围尤其大，会造成大面积火灾。万吨以下的小当量空中爆炸，早期核辐射的杀伤范围最大，冲击波次之，而光辐射最小。空中爆炸一般只能摧毁较脆弱的目标，地面爆炸才能摧毁坚固的目标（如地下工事、导弹发射井等），触地爆炸会形成弹坑，可破坏约两倍于弹坑范围内的地下工事，摧毁爆点附近的地面硬目标。地面爆炸一般会造成下风方向大范围的放射性沾染，严重危害无防护人员。

虽然核武器杀伤破坏作用巨大，但只要采取有效应对措施就能减轻或避免其伤害。除了采取摧毁敌人核武器等积极措施外，疏散隐蔽、构筑工事、利用防护器材、采取正确的防护动作等，都是有效的防护措施。有防护准备，会正确防护，就可以减轻甚至避免核爆炸的杀伤破坏作用。

冲击波的破坏作用与物体的外部形状和受力面积有关。构筑工事是比较有效的防护措施，如坑道和民防工事的防护效果都较好。只要工事不遭破坏，躲在里面的人员就是安全的，即使是堑壕、单人掩体等简易的野战工事也有一定的防护效果。躲在简易工事内的人比处在同距离开阔地面上人的伤情一般约低两个等级。在没有工事的情况下，可以就地利用地形、地物来隐蔽。爆炸发生时，如果能利用沟渠、土丘、弹坑等地形地物迅速卧倒，并尽可能将身体暴露部位遮蔽起来，也可以减轻冲击波的伤害。

核爆炸光辐射可用不透明物体来遮挡，也能被浅色及表面光滑的物体所反射。凡能遮挡光线的物体都有防护核爆光辐射的作用，故光辐射可利用地形、地物（沟渠、土丘、弹坑）遮挡，也可采用防火材料包裹的方式来进行防护。核爆炸光辐射的持续时间很短，只要及时躲避，就能减轻伤害。

早期核辐射成分主要是穿透力很强的高能中子流和 γ 射线。中子可用如水、石蜡等一类的轻材料来防护，而 γ 射线则需用如混凝土、铅等一类的重材料来防护。

核爆炸放射性沾染的防护是一个比较复杂的问题，首先要查明放射性沾染区情况，沾染区一般在核爆爆心投影点的下风区域，应及时将人员撤离至上风区域。人员撤出沾染区后应及时消除沾染，换掉外套，洗消身体。

　　平时，广大公众应了解核武器损伤和防护方面的基础知识，学会防核武器袭击的方法，做到有备无患。家庭和个人平时应准备好简易的防护用品（如口罩、雨衣、被单等）以及生活用品，掌握防护器材的使用方法。熟悉附近的人防隐蔽工事的位置，入口标志和紧急疏散路线。

　　战时，一旦听到核武器袭击的警报，应迅速拉断电闸、关闭煤气或熄灭炉火、关闭门窗，带好个人防护用品和生活用品，按预定方案迅速有序地进入指定的人防隐蔽工事，并按指定位置坐好。若隐蔽工事有滤毒通风设备，应先关好防护门和密闭门，将工事与外界隔绝后再进行滤毒通风。隐蔽在没有密闭设备工事内的人员，应尽量避开工事的门和其他孔口部位，并用棉球或手指堵住耳孔，防止冲击波对鼓膜的损伤。头和身体尽量不要贴靠在工事的墙壁上。

　　来不及进入人防工事的人员应利用地形、地物就近隐蔽防护。在室内的人应利用拐角或墙角的桌下、床下卧倒，尽量避开门窗和易燃、易爆物。在街上活动的人群应利用坚固的建筑物拐角处或紧靠隐蔽一侧的墙根处卧倒，但要避开高大易倒的建筑物（如烟囱、高压线等）。在空旷地的人应利用土堆、丛林、桥洞等地形卧倒。卧倒时背向爆心，双手交叉胸下，头夹于两臂之间，两腿并拢夹紧，双肘前伸支起，闭眼闭嘴憋气，胸部离开地面，重点保护头部。核爆冲击波过后应立即站起，迅速抖落身上的灰尘，尽快进入人防工事或撤离放射性沾染区域。进入人防工事后，应对人员或物品进行洗消。撤离放射性沾染区时，应穿戴好防毒服、防毒面具。没有防毒器具的也可用就便器材进行防护，用雨衣、塑料布、床单等遮盖暴露的皮肤，用耳塞或棉球塞住耳朵，戴口罩或用毛巾捂住口鼻。用毛巾扎领口，用松紧带扎紧袖口（先叠紧袖口，再在袖口上方 5cm 处用活结系于外侧），用绳子扎紧裤脚（也先叠紧，再在裤脚口上方 5cm 处扎紧，活结系于前侧）。在放射性沾染区内不要接触沾染物，不要吸烟、饮水、吃食物，不要坐卧。撤离时，人员间应保持适当距离，防止扬起灰尘沾染其他人员。撤离沾染区后，应进行人员物品的洗消。有条件的进行全身淋浴，没有条件的可用清水和肥皂局部擦洗暴露的皮肤和漱口。无水时，就用毛巾纱布或棉球干擦，从上到下顺一个方向擦拭。衣服等物品可用拍打、扫除、抖指、洗涤、抹擦、冲洗等各种方法消除沾染。拍打挥拂时，应戴上手套，站在上风处。

习　　题

1. 核爆炸的毁伤效应主要有哪几种？分别是如何产生的？各有什么特点？

2. 针对核爆炸的各种毁伤效应，应采取什么相应的防护措施？

5.2　爆炸力学基础

5.2.1　冲击波基本理论

1. 冲击波基本概念

波是物理量或物理量的扰动以有限速度在空间的传播，包括力学波、物质波、电磁波。波在空间传播过程中并不发生物质的输运，但是一种能量传递的机制。

力学波是在介质中传播的，大致有以下性质：①波具有一个意义明确的波速。如果流体质点的振幅足够小，则波速是一个常数。例如，在标准状态的空气中，声波的速度为 331.45m/s。②波的运动伴随着质点围绕平衡位置周期运动，质点的振幅是小量。③波适用于叠加原理。两个以上的线性波可相互独立地同时通过同一空间，它们的物理量可以叠加。④质点的运动方向与波的传播方向可以相同也可垂直，前者称为纵波，后者称为横波。声波属于纵波，是小扰动在介质中的传播，与流体运动密切相关。⑤波既可以是周期性的，也可以是非周期性的。简单点源发出的声波是周期性的，乐声和歌声近似于周期性，而冲击波或其他冲击性的扰动则是非周期性的。

波阵面是介质扰动区域与未扰动区域的界面。按波阵面的形状可分为平面波、球面波、柱面波。波速是指波阵面传播的速度，而质点速度是指介质中质点本身的运动速度，与波速区别极大，两个概念不要混淆。压缩波是指压力、密度等参数随传播方向增大的波，速度增量与波传播方向相同。稀疏波是指压力、密度等参数随传播方向减小的波，速度增量与波传播方向相反。

炸药在空气中爆炸、鱼雷在水中传输、子弹射出枪管的瞬间都会产生冲击波，如图 5.16 所示。

图 5.16　炸药在空气中的爆炸、鱼雷在水中的传输和子弹射出枪管的瞬间都会产生冲击波

冲击波在介质中以超声速传播，是一种强间断压缩波。宏观上冲击波表现为一个运动着的曲面，波前、波后介质的压强、密度、温度等物理量存在突变。我们把状态参量突跃变化的分界面称为冲击波阵面。图 5.17 给出了普通波和冲击波波形结构的区别，可以看出，冲击波阵面上有物理量发生了突变，而普通波则不出现这种物理量的强间断。

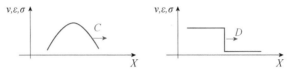

图 5.17 普通波和冲击波波形结构的区别

2. 冲击波的基本关系式（波阵面两侧介质状态参数和运动参数间的关系）

以平面冲击波为例。此时波阵面形状为平面，与未扰动介质的流动方向垂直。不考虑介质的黏滞性和热传导，冲击波基本关系式的推导思路为，对于质量守恒，质量流密度在每一个断面都是相等的，不随时间和空间而变化。对于动量守恒，冲击波突跃引起的动量变化率，由作用于介质的压力所引起。对于能量守恒，介质微元总能量的变化等于介质单元所做的功。

如图 5.18 所示，设实验室坐标下冲击波传播速度为 D，波前未扰动介质的压强、密度、质点速度分别为 p_0, ρ_0, u_0，波后已扰动介质的对应参数分别为 p_1, ρ_1, u_1，压缩面的面积为 S。

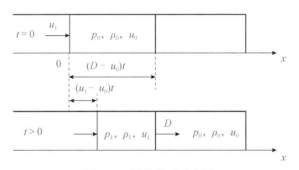

图 5.18 计算模型示意图

1）质量守恒方程

在随冲击波一起运动的局域坐标系（冲击波静止系）中观察，未扰动介质的速度为 $u_0 - D$，扰动介质的速度则为 $u_1 - D$。在时间 t 内，波前介质进入波阵面的质量为 $\rho_0 S(u_0 - D)t$，跨过波阵面进入波后的质量为 $\rho_1 S(u_1 - D)t$，根据质量守恒，有

$$\rho_0 S(u_0 - D)t = \rho_1 S(u_1 - D)t$$

消去 St，得质量守恒方程

$$\rho_0(u_0 - D) = \rho_1(u_1 - D) \tag{5.2.1}$$

该方程反映质量流密度守恒。（注：（5.2.1）的另一种导法：如图5.18所示，随波前介质一起运动的观察者看到的冲击波速度为 $D - u_0$，波后介质速度为 $u_1 - u_0$。在时间 t 内，冲击波扫过的距离为 $(D - u_0)t$，扫过的介质体积为 $S(D - u_0)t$，这个体积在波后压缩至 $S[(D-u_0)t - (u_1-u_0)t] = S(D-u_1)t$，根据质量守恒定律，有 $\rho_0 S(D - u_0)t = \rho_1 S(D - u_1)t$。

2）动量守恒方程

在冲击波静止系中观察。波前介质的相对速度为 $u_0 - D$，在时间 t 内，波前介质进入阵面的质量为 $\rho_0 S(u_0 - D)t$，动量为 $\rho_0 S(u_0 - D)^2 t$。跨过波阵面进入波后的质量为 $\rho_1 S(u_1 - D)t$，动量为 $\rho_1 S(u_1 - D)^2 t$，动量的变化为

$$\rho_1 S(u_1 - D)^2 t - \rho_0 S(u_0 - D)^2 t$$

根据动量定理，动量的变化等于作用于介质上的合外力的冲量 $-S\Delta pt$（负号表示外力），消去 St，从而有动量守恒方程

$$-(p_1 - p_0) = \rho_1(u_1 - D)^2 - \rho_0(u_0 - D)^2$$

或

$$p_1 + \rho_1(u_1 - D)^2 = p_0 + \rho_0(u_0 - D)^2 \tag{5.2.2}$$

利用质量守恒方程（5.2.1），可得

$$p_1 - p_0 = \rho_0(D - u_0)(u_1 - u_0) \tag{5.2.3}$$

3）能量守恒方程

在冲击波静止系中观察，t 时间内，波前介质进入波阵面的质量为 $\rho_0 S(u_0 - D)t$，所含总能量为 $\rho_0 S(u_0 - D)t(\varepsilon_0 + (u_0 - D)^2 / 2)$，其中 ε_0 为介质比内能。跨过波阵面进入波后的质量为 $\rho_1 S(u_1 - D)t$，所含总能量为 $\rho_1 S(u_1 - D)t(\varepsilon_1 + (u_1 - D)^2 / 2)$，根据动能定理，系统总能量的变化等于外力对介质所做的净功 $-(Sp_1(u_1 - D)t - Sp_0(u_0 - D)t)$（负号表示外力），假设波阵面上无热源，可得到能量守恒方程

$$p_1(u_1 - D) + \rho_1(u_1 - D)(\varepsilon_1 + (u_1 - D)^2 / 2) = p_0(u_0 - D) + \rho_0(u_0 - D)(\varepsilon_0 + (u_0 - D)^2 / 2)$$

利用质量守恒式（5.2.1），得

$$\frac{p_1}{\rho_1} + \varepsilon_1 + \frac{1}{2}(u_1 - D)^2 = \frac{p_0}{\rho_0} + \varepsilon_0 + \frac{1}{2}(u_0 - D)^2 \tag{5.2.4}$$

方程（5.2.1）、（5.2.2）、（5.2.4）加上状态方程 $\varepsilon_1(p_1, \rho_1)$ 一共四个方程，未知

量却有五个 $p_1, \rho_1, u_1, \varepsilon_1, D$ ，因此 p_1, ρ_1, u_1, D 四个未知量中只能解出任意三个。

由（5.2.1）和（5.2.2）可解得

$$(u_0 - D)^2 = \left(\frac{p_1 - p_0}{\rho_1 - \rho_0}\right)\frac{\rho_1}{\rho_0} \tag{5.2.5a}$$

$$(u_1 - D)^2 = \left(\frac{p_1 - p_0}{\rho_1 - \rho_0}\right)\frac{\rho_0}{\rho_1} \tag{5.2.5b}$$

代入（5.2.4）就得到激波关系或称兰金-于戈尼奥关系

$$\varepsilon_1(p_1, \rho_1) - \varepsilon_0(p_0, \rho_0) = \frac{1}{2}(p_0 + p_1)\left(\frac{1}{\rho_0} - \frac{1}{\rho_1}\right) \tag{5.2.6}$$

由（5.2.5a）和（5.2.5b）可求出冲击波后质点速度的跃变

$$u_1 - u_0 = \sqrt{(p_1 - p_0)\left(\frac{1}{\rho_0} - \frac{1}{\rho_1}\right)} \tag{5.2.7}$$

以及冲击波速度

$$D = u_0 + \sqrt{\left(\frac{p_1 - p_0}{\rho_1 - \rho_0}\right)\frac{\rho_1}{\rho_0}} \tag{5.2.8}$$

如果将坐标系选在激波上，且将 u 理解为相对波阵面的介质相对速度，则三个守恒定律可写成

$$\rho_0 u_0 = \rho_1 u_1 \tag{5.2.9}$$

$$p_1 + \rho_1 u_1^2 = p_0 + \rho_0 u_0^2 \tag{5.2.10}$$

$$\varepsilon_1 + \frac{p_1}{\rho_1} + \frac{1}{2}u_1^2 = \varepsilon_0 + \frac{p_0}{\rho_0} + \frac{1}{2}u_0^2 \tag{5.2.11}$$

（5.2.5a）和（5.2.5b）变为

$$u_0^2 = \left(\frac{p_1 - p_0}{\rho_1 - \rho_0}\right)\frac{\rho_1}{\rho_0} \tag{5.2.12a}$$

$$u_1^2 = \left(\frac{p_1 - p_0}{\rho_1 - \rho_0}\right)\frac{\rho_0}{\rho_1} \tag{5.2.12b}$$

激波关系或兰金-于戈尼奥关系（5.2.6）不变。

5.2.2　理想气体中的冲击波关系

在温度和压强不太高的条件下，可以把空气看成理想气体，采用以下状态

方程

$$\varepsilon = \frac{p}{(\gamma - 1)\rho} \tag{5.2.13}$$

其中 γ 为绝热指数，为定压定容比热容的比值，即 $\gamma = c_p / c_v$，而 $c_p - c_v = R$。对于双原子分子气体，$c_v = 5R/2$，故 $\gamma = 7/5$。对于单原子分子气体，$c_v = 3R/2$，故 $\gamma = 5/3$。将状态方程代入激波关系式（兰金-于戈尼奥关系）（5.2.6），可以得出 $p_1 - \rho_1$ 关系

$$\frac{p_1}{p_0} = \frac{(\gamma + 1)\rho_1 - (\gamma - 1)\rho_0}{(\gamma + 1)\rho_0 - (\gamma - 1)\rho_1} \tag{5.2.14}$$

或 $\rho_1 - p_1$ 关系

$$\frac{\rho_1}{\rho_0} = \frac{1 + \dfrac{\gamma + 1}{2\gamma}\Delta p / p_0}{1 + \dfrac{\gamma - 1}{2\gamma}\Delta p / p_0} \tag{5.2.15}$$

式中 $\Delta p = p_1 - p_0$ 为超压，（5.2.15）代入（5.2.5a）和（5.2.5b）可得冲击波速度 D 和波后介质质点速度 u_1

$$(D - u_0)^2 / c_0^2 = 1 + \frac{\gamma + 1}{2\gamma}\frac{\Delta p}{p_0} \tag{5.2.16a}$$

$$(D - u_1)^2 / c_0^2 = \left(\frac{\rho_0}{\rho_1}\right)^2 (D - u_0)^2 / c_0^2 \tag{5.2.16b}$$

或

$$(u_1 - u_0)^2 / c_0^2 = \frac{1}{\gamma^2}\frac{\Delta p^2 / p_0^2}{\left(1 + \dfrac{\gamma + 1}{2\gamma}\dfrac{\Delta p}{p_0}\right)} \tag{5.2.17}$$

其中 $c_0 = \sqrt{(\partial p / \partial \rho)_S} = \sqrt{\gamma p_0 / \rho_0}$ 为空气中声波传播速度（绝热声速，绝热状态方程为 $p = c\rho^\gamma$）。令波前质点速度 $u_0 = 0$，可得动压 $q = \rho_1 u_1^2 / 2$ 为

$$q = \frac{\Delta p^2 / (\gamma - 1)}{\Delta p + p_0(2\gamma / (\gamma - 1))} \tag{5.2.18}$$

动压是描述冲击波破坏效应的一个重要参量，它不是超压，但与超压的关系密切，有时超过超压数倍。

引入马赫数

$$M_0 = D / c_0 \tag{5.2.19}$$

取 $u_0 = 0$，由（5.2.16a）式，$\Delta p > 0$，可知 $M_0 \geq 1$，即冲击波总以超声速传播。

而由（5.2.8）可知，当介质参数的扰动小时，冲击波就变成了声波，即

$$D^2 = \frac{p_1 - p_0}{\rho_1 - \rho_0}\left(\frac{\rho_1}{\rho_0}\right) \to c_0^2 \equiv \left(\frac{\partial p}{\partial \rho}\right)_S$$

冲击波强度可以用超压 Δp，冲击波速度 M_0（马赫数），或用 p_0 / p_1 来表征。对于极强冲击波，超压 Δp、冲击波速度 M_0 可趋于无限大或 p_0 / p_1 趋于 0，但密度的压缩却有限。因为当 $\Delta p \to \infty$ 时，由（5.2.15）式可得极限压缩比为

$$\frac{\rho_1}{\rho_0} = \frac{\gamma+1}{\gamma-1} \qquad (5.2.20)$$

对于双原子分子气体，$\gamma = 7/5$，极限冲击压缩比为 6。对于单原子分子气体，$\gamma = 5/3$，极限冲击压缩比则为 4。

冲击波通过气体，未扰动状态过渡到扰动状态，使气体的熵增加。理想气体的熵为

$$S = c_v \ln\left(p / \rho^\gamma\right) + S_0 \qquad (5.2.21)$$

冲击波通过气体后，熵增为

$$\Delta S = c_v \ln \frac{p_1 \rho_0^\gamma}{p_0 \rho_1^\gamma} \qquad (5.2.22)$$

因为热力学要求熵增 $\Delta S \geqslant 0$，所以经过冲击波后气体状态只能有 $(p_1\rho_0^\gamma)/(p_0\rho_1^\gamma) \geqslant 1$，利用波后波前压强密度关系，有

$$\frac{p_1}{p_0}\left[\frac{(\gamma-1)\,p_1/p_0+(\gamma+1)}{(\gamma+1)\,p_1/p_0+(\gamma-1)}\right]^\gamma \geqslant 1 \qquad (5.2.23)$$

或

$$\left(\frac{\rho_0}{\rho_1}\right)^\gamma \frac{(\gamma+1)-\dfrac{\rho_0}{\rho_1}(\gamma-1)}{(\gamma+1)\dfrac{\rho_0}{\rho_1}-(\gamma+1)} \geqslant 1 \qquad (5.2.24)$$

故必有 $p_1/p_0 \geqslant 1$，或 $\rho_1/\rho_0 \geqslant 1$，压缩比极限值为（5.2.20）式。可见，对于一般气体，通过冲击波只能是压缩过程，不可能是膨胀过程，这个压缩过程称为冲击压缩。即使在弱冲击波条件下，也有 $\rho_1/\rho_0 \geqslant 1$。

5.2.3　空气中爆炸波的形成及传播

1. 空气中爆炸波结构

如图 5.19 所示为空间某点的冲击波随时间变化的结构，其中包括正压作用区和负压作用区。正压区宽度和峰值超压依赖于爆轰产物膨胀做功的能力。随着爆轰产物膨胀，其对外输出功率将递减。

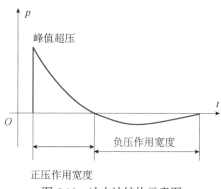

图 5.19　冲击波结构示意图

空气中爆炸冲击波形成和传播机制如下，爆炸后，爆轰产物产生很大压强而膨胀。当爆轰产物膨胀到未扰动空气压强 p_0 时，由于惯性会过度膨胀到最大容积（比极限体积大 30%～40%），此时，爆轰产物的平均压强低于 p_0。周围气体的压强大，将会对爆轰产物进行压缩，使其压力逐渐增加，随后又将膨胀。这样爆轰产物将发生多次膨胀和压缩的脉动过程，但实际有破坏意义的只是第一次脉动过程。这种脉动过程将产生向外传播的冲击波。

冲击波前沿处超压大，将以超声速向外传播，正压区尾部的超压近似为 0，则以声速传播。绝热（等熵）声速为 $c_0 = \sqrt{(\partial p / \partial \rho)_S} = \sqrt{B_S / \rho}$ ，其中 B_S 为介质的等熵体积弹性模量。

图 5.20 和图 5.21 所示分别为冲击波正（负）压区形成示意图。

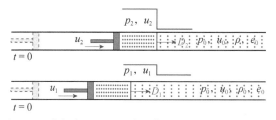

图 5.20　冲击波正压区形成示意图（ $u_2 > u_1$, $p_2 > p_1$ ）

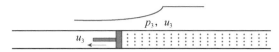

图 5.21 冲击波负压区和稀疏波形成示意图

由冲击波关系式 $p_1 - p_0 = \rho_0(D - u_0)(u_1 - u_0)$ 可知，波前介质速度 $u_0 = 0$ 时，波后压强为 $p_1 = p_0 + \rho_0 D u_1$，波后压强 p_1 越高，波后介质速度 u_1 越大，反之亦然（见图 5.20），这样正压区不断拉宽，而冲击波压力、速度等逐渐降低。反之，若 $u_1 < 0$，即波后介质质点速度小于波前介质质点速度，则波后压强 $p_1 < p_0$，波后将会成为负压区，形成稀疏波（见图 5.21）。

图 5.22 给出了冲击波和稀疏波形成的示意图。从（5.2.16a）可以看出，超压大处，冲击波速度快，超压小处，冲击波速度慢。这样超压大处的波会赶上超压小处的波，形成陡峭的一个波阵面，这就是冲击波阵面。随着冲击波的传播，波后超压逐渐降低，冲击波将转化为稀疏波。

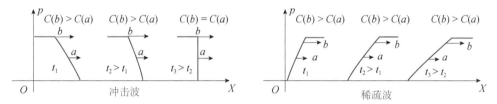

图 5.22 冲击波和稀疏波形成示意图

图 5.23 所示为冲击波结构随时间的变化和球面冲击波的传输。可见，随着正压区不断拉宽，冲击波压力、速度等逐渐降低。对于球形冲击波扩展的情况，随着波阵面表面积增大，单位面积的能量减少。随着正压区拉宽，单位质量空气的平均能量将下降。部分能量消耗于空气的加热，使得空气温度升高。

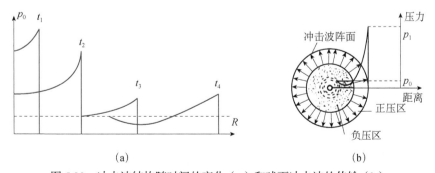

图 5.23 冲击波结构随时间的变化（a）和球面冲击波的传输（b）

炸药爆炸后传给空气中冲击波的能量与炸药状态有关。对于没有包装的裸露装药，爆炸时大约90%的能量会传给冲击波，留在爆轰产物的能量不到10%。实际上，由于爆轰产物膨胀过程中的不稳定性和炸药爆炸时不能释放出全部能量，传递给冲击波的能量却少得多，通常大约只占炸药总能量的70%。在空气中进行的核爆炸，冲击波能量大约只占核爆总能量的50%。

2. 空气中爆炸波的反射

图5.24为冲击波正反射和斜反射示意图。实验表明，核爆炸冲击波在地面反射后会使压力倍增。考虑理想气体中冲击波的正反射，理论分析发现，当$\gamma = 1.4$时，根据冲击波的能量守恒关系可得，反射波超压与入射波超压的比值为

$$\frac{\Delta p_2}{\Delta p_1} = 2 + \frac{6\Delta p_1}{\Delta p_1 + 7p_0}$$

当入射波很强，即$\Delta p_1 \approx p_1 \gg p_0$时，该超压比值可达8；当入射波很弱，即$\Delta p_1 \approx 0$时，超压比值也可达2。当然，当入射波很强时，需考虑状态方程，超压比可以增大到20。

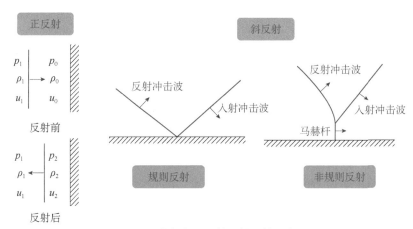

图 5.24　冲击波正反射和斜反射示意图

5.2.4　爆炸相似律

1. 量纲理论

物理量一般同时有数值大小和量纲。长度、时间、质量、速度、力、功等都是有量纲的量，而角度、长度比、时间比、能量之比等则属于无量纲量。有独立量纲的物理量（如长度、质量和时间等）称为基本量，而导出量（如速度、力等）的量纲则为基本量量纲的组合。

对于力学问题来说，任一物理量 X 的量纲 $[X]$ 均可用基本量（长度、质量和时间）量纲 L-M-T 的幂次表示为

$$[X] = L^{\alpha} M^{\beta} T^{\gamma}$$

任何一个导出量的两个数值的比值不应依赖于单位制的选取。例如，不管是采用厘米-克-秒单位制，还是采用米-千克-秒单位制，任意两个力的比值都是相同的。

Π 定理　设函数 $a = f(a_1, a_2, \cdots, a_k, a_{k+1}, a_{k+2}, \cdots, a_n)$ 是一个有量纲的物理量，它是 n 个量纲不同的自变量 $(a_1, a_2, \cdots, a_k, a_{k+1}, a_{k+2}, \cdots, a_n)$ 的函数，其中前 k 个自变量 $a_1, a_2, \cdots, a_k$ 是量纲彼此独立的量，后 $n-k$ 个自变量 $(a_{k+1}, a_{k+2}, \cdots, a_n)$ 为导出量。引入无量纲量

$$\Pi = \frac{a}{a_1^{q_1} a_2^{q_2} \cdots a_k^{q_k}}, \quad \Pi_i = \frac{a_{k+i}}{a_1^{q_{i,1}} a_2^{q_{i,2}} \cdots a_k^{q_{i,k}}}, \quad 1 \leq i \leq n-k$$

其中，$\{q_1, q_2, \cdots, q_k\}$，$\{q_{i,1}, q_{i,2}, \cdots, q_{i,k}\}$ 均为合适的指数组。用 Π 表示物理量 a，用 Π_i 表示 $n-k$ 个 a_{k+i} $(1 \leq i \leq n-k)$，则函数 $a = f(a_1, a_2, \cdots, a_k, a_{k+1}, a_{k+2}, \cdots, a_n)$ 的无量纲形式为

$$\Pi = \Phi(\Pi_1, \Pi_2, \cdots, \Pi_{n-k})$$

即 Π 只是 $n-k$ 个无量纲自变量 Π_i 的函数，方程不出现 k 个有独立量纲的量 $a_1, a_2, \cdots, a_k$。

证明　因为 $a_1, a_2, \cdots, a_k$ 是 k 个有独立量纲的量，其他 $n-k$ 个量 a_{k+i} $(1 \leq i \leq n-k)$ 是导出量，则物理量 a 的量纲可以用 $a_1, a_2, \cdots, a_k$ 的独立量纲的指数形式写出为

$$[a] = [a_1]^{q_1} [a_2]^{q_2} \cdots [a_k]^{q_k}$$

其中，$q_1, q_2, \cdots, q_k$ 为一组合适的指数。同理 $n-k$ 个导出量 $(a_{k+1}, a_{k+2}, \cdots, a_n)$ 也可以用 $a_1, a_2, \cdots, a_k$ 的独立量纲的指数形式写出

$$[a_{k+i}] = [a_1]^{q_{i,1}} [a_2]^{q_{i,2}} \cdots [a_k]^{q_{i,k}}, \quad i = 1, \cdots, n-k$$

引入无量纲量

$$\Pi = \frac{a}{a_1^{q_1} a_2^{q_2} \cdots a_k^{q_k}}, \quad \Pi_i = \frac{a_{k+i}}{a_1^{q_{i,1}} a_2^{q_{i,2}} \cdots a_k^{q_{i,k}}}, \quad 1 \leq i \leq n-k$$

用 Π 表示物理量 a，用 Π_i 表示 $n-k$ 个 a_{k+i}，由于物理定律不依赖于特殊单位制，因此函数 $a = f(a_1, a_2, \cdots, a_k, a_{k+1}, a_{k+2}, \cdots, a_n)$ 的无量纲形式一定可以用 $n-k$ 个无量纲的导出量 $(\Pi_1, \Pi_2, \cdots, \Pi_{n-k})$ 完全表示出来，即

$$\Pi = \Phi(\Pi_1, \Pi_2, \cdots, \Pi_{n-k})$$

即无量纲方程不出现 k 个有独立量纲的量 $a_1, a_2, \cdots, a_k$。如果它们仍然出现，就意味着无量纲方程依赖于有独立量纲的量，或者说，物理定律依赖于特殊单位制选择，这就违反了物理定律与单位制无关的特性。

证毕。

Π 定理常见的两种情况：

（1）如果 n 个自变量都是量纲相互独立的量，其中没有导出量，即量纲独立的量的个数为 $k = n$，则 Π 定理右边的函数简化为一个不确定常数 Φ_0，即

$$\Pi = \Phi_0$$

从而函数 a 完全以独立变量指数律的形式确定

$$a = \Phi_0 a_1^{q_1} a_2^{q_2} \cdots a_k^{q_k}$$

（2）如果 n 个自变量中，有独立量纲量的个数有 $k = n - 1$ 个，只有一个导出量 a_n，则 Π 定理可以写成自相似形式

$$\Pi = \Phi(\Pi_n)$$

或

$$\frac{a}{a_1^{q_1} a_2^{q_2} \cdots a_k^{q_k}} = \Phi \left(\frac{a_n}{a_1^{q_{n,1}} a_2^{q_{n,2}} \cdots a_k^{q_{n,k}}} \right)$$

其中 $\Phi(\xi)$ 是一个自由函数，$\xi = \dfrac{a_n}{a_1^{q_{n,1}} a_2^{q_{n,2}} \cdots a_k^{q_{n,k}}}$ 为相似坐标。

下面举一个用量纲分析推测核弹爆炸当量的例子。1945 年 7 月，美国在新墨西哥州爆炸了第一颗原子弹，两年后才首次公开核爆炸的录影带，但未发布任何试验数据。英国物理学家 G. I. Taylor 根据录影带中火球半径随时间的演化推测出了核爆当量。Taylor 是怎么推算出爆炸当量的？

假设火球半径 R 与爆炸当量、大气密度和时间有关，即函数 $R = f(E, \rho, t)$ 的总自变量个数为 $n = 3$，独立变量的个数也为 $k = 3$，导出量个数为 $n-k = 0$。表 5.6 列出了各个物理量的量纲。

表 5.6　各个物理量的量纲

E	ρ	R	t
ML^2T^{-2}	ML^{-3}	L	T

选择三个有独立量纲的量 E，t，ρ，它们与火球半径 R 的具体函数关系是什么呢？令无量纲量

$$\Pi = \frac{R}{E^a t^b \rho^c}$$

代入相应的量纲，则有

$$\Pi = \frac{L}{(ML^2T^{-2})^a T^b (ML^{-3})^c}$$

因为 Π 是无量纲量，因此 M、L、T 的指数均为零，即

$$\begin{cases} M: & a+c=0 \\ L: & 1-2a+3c=0 \\ T: & -2a+b=0 \end{cases}$$

解出

$$\begin{cases} a=1/5 \\ b=2/5 \\ c=-1/5 \end{cases}$$

从而

$$\Pi = \frac{R}{E^{1/5} t^{2/5} \rho^{-1/5}} = \Phi_0$$

或

$$R = \Phi_0 E^{1/5} t^{2/5} \rho^{-1/5}$$

上式为火球半径 R 与三个有独立量纲的量 E，t，ρ 的具体函数关系，其中 Φ_0 为一不确定常数。这个著名结论是 Taylor 和 Sedov 在第二次世界大战期间独立推导出来的。Taylor 根据录影带中火球半径随时间的演化数据，画出半径随时间变化的双对数曲线 $\ln R$-$\ln t$

$$\ln R = \ln(\Phi_0 \rho^{-1/5}) + \frac{1}{5}\ln E + \frac{2}{5}\ln t$$

得出其截距，推出了美国人爆炸的核弹当量为 2 万 t TNT（取 $\Phi_0=1$, $\rho=\rho_0$）。

2. 爆炸相似律

试验表明，同种炸药不同装药量所产生的爆炸冲击波作用，在一定范围满足几何相似律。设一个半径为 r_1 的装药，在距离 R_1 处产生的冲击波超压为 Δp_1；另一个半径为 r_2 的装药，在距离 R_2 处产生的冲击波超压为 Δp_2，这两个装药具有几何相似性。因此，可以用装药量小的爆炸试验，来测定自由场中各点的参数，从而推知装药量大时的爆炸情况。

1）立方根相似律（相同介质中）

引进有量纲的比例距离 $R/E^{1/3}$，其中 E 为爆炸能量，R 为距爆点的距离，冲

击波波阵面的超压仅依赖于这个比例距离，即 $\Delta p_s = f(R/E^{1/3})$，同一介质中，两个爆炸能量分别为 E_1，E_2，在不同距离 R_1，R_2 上超压 Δp_s 相同的条件为

$$\frac{R_1}{E_1^{1/3}} = \frac{R_2}{E_2^{1/3}} \ \text{或} \ \frac{R_1}{R_2} = \left(\frac{E_1}{E_2}\right)^{1/3}$$

类似地，冲击波中的其他参量（如粒子速度 u，时间 t，冲量 I）也满足相似律，但时间 t 和冲量 I 需比例化成 $t/E^{1/3}$，$I/E^{1/3}$。三者的相似律均可以写成比例距离 $R/E^{1/3}$ 的适当函数，即

$$\begin{cases} u = f_2(R/E^{1/3}) \\ t/E^{1/3} = f_3(R/E^{1/3}) \\ I/E^{1/3} = f_4(R/E^{1/3}) \end{cases}$$

或

$$\begin{cases} u = f_2(R/E^{1/3}) \\ t/R = f_3(R/E^{1/3})/(R/E^{1/3}) \\ I/R = f_4(R/E^{1/3})/(R/E^{1/3}) \end{cases}$$

例如，在 R_1 处测爆炸能量为 E_1 的冲击波超压，对于爆炸能量 E_2 的爆炸，产生相同超压时的距离 R_2 满足关系：

$$R_2/E_2^{1/3} = R_1/E_1^{1/3}$$

而距离 R_2 处粒子速度 u、时间 t、冲量 I 与距离 R_1 处的相应量的关系也满足以下相似律：

$$\begin{cases} u_2 = u_1 \\ t_2/R_2 = t_1/R_1 \\ I_2/R_2 = I_1/R_1 \end{cases}$$

可见，两个爆炸能量分别为 E_1, E_2 的爆炸，冲击波超压相同时，距离比、到达时间比、冲量比分别为 $R_2/R_1 = (E_2/E_1)^{1/3}$，$t_2/t_1 = (E_2/E_1)^{1/3}$，$I_2/I_1 = (E_2/E_1)^{1/3}$。

2）一般相似律（非均匀介质中）

设 E 是爆炸能量，p 为冲击波阵面上的压强。将大气中的压强 p_0、声速 c_0 和描述冲击波的参数 p（压强）、t（时间）、I（冲量）组成无量纲量

$$\frac{p}{p_0}, \ \frac{tc_0 p_0^{1/3}}{E^{1/3}}, \ \frac{Ic_0}{E^{1/3} p^{2/3}}$$

即衡量压强、时间、冲量、距离的单位分别取为

$$p_0, \quad t_0 \equiv \frac{E^{1/3}}{c_0 p_0^{1/3}}, \quad I_0 \equiv \frac{E^{1/3} p^{2/3}}{c_0}, \quad R_0 \equiv \frac{E^{1/3}}{p_0^{1/3}}$$

则这些无量纲量（压强、时间、冲量）仅取决于无量纲距离 $R / R_0 = R p_0^{1/3} / E^{1/3}$。

若忽略炸药的尺寸，则冲击波阵面上的压强 p 应是爆炸能量 E、距离 R、大气密度 ρ_0、声速 c_0（或温度）的函数，即 $p = p(R, E, \rho_0, c_0)$，根据 Π 定理，有无量纲压强

$$\Pi = \frac{p^{a_1}}{E^{a_2} R^{a_3} \rho_0^{a_4} c_0^{a_5}}$$

表 5.7 给出了各物理量 p, E, R, ρ_0, c_0 的量纲。

表 5.7　各个物理量的量纲

p	E	R	ρ_0	c_0
$ML^{-1}T^{-2}$	ML^2T^{-2}	L	ML^{-3}	LT^{-1}

因为 Π 是无量纲的，故质量-长度-时间量纲 MLT 的指数都应为 0，即

$$\begin{cases} a_2 = a_1 - a_4 \\ a_3 = 3a_4 - 3a_1 \\ a_5 = 2a_4 \end{cases}$$

5 个参数满足 3 个方程，故有 2 个自由参数 a_1, a_4，从而有

$$\Pi = \left(\frac{R^3 p}{E} \right)^{a_1} \left(\frac{E}{R^3 \rho_0 c_0^2} \right)^{a_4}$$

因为无量纲距离为 $R / R_0 = R p_0^{1/3} / E^{1/3}$，故 $E / R^3 \sim p_0$ 有压强的量纲，可见无量纲压强 Π 是由两个独立的无量纲量组成的，因此 5 个爆炸参量 p, E, R, ρ_0, c_0 的解一般可写为

$$\Phi \left(\frac{R^3 p}{E}, \frac{E}{R^3 \rho_0 c_0^2} \right) = 0$$

这就是非均匀大气里的爆炸相似律，也叫 Sach 相似律。它给理论研究带来极大方便，只要从理论上求得当量为 1kt TNT 的核爆炸在标准大气状态下产生的冲击波各参量，就可以根据相似律求得不同当量的核爆炸在不同大气条件下的冲击波参量。

习　题

1. 体积压缩系数和流体膨胀系数分别如何定义？理想气体中如何表示？
2. 拉格朗日（Lagrange）坐标和欧拉（Euler）坐标的区别是什么？
3. 流线和迹线如何定义？二者的区别是什么？该如何求得迹线和流线？
4. 波的本质是什么？什么是冲击波？有何特点？
5. 理想气体中的激波关系有些什么特点？
6. Π 定理和相似定律有何应用？

5.3　热辐射迁移理论

5.3.1　热辐射基本概念

热辐射充斥的空间为电磁辐射场，光辐射也是电磁辐射，因此，热辐射场也叫光辐射场，简称辐射场。按照量子力学理论，辐射场是由各种频率的光子组成的，辐射场的能量由静止质量为零的光子所携带。光辐射的频率 ν 从硬 X 射线频段一直到远红外频段，频率为 ν 的辐射场中，光子的能量为 $h\nu$，其中 $h = 6.62 \times 10^{-34} \mathrm{J \cdot s}$ 为普朗克常量。由于光子在真空中的传播速度为 $c = 3 \times 10^{10} \mathrm{cm/s}$，根据相对论能量动量关系可知，一个光子的动量大小为 $h\nu / c$。设光子的传播方向为 $\boldsymbol{\Omega}$（不同的光子有不同的传播方向），则光子的动量（矢量）$\boldsymbol{p} = (h\nu / c)\boldsymbol{\Omega}$。

在核武器物理、惯性约束聚变、高能量密度物理、高温等离子体物理研究中，辐射输运主要指低能光子的热辐射传送（radiative transfer）。热辐射传送问题有两个特点：①低能光子来源于背景介质原子中电子的跃迁过程，光子的通量高，在介质中沉积能量多，对介质的温度和光学特性影响巨大，介质的光学特性强烈依赖于辐射场本身（属高度非线性问题）；②光子与介质相互作用的线性吸收系数（光子的平均自由程）强烈地依赖于光子的频率。

辐射场中存在大量低能光子气体。设位置频率方向 $(\boldsymbol{r}, \nu, \boldsymbol{\Omega})$ 为光子的状态变量，t 时刻光子数按状态变量的分布可由光子分布函数 $f_\nu(\boldsymbol{R}, \boldsymbol{\Omega}, t)$ 来描述，其物理意义为 t 时刻空间位置 $\boldsymbol{R}$ 处单位体积内、频率在 ν 附近单位间隔内、传播方向在 $\boldsymbol{\Omega}$ 附近单位立体角内的光子数。那么

$$dN = f_\nu(\boldsymbol{R}, \boldsymbol{\Omega}, t)d\boldsymbol{R}d\nu d\boldsymbol{\Omega} \tag{5.3.1}$$

表示 t 时刻空间位置 $\boldsymbol{R}$ 处体积元 $d\boldsymbol{R}$ 内频率在 $\nu \to \nu + d\nu$ 之间传播方向在 $\boldsymbol{\Omega}$ 附近的立体角元 $d\boldsymbol{\Omega}$ 内的光子数。

定义辐射的谱强度（简称辐射光强）

$$I_\nu(\boldsymbol{R}, \boldsymbol{\Omega}, t) = h\nu c f_\nu(\boldsymbol{R}, \boldsymbol{\Omega}, t) \tag{5.3.2}$$

其物理意义为 t 时刻单位时间内通过 $\boldsymbol{R}$ 处法线为 $\boldsymbol{\Omega}$ 的单位面积（频率在 ν 附近单位间隔传播方向在 $\boldsymbol{\Omega}$ 附近单位立体角内）的辐射能量。

辐射场完全可以由辐射光强 I_ν 来描述。由 I_ν 可导出辐射能量密度、辐射能量通量和辐射动量通量（也称辐射压强张量）。

辐射谱能量密度

$$U_\nu(\boldsymbol{R}, t) = \frac{1}{c}\int_{4\pi} I_\nu d\boldsymbol{\Omega} \tag{5.3.3}$$

辐射能量密度

$$U(\boldsymbol{R}, t) = \frac{1}{c}\int_0^\infty d\nu \int_{4\pi} d\boldsymbol{\Omega} I_\nu(\boldsymbol{R}, \boldsymbol{\Omega}, t) \tag{5.3.4}$$

谱辐射能量通量（矢量）

$$\boldsymbol{S}_\nu(\boldsymbol{R}, t) = \int_{4\pi} I_\nu \boldsymbol{\Omega} d\boldsymbol{\Omega} \tag{5.3.5}$$

辐射能量通量（辐射能流矢量）

$$\boldsymbol{S}(\boldsymbol{R}, t) = \int_0^\infty d\nu \int_{4\pi} d\boldsymbol{\Omega} \boldsymbol{\Omega} I_\nu(\boldsymbol{R}, \boldsymbol{\Omega}, t) \tag{5.3.6}$$

在辐射输运问题中，辐射能流矢量是一个重要的物理量。如图 5.25 所示，考虑辐射场中法线方向为 $\boldsymbol{n}$ 的一个有向面积元 $d\boldsymbol{\sigma} = \boldsymbol{n}d\sigma$，单位时间流过该有向面积元 $d\boldsymbol{\sigma}$ 的光辐射能量为 $\boldsymbol{S} \cdot d\boldsymbol{\sigma}$，它可由辐射光强 I_ν 来计算，即

$$\boldsymbol{S} \cdot d\boldsymbol{\sigma} = \int_0^\infty d\nu \int_{4\pi} d\boldsymbol{\Omega}(\boldsymbol{\Omega} \cdot d\boldsymbol{\sigma}) I_\nu \tag{5.3.7}$$

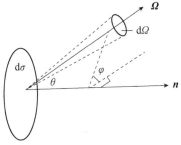

图 5.25 极坐标下方位角的表示

辐射能量通量 $S(R,t)$ 在法线 n 方向上的分量，就是单位时间通过法线方向 n 的单位面积的辐射能量

$$S \cdot n = \int_0^\infty \mathrm{d}\nu \int_{4\pi} \mathrm{d}\Omega \mu I_\nu \qquad (5.3.8)$$

式中 $\mu = \cos\theta$，θ 是光子传播方向 Ω 和有向面积元 $\mathrm{d}\sigma$ 法向方向 n 的夹角。在球坐标下，传播方向 Ω 可由极角 θ 和方位角 φ 表示，立体角元可表示为

$$\mathrm{d}\Omega = \sin\theta \mathrm{d}\theta \mathrm{d}\varphi = \mathrm{d}\mu \mathrm{d}\varphi \qquad (5.3.9)$$

谱辐射能量通量 $S_\nu(R,t)$ 在 n 方向上的分量，就是单位时间内通过法线方向为 n 的单位面积的频率在 $\mathrm{d}\nu$ 区间的辐射能量

$$S_\nu \cdot n = \int_{4\pi} \mathrm{d}\Omega \mu I_\nu \qquad (5.3.10)$$

辐射动量通量（也称辐射压强张量）是单位时间通过单位面积的光子动量，其定义为

$$P(R,t) = \frac{1}{c} \int_0^\infty \mathrm{d}\nu \int_{4\pi} \mathrm{d}\hat{\Omega} \Omega \Omega I_\nu(R,\Omega,t) \qquad (5.3.11)$$

$P \cdot \mathrm{d}\sigma$ 为单位时间通过法线方向为 n 的有向面积元 $\mathrm{d}\sigma = n\mathrm{d}\sigma$ 流出的光子动量（矢量）。$p_{ij} = (P \cdot e_i) \cdot e_j$ 为单位时间通过法线方向为 e_i 的单位面积流出的光子动量（矢量）在 e_j 轴上的分量。p_{ii} 就是作用法线方向为 e_i 的单位面积上的正压力（压强）。

辐射压强张量 P 有九个分量 p_{ij}，它是一个对称张量，即 $p_{ij} = p_{ji}$，三个对角元分别是三个方向的压强，三个对角元之和为辐射能量密度，即

$$p_{11} + p_{22} + p_{33} = \frac{1}{c} \iint I_\nu \mathrm{d}\Omega \mathrm{d}\nu = U \qquad (5.3.12)$$

如果引进平均辐射压强 $\overline{p}$，则平均辐射压强

$$\overline{p} \equiv \frac{1}{3}(p_{11} + p_{22} + p_{33}) = \frac{1}{3}U \qquad (5.3.13)$$

若辐射场角分布各向同性，则辐射光强 I_ν 与 Ω 无关，因此辐射谱能量密度为

$$U_\nu = \frac{4\pi}{c} I_\nu \qquad (5.3.14)$$

辐射谱能量通量为零

$$S_\nu = \int_{4\pi} I_\nu \Omega \mathrm{d}\Omega = 0 \qquad (5.3.15)$$

辐射压强张量为对角张量

$$p_{ij} = \frac{1}{c} \int_0^\infty \mathrm{d}\nu \int_{4\pi} \mathrm{d}\Omega (\Omega_i \Omega_j) I_\nu = \frac{1}{3} U \delta_{ij} \qquad (5.3.16)$$

对角元为辐射压强。

5.3.2　辐射与物质相互作用

光子通过介质时，将与介质原子电子相互作用，造成光子的吸收、散射和发射（受激发射）。如果介质的温度很低，则可忽略物质的自发发射和受激发射。考虑一束平行光，它通过介质时强度将被减弱，在 dx 这段路程上辐射光强的减弱为

$$-\mathrm{d}I_\nu = \mu_\nu I_\nu \mathrm{d}x \tag{5.3.17}$$

式中 μ_ν 为介质对光子的线性吸收系数，其量纲为长度的倒数，它是吸收系数 $\mu_{\nu a}$ 与散射系数 $\mu_{\nu s}$ 之和，即

$$\mu_\nu = \mu_{\nu a} + \mu_{\nu s} \tag{5.3.18}$$

散射使光子改变方向，参加到另一束不同方向和频率的光束中，从而减弱原光束的强度。在不透明介质中，光的散射远比光的吸收小，常可忽略光的散射，此时 μ_ν 就是物质的吸收系数。然而，光在均匀透明介质中传播时（例如可见光在大气中传播），就需要考虑光的散射。

解（5.3.17），可求出位置 x 处的光强

$$I_\nu(x) = I_{\nu 0}\, \mathrm{e}^{-\int_0^x \mu_\nu \mathrm{d}x} \tag{5.3.19}$$

其中 $I_{\nu 0}$ 为 x=0 处的入射光辐射强度。

介质对光子的吸收主要有线吸收（或称束缚-束缚吸收）、光电吸收（或称束缚-自由吸收）和轫致吸收（或称自由-自由吸收）三种类型，每种吸收过程都有其逆过程（发射过程）。

图 5.26 所示为三种吸收跃迁过程的示意图。线吸收是指，在一定能量的光子激发下，电子从（束缚）能级 m 激发到（束缚）能级 n 而使光子消失的过程，被吸收光子的频率应满足能量守恒条件 $h\nu_{nm} = E_n - E_m$。

对于类氢原子（核外只有一个电子，电子能级类似氢原子能级），线吸收的微观截面为

$$\sigma_{bb} = \frac{\pi e^2}{m_e c} f_{nm} b_{nm}(\nu) \tag{5.3.20}$$

式中 f_{nm} 为电子由 m 能级跃迁到 n 能级的吸收振子强度；$b_{nm}(\nu)$ 为线型因子，它与物质的温度、密度和电荷分布有关。

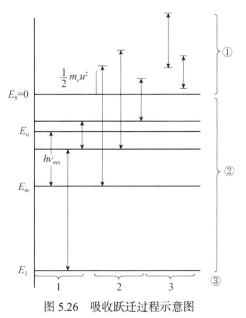

图 5.26 吸收跃迁过程示意图

1. 束缚-束缚跃迁；2. 束缚-自由跃迁；3. 自由-自由跃迁；
①.连续态；②.分立态；③.基态

光电吸收是指，当入射光子能量 $h\nu$ 大于原子、分子或离子中电子的电离能时，电子从束缚态跃迁到具有一定运动速度 v 的自由态的过程，这种吸收实际上是光电效应，因此叫光电吸收。类氢原子中电子的光电吸收截面为

$$\sigma_{bf} = \frac{64\pi^4}{3\sqrt{3}} \frac{e^{10} m_e Z^4}{h^6 c v^3 n^5} g_{bf} \qquad (5.3.21)$$

式中 n 为束缚能级电子的主量子数，Z 为离子的核电荷数，e 为电子电荷，m_e 为电子电量绝对值，h 为普朗克常量，c 为光速，g_{bf} 为量子力学修正因子。

轫致吸收是指介质中自由电子吸收任何频率的光子从低能连续态跃迁到高能连续态的过程。在净电荷为 Z 的离子库仑场中自由电子发生轫致吸收的截面为

$$\sigma_{ff} = \frac{4e^6 Z^2}{3hcm_e v^3} \left(\frac{2\pi}{3m_e kT} \right)^{\frac{1}{2}} N_e g_{ff} \qquad (5.3.22)$$

式中 N_e 为自由电子的数密度，g_{ff} 为量子学修正因子，其他符号意义同上。

上面给出了系统中一个 i 类吸收体对能量为 $h\nu$ 的光子的三种类型的吸收（线吸收、光电吸收、轫致吸收）截面 $\sigma_{ij}(j=1,2,3)$，这三种截面之和就是一个 i 类吸收体对能量为 $h\nu$ 的光子的总微观吸收截面，如果已知系统中 i 类的吸收体（离子）的数密度 N_i，那么系统对能量为 $h\nu$ 的光子的线性吸收系数为

$$\mu_{va} = \sum_i N_i \sum_j \sigma_{ij} \qquad (5.3.23)$$

线性吸收系数 μ_{va} 是光子频率 ν 的函数，单位是 cm^{-1}。吸收系数的倒数为光子的平均自由程 $\lambda_\nu = 1/\mu_{va}$，它是光子与介质中的粒子发生二次作用之间所走的平均距离，单位为 cm。

质量吸收系数 κ_ν 与线吸收系数 μ_{va} 的关系为

$$k_\nu = \mu_{va} / \rho = 1/(\lambda_\nu \rho) \qquad (5.3.24)$$

式中 ρ 为物质的质量密度。质量吸收系数的物理意义是沿光辐射路径上通过单位面积内含有单位质量的介质薄片时被介质吸收的概率，单位是 cm^2/g。

为了表征介质的光学性质，通常引入无量纲的光学厚度 τ_ν

$$\mathrm{d}\tau_\nu = \mu_{va}\mathrm{d}x , \quad \tau_\nu = \int_0^x \mu_{va}\mathrm{d}x \qquad (5.3.25)$$

在无辐射介质中，当通过光学厚度 τ_ν 等于 1 的介质时，频率为 ν 的光辐射强度减弱到原来的 $1/e$。光学厚度与介质对光辐射的吸收特性密切相关，根据光学厚度可将物质分成光学厚的和光学薄的。对光有较强吸收的物质称为光学厚介质，反之则为光学薄介质。

5.3.3　辐射输运方程

辐射强度 $I_\nu(\boldsymbol{R},\boldsymbol{\Omega},t)$ 所满足的方程称为辐射输运方程，它实质描述物质中光子数的变化规律。$I_\nu(\boldsymbol{R},\boldsymbol{\Omega},t)$ 是时间、空间、光子频率和运动方向的函数。$I_\nu\mathrm{d}\Omega\mathrm{d}\nu$ 的物理意义是单位时间通过法线方向为 $\boldsymbol{\Omega}$ 的单位面积的（频率方向在 $\mathrm{d}\nu\mathrm{d}\Omega$ 范围的）光子能量。由光子数守恒可以导出辐射输运方程。

图 5.27 所示为通过流体元的辐射迁移示意图，该流体元的面积为 $\mathrm{d}\sigma$，面积的法线方向就是光子的运动方向 $\boldsymbol{\Omega}$，流体元的厚度为 $\mathrm{d}s$。沿着光子的运动方向 $\boldsymbol{\Omega}$ 上的一段路径 $\mathrm{d}s$ 考察辐射强度 I_ν 的变化。与 $\boldsymbol{\Omega}$ 垂直的面元为 $\mathrm{d}\sigma$，线元 $\mathrm{d}s$ 两侧（频率方向在 $\mathrm{d}\nu\mathrm{d}\Omega$ 范围）的光辐射能量的变化为

$$I_\nu(s+\mathrm{d}s)\mathrm{d}\sigma\mathrm{d}\Omega\mathrm{d}\nu\mathrm{d}t - I_\nu(s)\mathrm{d}\sigma\mathrm{d}\Omega\mathrm{d}\nu\mathrm{d}t = \frac{\mathrm{d}I_\nu}{\mathrm{d}s}\mathrm{d}s\mathrm{d}\sigma\mathrm{d}\Omega\mathrm{d}\nu\mathrm{d}t$$

这个变化由两个因素引起：一是在体积元 $\mathrm{d}V = \mathrm{d}\sigma\mathrm{d}s$ 内介质吸收的（ $\mathrm{d}\nu\mathrm{d}\Omega$ 范围的）光子能量 $\mu_{va}I_\nu\mathrm{d}s\mathrm{d}\sigma\mathrm{d}\Omega\mathrm{d}\nu\mathrm{d}t$；二是在体积元 $\mathrm{d}V = \mathrm{d}\sigma\mathrm{d}s$ 内物质发射的（ $\mathrm{d}\nu\mathrm{d}\Omega$ 范围的）光子能量 $j_\nu\mathrm{d}s\mathrm{d}\sigma\mathrm{d}\Omega\mathrm{d}\nu\mathrm{d}t$，其中 j_ν 为总发射率（包括诱导发射等）。根据光辐射能量守恒有

$$\frac{\mathrm{d}I_v}{\mathrm{d}s} = j_v - \mu_{va}I_v \qquad (5.3.26)$$

考虑到 $\mathrm{d}s=c\mathrm{d}t$，$\mathrm{d}\boldsymbol{R}=\mathrm{d}s\boldsymbol{\Omega}$，$\mathrm{d}\boldsymbol{R}/\mathrm{d}t=c\boldsymbol{\Omega}$，注意到

$$\frac{\mathrm{d}}{\mathrm{d}s} = \frac{1}{c}\frac{\mathrm{d}}{\mathrm{d}t} = \frac{1}{c}\frac{\partial}{\partial t} + \boldsymbol{\Omega}\cdot\nabla \qquad (5.3.27)$$

则（5.3.26）式写成

$$\frac{1}{c}\frac{\partial I_v}{\partial t} + \boldsymbol{\Omega}\cdot\nabla I_v = j_v - \mu_{va}I_v \qquad (5.3.28)$$

它是辐射输运方程在欧拉坐标 $\boldsymbol{R}$（实空间坐标）下的形式。

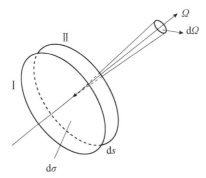

图 5.27　通过流体元的辐射迁移示意图

任何介质既是热辐射吸收体，同时也是热辐射的发射体。辐射输运方程（5.3.28）右侧的 $j_v(\boldsymbol{R},\boldsymbol{\Omega},t)$ 是介质的总辐射发射率，指单位时间、单位体积内介质发射（位于单位频率间隔、单位立体角内）的辐射能量，它包括自发发射、受激发射和散射等项的贡献，其数学表达式与介质特性有关。在以吸收为主的介质内，可忽略散射项，在以散射为主的透明介质内，可忽略自发和受激发射项。这样可以大大简化讨论。

忽略散射项，则总辐射发射率 $j_v(\boldsymbol{R},\boldsymbol{\Omega},t)$ 就是自发辐射功率密度 $s_v(\boldsymbol{R},\boldsymbol{\Omega},t)$ 和受激发射功率密度之和。自发辐射功率密度 $s_v(\boldsymbol{R},\boldsymbol{\Omega},t)$ 是单位时间、单位体积内介质自发发射（位于单位频率间隔、单位立体角内）的光辐射能量，它仅与介质的性质和状态有关，而与空间是否存在辐射无关。受激发射功率密度与辐射强度 I_v 有关。令受激发射功率密度与自发发射功率密度之比为 δ，根据量子辐射理论，δ 是状态为 $(v,\boldsymbol{\Omega})$ 的一个量子态上光子的占有数，即

$$\delta = \frac{\mathrm{d}r\mathrm{d}p内的光子数目 f_v \mathrm{d}r\mathrm{d}v\mathrm{d}\Omega}{\mathrm{d}r\mathrm{d}p内所含的量子态数目 2v^2\mathrm{d}r\mathrm{d}v\mathrm{d}\Omega/c^3} = \frac{c^3 f_v}{2v^2} = \frac{c^2 I_v}{2hv^3}$$

所以总发射率为

$$j_v = s_v(1+\delta) = s_v(1 + c^2 I_v / (2hv^3)) \tag{5.3.29}$$

最终的辐射输运方程为

$$\frac{1}{c}\frac{\partial I_v}{\partial t} + \boldsymbol{\Omega} \cdot \nabla I_v = s_v(1 + c^2 I_v / (2hv^3)) - \mu_{va} I_v \tag{5.3.30}$$

方程右侧为介质的净辐射功率密度（扣除吸收），它既取决于介质的辐射特性 (s_v, μ_{va})，也取决于辐射场 I_v 本身。

引入等效吸收系数（扣除诱导辐射）

$$\mu'_{va} \equiv \mu_{va} - \frac{c^2 s_v}{2hv^3} = \mu_{va}\left(1 - \frac{c^2 s_v}{2hv^3 \mu_{va}}\right) \tag{5.3.31}$$

再令 $B_v \equiv s_v / \mu'_{va}$，则辐射输运方程变为 $\mu'_a(B_v - I_v)$，即

$$\frac{1}{c}\frac{\partial I_v}{\partial t} + \boldsymbol{\Omega} \cdot \nabla I_v = \mu'_{va}(B_v - I_v) \tag{5.3.32}$$

一般来说，介质的辐射特性参数 (s_v, μ_{va}) 两者是独立的，但在介质粒子处于局域热力学平衡（LTE）下，电子处在量子态 n 上的概率服从费米-狄拉克（F-D）统计分布（由局域温度决定），自发辐射功率密度 s_v 与吸收系数 μ_{va} 之比满足以下关系

$$\frac{s_v(\boldsymbol{R},\boldsymbol{\Omega},t)}{\mu_{va}(\boldsymbol{R},t)} = \frac{2hv^3}{c^2} e^{-\frac{hv}{kT(\boldsymbol{R},t)}} \tag{5.3.33}$$

这个比值仅是辐射频率 v 和介质局域温度 T 的函数，与介质的其他特性无关。将 （5.3.33）代入（5.3.31），得

$$\begin{cases} \mu'_{va} = \mu_{va}\left(1 - e^{\frac{hv}{kT(\boldsymbol{R},t)}}\right) \\ B_v(T) = \dfrac{2hv^3}{c^2}\dfrac{1}{\exp(hv/(kT)) - 1} \end{cases} \tag{5.3.34}$$

其中 B_v 就是普朗克黑体辐射强度，它仅是介质局域温度 T 的函数。

5.3.4　黑体辐射

对于平衡辐射场，辐射光强 $I_v(\boldsymbol{R},\boldsymbol{\Omega},t)$ 与时空坐标无关，由辐射输运方程 （5.3.32）可知辐射光强

$$I_v = B_v = \frac{2hv^3}{c^2}\frac{1}{e^{hv/(kT)} - 1} \tag{5.3.35}$$

这就是普朗克黑体辐射强度（黑体的亮度），它与 Ω 无关，仅是介质局域温度 T 的函数。

$B_\nu(T)$ 也称为普朗克函数，它随辐射频率 ν 和温度 T 的变化，如图 5.28 所示。$B_\nu(T)$ 的极大值对应的频率 ν_M 随温度升高而向高频（短波长）方向移动。

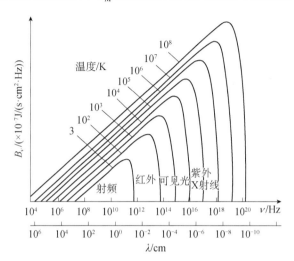

图 5.28　不同温度下黑体辐射强度 $B_\nu(T)$ 随频率的变化

黑体辐射全波亮度为

$$B = \int_0^\infty B_\nu(T)\mathrm{d}\nu = \sigma T^4 / \pi \tag{5.3.36}$$

式中

$$\sigma = \frac{2\pi^5 k^4}{15h^3 c^2} = 5.667 \times 10^{-12}\, \mathrm{J/(cm^2 \cdot K^4 \cdot s)}$$

为斯特藩-玻尔兹曼常量。由（5.3.14）可知黑体辐射的谱能量密度为

$$U_{\nu b} = \frac{4\pi}{c} B_\nu(T) = \frac{8\pi h \nu^3}{c^3} \frac{1}{\mathrm{e}^{h\nu/(kT)} - 1} \tag{5.3.37}$$

黑体辐射的能量密度为

$$U_b = 4\sigma T^4 / c = aT^4 \tag{5.3.38}$$

其中 $a = 4\sigma/c$。辐射压强为

$$p = \frac{1}{3} U_b = \frac{1}{3} aT^4 \tag{5.3.39}$$

辐射谱能流为

$$\boldsymbol{S}_\nu(\boldsymbol{R},t) = \int_{4\pi} I_\nu \boldsymbol{\Omega}\mathrm{d}\Omega = B_\nu \int_{4\pi} \boldsymbol{\Omega}\mathrm{d}\Omega = 0$$

但是，辐射体表面单位面积（法线方向 $\boldsymbol{n}$ 任意）向某侧的单向谱辐射能流为

$$S_{\nu+} \equiv (\boldsymbol{S}_\nu \cdot \boldsymbol{n})_+ = B_\nu \int_{\boldsymbol{\Omega} \cdot \boldsymbol{n} > 0} (\boldsymbol{\Omega} \cdot \boldsymbol{n}) \mathrm{d}\Omega = B_\nu \int_0^1 \mu \mathrm{d}\mu \int_0^{2\pi} \mathrm{d}\varphi = \pi B_\nu \qquad (5.3.40)$$

其中用到 $\boldsymbol{\Omega} \cdot \boldsymbol{n} = \cos\theta = \mu$，$\mathrm{d}\Omega = \mathrm{d}\mu \mathrm{d}\varphi$。全谱单向辐射能流为

$$S_+ = \int_0^\infty S_{\nu+} \mathrm{d}\nu = \sigma T^4 \qquad (5.3.41)$$

普朗克黑体辐射强度（5.3.35）有如下近似

$$B_\nu(T) = \frac{2h\nu^3}{c^2} \mathrm{e}^{-h\nu/(kT)}，当 h\nu \gg kT 时，维恩定律 \qquad (5.3.42)$$

$$B_\nu(T) = 2\nu^2 kT / c^2，当 h\nu \ll kT 时，瑞利-金斯定律 \qquad (5.3.43)$$

由 $B_\nu \mathrm{d}\nu = B_\lambda \mathrm{d}\lambda$，得普朗克黑体辐射强度随波长的分布

$$B_\lambda(T) = \frac{2hc^2}{\lambda^5 \mathrm{e}^{hc/(k\lambda T)} - 1} \qquad (5.3.44)$$

$B_\lambda(T)$-λ 曲线的极值点对应的波长 λ_M 和频率 ν_M 与温度的关系为

$$\lambda_M T \approx 0.29 \mathrm{cm} \cdot \mathrm{K} \qquad (5.3.45)$$

$$\nu_M = c / \lambda_M \approx 10^{11} \mathrm{THz} \qquad (5.3.46)$$

（5.3.45）式通常称为维恩位移定律。

5.3.5 辐射输运方程的积分形式

不考虑散射，辐射强度 $I_\nu(\boldsymbol{r}, \boldsymbol{\Omega}, t)$ 满足的辐射输运方程为（5.3.32）。当物质处于局域热力学平衡状态时，$\mu'_{\nu a}$ 和 B_ν 由（5.3.34）给出，它们是反映物质特性的物理量，$\mu'_{\nu a}$ 仅与介质的性质、密度、温度等有关，而 B_ν 仅是介质局域温度 $T(\boldsymbol{r}, t)$ 的函数。

1. 非定态辐射输运方程的积分形式

式（5.3.32）是关于辐射强度 $I_\nu(\boldsymbol{r}, t, \boldsymbol{\Omega})$ 对时间和空间的偏微分方程，下面将其转化为积分形式。如图 5.29 所示，在光子运动方向 $\boldsymbol{\Omega}$ 的路径上，时空点 $(\boldsymbol{r}', t')$ 处状态为 $(\nu, \boldsymbol{\Omega})$ 的光子强度 $I_\nu(\boldsymbol{r}', \boldsymbol{\Omega}, t')$ 沿运动方向 $\boldsymbol{\Omega}$ 的方向导数为

$$\frac{\mathrm{d}I_\nu(\boldsymbol{r}', \boldsymbol{\Omega}, t')}{\mathrm{d}l'} = \frac{\partial I_\nu}{\partial t'} \frac{\mathrm{d}t'}{\mathrm{d}l'} + \frac{\partial I_\nu}{\partial \boldsymbol{r}'} \cdot \frac{\mathrm{d}\boldsymbol{r}'}{\mathrm{d}l'} = -\frac{1}{c} \frac{\partial I_\nu}{\partial t'} - \boldsymbol{\Omega} \cdot \frac{\partial I_\nu}{\partial \boldsymbol{r}'}$$

故 $(\boldsymbol{r}', t')$ 处，辐射输运方程（5.3.32）变为

$$-\frac{\mathrm{d}I_\nu}{\mathrm{d}l'} + \mu'_{\nu a}(\boldsymbol{r}') I_\nu(\boldsymbol{r}', \boldsymbol{\Omega}, t') = \mu'_{\nu a}(\boldsymbol{r}') B_\nu(\boldsymbol{r}', t') \qquad (5.3.47)$$

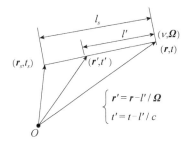

图 5.29　状态为（$\nu, \boldsymbol{\Omega}$）的光子在时空流射

注意到

$$\begin{cases} \boldsymbol{r}' = \boldsymbol{r} - l'\boldsymbol{\Omega} \\ t' = t - l'/c \end{cases}$$

故（5.3.47）变为

$$-\frac{\mathrm{d}I_\nu}{\mathrm{d}l'} + \mu'_{\nu a}(\boldsymbol{r} - l'\boldsymbol{\Omega})I_\nu(\boldsymbol{r} - l'\boldsymbol{\Omega}, \boldsymbol{\Omega}, t - l'/c) = \mu'_{\nu a}B_\nu(\boldsymbol{r} - l'\boldsymbol{\Omega}, t - l'/c) \quad （5.3.48）$$

（5.3.48）两边乘以指数积分因子 $\exp\left[-\int_0^{l'} \mu'_{\nu a}(\boldsymbol{r} - l''\boldsymbol{\Omega})\mathrm{d}l''\right]$，可变成

$$\frac{\mathrm{d}}{\mathrm{d}l'}\left[I_\nu\, \mathrm{e}^{-\int_0^{l'} \mu'_{\nu a}(\boldsymbol{r} - l''\boldsymbol{\Omega})\mathrm{d}l''}\right] = -\mu'_{\nu a}B_\nu\, \mathrm{e}^{-\int_0^{l'} \mu'_{a\nu}(\boldsymbol{r} - l''\boldsymbol{\Omega})\mathrm{d}l''} \quad （5.3.49）$$

其中

$$\begin{cases} I_\nu = I_\nu(\boldsymbol{r} - l'\boldsymbol{\Omega}, \boldsymbol{\Omega}, t - l'/c) \\ B_\nu = B_\nu(\boldsymbol{r} - l'\boldsymbol{\Omega}, t - l'/c) \end{cases} \quad （5.3.50）$$

将（5.3.49）两边对变量 $l' = |\boldsymbol{r}' - \boldsymbol{r}|$ 从 0 到 $l_s = |\boldsymbol{r}_s - \boldsymbol{r}|$ 积分，得辐射输运方程的积分形式

$$I_\nu(\boldsymbol{r}, \boldsymbol{\Omega}, t) = I_\nu(\boldsymbol{r}_s, \boldsymbol{\Omega}, t_s)\, \mathrm{e}^{-\int_0^{l_s} \mu'_{\nu a}(\boldsymbol{r} - l''\boldsymbol{\Omega})\mathrm{d}l''} + \int_0^{l_s}\left[\mu'_{\nu a}B_\nu(\boldsymbol{r} - l'\boldsymbol{\Omega}, t - l'/c)\, \mathrm{e}^{-\int_0^{l'} \mu'_{\nu a}(\boldsymbol{r} - l''\boldsymbol{\Omega})\mathrm{d}l''}\right]\mathrm{d}l'$$

$$（5.3.51）$$

可见，t 时刻 $\boldsymbol{r}$ 处状态为 $(\nu, \boldsymbol{\Omega})$ 的光子辐射光强 $I_\nu(\boldsymbol{r}, \boldsymbol{\Omega}, t)$ 由两项构成：一是较早时刻 $t_s = t - l_s/c$ 在系统边界 $\boldsymbol{r}_s = \boldsymbol{r} - l_s\boldsymbol{\Omega}$ 处的辐射光强 $I_\nu(\boldsymbol{r}_s, \boldsymbol{\Omega}, t_s)$ 乘以 $\boldsymbol{r}_s \to \boldsymbol{r}$ 的衰减因子对计算点 $\boldsymbol{r}$ 处辐射光强的直射贡献；二是系统内所有可能的以前时刻 $t' = t - l'/c$ 和位置 $\boldsymbol{r}' = \boldsymbol{r} - l'\boldsymbol{\Omega}$ 处的自发辐射光源 $\mu'_{\nu a}B_\nu(\boldsymbol{r}', t')$ 乘以 $\boldsymbol{r}' \to \boldsymbol{r}$ 的衰减因子对计算点 $\boldsymbol{r}$ 处辐射光强的累计贡献。

定态辐射输运方程的积分形式为

$$I_\nu(\boldsymbol{r},\boldsymbol{\Omega})=I_\nu(\boldsymbol{r}_s,\boldsymbol{\Omega})\mathrm{e}^{-\int_0^{l_s}\mu'_{\nu a}(\boldsymbol{r}-l'\boldsymbol{\Omega})\mathrm{d}l''}+\int_0^{l_s}\left[\mu'_{\nu a}B_\nu(\boldsymbol{r}-l'\boldsymbol{\Omega})\mathrm{e}^{-\int_0^{l'}\mu'_{\nu a}(\boldsymbol{r}-l''\boldsymbol{\Omega})\mathrm{d}l''}\right]\mathrm{d}l'$$

$$（5.3.52）$$

2. 一维平板几何下定态辐射输运方程的解

一维平板几何下，空间变量只有一个分量 $x\equiv\boldsymbol{r}\cdot\boldsymbol{e}_x$，光子方向变量也只有一个 $\mu\equiv\boldsymbol{\Omega}\cdot\boldsymbol{e}_x$。如图 5.30 所示，$\mu>0$ 时，$l_s=|\boldsymbol{r}_s-\boldsymbol{r}|=x/\mu$，$l'=|\boldsymbol{r}'-\boldsymbol{r}|=(x-x')/\mu$；如图 5.31 所示，$\mu<0$ 时，$l_s=(x-R)/\mu$，$l'=(x-x')/\mu$。由（5.3.52），可得一维平板几何下 x 处正向 $(\mu>0)$ 辐射光强为

$$I_\nu(x,\mu>0)=I_\nu(0,\mu)\mathrm{e}^{-\int_0^x\mu'_{\nu a}(x')\frac{\mathrm{d}x'}{\mu}}+\int_0^x\left[\mu'_{\nu a}B_\nu(x')\mathrm{e}^{-\int_{x'}^x\mu'_{\nu a}(x'')\frac{\mathrm{d}x''}{\mu}}\right]\frac{\mathrm{d}x'}{\mu}\quad（5.3.53）$$

x 处负向 $(\mu<0)$ 辐射光强为

$$I_\nu(x,\mu<0)=I_\nu(R,\mu)\mathrm{e}^{-\int_x^R\mu'_{\nu a}(x')\frac{\mathrm{d}x'}{|\mu|}}+\int_x^R\left[\mu'_{\nu a}B_\nu(x')\mathrm{e}^{-\int_x^{x'}\mu'_{\nu a}(x'')\frac{\mathrm{d}x''}{|\mu|}}\right]\frac{\mathrm{d}x'}{|\mu|}\quad（5.3.54）$$

其中 $I_\nu(0,\mu>0),I_\nu(R,\mu<0)$ 由辐射光强的入射边界条件决定。

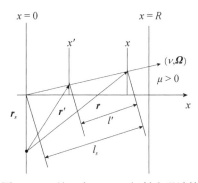

图 5.30　x 处正向 $(\mu<0)$ 辐射光强计算
示意图

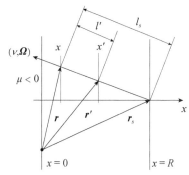

图 5.31　x 处负向 $(\mu<0)$ 辐射光强计算
示意图

引入无量纲的光学厚度 τ_ν 来代替坐标变量 x

$$\mathrm{d}\tau_\nu=\mu'_{\nu a}(x)\mathrm{d}x，\quad\tau_\nu=\int_{-\infty}^x\mu'_{\nu a}(x')\mathrm{d}x'，\quad\tau_{0\nu}=\int_{-\infty}^0\mu'_{\nu a}(x')\mathrm{d}x'$$

注意到 $\int_0^x\mu'_{\nu a}(x')\mathrm{d}x'=\tau_\nu-\tau_{0\nu}$，$\int_{x'}^x\mu'_{\nu a}(x'')\mathrm{d}x''=\tau_\nu-\tau'_\nu$，则（5.3.53）、（5.3.54）分别变为

$$I_\nu(\tau_\nu,\mu>0)=I_{0\nu}(\mu)\mathrm{e}^{-\frac{\tau_\nu-\tau_{0\nu}}{\mu}}+\int_{\tau_{0\nu}}^{\tau_\nu}\frac{B_\nu(\tau'_\nu)}{\mu}\mathrm{e}^{-\frac{\tau_\nu-\tau'_\nu}{\mu}}\mathrm{d}\tau'_\nu\quad（5.3.55\mathrm{a}）$$

$$I_\nu(\tau_\nu, \mu < 0) = I_{R\nu}(\mu)\mathrm{e}^{-\frac{\tau_{R\nu} - \tau_\nu}{|\mu|}} + \int_{\tau_\nu}^{\tau_{R\nu}} \frac{B_\nu(\tau'_\nu)}{|\mu|}\mathrm{e}^{-\frac{\tau'_\nu - \tau_\nu}{|\mu|}}\mathrm{d}\tau'_\nu \quad （5.3.55\mathrm{b}）$$

其中 $I_{0\nu}(\mu) = I_\nu(\tau_{0\nu}, \mu > 0)$，$I_{R\nu}(\mu) = I_\nu(\tau_{R\nu}, \mu < 0)$ 为系统边界上的入射光强。

对于无限大辐射场，边界上的入射光强为 0，则来自左侧（右侧）空间的辐射强度分别为

$$I_\nu(\tau_\nu, \mu > 0) = \int_{-\infty}^{\tau_\nu} \frac{B_\nu(\tau'_\nu)}{\mu}\mathrm{e}^{-\frac{\tau_\nu - \tau'_\nu}{\mu}}\mathrm{d}\tau'_\nu \quad （5.3.56\mathrm{a}）$$

$$I_\nu(\tau_\nu, \mu < 0) = \int_{\infty}^{\tau_\nu} \frac{B_\nu(\tau'_\nu)}{\mu}\mathrm{e}^{\frac{\tau'_\nu - \tau_\nu}{\mu}}\mathrm{d}\tau'_\nu \quad （5.3.56\mathrm{b}）$$

代入（5.3.3），可得谱辐射能量密度

$$U_\nu(\tau_\nu) = \frac{2\pi}{c}\left[\int_{\tau_\nu}^{\infty} B_\nu(\tau'_\nu)\int_0^1 \frac{\mathrm{d}\mu}{\mu}\mathrm{e}^{-\left(\frac{\tau'_\nu - \tau_\nu}{\mu}\right)}\mathrm{d}\tau'_\nu + \int_{-\infty}^{\tau_\nu} B_\nu(\tau'_\nu)\int_0^1 \frac{\mathrm{d}\mu}{\mu}\mathrm{e}^{-\left(\frac{\tau_\nu - \tau'_\nu}{\mu}\right)}\mathrm{d}\tau'_\nu\right] \quad （5.3.57）$$

引进积分指数函数，

$$E_n(y) = \int_1^{\infty} \mathrm{e}^{-yw}\frac{\mathrm{d}w}{w^n} = \int_0^1 \mathrm{e}^{-y/x}\, x^{n-2}\mathrm{d}x，\quad n=1,\ 2,\ \cdots \quad （5.3.58）$$

则（5.3.57）变为

$$U_\nu(\tau_\nu) = \frac{2\pi}{c}\left[\int_{-\infty}^{\tau_\nu} B_\nu(\tau'_\nu)E_1(\tau_\nu - \tau'_\nu)\mathrm{d}\tau'_\nu + \int_{\tau_\nu}^{\infty} B_\nu(\tau'_\nu)E_1(\tau'_\nu - \tau_\nu)\mathrm{d}\tau'_\nu\right] \quad （5.3.59）$$

一维平面几何情况下，谱辐射能量通量 $\boldsymbol{S}_\nu(\boldsymbol{r},t) = \int_{4\pi} \mathrm{d}\boldsymbol{\Omega}\boldsymbol{\Omega}I_\nu(\boldsymbol{r},\boldsymbol{\Omega},t)$ 的 x 方向分量为

$$S_\nu(x) = 2\pi\int_{-1}^1 \mathrm{d}\mu\mu I_\nu(x,\mu) = S_{\nu+}(x) + S_{\nu-}(x) \quad （5.3.60）$$

其中

$$S_{\nu+}(x) \equiv 2\pi\int_0^1 \mathrm{d}\mu\mu I_\nu(x,\mu) \quad （5.3.61\mathrm{a}）$$

$$S_{\nu-}(x) \equiv 2\pi\int_{-1}^0 \mathrm{d}\mu\mu I_\nu(x,\mu) \quad （5.3.61\mathrm{b}）$$

将（5.3.56a）、（5.3.56b）代入，并利用积分指数函数（5.3.58），可得总辐射能流 x 方向的分量

$$S_\nu(\tau_\nu) = 2\pi\left[\int_{-\infty}^{\tau_\nu} B_\nu(\tau'_\nu)E_2(\tau_\nu - \tau'_\nu)\mathrm{d}\tau'_\nu - \int_{\tau_\nu}^{\infty} B_\nu(\tau'_\nu)E_2(\tau'_\nu - \tau_\nu)\mathrm{d}\tau'_\nu\right] \quad （5.3.62）$$

（5.3.59）和（5.3.62）就是无限大辐射场中一维辐射输运方程的解。

例1　假定物质占有 $x > 0$ 的半无限空间，且温度为常数，那么按（5.3.56b），来自右侧的辐射在 $x = 0$ 的表面处的辐射强度为

$$I_v(0, \mu < 0) = \int_\infty^0 \frac{1}{\mu} B_v(\tau_v') e^{\tau_v'/\mu} d\tau_v' \tag{5.3.63}$$

如果温度为常数，即 $B_v(\tau_v') = B_v(T(\tau_v')) = B_v(T)$ 与 τ_v' 无关，提到积分号外，得表面处的辐射强度为

$$I_v(0, \mu < 0) = B_v(T) \int_\infty^0 de^{\tau_v'/\mu} = B_v(T) \tag{5.3.64}$$

即半无限辐射体的辐射强度与黑体辐射强度相同。

例2　考虑有限厚度 d 的常温平面层的辐射，对于 $\mu > 0$，按（5.3.56a），来自左侧空间辐射在 $x = d$ 面附近的辐射强度为

$$I_v(\tau_{vd}, \mu > 0) = \int_{-\infty}^{\tau_{vd}} \frac{B_v(\tau_v')}{\mu} e^{-\frac{\tau_{vd}-\tau_v'}{\mu}} d\tau_v' \tag{5.3.65}$$

式中 $\tau_{vd} = \int_0^d \mu_v'(x) dx$ 为厚度 d 的平面层的光学厚度，因为温度为常数，即 $B_v(\tau_v') = B_v(T)$ 与 τ_v' 无关，提到积分号外，得 $x = d$ 面附近的辐射强度

$$I_v(\tau_{vd}, \mu > 0) = B_v(T) e^{-\tau_{vd}/\mu} \int_0^{\tau_{vd}} \frac{1}{\mu} e^{\tau_v'/\mu} d\tau_v' = B_v(T)(1 - e^{-\tau_{vd}/\mu}) \tag{5.3.66}$$

其中 $\mu = \cos\theta$，θ 为辐射传播方向 $\boldsymbol{\Omega}$ 与平面层法线 $\boldsymbol{e}_x$ 间的夹角。由此可见，当有限厚度的平面层的光学厚度 $\tau_{vd} \to \infty$（光厚介质）时，或 $\theta \to \pi/2$（即 $\mu \to 0$）时，表面附近的辐射强度 $I_v = B_v(T)$ 就是黑体辐射强度，和例1相同。即使平板为非光厚介质，但在其表面附近切线方向上的辐射强度与黑体辐射强度也相近。当平面层的光学厚度 $\tau_{vd} \to 0$（光薄介质），即 $\tau_{vd}/\mu \ll 1$ 时，表面附近的辐射强度 $I_v = B_v(T)\tau_{v0}/\mu \ll B_v(T)$。可见，对于厚度为 d 的辐射体，沿表面法线方向可能是光学薄的，而沿表面近切线方向则为光学厚的。因为在沿切线方向上，从深处发出的光子在传播过程中被吸收，而只有表面薄层的光子才能辐射出来，即光学厚的物质具有表面辐射的性质。在沿法线方向上，d 层中光子几乎都可以达到表面，受到的吸收较小，因此光学薄的物质具有体积辐射的性质。

由式（5.3.62），有限厚度 d 的常温平面层辐射的谱能流或表面亮度为

$$S_v(\tau_{vd}) = 2\pi \int_0^{\tau_{vd}} B_v(\tau_v') E_2(\tau_{vd} - \tau_v') d\tau_v' = 2\pi B_v(T) \int_0^{\tau_{vd}} E_2(\tau_{vd} - \tau_v') d\tau_v' \tag{5.3.67}$$

根据积分指数函数 $E_n(y)$ 的性质，有

$$dE_n(y)/dy = -E_{n-1}(y) \tag{5.3.68}$$

可得

$$S_v(\tau_{vd}) = 2\pi B_v(T)(E_3(0) - E_3(\tau_{vd})) = \pi B_v(T)(1 - 2E_3(\tau_{vd})) \tag{5.3.69}$$

其中 $E_3(0) = 1/2$，$E_3(\infty) = 0$。

对于光学厚介质 $\tau_{vd} \to \infty$，$E_3(\tau_{vd}) \to 0$，有限厚度 d 的常温平面层辐射的谱能流与黑体的辐射能流（亮度）$S_\nu = \pi B_\nu(T)$ 相同。可见，对于一个有限厚度的常温的物体，它的表面亮度总是小于同温度的黑体亮度，极限情况下相同。对于光学薄介质 $\tau_{vd} \ll 1$，$E_2(\tau_{vd}) \approx 1$，$E_3(\tau_{vd}) \approx 1/2 - \tau_{vd}$，则辐射能流（亮度）$S_\nu = 2\pi B_\nu \tau_{vd}$ 远远小于同温度黑体的亮度 $\pi B_\nu(T)$。

5.3.6　扩散近似和发散近似

辐射强度 $I_\nu(\boldsymbol{R}, t, \boldsymbol{\Omega})$ 不仅是时空坐标的函数，而且与频率 ν 和传播方向 $\boldsymbol{\Omega}$ 有关，即使在定常一维平面几何条件下，辐射输运方程也只能求近似解。近似的途径可从方向 $\boldsymbol{\Omega}$ 和频率 ν 两方面入手。前面我们在一维平面几何下把光子按其运动方向简单分成前向和后向两群求出了方程的近似解。下面要讨论的扩散近似，把各向异性的辐射场近似为准各向同性的辐射场，可把问题简单化。另一方面，从等效线性吸收系数 μ'_{va} 与频率 ν 的关系来看，即使对于简单的介质（比如说单一分子气体）其函数关系也是十分复杂的，对不同频率的光辐射吸收性质各异，故需要按不同频段对光子能量做分群处理。

1. 定解问题

不考虑散射，非平衡辐射强度 $I_\nu(\boldsymbol{R}, t, \boldsymbol{\Omega})$ 满足辐射输运方程

$$\frac{1}{c}\frac{\partial I_\nu}{\partial t} + \boldsymbol{\Omega} \cdot \nabla I_\nu = \mu'_{va}(B_\nu - I_\nu) \qquad (5.3.70)$$

它是辐射强度 $I_\nu(\boldsymbol{R}, t, \boldsymbol{\Omega})$ 对时空坐标的偏微分方程，必须有初始条件和边界条件才能定解。其中 μ'_{va} 和 B_ν 是反映介质辐射特性的物理量。

初始条件为

$$I_\nu(\boldsymbol{R}, \boldsymbol{\Omega}, 0) = \Lambda_1(\boldsymbol{R}, \nu, \boldsymbol{\Omega}) \qquad (5.3.71)$$

式中 Λ_1 为已知函数。

边界条件：在求解的空间凸区域 G 的表面 A 上，给定由外界进入区域 G 的辐射强度，即

$$I_\nu(\boldsymbol{R}_s, \boldsymbol{\Omega}, t) = \Lambda_2(\boldsymbol{R}_s, \nu, \boldsymbol{\Omega}, t)，\quad \boldsymbol{\Omega} \cdot \boldsymbol{n} < 0 \qquad (5.3.72)$$

其中 $\boldsymbol{R}_s$ 是凸区域 G 的表面 A 上某点的坐标，$\boldsymbol{n}$ 是凸区域 G 的表面 A 上某点的外法线方向单位矢量，Λ_2 是已知函数。如果凸区域 G 的外边界以外为真空，则边界条件可取为

$$I_\nu(\boldsymbol{R}_s, \boldsymbol{\Omega}, t) = 0，\quad \boldsymbol{\Omega} \cdot \boldsymbol{n} < 0 \qquad (5.3.73)$$

2. 扩散近似方程及边界条件

将辐射输运方程（5.3.70）对光子运动方向积分，利用辐射能量密度 U_ν 和辐射能流 $\boldsymbol{S}_\nu$ 的定义，可得辐射输运方程的零阶矩方程

$$\frac{\partial U_\nu}{\partial t} + \nabla \cdot \boldsymbol{S}_\nu = c\mu'_{\nu a}\left(\frac{4\pi B_\nu}{c} - U_\nu\right) \qquad (5.3.74)$$

它反映辐射场的能量守恒，其优点是不显含辐射的角分布。下面寻找 $\boldsymbol{S}_\nu$ 和 U_ν 的关系。

设辐射场各向异性弱，将辐射强度 $I_\nu(\boldsymbol{R}, t, \boldsymbol{\Omega})$ 按球谐函数展开，取 P-1 近似，即

$$I_\nu(\boldsymbol{R}, t, \boldsymbol{\Omega}) = \frac{1}{4\pi}I_{0\nu}(\boldsymbol{R}, t) + \frac{3}{4\pi}\boldsymbol{\Omega} \cdot \boldsymbol{I}_{1\nu}(\boldsymbol{R}, t) \qquad (5.3.75)$$

其中两个展开系数为

$$I_{0\nu} = \int I_\nu \mathrm{d}\boldsymbol{\Omega} = cU_\nu, \qquad \boldsymbol{I}_{1\nu} = \int I_\nu \boldsymbol{\Omega}\mathrm{d}\boldsymbol{\Omega} = \boldsymbol{S}_\nu \qquad (5.3.76)$$

故 P-1 近似下，辐射强度可用 $\boldsymbol{S}_\nu$ 和 U_ν 表示为

$$I_\nu(\boldsymbol{R}, t, \boldsymbol{\Omega}) = \frac{c}{4\pi}U_\nu(\boldsymbol{R}, t) + \frac{3}{4\pi}\boldsymbol{\Omega} \cdot \boldsymbol{S}_\nu(\boldsymbol{R}, t) \qquad (5.3.77)$$

将此代入辐射输运方程（5.3.70），再乘上 $\boldsymbol{\Omega}$ 并对 $\mathrm{d}\boldsymbol{\Omega}$ 积分，可得辐射输运方程的 1 阶矩方程

$$\frac{1}{c}\frac{\partial \boldsymbol{S}_\nu}{\partial t} + \frac{c}{3}\nabla U_\nu = -\mu'_{\nu a}\boldsymbol{S}_\nu \qquad (5.3.78)$$

它实际是 $\boldsymbol{S}_\nu$ 和 U_ν 之间的关系。（5.3.74）和（5.3.78）两个方程称为辐射输运方程的扩散近似方程组。给定定解条件即可求解两个函数 $\boldsymbol{S}_\nu$ 和 U_ν。

在定常条件下，扩散近似方程组（5.3.74）和（5.3.78）变为

$$\nabla \cdot \boldsymbol{S}_\nu = \mu'_{\nu a}(4\pi B_\nu - cU_\nu) \qquad (5.3.79)$$

$$\boldsymbol{S}_\nu = -D_\nu \nabla U_\nu \qquad (5.3.80)$$

其中 $D_\nu = \lambda'_\nu c / 3$ 为辐射扩散系数，而 $\lambda_\nu = 1/\mu'_{\nu a}$ 为辐射平均自由程。（5.3.80）与实物粒子扩散流遵循的菲克（Fick）定律形式相同，扩散系数的表达式亦相同，只是将实物粒子的平均速率换成了光速，把碰撞自由程换成了辐射自由程。实物粒子扩散与光子扩散的物理意义也是相近的，在光学厚的（不透明）介质中辐射的输运是以不规则的小跳跃行进的，这些跃距的平均值就是辐射自由程，因此辐射的能量迁移和实物粒子的扩散迁移运动很相似。

一般说来，辐射扩散的物理图像和数学处理只有在光学厚的强吸收介质（辐射自由程 $\lambda'_\nu = 1/\mu'_{\nu a}$ 很小）中才适用。在介质与真空的交界面附近，由于真空不

发射辐射，该区域辐射场的各向异性比较突出，扩散近似不再成立。但可以认为在介质边界上某点向真空的辐射仍是各向同性的，即以该点为圆心在真空那边半球内辐射的角分布是均匀的，而在介质这边半球内真空向介质的辐射为零。

（5.3.77）式可用来讨论真空边界条件。设辐射能流 S_ν 指向边界的外法线方向 n，光子运动方向 Ω 与外法线 n 的夹角为 θ，则有

$$I_\nu = \frac{cU_\nu}{4\pi}\left(1 + \frac{3S_\nu\mu}{cU_\nu}\right) \tag{5.3.81}$$

其中 $\mu = \Omega \cdot n = \cos\theta$。根据辐射能流矢量的定义 $S_\nu(r,t) = \int_{4\pi} \mathrm{d}\Omega \Omega I_\nu(r,\Omega,t)$，可得辐射能流矢量的大小

$$S_\nu = S_\nu \cdot n = S_{\nu+} + S_{\nu-} \tag{5.3.82}$$

其中正、负向辐射能流分别为

$$\begin{cases} S_{\nu+}(r,t) = 2\pi \int_{\mu>0} \mathrm{d}\mu\mu I_\nu(r,\Omega,t) \\ S_{\nu-}(r,t) = 2\pi \int_{\mu<0} \mathrm{d}\mu\mu I_\nu(r,\Omega,t) \end{cases} \tag{5.3.83}$$

将（5.3.81）代入，可得

$$\begin{cases} S_{\nu+}(r,t) = cU_\nu / 4 + S_\nu / 2 \\ S_{\nu-}(r,t) = -cU_\nu / 4 + S_\nu / 2 \end{cases} \tag{5.3.84}$$

因为在真空边界上，负向辐射能流 $S_{\nu-} = 0$（右边界）或正向辐射能流 $S_{\nu+} = 0$（左边界），因此真空边界上的辐射能流和辐射能量密度的关系为

$$S_\nu = S_{\nu+} = cU_\nu / 2 \quad（右边界） \tag{5.3.85a}$$

或

$$S_\nu = S_{\nu-} = -cU_\nu / 2 \quad（左边界） \tag{5.3.85b}$$

虽然辐射强度在边界上的角分布与（5.3.81）式不同，但在右边界上有 $S_{\nu-} = 0$ 及（5.3.85a）式，或左边界上有 $S_{\nu+} = 0$ 及（5.3.85b）式，因此（5.3.85）式可作为扩散方程的真空边界条件。

3. 一维平面扩散近似解

一维平面几何下，定常扩散近似方程组（5.3.79）、（5.3.80）变为

$$\begin{cases} \dfrac{\mathrm{d}S_\nu}{\mathrm{d}x} = \mu'_{\nu a}(4\pi B_\nu - cU_\nu) \\ S_\nu = -\left(\dfrac{c}{3\mu'_{\nu a}}\right)\dfrac{\mathrm{d}U_\nu}{\mathrm{d}x} = -\dfrac{c}{3}\left(\dfrac{1}{\mu'_{\nu a}}\dfrac{\mathrm{d}U_\nu}{\mathrm{d}T}\right)\dfrac{\mathrm{d}T}{\mathrm{d}x} \end{cases} \tag{5.3.86}$$

其中 μ'_{va} 为介质对辐射的等效吸收系数。将扩散方程组（5.3.86）对光谱求平均，定义普朗克平均吸收系数 μ_p 和光子的 Rosseland 平均自由程 λ_R

$$\mu_p \equiv \frac{\int_0^\infty \mu'_{va} B_v(T) \mathrm{d}v}{\int_0^\infty B_v \mathrm{d}v}, \qquad \lambda_R \equiv \frac{\int \mathrm{d}v \frac{1}{\mu'_{va}} \frac{\partial B_v(T)}{\partial T}}{\int \mathrm{d}v \frac{\partial B_v(T)}{\partial T}} = \frac{15}{4\pi^4} \int \mathrm{d}x \frac{1}{\mu'_a(x)} \frac{x^4 \mathrm{e}^x}{(\mathrm{e}^x - 1)^2}$$

其中 $x = hv/(kT)$，则扩散方程组（5.3.86）的灰体近似为

$$\begin{cases} \dfrac{\mathrm{d}S}{\mathrm{d}x} = \mu_p(4\pi B - cU) \\[2mm] S = -\dfrac{\lambda_R c}{3} \dfrac{\mathrm{d}U}{\mathrm{d}x} \end{cases} \qquad (5.3.87)$$

设 Rosseland 平均自由程等于普朗克平均自由程，即 $\lambda_R = 1/\mu_p$，引进光学厚度 τ，$\mathrm{d}\tau = \mu_p \mathrm{d}x$，那么扩散方程组（5.3.87）变为

$$\frac{\mathrm{d}S}{\mathrm{d}\tau} = c(4\pi B/c - U) \qquad (5.3.88)$$

$$S = -\frac{c}{3} \mathrm{d}U / \mathrm{d}\tau \qquad (5.3.89)$$

若 $x < 0$ 区域为真空，$x = 0$ 为介质与真空交界面，且界面处介质的温度为 T_0，由介质左边界条件（5.3.85b）式可知介质左边界条件为

$$S_{x=0} = -(cU/2)_{x=0} \qquad (5.3.90)$$

如果辐射是平衡的，即辐射能流 $S = $ 常数，则辐射能量密度 $U = 4\pi B/c = 4\sigma T^4/c$，因此，左边界 $x = 0$ 上的辐射能流为 $S = -2\sigma T_0^4$，而在介质内部辐射能流为

$$S = -\frac{4\sigma}{3} \frac{\mathrm{d}T^4}{\mathrm{d}\tau}$$

注意到辐射能流 $S = -2\sigma T_0^4$ 为常数，由此可解得介质内部温度随光学厚度 τ 的分布

$$T^4 = T_0^4 \left(1 + \frac{3}{2}\tau\right) \qquad (5.3.91)$$

可见辐射体表面的温度最低，介质内部温度随光学厚度线性升高。

对于一个核爆炸火球来说，它是非平衡的热辐射体，可用有效温度（或称亮度温度）T_e 来描述火球的热辐射特征。设 S 为辐射体边界上辐射能流大小，则辐射体有效温度 T_e 可定义为

$$S = \sigma T_e^4 \qquad (5.3.92)$$

当辐射体的辐射谱能流 S_ν 与黑体辐射相同时，那么黑体的温度即为该辐射体的有效温度 T_e，否则，有效温度 $T_e \neq$ 黑体辐射温度。

一般来说，高温介质的有效温度并不等于其表面温度。因为对一维平面问题的讨论可知，在表面温度为 T_0 的介质边界上，辐射能流的大小为 $S = 2\sigma T_0^4$，因此有效温度 T_e 与表面温度 T_0 的关系为

$$T_e = \sqrt[4]{2T_0} \approx 1.19 T_0 \tag{5.3.93}$$

这表明从表面发出的辐射主要来自大约为一个自由程厚度的辐射层，而温度高于 T_0 的更深层的辐射多被介质的表面层所吸收，发射不出去。

有了辐射体的全谱有效温度 T_e，就可用黑体辐射公式来讨论非平衡辐射体的热辐射性质。虽然不能从 T_e 推断辐射的频谱分布，然而，如果知道了辐射能流的频谱分布 S_ν，就可求出有效温度

$$\sigma T_e^4 = \int_0^\infty S_\nu \mathrm{d}\nu \tag{5.3.94}$$

单色有效温度 T_{ev}（或亮温）定义为

$$I_\nu \Delta\nu = B_\nu(T_{ev})\Delta\nu = 2h\nu^3\Delta\nu / \left(c^2\left(\mathrm{e}^{h\nu/(kT_{ev})}-1\right)\right) \tag{5.3.95}$$

式中 I_ν 为辐射体的辐射强度。所谓单色是指光子频率局限在某个窄频段 $\nu_2 - \nu_1 = \Delta\nu$ 范围内。可以看出，如果不同频段的有效温度 T_{ev} 都相等，它们必然也等于全谱有效温度 T_e，这个辐射体与黑体辐射完全相当，其谱分布可由普朗克分布给出。反之，如果不同频段的有效温度 T_{ev} 和全谱的有效温度 T_e 不尽相等，那么其光谱就不再是黑体辐射谱。各个单色有效温度的差异主要是由于介质对不同频段辐射的吸收系数不同引起的。吸收系数越小，介质发射出辐射的深度就越深，温度就越高，反之，越接近于表面辐射。

4. 发射近似解

扩散近似要求辐射场近似为准各向同性的，即辐射强度 I_ν 弱依赖于光子运动方向 $\boldsymbol{\Omega}$，因此扩散近似解只在光学厚的条件下成立，此时，辐射谱能量密度 $U_\nu \approx 4\pi B_\nu / c$，辐射谱能流 $S_\nu = -D_\nu \nabla U_\nu$，辐射强度

$$I_\nu = \frac{cU_\nu}{4\pi}\left(1 + \frac{3\boldsymbol{\Omega}\cdot\boldsymbol{S}_\nu}{cU_\nu}\right) = B_\nu\left(1 - \frac{3D_\nu}{cB_\nu}\boldsymbol{\Omega}\cdot\nabla B_\nu\right) \approx B_\nu$$

与平衡辐射强度相似。

考虑另一种情况，介质以自发辐射为主，辐射吸收和受激发射都可忽略，即 $B_\nu(T) \gg I_\nu$ 时，这个近似称为发射近似。发射近似下，（5.3.79）式可以近似成

$$\nabla \cdot \boldsymbol{S}_\nu = 4\pi\mu'_{\nu a} B_\nu \tag{5.3.96}$$

上式右边实际是自发辐射功率密度。对频率 ν 积分可得

$$\nabla \cdot \boldsymbol{S} = 4\sigma T^4 / \lambda_p \qquad (5.3.97)$$

式中 λ_p 为普朗克平均自由程

$$\lambda_p^{-1} = \int \mu'_{va} B_v \mathrm{d}\nu / \int B_v \mathrm{d}\nu = \int_0^\infty \mu'_{va} G'(x)\mathrm{d}x = \int_0^\infty \mu_{va} G(x)\mathrm{d}x \qquad (5.3.98)$$

其中

$$x = h\nu / (kT), \quad G'(x) = \frac{15x^3 \mathrm{e}^{-x}}{\pi^4 \left(1 - \mathrm{e}^{-x}\right)}, \quad G(x) = G'(x)\left(1 - \mathrm{e}^{-x}\right) = \frac{15}{\pi^4} \mathrm{e}^{-x} x^3 \qquad (5.3.99)$$

称为权重函数。

　　发射近似忽略了介质对辐射的吸收和受激发射，故介质一定是光学薄的，即 $\tau \ll 1$。由（5.3.96）和（5.3.97）给出的 $\nabla \cdot \boldsymbol{S}_v$ 和 $\nabla \cdot \boldsymbol{S}$ 就是介质自发辐射的（谱）功率密度。而辐射谱能量密度 U_v 可以忽略。

5.3.7　辐射热传导近似，热波

1. 热传导近似

　　为了进一步化简扩散近似方程中的谱辐射能流

$$\boldsymbol{S}_v = -D_v \nabla U_v \qquad (5.3.100)$$

我们假设介质处于局域热力学平衡，此时

$$B_v = \frac{2h\nu^3}{c^2} \frac{1}{\mathrm{e}^{h\nu/(kT)} - 1}$$

其中 $T(\boldsymbol{r}, t)$ 为介质的局域温度，进一步假设辐射场与介质间也处于局域热力学平衡，即辐射场和物质有共同的局域温度 $T(\boldsymbol{r}, t)$（称为完全局域平衡）。在完全局域平衡下，空间某点的辐射强度近似等于该点的平衡辐射强度

$$I_v \approx B_v = \frac{2h\nu^3}{c^2} \frac{1}{\mathrm{e}^{h\nu/(kT)} - 1} \qquad (5.3.101)$$

辐射能量密度 U_v 就是黑体的辐射能量密度 U_{vb}

$$U_{vb} = \frac{4\pi}{c} B_v = \frac{8\pi h\nu^3}{c^3} \frac{1}{\mathrm{e}^{h\nu/(kT)} - 1} \qquad (5.3.102)$$

谱辐射能流

$$\boldsymbol{S}_v = -\frac{c}{3\mu'_v} \nabla U_{vb} = -\frac{4\pi}{3\mu'_v} \nabla B_v(T) \qquad (5.3.103)$$

对光子频率 ν 积分可得辐射能流

$$S = -\frac{c\lambda_R}{3}\nabla\left(aT^4\right) \qquad (5.3.104)$$

即辐射能流大小取决于温度梯度，方向与温度梯度相反。λ_R 为 Rossland 平均自由程，定义为

$$\lambda_R = \int_0^\infty \frac{1}{\mu'_\nu}\frac{\mathrm{d}B_\nu}{\mathrm{d}T}\mathrm{d}\nu \Big/ \int_0^\infty \frac{\mathrm{d}B_\nu}{\mathrm{d}T}\mathrm{d}\nu \qquad (5.3.105)$$

$\mu'_\nu = \mu_{\nu a}\left(1 - \exp\left(-h\nu/(kT)\right)\right)$ 为扣除受激发射后的等效吸收系数。令 $x = h\nu/(kT)$，λ_R 可写成

$$\lambda_R = \int_0^\infty \frac{w'(x)}{\mu'_\nu}\mathrm{d}x = \int_0^\infty \frac{w(x)}{\mu_{\nu a}}\mathrm{d}x \qquad (5.3.106)$$

其中

$$w'(x) = \frac{15}{4\pi^4}\frac{x^4\mathrm{e}^{-x}}{\left(1-\mathrm{e}^{-x}\right)^2}, \quad w(x) = \frac{15}{4\pi^4}\frac{x^4\mathrm{e}^{-x}}{\left(1-\mathrm{e}^{-x}\right)^3},$$

$w(x)$ 称为权重函数。注意到 $w(x)$ 在 $x \approx 4$ 即 $h\nu \approx 4kT$ 为最大，表明在辐射热传导中起主要作用的是能量比 kT 大几倍的光子。

一般说来，光辐射的 Rossland 平均自由程 λ_R 是介质温度 T 和质量密度 ρ 的函数，函数关系可以写成如下形式

$$\lambda_R = l_0\left(\rho/\rho_0\right)^{a_1} T^m \qquad (5.3.107)$$

式中 ρ_0 为标准状态下介质的质量密度，m，a_1 及 l_0 为与介质性质有关的常数。如果不涉及介质的流体力学运动，只考虑辐射能流，也没有外加的能量沉积，则能量守恒方程为

$$\rho\frac{\partial\varepsilon}{\partial t} + \nabla\cdot\boldsymbol{S} = 0 \qquad (5.3.108)$$

其中 $\boldsymbol{S}$ 为辐射能流，$\varepsilon = \varepsilon_m + aT^4/\rho$ 为物质比内能与辐射场比内能之和。在温度不太高的条件下，辐射场的比内能 aT^4/ρ 很小，即 $\varepsilon \gg aT^4/\rho$，此时 $\varepsilon \approx \varepsilon_m$ 近似为物质的比内能，它可以写成介质温度 T 的函数

$$\varepsilon = \varepsilon_0 T^{a_2} \qquad (5.3.109)$$

式中 ε_0、a_2 是与介质性质有关的常数。将辐射能流（5.3.104）式代入能量守恒方程（5.3.108）式，就得辐射热传导方程

$$\rho\frac{\partial\varepsilon}{\partial t} - \frac{c}{3}\nabla\cdot\left(\lambda_R\nabla\left(aT^4\right)\right) = 0 \qquad (5.3.110)$$

将 Rossland 平均自由程 λ_R 的一般形式（5.3.107）和物质比内能 ε 的一般形式

（5.3.109）代入，可得物质温度的时空演化方程

$$\frac{\partial T^{a_2}}{\partial t} - b'\nabla \cdot \left(T^m \nabla \left(T^4 \right) \right) = 0 \qquad （5.3.111）$$

式中 m 是 Rossland 平均自由程 λ_R 随介质温度 T^m 变化的指数，而

$$b' = \frac{c l_0 a}{3 \rho_0 \varepsilon_0} \left(\rho / \rho_0 \right)^{a_1 - 1}$$

其中假定了介质质量密度 ρ 均匀，不随空间变化。

为了简化讨论，考虑物质的比内能与温度成正比情况，即 $a_2 = 1$，且物质密度 $\rho = \rho_0$（此时 a_1 的取值不重要），在一维平面对称和一维球对称几何下，辐射热传导方程（5.3.111）可以化为

$$\frac{\partial T}{\partial t} = b \frac{\partial}{\partial t} \left(T^n \frac{\partial T}{\partial x} \right) （一维平面几何） \qquad （5.3.112）$$

$$\frac{\partial T}{\partial t} = \frac{b}{R^2} \frac{\partial}{\partial R} \left(R^2 T^n \frac{\partial T}{\partial R} \right) （一维球对称几何） \qquad （5.3.113）$$

式中

$$b = \frac{4}{3} \frac{l_0 c a}{\rho_0 \varepsilon_0}, \quad n = m + 3 \qquad （5.3.114）$$

如果 $n=m+3=0$，则辐射热传导方程为关于温度 T 的线性方程。如果 $n \neq 0$，热传导方程则为关于温度 T 的非线性方程，它给能量输运带来一些新的特点，即以辐射波（或称热波）的形式进行能量输运。

2. 辐射波

对于线性热传导方程（即 $n=0$ 的情况），在一维平面几何条件下，不同时刻，温度随距离的变化遵循高斯分布，其特点是 T 为 R 的缓慢变化函数。然而，当 $n \neq 0$ 时，非线性热传导方程解的性质却不同，温度随距离的分布如图 5.32 所示。由图可见，温度的空间分布存在着陡峭的阵面，这种温度阵面类似于冲击波压强的间断面。在阵面处，温度梯度有间断，且阵面以一定速度向外传播。这种向外传播的温度阵面就是辐射波，它来源于辐射热传导方程的非线性（即 $n > 0$）。因此，在光学厚的局域平衡介质中，辐射能量是以辐射波的形式向外输出的。

为讨论辐射波的数学形式，侧重讨论 $t = 0$ 的瞬时释放能量为 E 的点源所产生的辐射波。在一维球对称坐标下，描述点源的辐射热传导方程（5.3.113）满足自模拟条件，因为（5.3.114）定义的参量 b 的单位为 $\mathrm{m^2 / (s \cdot K^n)}$，量纲为 $\mathrm{L^2 T^{-1} K^{-n}}$，能量 E 的单位为 J，量纲为 $\mathrm{ML^2 T^{-2}}$，为了方便起见，通常引入能量参

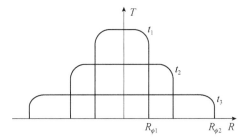

图 5.32　不同时刻辐射波温度随距离的分布示意图

量 $W = E/(\rho c_v)$，其中定容比热 c_v 的单位为 J/（kg·K），则 W 的单位为 K·m^3，量纲为 KL^3，$bW^n t$ 的单位为 m^{3n+2}（长度的 $3n+2$ 次方），故 b，W 和 R,t 可以组成无量纲参量

$$\xi = R/\left(bW^n t\right)^{1/(3n+2)} \tag{5.3.115}$$

考虑到 $W^2/(bt)^3$ 的单位为 K^{3n+2}，引入函数 $f(\xi)$，令介质温度

$$T = \left(\frac{W^2}{b^3 t^3}\right)^{1/(3n+2)} f(\xi) \tag{5.3.116}$$

把温度 $T(R)$ 满足的偏微分方程（5.3.113）化为函数 $f(\xi)$ 对自变量 ξ 的常微分方程

$$(3n+2)\frac{1}{\xi^2}\frac{\mathrm{d}}{\mathrm{d}\xi}\left(\xi^2 f^n \frac{\mathrm{d}f}{\mathrm{d}\xi}\right) + \xi\frac{\mathrm{d}f}{\mathrm{d}\xi} + 3f = 0 \tag{5.3.117}$$

这个方程有以下解

$$f(\xi) = \left[n/2(3n+2)\right]^{1/n}\left(\xi_0^2 - \xi^2\right)^{1/n}, \quad \xi < \xi_0 \tag{5.3.118}$$

$$f(\xi) = 0, \quad \xi > \xi_0 \tag{5.3.119}$$

式中 ξ_0 为无量纲积分常数，它可由辐射波阵面内所包含的能量 E 求出。在 $\xi > \xi_0$ 的区域，函数 $f(\xi)=0$，即介质温度 $T=0$。根据（5.3.115），可由 ξ_0 求得辐射波阵面的位置 R_ϕ 随时间 t 的变化

$$R_\phi = \xi_0\left(bW^n t\right)^{1/(3n+2)} \tag{5.3.120}$$

对时间求导可得辐射波阵面速度

$$D_\phi = \dot R_\phi = \frac{\xi_0}{3n+2}\left(bW^n\right)^{1/(3n+2)} t^{-\frac{3n+1}{3n+2}} \tag{5.3.121}$$

将（5.3.115）式、（5.3.120）式代入（5.3.118）式，并注意到温度 T 与 $f(\xi)$ 的关系式（5.3.116），就可求得辐射波阵面内温度的空间分布

$$T = T_c \left[1 - \left(R / R_\phi \right)^2 \right]^{1/n} \tag{5.3.122}$$

式中

$$T_c = \frac{4\pi}{3} \xi_0^3 \left[\frac{n\xi_0^2}{2(3n+2)} \right]^{1/n} \overline{T} \tag{5.3.123}$$

为波阵面温度，其中

$$\overline{T} = \frac{E}{\rho c_v \left(4\pi R_\phi^3 / 3 \right)} = W / \left(4\pi R_\phi^3 / 3 \right) \tag{5.3.124}$$

为辐射波阵面内的平均温度。同样，可利用（5.3.104）通过温度梯度求得径向辐射能流

$$S = S_0 \left[1 - \left(R / R_\phi \right)^2 \right]^{1/n} R \tag{5.3.125}$$

其中

$$S_0 = \frac{8}{3\pi} l_0 a T_e^{n+1} \frac{c}{R_\phi^2} \tag{5.3.126}$$

常数 ξ_0 可由辐射波阵面内所包含的能量等于 E 的关系定出，即

$$\int_0^{R_\phi} \rho c_v T 4\pi R^2 \mathrm{d}R = E \tag{5.3.127}$$

或

$$\int_0^{R_\phi} T 4\pi R^2 \mathrm{d}R = E / (\rho c_v) = W \tag{5.3.128}$$

求得

$$\xi_0 = \left\{ \left[\frac{2(3n+2)}{n} \right]^{1/n} \left[\frac{\Gamma(1/n+5/2)}{2\pi \Gamma(3/2) \Gamma(1/n+1)} \right] \right\}^{n/(3n+2)} \tag{5.3.129}$$

式中 $\Gamma(x)$ 为 Γ 函数。

辐射波阵面内的温度、辐射能流的空间分布如图 5.33 所示。可见，辐射波存在温度梯度的间断，在阵面上能流最大，而后很快衰减为零。能流的散度 $\nabla \cdot S$ 在波后相当宽的区域内为正值，它代表热波的辐射功率密度，用于对波外介质加热。

图 5.33　辐射波内 T、S、$-\nabla \cdot S$ 分布示意图

3. 近似理论的局限性

上述点源辐射波模型可用来近似描述核爆炸火球发展早期的某个阶段，也可以用来近似描述多路激光打球靶所引起的爆炸火球的早期发展阶段。但由于局域热平衡假定和光学厚的要求，使得上述完全局域平衡下的辐射波理论有很大的局限性。在辐射自由程大于介质线度的情况下，上述辐射波理论不再适用，而且当温度足够高时，会出现辐射波传播速度大于光速的情况，这是以平衡辐射强度 B_ν 代替非平衡辐射强度 I_ν 所带来的不合理性。因此，讨论光学薄介质中辐射迁移问题时只能用非平衡扩散理论。

5.3.8　辐射流体力学方程组

前面讨论辐射输运时，假设介质是静止的。然而，在核爆炸早期，因为介质质团的运动速度很大，辐射对流体运动的作用也很强，流体和辐射的相互耦合作用就不能再忽略，必须用辐射流体力学的理论进行研究。考虑高温流体辐射能量、辐射能流和辐射压强对流体运动影响的流体力学称为辐射流体力学。

1. 欧拉观点下的辐射流体力学方程组

如图 5.34 所示，考虑 t 时刻实验室坐标系下 $\boldsymbol{r}$ 处的一个流体元，其质量密度为 $\rho(\boldsymbol{r},t)$，宏观流速为 $\boldsymbol{u}(\boldsymbol{r},t)$。

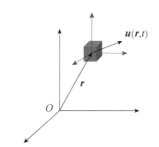

图 5.34　实验室坐标系下的流体元

辐射流体力学方程组为：

（1）质量守恒方程（连续性方程）

$$\frac{\partial \rho}{\partial t} + \nabla \cdot (\rho \boldsymbol{u}) = 0 \qquad (5.3.130)$$

（2）动量守恒方程（运动方程）

$$\frac{\partial}{\partial t}\left(\rho \boldsymbol{u} + \frac{\boldsymbol{F}_r^0}{c^2}\right) + \nabla \cdot (\boldsymbol{P}_m^0 + \rho \boldsymbol{u}\boldsymbol{u} + \boldsymbol{P}_r^0) = \boldsymbol{f} \qquad (5.3.131)$$

（3）能量守恒方程

$$\frac{\partial}{\partial t}\left(E_m^0 + \frac{1}{2}\rho u^2 + E_r^0\right) + \nabla \cdot \left[\boldsymbol{F}_m^0 + \boldsymbol{P}_m^0 \cdot \boldsymbol{u} + \left(E_m^0 + \frac{1}{2}\rho u^2\right)\boldsymbol{u}\right] \quad (5.3.132)$$
$$+ \nabla \cdot (\boldsymbol{F}_r^0 + \boldsymbol{P}_r^0 \cdot \boldsymbol{u} + E_r^0 \boldsymbol{u}) = \rho w + \boldsymbol{f} \cdot \boldsymbol{u}$$

其中，$\rho(\boldsymbol{r},t)$ 为流体元的质量密度，$\boldsymbol{u}(\boldsymbol{r},t)$ 为流体元的宏观流速，$\boldsymbol{f}$ 为作用在流体元上的外力密度（彻体力密度），w 为单位质量流体内沉积的能量（辐射能、激光能、核反应能、带电粒子能等）。流体静止系下，辐射能量密度为 $E_r^0 = U$，辐射能量通量为 $\boldsymbol{F}_r^0 = \boldsymbol{S}$，辐射动量通量为 $\boldsymbol{P}_r^0$。粒子的能量密度为 $E_m^0(\boldsymbol{r},t)$，能量通量为 $\boldsymbol{F}_m^0(\boldsymbol{r},t)$（热传导能流），动量通量为 $\boldsymbol{P}_m^0(\boldsymbol{r},t)$。

在流体静止坐标系下，如果粒子的相空间密度 $n(\boldsymbol{r},\boldsymbol{v},t)$ 只与速度的大小有关而与速度的方向无关，则实物粒子的动量通量为对角张量 $\boldsymbol{P}_m^0 = p_m^0 \boldsymbol{I}$，对角元为物质的压强 p_m^0。另一方面，如果辐射光强与光子的运动方向 $\boldsymbol{\Omega}$ 有以下关系

$$I_\nu(\boldsymbol{r},\boldsymbol{\Omega},t) = \frac{1}{4\pi}I_\nu^0(\boldsymbol{r},t) + \frac{3}{4\pi} + \boldsymbol{\Omega} \cdot \boldsymbol{I}_\nu^{(1)}(\boldsymbol{r},t)$$

则辐射动量通量也为对角张量，即 $\boldsymbol{P}_r^0 = p_r^0 \boldsymbol{I}$，其中对角元 $p_r^0 = E_r^0(\boldsymbol{r},t)/3$ 为辐射压强，则欧拉观点下的辐射流体力学（RHD）方程组（5.3.130）～（5.3.132）变为

$$\frac{\partial \rho}{\partial t} + \nabla \cdot (\rho \boldsymbol{u}) = 0 \quad (5.3.133a)$$

$$\frac{\partial}{\partial t}(\rho \boldsymbol{u} + \boldsymbol{F}_r^0/c^2) + \nabla \cdot (\rho \boldsymbol{u}\boldsymbol{u}) + \nabla(p_m^0 + p_r^0) = \boldsymbol{f} \quad (5.3.133b)$$

$$\frac{\partial}{\partial t}\left(\frac{1}{2}\rho u^2 + E_m^0 + E_r^0\right) + \nabla \cdot \left[\left(\frac{1}{2}\rho u^2 + E_m^0 + E_r^0\right)\boldsymbol{u} + \boldsymbol{F}_m^0 + \boldsymbol{F}_r^0 + (p_m^0 + p_r^0)\boldsymbol{u}\right] = \rho w + \boldsymbol{f} \cdot \boldsymbol{u}$$
$$(5.3.133c)$$

2. 辐射流体力学方程组的封闭性

方程组（5.3.133a）～（5.3.133c）有 3 个方程，内含 8 个未知量 $\rho, \boldsymbol{u}, p_m^0$，$e_m^0, \boldsymbol{F}_m^0, p_r^0, e_r^0, \boldsymbol{F}_r^0$，3 个辐射量 $p_r^0, e_r^0, \boldsymbol{F}_r^0$ 由辐射输运方程提供，要使方程组封闭，还需补充物质的状态方程 $p_m^0 = p_m^0(\rho, e_m^0)$ 和能流方程 $\boldsymbol{F}_m^0 = \boldsymbol{F}_m^0(\rho, e_m^0)$。如果引入物质温度 T，则另需再补充物质内能状态方程 $e_m^0(\rho, T)$。在定解条件给定后，方程组就封闭可解了。

3. 辐射流体力学方程组的随体微商形式

定义随体微商

$$\frac{\mathrm{d}(\ )}{\mathrm{d}t} = \frac{\partial(\ )}{\partial t} + (\boldsymbol{u} \cdot \nabla)(\ ) \quad (5.3.134)$$

可以证明，在流体力学框架下，对于任何力学量 $\boldsymbol{Q}(\boldsymbol{r},t)$（可以为标量），有

$$\rho\frac{\mathrm{d}}{\mathrm{d}t}\left(\frac{\boldsymbol{Q}}{\rho}\right)=\frac{\partial\boldsymbol{Q}}{\partial t}+\nabla\cdot(\boldsymbol{u}\boldsymbol{Q}) \tag{5.3.135}$$

利用它可把时间偏导数可化为随体微商，得到随体微商形式 RHD 方程组

$$\rho\frac{\mathrm{d}}{\mathrm{d}t}\left(\frac{1}{\rho}\right)-\nabla\cdot\boldsymbol{u}=0 \tag{5.3.136a}$$

$$\rho\frac{\mathrm{d}}{\mathrm{d}t}\left(\boldsymbol{u}+\frac{\boldsymbol{F}_r^0}{\rho c^2}\right)+\nabla(p_m^0+p_r^0)=\boldsymbol{f} \tag{5.3.136b}$$

$$\rho\frac{\mathrm{d}}{\mathrm{d}t}\left(\frac{1}{2}\boldsymbol{u}^2+\frac{E_m^0+E_r^0}{\rho}\right)+\nabla\cdot\left[\boldsymbol{F}_m^0+\boldsymbol{F}_r^0+(p_m^0+p_r^0)\boldsymbol{u}\right]=\rho w+\boldsymbol{f}\cdot\boldsymbol{u} \tag{5.3.136c}$$

将方程（5.3.136b）两边点乘质点流速，再将其从能量守恒方程（5.3.136c）中减去，消去动能，得内能守恒方程

$$\frac{\mathrm{d}}{\mathrm{d}t}\left(e_m^0+e_r^0\right)+\frac{1}{\rho}\nabla\cdot\left(\boldsymbol{F}_m^0+\boldsymbol{F}_r^0\right)+(p_m^0+p_r^0)\frac{\mathrm{d}}{\mathrm{d}t}\left(\frac{1}{\rho}\right)=w \tag{5.3.137}$$

其中 $e_m^0+e_r^0=(E_m^0+E_r^0)/\rho$ 为比内能，即单位质量物质内所含的物质和辐射内能之和。

　　可见，考虑辐射场情况，系统的比内能为流体比内能和辐射场比内能之和 $e_m^0+e_r^0$，同样，系统压强亦为流体压强和辐射压强之和 $p_m^0+p_r^0$，能流为物质热传导能流和辐射能流之矢量和 $\boldsymbol{F}_m^0+\boldsymbol{F}_r^0$。如果仅关心辐射对流体的影响，可以忽略流体自身的黏滞性和物质热传导，在能量守恒方程中仅保留辐射能流项 $\nabla\cdot\boldsymbol{F}_r^0=\nabla\cdot\boldsymbol{S}$。

4. 辐射流体力学方程组的辐射场量

辐射场量都可以通过光辐射强度计算出来

$$E_r^0(\boldsymbol{r},t)=\frac{1}{c}\int_0^\infty\mathrm{d}\nu\int_{4\pi}\mathrm{d}\boldsymbol{\Omega}I_\nu(\boldsymbol{r},\boldsymbol{\Omega},t) \tag{5.3.138}$$

$$\boldsymbol{F}_r^0(\boldsymbol{r},t)=\int_0^\infty\mathrm{d}\nu\int_{4\pi}\mathrm{d}\boldsymbol{\Omega}\,\boldsymbol{\Omega}I_\nu(\boldsymbol{r},\boldsymbol{\Omega},t) \tag{5.3.139}$$

$$\boldsymbol{P}_r^0(\boldsymbol{r},t)=\frac{1}{c}\int_0^\infty\mathrm{d}\nu\int_{4\pi}\mathrm{d}\boldsymbol{\Omega}(\boldsymbol{\Omega}\boldsymbol{\Omega})I_\nu(\boldsymbol{r},\boldsymbol{\Omega},t) \tag{5.3.140}$$

光辐射强度 $I_\nu(\boldsymbol{r},\boldsymbol{\Omega},t)$ 必须通过求解辐射输运方程才可得出（见后面讨论）。如果辐射光强与光子运动方向的关系为

$$I_\nu(\boldsymbol{r},\boldsymbol{\Omega},t)=\frac{1}{4\pi}I_\nu^0(\boldsymbol{r},t)+\frac{1}{4\pi}\boldsymbol{\Omega}\cdot\boldsymbol{I}_\nu^{(1)}(\boldsymbol{r},t)$$

则 $\boldsymbol{P}_r^0=p_r^0\boldsymbol{I}$，其中 $p_r^0=E_r^0(\boldsymbol{r},t)/3$ 为辐射压强。

5. 拉格朗日观点下的辐射流体力学方程组

前面讨论的随体微商形式的 RHD 方程组是欧拉观点下的 RHD 方程组，流体力学量（即 $\rho, \boldsymbol{u}, T, p_m^0, e_m^0, \boldsymbol{F}_m^0, p_r^0, e_r^0, \boldsymbol{F}_r^0$ ）的自变量是实空间的坐标变量 $\boldsymbol{r}$ 和时间 t。

拉格朗日观点与欧拉观点的区别有四个方面：

（1）力学量 L 自变量的取法不同，欧拉变量 $(\boldsymbol{r}, t)$ 要换为拉格朗日变量 $(\boldsymbol{r}_0, \tau)$，即

$$(\boldsymbol{r}, t) \rightarrow (\boldsymbol{r}_0, \tau), \quad L(\boldsymbol{r}, t) \rightarrow L(\boldsymbol{r}_0, \tau)$$

（2）欧拉观点下的随体微商要变成拉格朗日观点下的时间偏导数，即

$$\frac{\mathrm{d}L(\boldsymbol{r}, t)}{\mathrm{d}t} \rightarrow \frac{\partial L(\boldsymbol{r}_0, \tau)}{\partial \tau} \tag{5.3.141}$$

（3）拉格朗日观点要增加一个力学量——质团在实空间的位矢 $\boldsymbol{r}(\boldsymbol{r}_0, \tau)$，它满足以下方程和初始条件

$$\frac{\partial \boldsymbol{r}(\boldsymbol{r}_0, \tau)}{\partial \tau} = \boldsymbol{u}(\boldsymbol{r}_0, \tau), \quad \text{初始条件}\left(\boldsymbol{r}(\boldsymbol{r}_0, \tau)\big|_{\tau=0} = \boldsymbol{r}_0\right) \tag{5.3.142}$$

（4）拉格朗日观点下质量守恒方程要变为

$$\rho(\boldsymbol{r}_0, \tau)\mathrm{d}\boldsymbol{r}(\boldsymbol{r}_0, \tau) = \rho(\boldsymbol{r}_0, \tau=0)\mathrm{d}\boldsymbol{r}_0 \tag{5.3.143}$$

从欧拉观点下的 RHD 方程组得出拉格朗日观点下的 RHD 方程组有四个步骤：①先把欧拉观点下的 RHD 方程组写成随体微商形式。②将其中力学量的自变量 $(\boldsymbol{r}, t)$ 换成拉格朗日变量 $(\boldsymbol{r}_0, \tau)$ 的同时，将随体时间微商换成拉氏时间偏导数。③增添质团在实空间的位矢 $\boldsymbol{r}(\boldsymbol{r}_0, \tau)$ 满足的方程。④质量守恒方程 $\rho\mathrm{d}\boldsymbol{r} = \rho_0\mathrm{d}\boldsymbol{r}_0$。

利用以上四个步骤，可得拉格朗日观点下的 RHD 方程组（四个）：

质团流线方程　　$\dfrac{\partial \boldsymbol{r}(\boldsymbol{r}_0, \tau)}{\partial \tau} = \boldsymbol{u}(\boldsymbol{r}_0, \tau)$，初始条件 $\left(\boldsymbol{r}(\boldsymbol{r}_0, \tau)\big|_{\tau=0} = \boldsymbol{r}_0\right)$ （5.3.144）

质量守恒方程　　　　　　　$\rho\mathrm{d}\boldsymbol{r} = \rho_0\mathrm{d}\boldsymbol{r}_0$ （5.3.145）

动量守恒方程　　　$\rho\dfrac{\partial}{\partial \tau}\left(\boldsymbol{u} + \boldsymbol{F}_r^0 / (\rho c^2)\right) + \nabla(p_m^0 + p_r^0) = \boldsymbol{f}$ （5.3.146）

内能守恒方程　$\rho\dfrac{\partial}{\partial \tau}(e_m^0 + e_r^0) + \nabla \cdot (\boldsymbol{F}_m^0 + \boldsymbol{F}_r^0) + (p_m^0 + p_r^0)\nabla \cdot \boldsymbol{u} = \rho w$ （5.3.147）

所有力学量的自变量均为拉格朗日变量 $(\boldsymbol{r}_0, \tau)$。

从欧拉观点变成拉格朗日观点，数学上看只是做了函数自变量的变换 $(\boldsymbol{r}, t) \rightarrow (\boldsymbol{r}_0, \tau)$，变换关系 $t(\boldsymbol{r}_0, \tau)$，$\boldsymbol{r}(\boldsymbol{r}_0, \tau)$ 满足

$$\begin{cases} t(\boldsymbol{r}_0,\tau) = \tau \\ \dfrac{\partial \boldsymbol{r}(\boldsymbol{r}_0,\tau)}{\partial \tau} = \boldsymbol{u}(\boldsymbol{r}_0,\tau), \quad \text{初始条件 } \boldsymbol{r}(\boldsymbol{r}_0,\tau)\big|_{\tau=0} = \boldsymbol{r}_0 \end{cases} \tag{5.3.148}$$

6. 关于辐射场的状态方程

设物质处于局域热力学平衡状态（辐射场与物质并未达到热平衡），不考虑物质对光子的散射，辐射强度满足的辐射输运方程为

$$\frac{1}{c}\frac{\partial I_\nu}{\partial t} + \boldsymbol{\Omega} \cdot \nabla I_\nu(\boldsymbol{r},\boldsymbol{\Omega},t) = \mu_a'(B_\nu - I_\nu) \tag{5.3.149}$$

这里只考虑了物质对光子的吸收和发射（包括自发发射和受激发射）。扣除物质受激发射的等效吸收系数 μ_a' 和黑体辐射强度 B_ν 的表达式分别为

$$\begin{cases} \mu_a' = \mu_a \left(1 - \mathrm{e}^{-\frac{h\nu}{kT(\boldsymbol{r},t)}} \right) \\ B_\nu = \dfrac{2h\nu^3}{c^2} \dfrac{1}{\exp(h\nu/(kT(\boldsymbol{r},t))) - 1} \end{cases} \tag{5.3.150}$$

等效吸收系数是物质局域温度 $T(\boldsymbol{r},t)$ 和密度 $\rho(\boldsymbol{r},t)$ 的函数。

辐射输运方程求解复杂，仅在少数情况下才可得出解析解。求方程数值解也不是简单将自变量直接离散，应先对方程做近似处理，主要是对两个自变量 $(\nu,\boldsymbol{\Omega})$ 进行处理。处理方向变量的办法有扩散近似、球谐函数展开、离散纵标法。处理频率变量的办法有多群方法、灰体近似。

辐射场各向异性较弱（光厚介质）时，可将辐射强度按光子方向变量 $\boldsymbol{\Omega}$ 的球谐函数展开，取前两项（这称为 P-1 近似或扩散近似）

$$I_\nu(\boldsymbol{r},\boldsymbol{\Omega},t) = \frac{c}{4\pi} E_\nu(\boldsymbol{r},t) + \frac{3}{4\pi} \boldsymbol{\Omega} \cdot \boldsymbol{F}_\nu(\boldsymbol{r},t) \tag{5.3.151}$$

将辐射输运方程分别乘以 $(1,\boldsymbol{\Omega})$，再对角度积分，可得 $E_\nu(\boldsymbol{r},t)$，$\boldsymbol{F}_\nu(\boldsymbol{r},t)$ 两者满足的 P-1 近似方程组

$$\begin{cases} \dfrac{\partial E_\nu}{\partial t} + \nabla \cdot \boldsymbol{F}_\nu = c\mu_a' \left[\dfrac{4\pi}{c} B_\nu(T) - E_\nu \right] \\ \dfrac{\partial \boldsymbol{F}_\nu}{\partial t} + \dfrac{c^2}{3} \nabla E_\nu = -c\mu_a' \boldsymbol{F}_\nu \end{cases} \tag{5.3.152}$$

这实际是辐射场能量和动量的守恒方程组。

略去 $\partial \boldsymbol{F}_\nu / \partial t$ 项，可得谱能量通量 $\boldsymbol{F}_\nu(\boldsymbol{r},t)$ 满足的菲克定律

$$\boldsymbol{F}_\nu = -D_\nu \nabla E_\nu \tag{5.3.153}$$

其中扩散系数为 $D_\nu = c/(3\mu_a')$，则谱能量密度满足扩散方程为

$$\frac{\partial E_\nu}{\partial t} - \nabla \cdot \left(D_\nu \left(\nabla E_\nu \right) \right) = \mu_a' \left[4\pi B_\nu(T) - c E_\nu \right] \tag{5.3.154}$$

如果在一个光子自由程 $1/\mu_a'$ 内物质状态无显著改变，光子走一个平均自由程所需要的时间 $1/(c\mu_a')$ 间隔内 E_ν 的变化很小，即 E_ν 对时空依赖性很弱，则方程左边为 0，从而得到近平衡扩散近似解

$$E_\nu(\boldsymbol{r}, t) \approx \frac{4\pi}{c} B_\nu(T) \tag{5.3.155}$$

此近似解仅在光厚条件下成立。辐射谱能量通量为

$$\boldsymbol{F}_\nu(\boldsymbol{r}, t) = -D_\nu \nabla E_\nu(\boldsymbol{r}, t) = -\frac{4\pi}{3\mu_a'} \nabla B_\nu(T) = -\frac{4\pi}{3\mu_a'} \frac{\partial B_\nu(T)}{\partial T} \nabla T \tag{5.3.156}$$

辐射强度为

$$I_\nu(\boldsymbol{r}, \boldsymbol{\Omega}, t) = B_\nu(T) - \frac{1}{\mu_a'} \frac{\partial B_\nu(T)}{\partial T} \boldsymbol{\Omega} \cdot \nabla T \tag{5.3.157}$$

可见辐射强度并不是黑体辐射强度 B_ν。

利用 $B_\nu(T)$ 的表达式，对频率作积分，得辐射能量密度为

$$E_r^0(\boldsymbol{r}, t) = a T^4(\boldsymbol{r}, t) \tag{5.3.158}$$

其中

$$a = \frac{8\pi^5 k^4}{15 h^3 c^3} = 7.56 \times 10^{-3} \left[\frac{10^{12} \mathrm{erg}}{\left(10^6 \mathrm{K} \right)^4 \mathrm{cm}^3} \right], \quad \int \mathrm{d}\nu B_\nu(T) = a c T^4 / (4\pi)$$

积分时用到公式 $\int_0^\infty \mathrm{d}x \dfrac{x^3}{\mathrm{e}^x - 1} = \dfrac{\pi^4}{15}$。辐射能流为

$$\boldsymbol{F}_r^0(\boldsymbol{r}, t) = -\frac{1}{3} c \lambda_R \nabla(a T^4) \tag{5.3.159}$$

其中 λ_R 为光子的 Rosseland 平均自由程，与物质的温度 $T(\boldsymbol{r}, t)$ 密度 $\rho(\boldsymbol{r}, t)$ 有关。辐射压强张量为

$$\boldsymbol{P}_r^0(\boldsymbol{r}, t) = \frac{1}{3} \int \mathrm{d}\nu E_\nu(\boldsymbol{r}, t) \boldsymbol{I} = \frac{1}{3} a T^4 \boldsymbol{I} \tag{5.3.160}$$

可见，三个辐射场物理量完全由物质的局域温度场分布 $T(\boldsymbol{r}, t)$ 和光子的 Rosseland 平均自由程 λ_R 决定。温度密度场分布必须通过求解 RHD 方程组决定。

忽略物质能量通量（热传导能流）$\boldsymbol{F}_m^0(\boldsymbol{r}, t)$，忽略作用在流体元上的外力密度（彻体力密度）$\boldsymbol{f}$ 和单位质量流体内沉积的能量 w，随体微商形式的 RHD 方程组在辐射热传导近似下为

$$\rho \frac{\mathrm{d}}{\mathrm{d}t}\left(\frac{1}{\rho}\right) - \nabla \cdot \boldsymbol{u} = 0 \tag{5.3.161}$$

$$\rho \frac{\mathrm{d}\boldsymbol{u}}{\mathrm{d}t} = -\nabla(p_m^0 + aT^4 / 3) \tag{5.3.162}$$

$$\frac{\mathrm{d}}{\mathrm{d}t}\left(e_m^0 + aT^4 / \rho\right) = -\frac{1}{\rho} \nabla \cdot \boldsymbol{F}_r^0 - (p_m^0 + aT^4 / 3)\frac{\mathrm{d}}{\mathrm{d}t}\left(\frac{1}{\rho}\right) \tag{5.3.163}$$

习　　题

1. 辐射的谱强度 I_ν、辐射的谱能量密度 U_ν、辐射的谱能流 $\boldsymbol{S}_\nu$ 和辐射压强分别是如何定义的？在平衡态下，它们分别如何表示？

2. 什么是扩散近似和发射近似？两种近似下辐射迁移方程如何表述？适用条件分别是什么？

3. 什么是热传导近似？辐射热传导方程如何描述？

5.4　核爆炸火球

5.4.1　火球发展的主要过程

图 5.35 所示为核爆炸火球发展的简要过程。火球发展的主要过程可分为 X 射线火球阶段、辐射扩展阶段、冲击波扩张阶段、火球上升运动阶段。

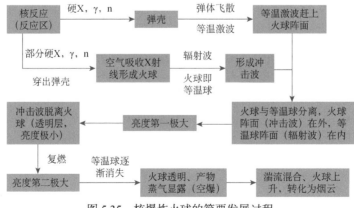

图 5.35　核爆炸火球的简要发展过程

1. X 射线火球阶段

X 射线火球阶段是火球发展的早期阶段。核反应能量沉积使弹体升温，高温弹体产生的 X 射线辐射加热周围空气，形成高温 X 射线火球，同时，高温高密度弹体气化后的蒸气压缩周围空气，形成弹体激波。开始时刻弹体激波阵面位于 X 射线火球阵面（也称辐射阵面）之内。随着时间推移，辐射阵面的扩展速度变慢，激波阵面会赶上辐射阵面，两者合成为一个统一的火球阵面。由于火球内部对 X 射线几乎透明，温度均匀，故称等温 X 射线火球。

等温 X 射线火球形成后，陆续进入辐射扩张阶段和冲击波扩张阶段。在辐射扩张阶段，等温球不再等温，火球会与等温球分离，温度高的等温球在内，温度低的火球阵面在外。火球的光辐射大量透过低温阵面向外辐射，火球亮度出现第一次极大值。在冲击波扩张阶段，冲击波将脱离火球，冲击波阵面挡在火球外面，火球内部的光辐射难以透过高质量密度的挡光层向外辐射，火球亮度逐渐变暗。当冲击波阵面的温度冷却至 2000K 附近时，对波后火球的光辐射吸收将减弱，火球的亮度再次增长，火球亮度出现第二次极大值。形成火球亮度的双峰结构，如图 5.36 所示。

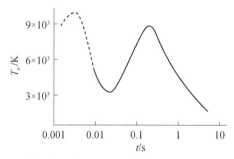

图 5.36　火球有效温度随时间的变化（20kt TNT 当量爆炸）

火球亮度一般用火球的有效温度（表观温度）表示。火球发展演化的过程中，其有效温度将出现两个极大值、一个极小值。亮度极小值以前，对应火球的辐射扩张和冲击波扩张阶段。亮度极小值附近，冲击波脱离火球。亮度极小值到亮度第二极大值之间对应火球的复燃阶段。由亮度第二极大值开始，进入火球冷却阶段。

2. 辐射扩张阶段

约几个微秒以后，X 射线火球扩大，火球温度降低到 $(2 \sim 3) \times 10^6 \, \text{K}$。这个阶段火球的扩张是由辐射迁移造成的，流体力学过程还不显著，故称辐射扩张阶段，此阶段可以用辐射热传导理论近似描述。火球以辐射波的形式向外传播，波

阵面上温度 T 和压强 p 存在跃变，而密度 ρ 却是连续的。波后温度基本为常数，火球即为等温球。

辐射扩张阶段的特点是，波阵面上温度 T、压强 p、粒子速度 u 存在跃变，而波后温度大体为常数，火球即为等温球。密度 ρ 大部分区域是连续的（常数），但个别地方出现了峰值。某一时刻温度、密度的空间分布如图 5.37 所示，压强和粒子速度的空间分布如图 5.38 所示。

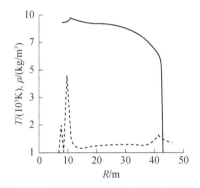 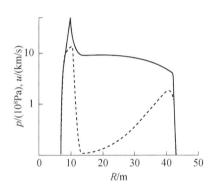

图 5.37　早期火球温度（实线）、密度　　　图 5.38　早期火球压强（实线）、粒子速度
　　　（虚线）的空间分布（ $t = 34\mu s$ ）　　　　　　（虚线）的空间分布（ $t = 34\mu s$ ）

在辐射扩张阶段的后期，进入辐射扩张向冲击波扩张的过渡阶段，流体力学过程开始起作用，辐射波后的冲击波（激波）将空气密度压缩到极限值 $\rho / \rho_0 = (\gamma + 1) / (\gamma - 1)$ （冲击压缩）。过渡阶段可以用辐射流体力学来描述。随着辐射波后的等温激波赶上辐射波，火球开始进入冲击波扩张阶段。

3. 冲击波扩张阶段

当弹体激波赶上辐射波后，火球的发展主要由强冲击波对空气的冲击加热所致，火球表面为冲击波阵面，需由辐射流体力学理论来描述。冲击波超过辐射波，出现冲击波阵面到辐射波阵面的温度阶梯，火球温度出现双峰结构，特点是外冷内热，中间近似线性过渡，这是冲击波扩张阶段的特有结构——内部辐射波（等温球），外部冲击波（火球），如图 5.39 所示。

随着火球不断向外发展，冲击波阵面温度不断下降。在阵面温度降低到 2000K 之前，冲击波后面的热空气对内部光辐射的吸收比较强，阻挡高温火球核心向外辐射，看不到波后的等温核心，只是冲击波阵面发出亮度很低的光，火球亮度达到极小值。随着冲击波阵面温度降低到 2000K，冲击波阵面基本不发光，但冲击波阵面对波后的光辐射吸收也变弱，出现透明层，此时进入火球的复燃阶段，火球的亮度开始回升，逐渐达到第二极大值。

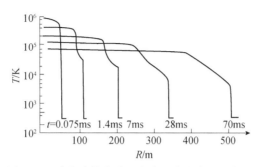

图 5.39　冲击波扩张阶段火球温度随半径的变化

4. 火球的上升阶段

火球进入复燃冷却阶段，火球内部的密度明显小于周围大气的密度，成为一个高温"气球"，火球受到大气的浮力作用而上升。当量越大，火球的体积越大，持续时间也越长，火球受到的浮力作用时间也越长，因而火球的上升速度就比较快。反之，当量小，上升速度就慢。由于中心密度低于其边缘的密度，因此中心部分上升得快，边缘部分上升得慢。火球不同部位、火球和周围大气的相对运动、热对流及地面反射冲击波的影响等，造成火球复杂的涡旋及湍流运动，引起火球加速上升和变形，使得火球上升速度出现极大值，过了极大值后，上升速度逐渐下降，过渡到蘑菇状烟云的上升速度。

火球中心上升速度的极大值 V_M 与当量的关系大致为 $V_M \approx 78Q^{0.13}\,(\text{m/s})$，速度极大值 V_M 对应的时刻 t_M 与爆炸高度 h 有关，$t_M \approx 1.34 + 2.3 \times 10^{-3} h\,(\text{s})$，其中 h 为爆高，单位为 m。

5.4.2　火球照度

单位时间在法线方向与辐射平行的单位面积上接收到的光辐射能量定义为火球的照度。火球的照度与火球的亮度有区别，照度与观测点距离和大气透过率有关。把火球辐射近似为黑体辐射，则火球亮度遵循普朗克分布，即 $B_\lambda(T)$。令火球半径为 R_f，观测点距火球中心的距离为 R，大气对光辐射的单色透过率为 J_λ，则观测点的单色照度为

$$E_\lambda(T) = \frac{4\pi^2 R_f^2 B_\lambda(T)}{4\pi R^2} J_\lambda \tag{5.4.1}$$

注意到

$$\int_0^\infty B_\lambda(T)\mathrm{d}\lambda = \sigma T^4 / \pi \tag{5.4.2}$$

则观测点的全波照度为

$$E(T) = \frac{R_f^2}{R^2} \sigma T^4 J' \qquad (5.4.3)$$

其中 J' 为全波平均大气透过率。考虑到冷空气对短波长辐射的吸收，辐射中只有 f_0 的份额进入大气，则

$$E(T) = f_0 \frac{R_f^2}{R^2} \sigma T^4 J \qquad (5.4.4)$$

其中 J 为可见光波段辐射的大气透过率，f_0 可近似取为

$$f_0(\theta) = 25 / \left(25 + 4.7\theta^2 + 1.6\theta^3\right) \qquad (5.4.5)$$

其中 $\theta = kT$ 为火球温度，单位是 eV。注意，只有考虑早期火球照度时，f_0 才有意义，因为此时有大量短波长辐射被冷空气吸收，进入大气的短波长辐射份额少；而当火球温度低于 10^4K 时，进入大气的辐射份额可取 $f_0 \approx 1$。

　　火球的照度取决于火球的亮度，对于波长 $\lambda \approx 0.65\mu m$ 的红光，照度最小到来的时间、第二最大照度到来的时间与火球的最小亮度和第二最大亮度到来的时间基本一致。

5.4.3　X 射线火球

　　X 射线火球是空气吸收 X 能量被加热到极高温度形成的。由于火球外部冷空气对 X 射线吸收强烈，而加热后的高温空气变成等离子体，高温等离子体对 X 射线几乎透明，故 X 射线对外部空气的加热是逐层进行的，加热后的空气层基本是等温的。因此，X 射线火球是内部温度均匀的等温火球，并有一个温度急剧下降的火球阵面。

　　火球温度 T、爆炸当量 Q 和火球半径 R 存在以下能量守恒关系

$$(aT^4)\left(\frac{4}{3}\pi R^3\right) = Q \qquad (5.4.6)$$

其中常数

$$a = \frac{8\pi^5 k^4}{15h^3 c^3} = 7.56 \times 10^{-3} \left[\frac{10^{12}\,\mathrm{erg}}{(10^6\,\mathrm{K})^4\,\mathrm{cm}^3}\right]$$

由此可得等温火球初始半径 R 的估算公式

$$R = \left(\frac{3Q}{4\pi aT^4}\right)^{1/3} \qquad (5.4.7)$$

取火球温度 T 的单位为 10^6K，爆炸当量 Q 的单位为 1kt TNT 当量（1kt TNT 当量=
4.19×10^{19}erg），火球半径 R 的单位为 m，则有

$$R = 11 \left(\frac{Q}{T^4} \right)^{1/3} (\text{m}) \qquad (5.4.8)$$

表 5.8 给出了不同爆炸当量 Q 产生的不同温度 T 的 X 射线球半径 R。可见百万吨
当量的核爆炸产生的火球半径也不超过 20m。

表 5.8　不同爆炸当量产生的不同温度的 X 射线火球半径 （单位：m）

$T/(10^6$K)	Q/kt TNT	
	1	10^3
7.5	0.75	7.5
6	1	10
5	1.25	12
4	1.6	16
3	2.1	21

核爆炸早期 1～2μs 前，X 射线火球发展阶段分为两个子阶段，即火球燃烧
阶段和火球非平衡辐射阶段。在这些阶段，辐射与物质都处于非平衡状态，辐射
强度与黑体辐射强度差异极大。这个阶段难以用热波和辐射热传导理论来描述。
下面介绍一种描述 X 射线火球发展阶段的近似理论。

1. X 射线在空气中的吸收

质量密度为 ρ 的冷空气对波长 λ 的 X 射线的线性吸收系数 μ_λ 可写为

$$\mu_\lambda = \rho K_\lambda = A(\rho / \rho_0)\lambda^n (\text{cm}^{-1}) \qquad (5.4.9)$$

其中 A 和 n 为常数。冷空气对短波长（高频）X 射线的吸收系数 μ_λ 小，对长波
长（低频）光子的吸收系数大。原因是空气原子 O，N 原子对光的吸收主要靠光
电效应，光子能量越低（长波长），光电效应截面越大，故空气的吸收大。

温度为 T 的热空气对 X 射线的平均线性吸收系数 μ_x 近似与 T 的三次方成反
比

$$\mu_x = \mu_b \left(T_b / T \right)^3 \qquad (5.4.10)$$

其中 μ_b 和 T_b 为常数。空气温度越高，吸收越小。在正常空气密度 $\rho_0 = 1.29 \times 10^{-3}$g / cm³ 下，X 射线的自由程为

$$\lambda_x = l_b \left(T / T_b \right)^3 \qquad (5.4.11)$$

其中，$l_b = 1/\mu_b$，当 $T_b = 4 \times 10^6$K 时，有 $\dfrac{\mu_b}{\rho_0} = 0.23$cm² / g, $l_b = 3 \times 10^3$cm。可见，

当空气加热到 $T_b = 4 \times 10^6 \, \mathrm{K}$ 时，X 射线在其中的自由程为 $l_b = 30\mathrm{m}$，空气温度越高，X 射线的吸收越小，自由程越长。

2. 描述 X 射线火球燃烧阶段的近似理论

把核装置近似为释放能量的点源，释放能量的时间谱 $f(t)$ 满足归一化条件

$$\int_0^\infty f(t)\mathrm{d}t = 1 \tag{5.4.12}$$

若核爆炸装置放出的 X 射线总能量为 Y，则核爆炸 X 射线能量释放率为 $\dot{Y} = Yf(t)$。X 射线总能量 Y 与爆炸当量 Q 和装置设计均有关，通常占爆炸能量的份额为 0.7 左右。

核爆炸瞬间，X 射线以光速加热周围冷空气，而后以比光速低的速度对冷空气加热，使半径 R_f 的球体内的空气燃烧成温度为 $T_b = 4 \times 10^6 \, \mathrm{K}$ 的火球。在此温度的空气中 X 射线的自由程为 30m，远大于 X 射线火球的初始半径（ $<20\mathrm{m}$ ），从而火球不再升温，$T_b = 4 \times 10^6 \, \mathrm{K}$ 称为空气的燃烧温度。

初始时刻可近似认为 X 射线火球边界 R_f 以光速 c 向外传播，边界上温度有一定空间分布。随后火球的膨胀速度将略小于光速，由火球边界层的能量交换过程决定。设从爆炸源迁移来的辐射能量密度为 U_s，迁移辐射能流为 $U_s c$（ c 为光速），如图 5.40 所示。设 t 时刻火球的半径为 $R_f(t)$，在 $\mathrm{d}t$ 时间内从爆炸源迁移进入火球边界单位面积厚度为 $\mathrm{d}R_f$ 的薄层内的辐射能量为 $U_s c \mathrm{d}t$，该能量一方面加热薄层内的冷空气使之升温到燃烧温度 T_b，所耗能量为 $w\mathrm{d}R_f$（ $w = 4.96 \times 10^4 \, \mathrm{J/cm^3}$ 为单位体积冷空气达到燃烧温度 T_b 需要的能量），另一方面在薄层内的辐射能量为 $U_s \mathrm{d}R_f$，由能量守恒得

$$(U_s + w)\mathrm{d}R_f = U_s c \mathrm{d}t$$

或

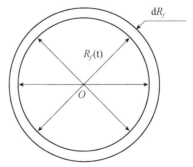

图 5.40　火球边界上厚度为 $\mathrm{d}R_f$ 的内冷空气薄层

$$\frac{\mathrm{d}R_f(t)}{\mathrm{d}t} = \frac{U_s}{U_s + w}c \tag{5.4.13}$$

开始阶段，火球的温度很高，物质的内能密度很小，即 $w \ll U_s$，火球边界扩展的速度接近光速，即 $\mathrm{d}R_f / \mathrm{d}t = c$。当辐射能量密度 U_s 逐渐减小，物质内能密度不能忽略时，X 射线火球的扩展速度将逐渐降低。

怎么计算 t 时刻来自于爆炸源的迁移辐射能量密度 $U_s(t)$ 呢？实际上，火球内部的辐射能量包括两部分：一部分是来自于爆炸源的迁移辐射能量（能量密度为 U_s）；另一部分是火球内部的热空气介质的净辐射能量（能量密度为 U）。U 不同于黑体辐射，是火球内部空气介质产生的非平衡辐射，温度为 T_b 的高温空气介质 t 时刻单位时间单位体积的净辐射能量（即净辐射功率密度）为

$$q = \mu_b c \left(a T_b^4 - U \right)$$

t 时刻单位时间火球内的高温空气介质的净辐射能量为

$$\int_0^{R_f} q 4\pi R^2 \mathrm{d}R$$

t 时刻单位时间内自爆炸源迁移进入半径 R_f 的火球内的迁移辐射能量为 $U_s c 4\pi R_f^2$，t 时刻单位时间核爆炸提供的光辐射能量为 $Yf(t)$，根据能量守恒有

$$\int_0^{R_f} q 4\pi R^2 \mathrm{d}R + U_s c 4\pi R_f^2 = Yf(t) \tag{5.4.14}$$

由此可得 t 时刻迁移能量密度 U_s 的计算式

$$U_s(t) = \frac{Yf(t)}{4\pi R_f^2 c} - \frac{1}{R_f^2(t)} \int_0^{R_f(t)} \mu_b \left(a T_b^4 - U \right) R^2 \mathrm{d}R \tag{5.4.15}$$

可见，t 时刻 $U_s(t)$ 的计算要依赖火球内部高温空气介质 t 时刻的非平衡辐射能量密度 $U(t)$（它不同于黑体辐射能量密度）。

t 时刻火球内部高温介质非平衡辐射能量密度 $U(t)$ 的方程可通过辐射输运方程

$$\frac{1}{c}\frac{\partial I_\nu}{\partial t} + \boldsymbol{\Omega} \cdot \nabla I_\nu(\boldsymbol{r}, \boldsymbol{\Omega}, t) = \mu_a' \left(B_\nu - I_\nu \right) \tag{5.4.16}$$

得出。将方程（5.4.16）两边对光子运动方向积分，可得

$$\frac{\partial E_\nu}{\partial t} + \nabla \cdot \boldsymbol{F}_\nu = c\mu_a' \left[\frac{4\pi}{c} B_\nu(T) - E_\nu \right] \tag{5.4.17}$$

考虑到火球表面高温空气的辐射能流基本为零，即 $\nabla \cdot \boldsymbol{F}_\nu = 0$，再对光子频率积分得 $U(t)$ 的方程

$$\frac{\partial U}{\partial t} = c\mu_a' \left(a T^4 - U \right) = q \tag{5.4.18}$$

其中用到

$$\int_0^\infty B_\nu(T)\mathrm{d}\nu = \sigma T^4 / \pi \ , \quad \int_0^\infty E_\nu(T)\mathrm{d}\nu = U \ , \quad q = \mu_b c(aT_b^4 - U)$$

由于 X 射线火球内部是等温的,对 X 射线的吸收系数很小,且 $\mu_b R_f < 1$,故火球内部空气介质的非平衡辐射能量密度 $U(t)$ 与空间坐标 R 无关(因而高温空气介质的净辐射功率密度 q 也与 R 无关),(5.4.18)两边对火球体积积分,可得火球内部非平衡辐射能量密度 $U(t)$ 的时间变化率

$$\frac{\mathrm{d}}{\mathrm{d}t}\left(\frac{4\pi R_f^3}{3}U\right) = \frac{4\pi R_f^3}{3}q \qquad (5.4.19)$$

上式左边是高温介质(空气)总辐射能的时间变化率,右边是单位时间火球内高温空气介质的净辐射能量。将表达式 $q = \mu_b c(aT_b^4 - U)$ 代入,有

$$\frac{\mathrm{d}}{\mathrm{d}t}\left(\frac{4\pi R_f^3}{3}U\right) = \frac{4\pi R_f^3}{3}\mu_b c(aT_b^4 - U) \qquad (5.4.20)$$

利用微分方程 $\mathrm{d}y(t)/\mathrm{d}t + p(t)y(t) = q(t)$ 的解

$$y(t) = \exp\left(-\int p(t)\mathrm{d}t\right)\left(\int \mathrm{d}t q(t)\exp\left(\int p(t')\mathrm{d}t'\right) + c\right) \qquad (5.4.21)$$

可得高温空气 t 时刻非平衡辐射能量密度 U 的方程

$$R_f^3(t)U(t) = \mu_b c a T_b^4 \int_0^t \mathrm{d}t' R_f^3(t')\exp\left(-\mu_b c(t-t')\right) \qquad (5.4.22)$$

(5.4.13)、(5.4.15)和(5.4.22)三个方程是三个未知量 $R_f(t), U_s(t), U(t)$ 满足的微分方程组。初始条件为

$$t = 0, \ R_f = 0, \ \frac{\mathrm{d}R_f}{\mathrm{d}t} = c, \ U = 0 \qquad (5.4.23)$$

解出火球燃烧阶段 t 时刻来自爆炸源的迁移辐射能量密度 $U_s(t)$,火球半径 $R_f(t)$,火球内部高温介质的非平衡辐射能量密度 $U(t)$。再由火球有效温度的定义 $aT_e^4 = U$,可得火球有效温度 T_e 随时间的变化。

3. 描述 X 射线火球非平衡辐射阶段的近似理论

在火球非平衡辐射阶段,火球的燃烧停止,爆炸源提供的能量减少,此后火球内的非平衡辐射扩张决定着火球的发展演化,可用非平衡辐射扩散理论来描述。所谓非平衡辐射是指,辐射未达到平衡,辐射强度不同于黑体辐射强度。

X 射线火球非平衡辐射阶段有以下特点:①流体运动不显著,可以忽略,即空气密度 $\rho =$ 常数;②辐射能流占主导,流体自身的黏滞性和热传导可忽略,仅保留辐射能流项。因此,辐射流体力学的内能守恒方程

$$\frac{\mathrm{d}}{\mathrm{d}t}\left(e_m^0 + e_r^0\right) + \frac{1}{\rho}\nabla\cdot\left(\boldsymbol{F}_m^0 + \boldsymbol{F}_r^0\right) + (p_m^0 + p_r^0)\frac{\mathrm{d}}{\mathrm{d}t}\left(\frac{1}{\rho}\right) = w$$

变为

$$\rho\frac{\mathrm{d}}{\mathrm{d}t}\left(c_v T + U_s/\rho + U/\rho\right) + \nabla\cdot\boldsymbol{S} = \rho w \tag{5.4.24}$$

其中 $e_m^0 = c_v T$ 为物质的比内能（单位质量物质内所含的内能），c_v 是空气的比热容（单位质量空气升温 1K 所需的能量）；$\boldsymbol{S}$ 为辐射能流，它只有径向分量 S；w 为单位时间单位质量的空气介质中沉积的能量，ρw 为单位时间单位体积的介质中沉积的能量，满足

$$\int_0^{R_f} \rho w 4\pi R^2 \mathrm{d}R = Yf(t) \tag{5.4.25}$$

且爆炸源是位于原点的点源，故

$$\rho w = \frac{Yf(t)}{4\pi R^2}\delta(R) \tag{5.4.26}$$

其中 $\delta(R)$ 为狄拉克函数

$$\int_a^b \delta(R)\mathrm{d}R = \begin{cases} 1, & a=0, \quad b>0 \\ 0, & a,b>0 \end{cases}$$

注意到球坐标系下，辐射能流矢量 $\boldsymbol{S}$ 只有径向分量 S，则其散度只有一项

$$\nabla\cdot\boldsymbol{S} = \frac{1}{R^2}\frac{\partial}{\partial R}(R^2 S) \tag{5.4.27}$$

标量 A 的梯度为矢量，其径向分量为

$$\boldsymbol{e}_R\cdot\nabla_R(A) = \frac{\partial(A)}{\partial R} \tag{5.4.28}$$

利用（5.4.26）、（5.4.27），考虑到空气密度为常数，则球坐标下含点源的能量守恒方程（5.4.24）变为

$$\frac{\mathrm{d}}{\mathrm{d}t}\left(\rho c_v T + U_s + U\right) + \frac{1}{R^2}\frac{\partial}{\partial R}(R^2 S) = \frac{Yf(t)}{4\pi R^2}\delta(R) \tag{5.4.29}$$

其中 ρc_v 为常数。将（5.4.29）式两边对体积积分

$$\int_0^{R_f}(\quad)4\pi R^2 \mathrm{d}R$$

利用 T, U_s, U 与 R 无关的特点，并注意到火球边界上无空气辐射能流，可得能量守恒方程

$$\frac{\mathrm{d}}{\mathrm{d}t}\left[(U_s + \rho c_v T + U)\frac{4\pi R_f^3}{3}\right] = Yf(t) \tag{5.4.30}$$

上式左边三项分别为火球内部爆炸源迁移辐射能、热空气内能和热空气自身辐射能的时间变化率，它可以分解为三个独立的方程。

第一个方程为火球内部爆炸源迁移辐射能的时间变化率，它等于核爆炸放能率 $Yf(t)$ 减去单位时间被热空气所吸收的能量 $\mu_x c U_s 4\pi R_f^3/3$，即

$$\frac{\mathrm{d}}{\mathrm{d}t}\left[U_s \frac{4\pi R_f^3}{3}\right] = -\mu_x c U_s \frac{4\pi R_f^3}{3} + Rf(t) \tag{5.4.31}$$

第二个方程为火球内部热空气物质内能的时间变化率，它等于单位时间热空气吸收的迁移辐射能 $\mu_x c U_s 4\pi R_f^3/3$ 减去单位时间热空气净辐射出去的光能 $\mu_x c(aT^4-U)4\pi R_f^3/3$，即

$$\frac{\mathrm{d}}{\mathrm{d}t}\left[\rho c_v T \frac{4\pi R_f^3}{3}\right] = \mu_x c U_s \frac{4\pi R_f^3}{3} - \mu_x c\left(aT^4-U\right)\frac{4\pi R_f^3}{3} \tag{5.4.32}$$

第三个方程为火球内部热空气辐射内能的时间变化率，它等于单位时间热空气净辐射出去的辐射能 $\mu_x c(aT^4-U)4\pi R_f^3/3$，即

$$\frac{\mathrm{d}}{\mathrm{d}t}\left[U \frac{4\pi R_f^3}{3}\right] = \mu_x c\left(aT^4-U\right)\frac{4\pi R_f^3}{3} \tag{5.4.33}$$

三个方程中有四个待求量 R_f, U_s, T, U，还少一个方程。这个方程可通过考虑辐射能流的方程（5.4.29）得到。

因为扩散近似下，辐射能流为

$$S = -\frac{c\lambda_R}{3}\nabla U \tag{5.4.34}$$

球坐标系下标量 U 梯度的径向分量为 $\partial U/\partial R$，故辐射能流矢量的径向分量为

$$S = -\frac{c\lambda_R}{3}\frac{\partial U}{\partial R} \tag{5.4.35}$$

因为辐射自由程与空气温度的三次方成正比，即 $\lambda_R = l_b\left(T/T_b\right)^3$，得

$$S = -\frac{cl_b}{3}\left(\frac{T}{T_b}\right)^3\frac{\partial U}{\partial R} \tag{5.4.36}$$

将（5.4.36）代入能量守恒方程（5.4.29），得

$$\frac{\mathrm{d}}{\mathrm{d}t}(\rho c_v T + U_s + U) = \frac{Yf(t)}{4\pi R^2}\delta(R) + \frac{cl_b}{3T_b^3}\frac{1}{R^2}\frac{\partial}{\partial R}\left(R^2 T^3 \frac{\partial U}{\partial R}\right) \tag{5.4.37}$$

引入空气非平衡辐射能量密度 U 与平衡辐射能量密度 aT^4 的比值

$$\varepsilon = \frac{U}{aT^4}$$

假设该比值空间分布均匀，与 R 无关，利用 $U=\varepsilon aT^4$，可得（5.4.37）右端项中

$$R^2T^3\frac{\partial U}{\partial R}=\frac{4}{7}R^2\frac{\partial(T^3U)}{\partial R}$$

代入（5.4.37），得

$$\frac{\mathrm{d}}{\mathrm{d}t}\left(\rho c_vT+U_s+U\right)=\frac{Yf(t)}{4\pi R^2}\delta(R)+\frac{4cl_b}{21T_b^3}\frac{1}{R^2}\frac{\partial}{\partial R}\left(R^2\frac{\partial(T^3U)}{\partial R}\right) \quad\text{（5.4.38）}$$

用 R^3 乘以方程（5.4.38）并对 dR 在火球范围积分，得

$$\frac{\mathrm{d}}{\mathrm{d}t}\left(\frac{R_f^4}{4}\left(\rho c_vT+U_s+U\right)\right)=\frac{4cl_b}{21T_b^3}R_f^2T^3U \quad\text{（5.4.39）}$$

（5.4.31）～（5.4.33）以及（5.4.39）是四个待求量 R_f,T,U_s,U 满足的方程组，当介质的线性吸收系数和 X 射线能量释放率 $\mu_x,Yf(t)$ 已知时，用火球燃烧过程结束时的值 $\left(R_f,U_s,T,U\right)_{t=0}$ 作初始条件，可求得任意时刻的待求量。

4. 计算实例

取核爆当量 Y=4000kt TNT，爆高 1m，时间谱为

$$f(t)=\frac{2\beta}{\pi}\mathrm{e}^{\beta(t-t_0)}\Big/\left[1+\mathrm{e}^{2\beta(t-t_0)}\right]$$

其中 $t_0=0.06\mu s$，$\beta=166.7\mu s^{-1}$，火球半径 $R_f(t)$ 的计算分两步完成。

第一步先计算 X 射线火球燃烧阶段的迁移辐射能流 $U_s(t)$，火球半径 $R_f(t)$，火球内部非平衡辐射能量密度 $U(t)$ 随时间的演化，再由定义 $aT_e^4=U$ 求得火球有效温度 T_e 随时间的变化。第二步计算非平衡辐射阶段的火球物理量 R_f,U_s,T,U 随时间的演化。R_f,U_s,T,U 的初始值用火球燃烧过程结束时的值作为初值。图 5.41 所示为 X 射线火球半径随时间变化的图像，图 5.42 所示为 X 射线火球有效温度随时间变化的图像。表 5.9 给出了 X 射线火球发展的速度。

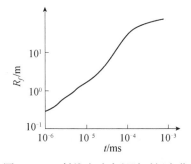

图 5.41 X 射线火球半径随时间变化

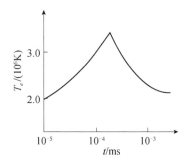

图 5.42 X 射线火球有效温度随时间变化

表 5.9　X 射线火球发展的速度　　　　　　（单位：km/s）

t/ms	10^{-6}	10^{-5}	10^{-4}	1.5×10^{-4}	5×10^{-4}	10^{-3}
$\dot{R}$	2.6×10^5	9×10^4	2.2×10^5	2.3×10^5	1.6×10^4	7×10^3

　　可见，在火球燃烧阶段，火球半径 R_f 随时间 t 的增长较快。在非平衡扩张阶段，R_f 随 t 的变化缓慢。火球燃烧完成时半径与爆炸当量有关，$R_b = (1.6 \sim 2)Q^{1/3}$，其中 R_b 的单位为 m。Q 的单位为 kt TNT，燃烧完成的时间为 $0.187\,\mu s$，有效温度最大值为 $3 \times 10^6\,K$。在 $0.2\,\mu s$ 以前，火球的发展速度略小于光速，然后迅速下降。速度先出现一个极小值，在燃烧接近结束时出现一个极大值。

习　　题

1. 火球发展的四个阶段分别是什么？其特点分别是什么？
2. 火球的亮度和照度分别是如何定义的？各有什么特点？

5.5　核爆炸中子

5.5.1　中子的基本性质

　　1931 年，查德威克发现一种新的中性粒子，其质量与质子相近，命名为中子。中子有质量、自旋、磁矩和寿命。

　　中子的质量为 $m_n = 1.008665u$，其中 u 为原子质量单位（^{12}C 原子质量的 1/12）。中子的自旋为 1/2，是费米子，遵从泡利不相容原理，服从费米统计。中子是电中性的，在实验精度范围内，还未发现中子有电偶极矩，但中子有磁矩 $\mu_n = (1.93148 \pm 0.000066)\mu_N$，其中 $\mu_N = e\hbar / (2m_p c) = 5.0508 \times 10^{-24}\,J/T$ 称为核磁子。中子的磁矩称为"反常"磁矩，因为电中性的中子应该没有磁矩，有就反常。中子有磁矩说明中子是有内部结构的。

　　中子的质量大于质子和电子之和，中子可以通过 β 衰变转变成质子。查德威克根据 β 衰变理论预言，中子的半衰期应在半小时左右。早期人们对中子半衰期的实验测量值为 $T_{1/2} = (10.8 \pm 0.16)\,min$。这说明，中子不可能长期独立存在，它

会 β 衰变为带正电荷的质子。

5.5.2　中子与物质相互作用

1. 中子与核的相互作用截面

按照中子的能量可将中子分为热中子（0.025～0.2eV）、超热中子（0.2～1eV）、慢中子（1～100eV）、中能中子（100～0.5×10^{6}eV）和快中子（0.5～15MeV）。热中子是指与（温度为 20℃）周围环境达到热平衡的中子，其最可几能量为 kT=0.025eV。

中子不带电，与电子无库仑相互作用，只有碰撞作用，中子与电子的碰撞对中子的能量损失可完全忽略，因此通常只需考虑中子与原子核的作用。中子与核相互作用的基本过程分为四种：①弹性碰撞——形成复合核发射中子或直接由核的势场散射；②非弹性碰撞——形成激发态的复合核放出中子，激发态蜕变到基态时放出光子；③俘获——核吸收中子形成激发态的复合核后放出 γ 光子；④裂变——中子与重核形成激发态的复合核，复合核分裂成两个中等质量核，并放出若干个次级中子。

中子与不同核发生以上四种（弹性散射、非弹性散射、俘获和裂变）反应的概率分别用反应微观截面 $\sigma_s, \sigma_i, \sigma_\gamma, \sigma_f$ 来衡量。总微观截面 $\sigma_t = \sigma_s + \sigma_i + \sigma_\gamma + \sigma_f$，核对中子的吸收截面定义为俘获和裂变截面之和，即 $\sigma_a = \sigma_\gamma + \sigma_f$。吸收截面中最重要的是辐射俘获，较多发生在重核上，而氢核辐射俘获的概率较小。

中子能量不高时，与轻核主要发生弹性散射，且低能部分弹性散射的反应截面近似为常数，故氢核可用作中子减速材料。中子与质量数为 A 的靶核发生非弹性散射的能量阈值为 $E_{th} = \varepsilon_1(A+1)/A$，其中 ε_1 为靶核的第一激发能。如图 5.43 所示为中子在 ^{12}C 上的弹性散射截面和总截面。

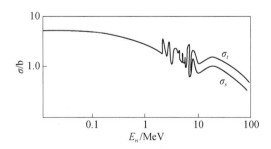

图 5.43　中子在 ^{12}C 上的弹性散射截面和总截面

2. 中子宏观截面

宏观截面定义为微观截面 σ 与单位体积内靶核数 n 的乘积，即 $\Sigma = n\sigma$。例如，宏观吸收截面为 $\Sigma_a = n\sigma_a$，宏观散射截面为 $\Sigma_s = n\sigma_s$。宏观截面是中子在单位长度内与靶核发生相互作用的概率，宏观截面的单位为 cm^{-1}。例如，$\Sigma_s = n\sigma_s$ 为中子穿过单位厚度的物质时被散射的概率。

单位体积内靶核数 n 的计算方法。对于只含一种核素的密度为 ρ 的单质，其原子核的数密度为 $n = \rho N_A / A$，其中 N_A 为阿伏伽德罗常量，A 是物质的摩尔质量。对于含两种核素的均匀混合物（化合物），设化合物的分子量为 A，每个分子中第 i 种原子的数目为 l_i，则单位体积内第 i 种原子的总数 $n_i = l_i \rho N_A / A$ $(i=1,2)$。若两种核素与中子相互作用的截面分别为 σ_1 和 σ_2，则中子在该物质中的宏观截面为 $\Sigma = n_1\sigma_1 + n_2\sigma_2 = (l_1\sigma_1 + l_2\sigma_2)\rho N_A / A$。推广到多原子分子构成的物质，设 σ_i 是中子和第 i 种原子核某种反应的微观截面，则相应宏观截面为

$$\Sigma = (l_1\sigma_1 + l_2\sigma_2 + \cdots)\rho N_A / A \tag{5.5.1}$$

例　动能为 1eV 的中子，在 H 核上的微观散射截面是 20b，在 O 核上的微观散射截面是 3.8b，水的密度 $\rho = 1\mathrm{g/cm^3}$，分子量为 18，故中子在水中的宏观散射截面为

$$\Sigma_s = \frac{6.02 \times 10^{23}}{18}(2 \times 20 + 1 + 3.8) \times 10^{-24} = 1.5\,(\mathrm{cm}^{-1}) \tag{5.5.2}$$

3. 中子平均自由程

考虑中子进入物质后前进 Δx 距离，与原子核相碰的概率为 $\Sigma_t \Delta x$，未碰撞的概率为 $1 - \Sigma_t \Delta x$，故前进有限距离 $n\Delta x$ 后未碰撞的概率为 $(1 - \Sigma_t \Delta x)^n$。当 $\Delta x \to 0$，$n \to \infty$ 时的极限为 $\lim\limits_{n\to\infty}(1 - \Sigma_t \Delta x)^n = \lim\limits_{n\to\infty}(1 - n\Sigma_t \Delta x) = \mathrm{e}^{-\Sigma_t x}$。用 $p(x)\mathrm{d}x$ 表示中子穿过距离 x 后再穿过 $\mathrm{d}x$ 和核发生首次碰撞的概率，则 $p(x)\mathrm{d}x = \mathrm{e}^{-\Sigma_t x}\Sigma_t \mathrm{d}x$，概率分布函数 $p(x)$ 满足归一化条件

$$\int_0^\infty p(x)\mathrm{d}x = \int_0^\infty \mathrm{e}^{-\Sigma_t x}\Sigma_t \mathrm{d}x = 1$$

表示中子在无限介质中至少发生一次碰撞。

中子自由程指中子在连续两次碰撞之间穿行的距离。由于原子核的空间分布和中子运动的无规性，中子自由程有长有短，但对于一定能量的中子，中子自由程的平均值是一定的。平均自由程为

$$\lambda_t = \int_0^\infty x p(x)\mathrm{d}x = \int_0^\infty x\mathrm{e}^{-\Sigma_t x}\Sigma_t \mathrm{d}x = 1/\Sigma_t \tag{5.5.3}$$

同理，中子弹性散射的平均自由程为 $\lambda_s = 1/\Sigma_s = 1/(n\sigma_s)$，中子辐射俘获的平均

自由程为 $\lambda_a = 1/\Sigma_a = 1/(n\sigma_a)$，总截面 $\Sigma = \Sigma_s + \Sigma_a$ 满足求和规则，中子总自由程满足倒数求和规则，即

$$\frac{1}{\lambda} = \frac{1}{\lambda_s} + \frac{1}{\lambda_a} \qquad (5.5.4)$$

5.5.3 中子的慢化

一般来说，核反应产生的中子能量都在 MeV 量级，称为快中子。实际应用中（如热堆、同位素生产等）常要求能量为 eV 量级的中子，称为慢中子；中子的慢化（或中子的减速）是指将能量高的快中子变成能量低的慢中子的过程。对中子进行有效慢化，常选用散射截面大而吸收截面小的轻元素作慢化剂，如氢、氘和石墨（^{12}C）等。氢、氘没有激发态，中子与其相互作用损失能量的主要机制是弹性散射。^{12}C 的最低激发态为 4.44MeV，当中子的能量低于反应阈能 $E_{th}=$ 4.8MeV 时，中子在石墨上也只发生弹性散射。

1. 中子和核弹性散射时能量的变化

如图 5.44 所示，在实验室坐标系中，假设质量为 M 的靶核碰撞前静止，质量为 m 的中子，入射能量为 E'，发生弹性散射后，中子在散射角 θ 方向出射，动能为 E

$$E' = \frac{1}{2}mv'^2, \quad E = \frac{1}{2}mv^2$$

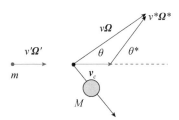

图 5.44　实验室坐标系中子的散射图像

可以证明，弹性散射后与散射前中子的动能之比为

$$\frac{E}{E'} = \frac{1}{2}\left[(1+\alpha) + (1-\alpha)\cos\theta^*\right], \quad \alpha = \left(\frac{A-1}{A+1}\right)^2 \qquad (5.5.5)$$

其中 $A=M/m$ 是靶核的质量数，θ^* 为质心系的散射角。当 $\cos\theta^* = -1$ 时，$E_{min} = \alpha E'$（中子动能的损失最大）；当 $\cos\theta^* = +1$ 时，$E_{max} = E'$（中子动能没有损失）。散射中子的能量范围为 $\alpha E' \leq E \leq E'$。

参量 α 表征靶核使中子慢化的能力，α 越小，慢化能力越强。例如，中子与 H 核弹性散射时，$\alpha=0$，$E_{\min}=\alpha E'=0$，中子与 H 核一次碰撞即可损失其全部动能，可见，质量数 $A=1$ 的靶核是很好的中子慢化剂，轻水反应堆就是利用水来做中子慢化剂和冷却剂的。对于石墨 ^{12}C，$A=12$，$\alpha=0.716$，中子与 ^{12}C 核一次碰撞，动能的最大损失率$(E'-E_{\min})/E'=1-\alpha=28.4\%$。

实验室系散射角与质心系散射角的关系为

$$\cos\theta=\frac{A\cos\theta^*+1}{\sqrt{A^2+2A\cos\theta^*+1}} \tag{5.5.6}$$

2. 平均对数能量损失和平均碰撞次数

中子与靶核 A 一次碰撞，动能损失为

$$\Delta E=E'-E=\frac{E'}{2}\left(1-\alpha\right)\left(1-\cos\theta^*\right) \tag{5.5.7}$$

它是质心系散射角 θ^* 的函数。实验表明，动能为几电子伏到几兆电子伏的中子与核弹性散射时，散射中子在质心系是各向同性出射的，在任意方向的单位立体角内概率均为 $1/(4\pi)$，质心系散射角在 $\theta^*\to\theta^*+\mathrm{d}\theta^*$ 范围的概率为

$$f\left(\theta^*\right)\mathrm{d}\theta^*=\frac{2\pi\sin\theta^*\mathrm{d}\theta^*}{4\pi}=\frac{\sin\theta^*\mathrm{d}\theta^*}{2} \tag{5.5.8}$$

中子与 A 核一次碰撞的平均能量损失为

$$\overline{\Delta E}=\int_0^\pi\Delta Ef\left(\theta^*\right)\mathrm{d}\theta^*=\frac{E'}{4}\left(1-\alpha\right)\int_0^\pi\left(1-\cos\theta^*\right)\mathrm{d}\cos\theta^*=\frac{E'}{2}\left(1-\alpha\right) \tag{5.5.9}$$

中子与 A 核一次碰撞的平均对数能量损失为

$$\varepsilon=\overline{\ln E'-\ln E}=\int_0^\pi\ln(E'/E)f\left(\theta^*\right)\mathrm{d}\theta^*$$

利用积分公式 $\int\ln x\mathrm{d}x=x\ln x-x+C$，可得

$$\varepsilon=-\frac{1}{2}\int_0^\pi\ln\left\{\frac{1}{2}\left[\left(1+\alpha\right)+\left(1-\alpha\right)\cos\theta^*\right]\right\}\sin\theta^*\mathrm{d}\theta^*=1+\frac{\alpha}{1-\alpha}\ln\alpha \tag{5.5.10}$$

平均对数能量损失与中子的初始动能 E' 无关，只与核的质量数 A 相关。中子与 A 核碰撞，动能从 E_i 减少到 E_f 所需的平均碰撞次数为

$$\overline{N}=\frac{1}{\varepsilon}\ln\left(E_i/E_f\right) \tag{5.5.11}$$

例如，用 H 核做慢化剂，$A=1$，$\alpha=0$，$\varepsilon=1$，则中子能量从 $E_i=2\mathrm{MeV}$ 慢化到 $E_f=0.025\mathrm{eV}$ 所需的平均碰撞次数为 $\overline{N}=18.2$ 次；若用 ^{12}C 来慢化，$A=12$，$\alpha=0.716$，则 $\overline{N}=115$ 次；若用 ^{238}U 来慢化，$A=238$，则 $\overline{N}=2172$ 次。

实验室系中子散射角 θ 余弦的平均值为

$$\overline{\cos\theta} = \int_{-1}^{1} \cos\theta g(\theta)\mathrm{d}\theta = \int_{-1}^{1}\cos\theta f(\theta^*)\mathrm{d}\theta^* \tag{5.5.12}$$

将（5.5.6）和（5.5.8）代入，令 $x = \cos\theta^*$，有

$$\overline{\cos\theta} = \frac{1}{2}\int_{-1}^{1} \frac{Ax+1}{\sqrt{A^2+2Ax+1}}\mathrm{d}x \tag{5.5.13}$$

再利用积分公式 $\int \dfrac{cx+d}{(ax+b)^{1/2}}\mathrm{d}x = \dfrac{2}{3a^2}(3ad-2bc+acx)\sqrt{ax+b}$，可得

$$\overline{\cos\theta} = \frac{2}{3A} \tag{5.5.14}$$

可见，当散射中子在质心系各向同性出射时，在实验室系散射中子出射方向有前倾。A 越小，出射方向前倾越厉害。A 越大，实验室坐标系就趋于质心坐标系。

3. 介质的慢化本领和减速比

中子与 A 核碰撞一次的平均对数能量损失 ε 是衡量核对中子减速能力的一个重要参数，ε 越大，减速能力越强。作为中子慢化剂的前提是核只与中子发生散射而不发生吸收。如果核对中子的吸收截面大，即使 ε 再大也不能称为好的慢化剂。

介质对中子的慢化本领（或称慢化能力）定义为 ε 与介质宏观散射截面 Σ_s 的乘积

$$\varepsilon\Sigma_s = \varepsilon n\sigma_s \tag{5.5.15}$$

其中 n 为慢化核的数密度。乘积 $\varepsilon\Sigma_s$ 越大，对中子的慢化本领越大，在相同能量损失下在中子的介质中散射经过的路程就越短。水对于热中子的慢化本领为 $\varepsilon\Sigma_s = 1.53\mathrm{cm}^{-1}$，重水对热中子的慢化本领为 $\varepsilon\Sigma_s = 0.177\mathrm{cm}^{-1}$，比水的慢化本领弱。虽然慢化本领反映了介质使中子慢化的效率，但它没有考虑物质是否是强烈的中子吸收剂。

慢化本领强而吸收截面大的介质，肯定也不是很好的中子慢化剂。为此引入介质对中子的慢化比 η，η 定义为慢化本领与宏观吸收截面的比率

$$\eta = \varepsilon\Sigma_s/\Sigma_a = \varepsilon\sigma_s/\sigma_a \tag{5.5.16}$$

慢化比 η 又称减速比，其值越大，表明介质对中子的慢化性能越好。表 5.10 给出了几种常用慢化剂的慢化本领和慢化比。水对中子的慢化比为 $\eta = 71$，重水（D_2O）对中子的慢化比为 $\eta = 12000$，表明重水对中子的慢化性能更好。

表 5.10 几种常用慢化剂的慢化本领和慢化比

慢化剂	慢化本领 $\varepsilon\Sigma_s/\mathrm{cm}^{-1}$	慢化比 $\varepsilon\Sigma_s/\Sigma_a$
H_2O	1.53	71
D_2O	0.177	12000
Be	0.176	159
石墨	0.064	170

4. 慢化长度与费米年龄

快中子在介质中的输运过程分为两个阶段：第一阶段快中子通过与介质原子核碰撞而降速为热中子（慢化阶段）；第二阶段热中子扩散最终被吸收或消失（扩散阶段）。中子慢化阶段的理论为费米年龄理论。视中子慢化过程中能量连续降低，下面推导费米年龄方程。

考虑处在无限大介质中的单能中子点源，中子从初始能量 E_i 慢化到最终能量 E_f 的过程中，要经历多次碰撞（弹性散射）。例如，要使一个中子的对数能量损失为 $\Delta = \ln E_i - \ln E_f = -\mathrm{d}\ln E$ 需要经历的碰撞平均次数为 $-\mathrm{d}\ln E / \varepsilon$，其中 ε 为中子一次碰撞的平均对数能量损失。定义无量纲量 u

$$u = \ln(E_i/E) \tag{5.5.17}$$

u 称为中子的"勒"。用勒 u 来取代中子能量 E 会给讨论带来方便。碰撞过程中，中子能量 E 越来越小，中子的勒越来越大，中子的勒增长 $\mathrm{d}u = -\mathrm{d}\ln E$ 所需的平均碰撞次数为 $\mathrm{d}u / \varepsilon$。

设 $q(\boldsymbol{r},u)$ 是勒为 u 的中子的慢化密度，即 $q(\boldsymbol{r},u)\mathrm{d}u$ 表示单位时间单位体积（勒在 $u \to u+\mathrm{d}u$ 范围）的中子数。$n(\boldsymbol{r},u)$ 是勒为 u 的中子的数密度，即 $n(\boldsymbol{r},u)\mathrm{d}u$ 是单位体积内（勒在 $u \to u+\mathrm{d}u$ 范围）的中子数目。中子的慢化密度 $q(\boldsymbol{r},u)$ 与中子数密度 $n(\boldsymbol{r},u)$ 的关系为

$$v\Sigma_s n(\boldsymbol{r},u)\mathrm{d}u = q(\boldsymbol{r},u)\mathrm{d}u / \varepsilon \tag{5.5.18}$$

上式左侧为单位时间单位体积内（勒在 $u \to u+\mathrm{d}u$ 范围）中子的弹性散射（碰撞）次数。因此 $q(\boldsymbol{r},u)$ 与中子数密度 $n(\boldsymbol{r},u)$ 的关系为

$$q = vn\varepsilon\Sigma_s = \Phi\varepsilon\Sigma_s \tag{5.5.19}$$

其中 $\Phi(\boldsymbol{r},u) = vn(\boldsymbol{r},u)$ 为中子通量。在快中子慢化阶段，可不考虑中子的吸收。由于碰撞使中子的勒 u 增加，因此，单位时间空间 $\boldsymbol{r}$ 处单位体积内（勒在 $u \to u+\mathrm{d}u$ 范围内）中子的慢化密度的减少 $-\mathrm{d}q(\boldsymbol{r},u) = q(\boldsymbol{r},u) - q(\boldsymbol{r},u+\mathrm{d}u)$ 完全是由（勒在 $u \to u+\mathrm{d}u$ 范围内）中子扩散流出空间 $\boldsymbol{r}$ 处单位体积造成的，即

$$-\frac{\partial q(\boldsymbol{r},u)}{\partial u}\mathrm{d}u = (\nabla \cdot \boldsymbol{J})\,\mathrm{d}u \tag{5.5.20}$$

其中 $\boldsymbol{J} = -D\nabla n$ 为中子扩散流矢量，而

$$D = \frac{v}{3\Sigma_s\left(1 - \overline{\cos\theta}\right)} \tag{5.5.21}$$

为中子扩散系数。将中子扩散流 $\boldsymbol{J} = -D\nabla n$ 和（5.5.19）代入（5.5.20），得慢化密度 $q(\boldsymbol{r},u)$ 满足的方程

$$\frac{v\varepsilon\varSigma_s}{D}\frac{\partial q}{\partial u} = \nabla^2 q \qquad (5.5.22)$$

再引入中子的费米年龄 τ 代替中子的勒 u，两者的关系为

$$\mathrm{d}\tau = D\mathrm{d}u / v(\varepsilon\varSigma_s) \qquad (5.5.23)$$

可得慢化密度 $q(\boldsymbol{r},\tau)$ 满足的费米年龄方程

$$\frac{\partial q}{\partial \tau} = \nabla^2 q \qquad (5.5.24)$$

费米年龄方程（5.5.24）和温度 $T(\boldsymbol{r},t)$ 所满足的非定常热传导方程形式一样，费米年龄 τ 相当于时间变量 t，因此 τ 叫做年龄。τ 虽然叫年龄，但它的量纲不是时间。因为（5.5.23）的积分为

$$\tau(u) = \int_0^u \frac{D}{v\varepsilon\varSigma_s}\mathrm{d}u = \int_0^u \frac{\lambda_s^2}{3\varepsilon\left(1-\overline{\cos\theta}\right)}\mathrm{d}u \qquad (5.5.25)$$

式中 $\lambda_s = 1/\varSigma_s$ 为中子碰撞（弹性散射）的平均自由程，可见，费米年龄 τ 的量纲是长度平方，它是中子的勒 u 的单调函数，中子能量 E 越小，勒 u 越大，中子年龄 τ 越大。

如果在无穷大的减速剂介质中心 $r=0$ 放一个每秒放出 Q_0 个中子的中子点源，以此中心为原点建立球坐标系，注意到拉普拉斯算子为

$$\nabla^2 = \frac{1}{r^2}\frac{\partial}{\partial r}r^2\frac{\partial}{\partial r} + \frac{1}{r^2\sin\theta}\frac{\partial}{\partial\theta}\sin\theta\frac{\partial}{\partial\theta} + \frac{1}{r^2\sin^2\theta}\frac{\partial^2}{\partial\varphi^2}$$

则在一维球对称坐标下，慢化密度 $q(\boldsymbol{r},\tau)$ 满足的费米年龄方程（5.5.24）变为

$$\frac{\partial q}{\partial \tau} = \frac{1}{r^2}\frac{\partial}{\partial r}\left(r^2\frac{\partial q}{\partial r}\right) \qquad (5.5.26)$$

其通解为

$$q(r,\tau) = Ce^{-r^2/(4\tau)} / \tau^{3/2} \qquad (5.5.27)$$

其中参数 C 由边界条件

$$\int_0^\infty q(r,\tau)4\pi r^2\mathrm{d}r = Q_0$$

决定。利用定积分公式

$$\int_0^\infty \exp(-ax^2)\mathrm{d}x = \frac{1}{2}\sqrt{\frac{\pi}{a}}$$

可得 $C = Q_0 / (4\pi)^{3/2}$，所以中子慢化密度

$$q(r,\tau) = \frac{Q_0}{(4\pi\tau)^{3/2}} \mathrm{e}^{-r^2/(4\tau)} \tag{5.5.28}$$

可见，年龄为 τ（即能量为 E）的中子在源点 $r=0$ 周围的空间分布是高斯误差曲线分布。$r=0$ 处年龄为 τ 的中子最多，随 r 增大逐渐减少。由此可求得中子从源（初始能量 E_i）慢化到年龄为 τ（能量为 E_f）的过程中穿行距离的均方值为

$$\overline{R^2} = \frac{\int_0^\infty r^2 q(r,\tau) 4\pi r^2 \mathrm{d}r}{\int_0^\infty q(r,\tau) 4\pi r^2 \mathrm{d}r} = \frac{\int_0^\infty \mathrm{e}^{-r^2/(4\tau)} r^4 \mathrm{d}r}{\int_0^\infty \mathrm{e}^{-r^2/(4\tau)} r^2 \mathrm{d}r} = 6\tau \tag{5.5.29}$$

其中费米年龄

$$\tau = \int_0^u \frac{\lambda_s^2}{3\varepsilon\left(1-\overline{\cos\theta}\right)} \mathrm{d}u = \int_{E_f}^{E_i} \frac{\lambda_s^2}{3\varepsilon\left(1-\overline{\cos\theta}\right)} \frac{\mathrm{d}E}{E} \tag{5.5.30}$$

ε 为中子一次碰撞的平均对数能量损失，$\overline{\cos\theta}$ 为实验室系中散射角余弦的平均值。由（5.5.29）可见，费米年龄 τ 具有面积的量纲，是中子在慢化过程中穿行距离的一种量度，它等于中子由源出发（年龄 τ 为 0）的时刻到它的年龄变成 τ 的时刻之间所走过（直线）距离均方值的 1/6。**能量越小（u 越大）的中子，年龄 τ 越长，穿行距离的均方值 $\overline{R^2}$ 越大，即离源越远的中子能量越低。**

若在讨论的能区散射自由程 $\lambda_s = 1/\Sigma_s$ 与中子能量无关，注意到 $\overline{\cos\theta}$ 的表达式（5.5.14），则由（5.5.30）可得中子从初始能量 E_i 慢化到 E_f 过程中的费米年龄为

$$\tau = \frac{\lambda_s^2}{3\varepsilon(1-2/(3A))} = \int_{E_f}^{E_i} \frac{\mathrm{d}E}{E} = \frac{\lambda_s^2}{\varepsilon(3-2/A)} \ln\frac{E_i}{E_f} = \frac{1}{3}\overline{N}\lambda_t\lambda_s \tag{5.5.31}$$

其中

$$\overline{N} = \ln(E_i/E_f)/\varepsilon \tag{5.5.32}$$

为中子从初始能量 E_i 慢化到 E_f 过程中的碰撞次数。而

$$\lambda_t = \frac{\lambda_s}{\left(1-\overline{\cos\theta}\right)} \tag{5.5.33}$$

为中子迁移自由程。而

$$\overline{R^2} = 6\tau = \frac{6\lambda_s^2}{\varepsilon(3-2/A)} \ln(E_i/E_f) = 2\overline{N}\lambda_s\lambda_t \tag{5.5.34}$$

中子的慢化长度 L_m 定义为费米年龄的平方根：

$$L_m \equiv \sqrt{\tau} = \sqrt{\overline{R^2}/6} \tag{5.5.35}$$

5.5.4 中子的扩散

中子从密度大的空间区域不断向密度小的空间区域迁移的过程叫做中子扩散。中子在介质内迁移的过程中，与靶核无规则地碰撞，碰撞具有概率，运动是杂乱的、具有统计性质。

用 $n(x,y,z)$ 表示中子的数密度，引入中子的扩散流密度矢量

$$\boldsymbol{J} = -D\nabla n(x,y,z) \tag{5.5.36}$$

它正比于密度梯度，两者的方向相反。根据中子的守恒，可得中子扩散方程为

$$\frac{\partial n}{\partial t} + v\Sigma_a n - D\nabla^2 n = S \tag{5.5.37}$$

其中 D 为扩散系数，S 为中子源。∇^2 为拉普拉斯算符，在球坐标系下的具体形式为

$$\nabla^2 = \frac{1}{r^2}\frac{\partial}{\partial r}r^2\frac{\partial}{\partial r} + \frac{1}{r^2\sin\theta}\frac{\partial}{\partial\theta}\sin\theta\frac{\partial}{\partial\theta} + \frac{1}{r^2\sin^2\theta}\frac{\partial^2}{\partial\varphi^2}$$

稳态时，中子数密度不随时间变化，中子扩散方程变成稳态扩散方程

$$D\nabla^2 n - v\Sigma_a n + S = 0 \tag{5.5.38}$$

当空间没有中子源也没有中子被吸收时，中子扩散方程变为

$$\frac{\partial n}{\partial t} = D\nabla^2 n \tag{5.5.39}$$

下面给出稳态扩散方程（5.5.38）在球对称坐标系下求解的实例。如图 5.45 所示，设点源每秒钟发射 Q 个中子，对源外任一点 $P(r,\theta,\varphi)$，外源 $S=0$，则扩散方程（5.5.38）变为

$$D\nabla^2 n - v\Sigma_a n = 0 \tag{5.5.40}$$

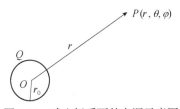

图 5.45 球坐标系下的点源示意图

其中扩散系数

$$D = v\lambda_t/3$$

为常数，单位为 cm²/s，λ_t 为中子迁移自由程。（5.5.40）可改写为

$$\nabla^2 n - n / L_D^2 = 0 \qquad (5.5.41)$$

其中

$$L_D^2 = D / (v\Sigma_a) = \lambda_t \lambda_a / 3$$

L_D 具有长度量纲，称为扩散长度（注意 L_D 不等于中子吸收自由程 λ_a）。在球坐标下，取中子源在坐标原点处，由于中子分布是球对称的，故中子密度 n 只是 r 的函数与 (θ, φ) 无关，拉普拉斯算子变为

$$\nabla^2 = \frac{1}{r^2} \frac{\partial}{\partial r} r^2 \frac{\partial}{\partial r}$$

（5.5.41）变为

$$\frac{1}{r^2} \frac{d}{dr} \left(r^2 \frac{dn}{dr} \right) - \frac{n}{L_D^2} = 0 \qquad (5.5.42)$$

它是关于 $n(r)$ 对空间变量 r 的二阶偏微分方程，两个边界条件为

$$\begin{cases} Q = 4\pi r_0^2 J_0 = -4\pi r_0^2 D \dfrac{\partial n}{\partial r}\bigg|_{r=r_0} \\ n\big|_{r\to\infty} = 0 \end{cases} \quad \text{或} \quad \begin{cases} \dfrac{\partial n}{\partial r}\bigg|_{r=r_0} = -\dfrac{Q}{4\pi r_0^2 D} \\ n\big|_{r\to\infty} = 0 \end{cases} \qquad (5.5.43)$$

令函数 $F(r) = r \cdot n(r)$，代入（5.5.42），得 $F(r)$ 满足的二阶常微分方程

$$\frac{d^2 F(r)}{dr^2} - \frac{F(r)}{L_D^2} = 0 \qquad (5.5.44)$$

其一般解为 $F(r) = A e^{-r/L_D} + B e^{r/L_D}$，故中子密度的一般解为

$$n = A \frac{e^{-r/L_D}}{r} + B \frac{e^{r/L_D}}{r} \qquad (5.5.45)$$

由边界条件（5.5.43），考虑到 r_0 是个很小的量，得常数

$$A = \frac{Q}{4\pi D}, \quad B = 0$$

故扩散方程（5.5.42）的解为

$$n(r) = \frac{Q}{4\pi Dr} e^{-r/L_D} \qquad (5.5.46)$$

可见，①中子密度 $n(r)$ 正比于源强 Q。②中子密度 $n(r)$ 随 r 增加而指数减少，快慢与扩散长度 L_D 有关，减少由散射和吸收引起。③中子密度 $n(r)$ 与 r 而不是 r^2 成反比，这是扩散中子场的特点。因为对于点源的直射中子场来说，中子的密度与 r^2 成反比。

在 r 和 $r + dr$ 之间体积元 $dV = 4\pi r^2 dr$ 内单位时间介质吸收的中子数为

$$dN = \Sigma_a v n dV = \frac{\Sigma_a v Q}{4\pi D r} e^{-r/L_D} 4\pi r^2 dr = \frac{\Sigma_a v Q}{D} e^{-r/L_D} r dr = \frac{Q}{L_D^2} e^{-r/L_D} r dr \quad (5.5.47)$$

则一个中子从 O 点产生，在 r 到 $r+dr$ 的球壳内被吸收的概率为

$$p_a(r)dr = \frac{dN}{Q} = \frac{r}{L_D^2} e^{-r/L_D} dr \quad (5.5.48)$$

中子从源扩散到吸收点所走的均方距离为

$$\overline{r^2} = \int_0^\infty r^2 p_a(r)dr = 6L_D^2 \quad (5.5.49)$$

可见扩散长度 $L_D = \sqrt{\overline{r^2}/6}$ 是热中子在介质中从源到被吸收地点所走直线距离均方值的 1/6。考虑中子从慢化到扩散再到吸收的整个过程，定义中子的徙动长度为

$$L_0 = \sqrt{L_m^2 + L_D^2} \quad (5.5.50)$$

其中 $L_m = \sqrt{\overline{R^2}/6}$ 为慢化长度，它是快中子在介质中从产生到被慢化成热中子平均穿行的直线距离。徙动长度 L_0 是快中子从产生，慢化成为热中子并在介质中扩散直到被吸收所穿行的直线距离均方值 $\overline{R^2} + \overline{r^2}$ 的 1/6。中子徙动长度 L_0 是影响堆芯中子泄漏程度的重要参数，L_0 越大，中子泄漏的概率越大（不泄漏的概率越小）。介质线度只需大于 5 L_0，就可视为无限大介质。

表 5.11 给出了不同初始能量的中子在空气中的慢化长度 $L_m = \sqrt{\tau}$ 和徙动长度 L_0，其数值在 100m 量级。

表 5.11 不同初始能量的中子在空气中的慢化长度和徙动长度

E/eV	$L_m/(10^4\mathrm{cm})$	$L_0/(10^4\mathrm{cm})$
100	0.875	1.06
500	0.983	1.12
10^3	1.04	1.15
10^4	1.35	1.43
10^5	1.62	1.68
10^6	2.40	2.46
2×10^6	2.66	2.7
5×10^6	3.22	3.26
10^7	3.69	3.7

5.5.5　核爆炸中子的空间分布

中子是核爆炸早期核辐射的一种，我们主要关心不同爆炸方式下地面不同距离处的中子注量，即中子注量的空间分布 $\Phi(R)$、能谱 $\Phi(E)$ 和角分布，以及它们与爆炸当量、武器类型的关系。这些量反映了核爆炸中子场的基本特点和变化规律。

某个中子能量区域的中子注量的空间分布可通过探测器测量得到。例如，可用金和包镉金的镉差法，测出能量小于 0.4eV 的等效热中子的空间分布。距爆心一定距离处中子能谱会形成平衡谱，不同能量区域中子的空间分布是平行的，尤其是快中子更是如此。因此，某一能区中子的空间分布便可描述总中子注量的空间分布规律。下面讨论慢中子能区和快中子能区的中子空间分布。

1. 核爆炸中子在大气中传播

核爆炸中子的空间分布与弹体发出的中子能谱和时间分布直接相关。一般说来，进入空气的瞬发中子分两群：一群是泄漏出弹体的高能中子，对于原子弹，中子能量在 1keV 到十几 MeV 之间，对于氢弹，则在能量 14MeV 附近有特征峰；另一群是慢化到与弹体物质达到热平衡的中子，这些中子的能谱为麦克斯韦谱，能量在 1keV 上下。这两群瞬发中子在弹体飞散（约 10μs）以前就射入大气。在弹体飞散以后，缓发中子才接续进入大气。

瞬发中子进入大气的时间早，冲击波对它的影响可以忽略，可认为它们在均匀大气中传播。另一方面，发射瞬发中子时弹体尺寸很小，可把瞬发中子源看作点源。这两个特点将大大简化理论计算。

在中子慢化过程中，中子能量小于 0.2eV 时即被俘获，可把截止能量选为 0.2eV。这个能量下限对于空气中氮对中子的俘获是可行的，因为氮对中子的俘获截面为

$$\sigma_a = \frac{0.285}{E^{1/2}}(\text{b}) \qquad (5.5.51)$$

其中 E 为中子能量，单位为 eV。$E=0.2\text{eV}$，$\sigma_a = 0.637\text{b}$，吸收自由程 $\lambda_a = 3.76 \times 10^4\,\text{cm}$。能量越大的中子，在空气中的吸收自由程越长，难以被大气吸收。

表 5.11 给出了不同初始能量的中子在空气中的慢化长度 $L_m = \sqrt{\tau}$ 和徙动长度 L_0。这些基本数据可以说明爆心附近 400～500m 内中子分布的一些基本特征。初始能量为 1keV 的中子慢化长度 $L_m \approx 400\text{m}$，吸收自由程 $\lambda_a \approx 400\text{m}$。由此看出，能量在 1keV 左右的麦克斯韦谱分布的中子只能分布在约 500m 的范围内，形成浓度很大的中子云，因而在慢中子总通量中，麦克斯韦谱中子占据主要成分。距

离超过 500m 后，麦克斯韦谱中子的注量就可以忽略。但是，即使在 500m 范围以内，麦克斯韦谱中子在中子总注量中所占的份额并不大。

知道爆炸装置的中子泄漏谱 $S(E)$，原则上可用中子的慢化和扩散理论求出不同能区中子注量的空间分布。

如图 5.46 所示，考虑无限均匀介质中能量为 E_0 的快中子点源 O，源强为 S_0（单位时间放出 S_0 个中子），快中子经慢化，能量 E_0 变成 E（能量变小，勒增加，年龄变大），有费米年龄方程，可得中子慢化密度的空间分布（5.5.28），即

$$q(r,\tau) = \frac{S_0}{(4\pi\tau)^{3/2}} \mathrm{e}^{-r^2/(4\tau)} \tag{5.5.52}$$

其中 τ 为中子能量从 E_0 慢化到能量 E 的年龄，r 为观测点离中子点源 O 的距离。快中子慢化成热中子后进入扩散阶段。下面考虑热中子的扩散，离中子点源 r 处体积 $\mathrm{d}r$ 内的热中子源强 $Q = q(r,\tau)\mathrm{d}r$（单位是 n/s），这些热中子经扩散后，在离爆炸点（原点）$\boldsymbol{R}$ 处的数密度的空间分布由（5.5.46）给出，即

$$n(\boldsymbol{R}) = \frac{Q}{4\pi D|\boldsymbol{R}-r|} \mathrm{e}^{-|\boldsymbol{R}-r|/L_D} = \frac{q\mathrm{d}r}{4\pi D|\boldsymbol{R}-r|} \mathrm{e}^{-|\boldsymbol{R}-r|/L_D} \tag{5.5.53}$$

此处 $r' = |\boldsymbol{R}-r|$ 为观测点 $\boldsymbol{R}$ 离热中子源点 r 的距离。将（5.5.52）代入（5.5.53），对热中子源所在的空间体积元 $\mathrm{d}r$ 积分，可得初始能量为 E_0、源强为 S_0 的单能快中子点源经慢化阶段和扩散阶段两种过程后产生的热中子通量 $\Phi = vn$ 在观测点 $\boldsymbol{R}$ 处的空间分布为

$$\Phi(\boldsymbol{R}) = \int \frac{S_0}{(4\pi\tau)^{3/2}} \mathrm{e}^{-r^2/(4\tau)} \frac{v\mathrm{d}r}{4\pi D|\boldsymbol{R}-r|} \mathrm{e}^{-|\boldsymbol{R}-r|/L_D}$$

注意到球坐标下空间元 $\mathrm{d}r = 2\pi r^2 \mathrm{d}r \sin\theta\mathrm{d}\theta$，观测点 $\boldsymbol{R}$ 离热中子源点 r 的距离 $r' = \sqrt{R^2 + r^2 - 2Rr\cos\theta}$，完成对 $\mathrm{d}r\mathrm{d}\theta$ 的积分，可得单能点源情况下热中子通量解为

$$\Phi(R,\tau,L_D) = \frac{S_0 \mathrm{e}^{-\tau/L_D^2}}{8\pi D'R} \left\{ \mathrm{e}^{-R/L_D}\left[1 + \mathrm{erf}\left(\frac{R}{2\sqrt{\tau}} - \frac{\sqrt{\tau}}{L_D}\right)\right] - \mathrm{e}^{R/L_D}\left[1 - \mathrm{erf}\left(\frac{R}{2\sqrt{\tau}} + \frac{\sqrt{\tau}}{L_D}\right)\right] \right\} \tag{5.5.54}$$

其中 $D' = D/v$（D 为扩散系数，v 为中子速率）；L_D 为扩散长度；τ 为中子年龄，是快中子在慢化到热中子过程中穿行距离量度，具有面积的量纲。而

$$\mathrm{erf}(x) = \frac{2}{\sqrt{\pi}} \int_0^x \mathrm{e}^{-y^2} \mathrm{d}y$$

为误差函数。其两个极端值为 $\mathrm{erf}(x) = 2x/\sqrt{\pi}\ (x \ll 1), \mathrm{erf}(x) = 1\ (x \gg 1)$。

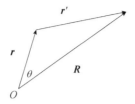

图 5.46　中子的慢化与扩散

快中子从爆炸源开始，经历慢化阶段和扩散阶段后，到达热中子被介质吸收点处所穿行距离的均方值为

$$\overline{R^2} = \frac{\int_0^\infty R^2 \varPhi(R,\tau,L_D) 4\pi R^2 \mathrm{d}R}{\int_0^\infty \varPhi(R,\tau,L_D) 4\pi R^2 \mathrm{d}R} = 6(L_D^2 + \tau) = \overline{R_D^2} + \overline{R_m^2} \qquad （5.5.55）$$

其中 $\overline{R_m^2} = 6\tau$ 为快中子慢化到热中子过程中所走的方均距离，而 $\overline{R_D^2} = 6L_D^2$ 则为热中子从热中子源处扩散到被介质吸收点处所走的方均距离。因为中子徙动长度是快中子从爆炸源开始的，经慢化阶段和扩散阶段到热中子被介质吸收点处的特征长度，徙动长度的平方 L_0^2 为慢化长度平方 L_m^2 与扩散长度平方 L_D^2 之和，

$$L_0^2 = L_m^2 + L_D^2 = \tau + L_D^2 = \overline{R^2}/6 \qquad （5.5.56）$$

可见，徙动长度的平方等于快中子从爆炸源点开始迁徙到热中子吸收点处所穿行距离的均方值 $\overline{R^2}$ 的 1/6。

由热中子通量解（5.5.54）可知，热中子通量的空间分布 $\varPhi(R,\tau,L_D)$ 依赖于快中子慢化长度 $L_m = \sqrt{\tau}$ 和热中子扩散长度 L_D 的比值 $\sqrt{\tau}/L_D$。当比值 $\sqrt{\tau}/L_D > 2$ 时，$\varPhi(R,\tau,L_D)$-R 空间分布曲线基本相同，与 $\sqrt{\tau}/L_D$ 无关。$\sqrt{\tau}/L_D > 2$ 意味着快中子慢化得慢（慢化长度长）而吸收得比较快（扩散长度短），以至于不同快中子慢化所得的热中子通量 $\varPhi(R,\tau,L_D)$ 有共同的分布；同样，当离原点距离 R 和扩散长度 L_D 的比值 $R/L_D > 2$ 时，对于任何不同的 $\sqrt{\tau}/L_D$ 值，热中子通量 $\varPhi(R,\tau,L_D)$-R 的分布也是相似的，即在远离中子爆炸源的地方，慢化中子的空间分布和热中子的空间分布（$\sqrt{\tau}/L_D = 0$）相似。

两种极端情况下，中子通量的分布 $\varPhi(R,\tau,L_D)$ 为：

（1）$L_m/L_D = \sqrt{\tau}/L_D \ll 1$（快中子慢化可忽略，热中子扩散主导），利用 $\mathrm{erf}(x \gg 1)=1$，可得

$$\varPhi(R,t) = \frac{S_0(t)}{4\pi D'R} \mathrm{e}^{-R/L_D} \qquad （5.5.57）$$

这就是中子点源的扩散解。

（2）$L_m / L_D = \sqrt{\tau} / L_D \gg 1$（快中子慢化主导，热中子扩散可忽略）

$$\Phi(R,t) = \frac{S_0(t)}{(4\pi\tau)^{3/2}} \frac{L_D^2}{D'} e^{-R^2/(4\tau)} \qquad (5.5.58)$$

它与点源情况下的中子慢化密度解（5.5.28）有相同的形式。

（5.5.54）为初始能量为 E_0、源强为 S_0 的单能快中子点源解，对不同的初始能量 E 叠加，可得到具有泄漏谱 $S(E)$ 的爆炸中子源在离爆点 R 处的中子注量的空间分布

$$\Phi(R,\tau,L_D) = \frac{1}{8\pi D'R} \int_E dES(E)e^{-\tau/L_D^2}$$

$$\times \left\{ e^{-R/L_D}\left[1+\mathrm{erf}\left(\frac{R}{2\sqrt{\tau}} - \frac{\sqrt{\tau}}{L_D}\right)\right] - e^{R/L_D}\left[1-\mathrm{erf}\left(\frac{R}{2\sqrt{\tau}} + \frac{\sqrt{\tau}}{L_D}\right)\right]\right\}$$

$$(5.5.59)$$

式中积分是对所有初始中子的能量 E 进行的。

根据表 5.12 给出的泄漏率为 0.1 的中子泄漏谱数据，用（5.5.59）计算慢中子注量的空间分布。计算中将麦克斯韦中子能量到 10MeV 分为 9 群，将能量积分化为对能群求和，可得不考虑地面影响的空爆和考虑地面影响的地爆时慢中子注量的空间分布，如图 5.47 所示。图中还给出了由能量大于 0.1MeV 的中子产生的慢中子的注量的空间分布和由热核爆炸快中子慢化到慢中子的注量的空间分布。图中 $\Phi(R)$ 已用核爆炸所释放的总中子数除过，即为归一化的中子注量。

表 5.12　泄漏率为 0.1 的中子泄漏谱（$\int S(E)dE = 0.1$）

E/MeV	$S(E)$/（个/MeV）	E/MeV	$S(E)$/（个/MeV）
9	31（−4）	2	1.84（−4）
8	1.27（−4）	1.5	2.63（−4）
7	3.45（−4）	0.5	3.45（−4）
6	8.6（−4）	0.1	6.48（−4）
5	1.95（−4）	0.05	6.55（−4）
4	0.438（−4）	0.01	7.25（−4）
3	0.91（−4）	0.005	7.53（−4）

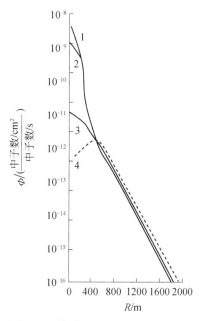

图 5.47　核爆炸慢中子的空间分布
1. 地面爆炸时慢中子注量；2. 空爆时慢中子注量；
3. 由超麦克斯韦中子产生的慢中子注量；4. 热核爆炸时由快中子产生的慢中子注量

由图 5.47 可以看出，当测点离爆点距离 $R<(1\sim2)\times10^2$m 时，地爆（1）明显比空爆（2）的慢中子注量大，这是由于密度较大的大地土壤慢化提高了慢中子注量的缘故。当测点离爆点距离 $R>200$m 后，地爆和空爆时慢中子注量并没有什么明显的差别，大地的影响可以忽略。或者说，在 R 大于约 200m 后，用中子在无限均匀大气中迁移的数据并不会带来很大的误差。

在测点离爆点距离 $R<500$m 范围内，中子注量的空间分布与高斯分布接近，即与 $L_m/L_D=\sqrt{\tau}/L_D\gg1$（快中子慢化主导，热中子扩散可忽略）的慢化分布相近，此时慢中子注量的对数 $\ln\varPhi\propto R^2$ 为 R 的二次函数，其中 $S_0(t)$ 为 t 时刻单位时间发出的中子数。这一点表明，距离 500m 内能量为 keV 的慢中子主要来自能量为 MeV 量级的快中子慢化，而不是麦克斯韦谱中子中能量 keV 级中子的扩散。在这个范围内，慢中子注量随距离衰减可拟合成以下函数

$$\varPhi_s=3.74\times10^{14}Q(1-\eta)\mathrm{e}^{-R/\lambda_1}, \quad R<500\text{m} \qquad (5.5.60)$$

式中 Q 为爆炸当量（以 kt TNT 为单位）；η 为中子泄漏率；λ_1 为中子等效衰减长度，可取 80m；$\varPhi_s$ 的单位为中子数/cm^2。

当测点离爆点距离 $R>500$m 后，$\varPhi_s(R)R^2$ 与 R 在半对数坐标中呈直线，斜率

为负，即 $\ln \Phi_s R^2 \propto -R$ ，或

$$\Phi_s R^2 = A_s \mathrm{e}^{-R/\lambda_2} \qquad (5.5.61)$$

式中常数 λ_2 亦为中子等效衰减长度，常数 A_s 依赖于核爆装置类型、中子泄漏率和爆炸当量。

中子等效衰减长度 $\lambda_{1,2}$ 和前面的自由程并不相当，它的数值和 $\Phi_s R$ 的表达式有关，与空气密度 ρ 呈反比关系，即

$$\lambda \rho = \lambda_0 \rho_0 \qquad (5.5.62)$$

下脚标 "0" 表示标准状态下的物理量，无脚标的量为不同大气密度下的量， ρ_0 的单位为 $\mathrm{mg/cm^3}$ 。（5.5.61）变为

$$\Phi_s R^2 = A_s \mathrm{e}^{-R\rho/(\lambda_0 \rho_0)} \qquad (5.5.63)$$

实测表明， λ_0 与核爆装置类型有关，对于裂变弹 λ_0 可取 230m，对于热核爆炸 λ_0 可取 520m。 A_s 可近似认为与当量 Q 和中子泄漏率 η_s 成正比，

$$A_s = A_{s0} Q \eta_s \qquad (5.5.64)$$

A_{s0} 只能由理论计算或者由实测数据来确定。由中子通量空间分布的理论计算可得

$$A_s = 1.3 \times 10^{19} Q \eta_s$$

最后可给出在 $R > 500\mathrm{m}$ 范围内慢中子注量的拟合公式（对于裂变弹）

$$\Phi_S R^2 = 1.3 \times 10^9 Q \eta_s \, \mathrm{e}^{-R\rho/(230\rho_0)}, \qquad R > 500\mathrm{m} \qquad (5.5.65)$$

式中 R 的单位为 m； η_s 是一个可调参数，调节理论计算和实测结果符合的程度。虽然可以从理论上算出中子注量 $\Phi_s(R)$ ，并拟合成一定形式的表达式，但是它在一定范围内有任意性。因此（5.5.64）给出的 A_s 表达式是很粗略的一个近似，使用这个近似形式便于调整参数 η_s 以使理论计算结果和实测数据相符。

能量 $E_n < 0.5\mathrm{eV}$ 的等效热中子注量 Φ_T 对研究中子感生放射性极其重要，可借用慢中子积分通量空间分布的形式，采用下列实用公式：

原子弹爆炸 $\qquad\qquad \Phi_T R^2 = A_T Q \eta_T \, \mathrm{e}^{-R\rho/(230\rho_0)} \qquad (5.5.66)$

氢弹爆炸 $\qquad\qquad \Phi_T R^2 = A_T Q \eta_T \, \mathrm{e}^{-R\rho/(250\rho_0)} \qquad (5.5.67)$

式中 A_T 取（1～3）$\times 10^{18}$ ， η_T 为中子泄漏率。

2. 核爆炸中子的空间分布

核爆炸中子泄漏谱包括十几兆电子伏以下所有能量的中子，在核爆炸中子场中，即使在远达 2～3km 的范围内，也存在快中子。这里所讲的快中子是指某个阈探测器测得的阈能以上的中子（简称阈上中子）。例如， $^{32}\mathrm{S}$ 探测器中子的阈能为 3MeV， $^{53}\mathrm{Ni}$ 探测器中子的阈能为 13.5MeV 等。

　　用解析方法求解散射吸收介质中的中子迁移方程，可求得快中子的空间分布，但比较困难。可以借助随机抽样的方法（蒙特卡罗方法），仅跟踪少量中子利用统计规律来推断整个中子场的规律。从物理意义上看，快中子的空间分布由两项组成，一项是直射项，另一项是散射项。

　　对于点源，直射中子注量的空间衰减规律正比于 $\mathrm{e}^{-R/\lambda}/R^2$，而直射中子注量没有简单的表达式。如果散射项取点源扩散解的形式，那么散射中子注量的空间衰减规律就正比于 $\mathrm{e}^{-R/\lambda}/(DR)$。可见直射项比散射项随距离的衰减要快，在一定距离以外区域的中子主要是散射中子。

　　初始能量为 14MeV 单能中子和初始能谱为裂变谱的中子在无限均匀空气中的注量分布，可由蒙特卡罗方法计算得到。图 5.48 给出了用蒙特卡罗方法算出的氢弹和原子弹爆炸放出的快中子在无限均匀大气中的注量的空间分布（虚线），其特征是，中子直射注量比中子总注量要小得多，在 800m 以外要小两个量级以上。在半对数坐标系中，直射项 $\varPhi R^2$ 与 R 的关系是严格的直线关系，而直射项对总注量仅近似为直线关系，这就证实了上面的简单分析。

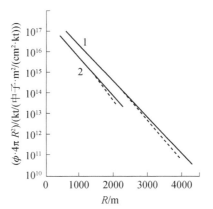

图 5.48　快中子注量的空间分布（虚线为计算结果）

1. 热核爆炸；2. 原子弹爆炸

　　仔细观察计算结果（虚线）可以发现，在大范围内 $\varPhi R^2$ 随 R 的分布曲线并不是严格的直线。可拟合如下：

原子弹爆炸　　　　　　　$\varPhi R^2 = 3.2\times10^{17}Q\eta\,\mathrm{e}^{-R\rho/(230\rho_0)}$　　　　　　（5.5.68）

氢弹爆炸　　　　　　　　$\varPhi R^2 = 9.1\times10^{17}Q\eta\,\mathrm{e}^{-R\rho/(250\rho_0)}$　　　　　　（5.5.69）

这里的 η 称为中子泄漏率，它只是一个可调参数，数值一般在 1 附近，但不超过 1。

5.5.6　中子的能谱和角分布

1. 核爆炸中子能谱

中子能谱是中子场的重要参量之一，研究中子对生物的杀伤和防护，采用阈能探测器测量中子注量，这些都必须知道中子注量随能量的分布——中子能谱。中子能谱由弹体的泄漏谱和中子迁移介质的性质来决定。例如，中子在大气中迁移时，离爆心一定距离处主要是散射中子，而直射中子基本衰减掉了。换句话说，随着距离的变化，中子能谱的相对谱形不再有大的变化，介质原子核对中子能谱不再有什么显著影响，中子的能谱主要取决于弹体中子泄漏谱。因此，裂变装置和热核装置的中子能谱特征会有明显差异。

远离爆心能量在 20keV～0.5eV 范围的慢中子能谱可用多个活化共振探测器来测量。快中子谱则可用阈能探测器测量，根据测得的不同阈上的中子注量，将待测中子能谱进行合理的分解，经过数学处理可以得到快中子能谱。与初始中子能谱比较，在均匀大气中迁移后的中子能谱会发生变化。图 5.49 给出了点源裂变中子在无限均匀大气中迁移后不同距离处的慢中子和中能中子能谱，图中虚线是裂变中子能谱。

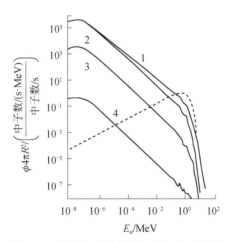

图 5.49　核爆炸时慢中子和中能中子能谱

1. 220m；2. 670m；3. 1560m；4. 2970m

比较不同距离处的中子能谱，可得出如下几个重要特征：①由于大气对中子的慢化，快中子所占份额则有所下降，慢中子（尤其是 1keV 以下的慢中子）和中能中子所占的份额随距离显著增加。②当距离大于几百米后，距离再增加时，中子能谱谱形基本不变，它反映了散射场的特点。③能量在 0.5keV 以下的中子能谱密度服从 $1/E^\beta$ 定律（β 趋于 1），且随距离增加变化不大。能量在 1～2eV 以下的中子，由于氮的强烈俘获，能谱明显偏离 $1/E$ 规律，形不成麦克斯韦谱。

对于大气密度为 1mg/cm³，当量 Q =1000kt TNT 的氢弹核爆炸在不同距离处的中子全能谱的蒙特卡罗（M-C）模拟结果表明。热核爆炸中子能谱在能量 14MeV 附近出现特有的峰值，这个高能峰值随着距离增加逐渐降低，最后趋于消失，这主要是由于中子非弹性散射所致，

C. R. Greer 等对海平面氢弹爆炸时距爆心 1000m 处的中子能谱的实测结果表明，当 R 大于一定距离后，中子能谱无多大变化，不同能区内的中子注量有类似的空间分布，而且等效衰减长度也相同，相差的系数可由不同能区中子在能谱中所占的比例来定。表 5.13 给出了不同能区中子注量的相对比例（以硫测中子注量为 1）。

表 5.13　不同能区中子注量的相对比例

类型	E>3MeV	E >0.1MeV	100keV> E >1keV	E <0.5eV
原子爆炸	1	20	40	8
热核爆炸	1	8	7	1.4

2. 核爆炸中子的角分布

中子与核散射过程中，散射角分布的特性逐渐使中子注量和剂量按散射角具有确定的分布规律。如图 5.50 所示，散射角 θ 是指某方向与爆心-测点连线 OS 的夹角，α 是地面与爆心-测点连线 OS 的夹角。中子的角分布随着离爆心的距离而变化，当超过一定距离形成散射中子场后，中子角分布的变化不再明显，并且不受地面存在的影响。

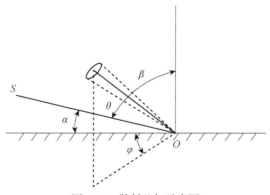

图 5.50　散射几何示意图

　　不同能量的中子角分布不同，快中子有明显的角分布，随着能量降低，角分布逐渐变缓，慢中子的角分布趋向各向同性。因此仅讨论 2MeV 以上能量的快中子角分布。

　　为表征快中子注量的角分布，引入快中子注量角分布函数 $\delta_n(\theta)$，表示地面某点 O 在散射角 θ 的单位立体角内产生的中子注量 $\Delta\Phi(\theta)/\Delta\Omega$ 与 O 点总中子注量 Φ 的比值

$$\delta_n(\theta)=\frac{\Delta\Phi(\theta)}{\Phi\Delta\Omega} \tag{5.5.70}$$

显然 $\delta_n(\theta)$ 满足归一化条件

$$\int \delta_n(\theta)\mathrm{d}\Omega = 2\pi\int \delta_n(\theta)\sin\theta\mathrm{d}\theta = 1 \tag{5.5.71}$$

在无限均匀大气条件下，用 M-C 方法计算不同距离处快中子注量角分布 $\delta_n(\theta)$，图 5.51 给出了快中子注量角分布 $\delta_n(\theta)$ 的计算结果，理论和实际符合得比较好。可以拟合成以下公式

$$\begin{aligned}\delta_n(\theta)&=0.08+3.9\mathrm{e}^{-\theta/20},&R<500\mathrm{m}\\ \delta_n(\theta)&=0.08+2.3\mathrm{e}^{-\theta/24},&R>500\mathrm{m}\end{aligned} \tag{5.5.72}$$

这说明无限均匀大气和有大地存在时的角分布基本上相间，而且与武器类型关系不大。

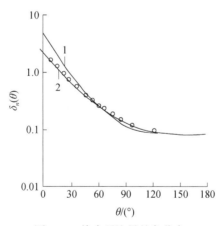

图 5.51　快中子注量的角分布

1. $R<500$m；2. $R>500$m

　　中子剂量的角分布与中子注量角分布略有差别，文献给出的中子剂量角分布为

$$\delta_D(\theta)=0.033+0.4045\mathrm{e}^{-\theta/300},\qquad R>500\mathrm{m} \tag{5.5.73}$$

即使散射角 θ 相同，爆点-测点连线 OS 与地面的夹角 α 不同，中子注量的角分布也是不同的，将与 α 有关的中子注量的角分布函数写为

$$F(\alpha,\theta) = K(\alpha)\delta_n(\theta) \tag{5.5.74}$$

式中 $K(\alpha)$ 仅与 α 角有关。$K(\alpha)$-α 曲线的计算结果见图 5.52。可见在一定距离处，即使散射角 θ 相同，$\delta_n(\theta)$ 相同，如果爆点-测点连线 OS 与地面的夹角 α 不同，则中子注量的角分布 $F(\alpha,\theta) = K(\alpha)\delta_n(\theta)$ 就不同。

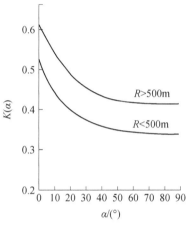

图 5.52　$K(\alpha)$ 随 α 角的变化

习　　题

1. 多原子分子和混合物的宏观截面如何计算？

2. 中子的宏观截面和平均自由程的意义？

3. 给定中子初始能量和终止能量，如何计算中子慢化所需的平均碰撞次数？

4. 慢化本领、减速比、慢化长度、徙动面积是如何定义的？

5. 在石墨慢化剂中，将 2MeV 的中子慢化成热中子（0.025eV）需要的平均碰撞次数是多少？

6. 已知石墨的密度是 1.6g/cm³，相应中子的散射截面 $\sigma_s = 4.8b$，吸收截面 $\sigma_s = 3.4mb$，试求它的散射自由程 λ_s、吸收自由程 λ_a 和中子的扩散长度 L_D。

5.6　核爆炸 γ 辐射

5.6.1　核爆炸 γ 辐射源

γ 辐射属于贯穿辐射，是核爆炸的杀伤破坏因素之一。核爆炸的 γ 辐射源复杂，主要有伴随重核裂变过程的 γ 辐射、裂变产物的 γ 辐射、中子在弹体和空气中与靶核非弹性散射所产生的 γ 辐射、氮俘获中子产生的 γ 辐射和土壤元素俘获中子产生的 γ 辐射。此外，还有 β 粒子的韧致 γ 辐射，但贡献很小，可不予考虑。

根据 γ 辐射的发射时间可将它们分为三类：

（1）瞬发 γ 辐射。从起爆开始到弹体飞散为止，时间尺度在 0～10μs 左右，包括伴随裂变过程发射的 γ、裂变产物发射的 γ、中子与弹体材料原子核非弹性散射和辐射俘获产生的 γ。这些 γ 辐射反映弹内核反应过程的信息，也是激发核爆电磁脉冲（NEMP）的主要激励源。

（2）缓发 γ 辐射。从弹体飞散后，到早期核辐射对地面 γ 剂量的贡献可忽略为止，时间尺度在 10μs～15s。包括由裂变产物放出的 γ，空气中氮和少量土壤元素俘获中子产生的 γ，这是早期核辐射的 γ 辐射剂量的主要部分。

（3）剩余 γ 辐射。时间尺度从 15s 到无穷大，包括裂变产物放出的 γ 和土壤元素感生放射性的 γ 辐射。

因为时间尺度短暂，瞬发 γ 辐射源可视为静止的点源。空气氮俘获中子产生的缓发 γ 源可视为静止的体源。由于裂变产物散布在火球和烟云中，火球和烟云半径在 15s 内不断增大，距地面高度也不断升高，因此裂变产物 γ 辐射是个上升的体源。

下面主要讨论上述 γ 源通过大气传播所产生的地面 γ 辐射场，γ 剂量的空间时间分布，不同地点的 γ 能量分布和角分布。

5.6.2　γ 辐射与物质的相互作用

γ 辐射是伴随核能级跃迁产生的电磁辐射，X 射线则是伴随原子外壳层电子跃迁产生的电磁辐射，两者的产生机制完全不同，γ 辐射为核过程，X 辐射为原子过程。虽然产生机制不同，但它们都属于电磁辐射。电磁辐射场由大量光子组成，频率为 ν 的单个光子的能量为 $\varepsilon = h\nu$，动量为 $\boldsymbol{p} = (h\nu / c)\boldsymbol{\Omega}$，其中 h 为普朗克常量，c 为光速，$\boldsymbol{\Omega}$ 为光子运动方向的单位矢量。能量动量相同的光子，与物质相互作用没有区别。

光子与物质相互作用过程主要有光电效应、康普顿散射和电子对效应，究竟哪一个过程占主要地位，取决于光子能量 $h\nu$ 和物质原子序数 Z。图 5.53 给出了三种作用过程发生的区域随原子序数 Z 和光子能量 $h\nu$ 的变化。图中两条曲线将（$Z, h\nu$）平面划为三个区域，区域 1 以光电效应为主，区域 2 以康普顿效应为主，区域 3 以电子对效应为主。曲线上两个过程的截面相等。能量范围 0.01～10MeV 内的光子与低 Z 物质（例如空气）主要发生康普顿散射和光电效应。能量低于 0.1MeV 时，主要发生光电效应，康普顿效应的截面小；能量高于 0.1MeV 时则主要为康普顿散射，电子对效应比较小。可见，核爆炸 γ 在大气中主要通过康普顿散射和光电效应而消减。

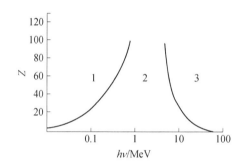

图 5.53　三个过程相对重要性随 $h\nu$ 和 Z 的变化

1. 为光电效应为主；2. 为康普顿效应为主；3. 为电子对效应为主

1. 康普顿散射

具有能量 $h\nu_0$ 和动量 $h\nu_0 / c$ 的入射光子与原子外层束缚较松的电子发生的弹性散射称为康普顿散射，如图 5.54 所示。散射光子失去部分能量并以散射角 θ 向外发射，散射光子能量变为 $h\nu = h\nu_0 - K_E$，K_E 是光子散射后失去的能量，变为反冲电子动能，反冲电子以 φ 角反冲。γ 光子在大气中康普顿散射产生的反冲电子形成的电流是产生核爆电磁脉冲的主要激励源。

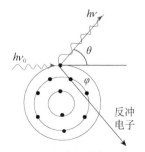

图 5.54　康普顿散射示意图

由能量动量守恒定律，可求得散射光子的能量

$$hv = \frac{hv_0}{1+\dfrac{hv_0}{m_0 c^2}(1-\cos\theta)} \tag{5.6.1}$$

它与散射角 θ 有关，其中 $m_0 c^2 = 0.511\text{MeV}$ 为电子静止能量。图 5.55 给出了散射光子能量 hv 随入射能量 hv_0 和散射角 θ 的变化。

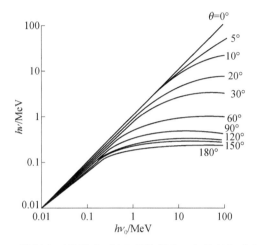

图 5.55　散射光子能量 hv 随入射能量 hv_0 和散射角 θ 的变化

引入光子的无量纲能量 $\alpha = hv/(m_0 c^2)$，则（5.6.1）写为

$$\alpha = \frac{\alpha_0}{1+\alpha_0(1-\cos\theta)} \tag{5.6.2}$$

可见，$\theta = 180°$ 时，光子背向散射，散射光子能量取最小值。$\theta = 0°$ 时，光子前向散射，散射光子能量不变。无论 θ 取何值，散射光子的能量都不为零，而是在 $\alpha \in [\alpha_{\min}, \alpha_{\max}]$ 范围。

根据（5.6.1）可得，散射后光子波长变长，变化量为

$$\lambda - \lambda_0 = \lambda_c(1-\cos\theta) \tag{5.6.3}$$

其中 $\lambda_c = h/(m_0 c) = 2.426 \times 10^{-10}\,\text{cm}$ 称为康普顿波长。反冲电子的反冲角 φ 与光子散射角 θ 的关系为

$$\cot\varphi = (1+\alpha_0)\tan\left(\frac{\theta}{2}\right) \tag{5.6.4}$$

反冲电子动能为

$$K_E = hv - hv_0 = hv_0 \frac{\alpha_0(1-\cos\theta)}{1+\alpha_0(1-\cos\theta)} \tag{5.6.5}$$

当 $\theta = 180°$ 时，散射光子能量最小，反冲电子动能最大。当 $\theta = 0°$ 时，散射光子能量不变，反冲电子动能为 0。

光子康普顿微分散射截面可用克莱因-仁科（Klein-Nishina）公式来确定

$$\mathrm{d}\sigma_c = \frac{r_0^2}{2} \frac{1+\cos^2\theta}{\left[1+\alpha_0(1-\cos\theta)\right]^2} \left(1 + \frac{\alpha_0^2(1-\cos\theta)^2}{(1+\cos^2\theta)\left[1+\alpha_0(1-\cos\theta)\right]}\right) \mathrm{d}\Omega \quad (5.6.6)$$

其中 $\mathrm{d}\Omega = 2\pi\sin\theta\mathrm{d}\theta$ 为光子散射方向的立体角，r_0 为电子的经典半径

$$r_0 = \frac{e^2}{m_0 c^2} = 2.818\times10^{-13}\,\mathrm{cm} \quad (5.6.7)$$

微分散射截面 $\mathrm{d}\sigma_c$ 的物理意义为，一个能量为 α_0 的入射光子打到每立方厘米只含一个电子的靶上，被电子散射到 θ 方向立体角 $\mathrm{d}\Omega$ 内的概率，单位是 cm^2/电子或 b/电子。

由（5.6.2）可得康普顿微分散射截面（5.6.6）的另一种表达式

$$\mathrm{d}\sigma_c = \frac{r_0^2}{2} \left(\frac{\alpha}{\alpha_0}\right)^2 \left(\cos^2\theta - 1 + \frac{\alpha_0}{\alpha} + \frac{\alpha}{\alpha_0}\right) \mathrm{d}\Omega \quad (\mathrm{cm}^2/\text{电子}) \quad (5.6.8)$$

表 5.14 给出了不同光子能量 $h\nu_0$ 和散射角 θ 对应的微分散射截面 $\mathrm{d}\sigma_c / \mathrm{d}\Omega$ 数据。可见，康普顿散射中，光子主要是向前散射（因为 θ 小时，$\mathrm{d}\sigma_c / \mathrm{d}\Omega$ 大），而且向前散射 ($\theta=1°\sim5°$) 的截面 $\mathrm{d}\sigma_c / \mathrm{d}\Omega$ 与光子能量 $h\nu_0$ 的关系不大，随着光子能量的增加，大角度散射的微分散射截面 $\mathrm{d}\sigma_c / \mathrm{d}\Omega$ 越小。

表 5.14 不同 $h\nu_0$ 和 θ 角的微分截面 $\mathrm{d}\sigma_c / \mathrm{d}\Omega$ （单位：$10^{-27}\mathrm{cm}^2/(\mathrm{sr}\cdot\mathrm{e})$）

$h\nu_0$/MeV	θ / (°)									
	1	5	10	20	30	45	60	90	120	180
0.01	79.4	79.1	78.1	74.6	69.1	59.0	48.6	38.3	46.4	73.6
0.04	79.4	79.0	78.0	74.0	68.0	57.5	45.5	34.4	40.4	60.2
0.1	79.4	79.0	77.7	73.0	66.0	53.7	41.0	29.3	31.3	43.2
0.2	79.4	78.8	77.3	71.3	62.8	48.2	35.0	22.9	23.0	29.3
0.4	79.4	78.6	76.4	68.2	57.2	41.0	28.5	16.8	15.7	17.9
1	79.3	77.9	73.7	60.2	45.0	27.7	17.7	10.4	8.80	8.35
2	79.3	76.8	69.7	50.1	33.0	18.3	11.5	6.80	5.30	4.54
4	79.2	74.6	62.8	37.3	21.7	11.5	7.15	4.09	2.98	2.39
10	78.9	68.6	48.4	21.2	11.0	5.6	3.48	1.86	1.05	0.98

康普顿散射微观截面为微分散射截面对出射立体角的积分

$$\sigma_c = \int \mathrm{d}\sigma_c = \pi r_0^2 \int_0^\pi \left(\frac{\alpha}{\alpha_0}\right)^2 \left(\cos^2\theta - 1 + \frac{\alpha_0}{\alpha} + \frac{\alpha}{\alpha_0}\right) \sin\theta\mathrm{d}\theta \quad (5.6.9)$$

康普顿散射时，一部分能量交给散射光子，一部分能量交给反冲电子。反冲电子动能有可能被介质吸收。为区分光子的能量是散射还是被吸收，引入光子的能量散射微分截面，定义为

$$\mathrm{d}\sigma_{cs} = \frac{h\nu}{h\nu_0}\mathrm{d}\sigma_c = \frac{r_0^2}{2}\left(\frac{\alpha}{\alpha_0}\right)^3\left(\cos^2\theta - 1 + \frac{\alpha_0}{\alpha} + \frac{\alpha}{\alpha_0}\right)\mathrm{d}\Omega \qquad (5.6.10)$$

对于出射立体角的积分，得能量散射截面

$$\sigma_{cs} = \int \mathrm{d}\sigma_{cs} = 2\pi r_0^2 \int_0^\pi \left(\frac{\alpha}{\alpha_0}\right)^3\left(\cos^2\theta - 1 + \frac{\alpha_0}{\alpha} + \frac{\alpha}{\alpha_0}\right)\sin\theta\mathrm{d}\theta \qquad (5.6.11)$$

它是康普顿散射时入射光子将能量转移给散射光子的截面，而康普顿能量吸收截面 $\sigma_{ca} = \sigma_s - \sigma_{cs}$ 是康普顿散射时入射光子将能量转移给反冲电子的截面。

由于入射光子能量 $h\nu_0$ 分配给了散射光子 $h\nu$ 和反冲电子 K_E，其分配概率分别为 σ_{cs}/σ_c 和 σ_{ca}/σ_c，故散射光子的平均能量为 $h\nu_0\sigma_{cs}/\sigma_c$，它代表入射光子能量被介质所散射的部分，反冲电子的平均能量为 $h\nu_0\sigma_{ca}/\sigma_c$，它代表入射光子能量被介质所吸收的部分。

表 5.15 给出了不同入射光子能量 $h\nu_0$ 下的三个截面 $\sigma_c, \sigma_{cs}, \sigma_{ca}$（简记为 $\sigma_c, \sigma_s, \sigma_a$）以及散射光子和反冲电子带走的平均能量。由表可见，入射光子的能量越大，反冲电子所获得的动能越大。当 $h\nu_0 > 1.5\mathrm{MeV}$ 时，有一半以上光子能量转变为反冲电子的动能。相反，光子能量 $h\nu_0$ 越小，散射光子所占的能量比例越高。例如，入射光子能量 $h\nu_0 < 0.2\mathrm{MeV}$ 时，散射光子能量所占的比例大于 80%，这说明低能入射光子的康普顿散射几乎没有能量损失，频率基本不变（相干散射）。

表 5.15 不同入射光子能量 $h\nu_0$ 下 σ_c，σ_s，σ_a 以及散射光子和反冲电子的平均能量

$h\nu_0$/MeV	截面/（$10^{-27}\mathrm{cm}^2$/e）			散射光子平均能量/MeV	反冲电子	
	σ_c	σ_s	σ_a		平均能量/MeV	占入射光子能量的份额
0.1	492.8	424.8	68.0	0.0862	0.0138	0.1380
0.2	406.5	318.6	87.9	0.1568	0.0432	0.2162
0.3	353.5	258.2	95.3	0.2191	0.0809	0.2696
0.4	316.7	218.6	98.1	0.276	0.124	0.3098
0.5	289.7	190.5	99.2	0.329	0.171	0.3424
0.8	235.0	138.9	96.1	0.473	0.327	0.4089
1.0	211.2	118.3	92.9	0.560	0.440	0.4399
1.5	171.6	86.70	84.9	0.758	0.742	0.4948
2.0	146.4	68.67	77.7	0.939	1.061	0.5307

续表

$h\nu_0$/MeV	截面/（10^{-27}cm²/e）			散射光子平均能量/MeV	反冲电子	
	σ_c	σ_s	σ_a		平均能量/MeV	占入射光子能量的份额
3.0	115.1	48.65	66.4	1.269	1.731	0.5769
4.0	95.98	37.73	58.25	1.57	2.428	0.6069
6.0	73.23	26.07	47.16	2.14	3.864	0.6440
8.0	59.89	19.93	39.96	2.66	5.338	0.6672
10.0	50.99	16.14	34.85	3.16	6.835	0.6835

利用光子散射角和电子反冲角的关系式（5.6.4），康普顿微分散射截面（5.6.6），可得反冲电子的微分散射截面为

$$\frac{\mathrm{d}\sigma_c}{\mathrm{d}\varphi} = \frac{\mathrm{d}\sigma_c}{\mathrm{d}\Omega}\frac{\mathrm{d}\Omega}{\mathrm{d}\varphi} = \frac{\mathrm{d}\sigma_c}{\mathrm{d}\Omega}\left[\frac{2\pi(1+\cos\theta)}{(1+\alpha_0)\sin^2\varphi}\right]\left(\mathrm{cm}^2/(\mathrm{e}\cdot\mathrm{rad})\right) \quad (5.6.12)$$

当入射光子能量 $h\nu_0 = 0.5$MeV 时，上式在 $\varphi = 20°$ 和 $60°$ 附近有极大值，当光子能量 $h\nu_0$ 增大时，广角分布消失，而且分布极大值出现的角度愈小，反冲电子主要是向前飞行。

康普顿散射反冲电子数随其动能的分布为

$$\frac{\mathrm{d}\sigma_c}{\mathrm{d}K_E} = \frac{\mathrm{d}\sigma_c}{\mathrm{d}\Omega}\frac{\mathrm{d}\Omega}{\mathrm{d}\theta}\frac{\mathrm{d}\theta}{\mathrm{d}K_E} = \frac{\pi r_0^2}{\alpha_0^2 m_0 c^2}\left\{2+\left(\frac{K_E}{h\nu_0-K_E}\right)^2\right.$$
$$\left.\times\left[\frac{1}{\alpha_0^2}+\frac{h\nu_0-K_E}{h\nu_0}-\frac{2}{\alpha_0}\left(\frac{h\nu_0-K_E}{K_E}\right)\right]\right\}\left(\frac{\mathrm{cm}^2}{\mathrm{keV}\cdot\mathrm{e}}\right) \quad (5.6.13)$$

2. 光电效应

低能入射光子把自身能量 $h\nu_0$ 交给原子内壳层的束缚电子，使之脱离原子核束缚成为自由电子，光子本身消失的过程，称为光电效应，如图 5.56 所示。

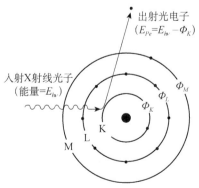

图 5.56　光电效应示意图

　　能量 $h\nu_0$ 的入射光子从原子内壳层逐出的自由电子称为光电子。光电子的动能可根据爱因斯坦光电效应方程给出

$$T_e = h\nu_0 - \Phi \tag{5.6.14}$$

其中 Φ 为原子内壳层电子的结合能（脱出功或电离能）。究竟是哪个内壳层电子被电离，取决于光电效应截面的大小。光电效应最容易发生在原子的内壳层 K 壳层，原因是能量和动量守恒容易满足。可以证明，一个自由电子不可能从一个光子那里吸收能量而成为光电子，必须要有原子核的参与，才能同时满足能量和动量守恒。

　　光电效应主要发生在原子的 K 主壳层（80%），发生在其他壳层的比例为20%，故一个原子的光电吸收截面 σ_{ph} 为

$$\sigma_{ph} = \frac{5}{4}\sigma_K \tag{5.6.15}$$

其中 σ_K 是能量为 $h\nu_0$ 的入射光子在原子的 K 主壳层发生光电效应的微观截面，表达式为

$$\sigma_K = \begin{cases} 4\sqrt{2} \cdot \dfrac{Z^5}{137^4}\sigma_0\left(\dfrac{m_e c^2}{h\nu_0}\right)^{7/2}, & T_e \ll m_e c^2 \\[3mm] \dfrac{2}{3} \cdot \dfrac{Z^5}{137^4}\sigma_0\left(\dfrac{m_e c^2}{h\nu_0}\right), & T_e \gg m_e c^2 \end{cases} \tag{5.6.16}$$

其中 $\sigma_0 = \dfrac{8\pi}{3}\left(\dfrac{e^2}{m_e c^2}\right)^2$ 为汤姆孙散射截面，Z 为原子序数。可见光电吸收截面 σ_{ph} 有两个突出特点：① $\sigma_{ph} \propto Z^5$，重元素的光电截面大（这是为什么工程实际中采用重金属 Pb 来屏蔽 γ 辐射的物理原因）；② $\sigma_{ph} \propto 1/(h\nu_0)^{7/2}$ 或 $1/(h\nu_0)$，表示低能光子的光电截面大。

　　显然，光电吸收的光子便完全离开了原光子流，本身消失。问题是一个光子发生光电效应以后，其全部能量是不是都沉积在物质内部了呢？回答是否定的，这意味着有一部分能量又会从物质中逃逸出来。逃逸出的能量有多大呢？我们知道，发生光电效应时，光子的能量一部分用于克服原子对电子的束缚（脱出功 Φ_K）。脱出功 Φ_K 转变成原子的内部激发能，激发能可能会变成特征 X 射线能量或者俄歇（Auger）电子动能。如果变成 K_α 特征 X 射线（L 主壳层向 K 主壳层跃迁产生的），则 K_α 射线的能量为 $h\nu' = \Phi_K - \Phi_L$，这部分能量可能将从物质中逃逸，此时一个光子交给电子的能量为 $h\nu_0 - h\nu' = h\nu_0 - \Phi_K + \Phi_L$，这个能量会沉积在物质内。如果激发能变成俄歇电子动能，则 $T_e' = \Phi_K - \Phi_L - \Phi_L = \Phi_K - 2\Phi_L$（设俄歇电子从 L 主壳层逐出），此时一个光子交给电子的能量为 $T_e + T_e' = h\nu_0 - \Phi_K + T_e' =$

$hv_0 - 2\Phi_L$，这个能量会沉积在物质内。可见，不论哪种情况，光电效应沉积的能量都不可能是光子的全部能量 hv_0。

假设光电效应发射光电子后，激发态原子发射的特征 X 射线能量所占的比例为 Y（Y 为荧光的产额），发射俄歇电子动能所占的比例则为 $1-Y$，则光子能量 hv_0 最终交给电子（光电子和俄歇电子）的动能为

$$E_e = hv_0 - \Phi + (1-Y) - \Phi = hv_0 - Y\Phi \qquad （5.6.17）$$

其中 Φ 为光电子的脱出功，光子能量 hv_0 最终转移给电子的份额（即能量沉积的比例）为

$$\frac{E_e}{hv_0} = 1 - \frac{Y\Phi}{hv_0} \qquad （5.6.18）$$

故光子与一个原子发生光电效应的能量吸收截面为

$$\sigma_{pha} = \sigma_{ph}(1 - Y\Phi / (hv_0)) \qquad （5.6.19）$$

它是光子能量 hv_0 和物质原子序数 Z 的函数。

注意，原子发射的特征 X 射线能量一般较低，最终也很难逃逸出物质而被物质吸收。因此，光子如果发生光电效应，就可以认为其能量全部被物质吸收（即认为荧光的产额 $Y=0$）。

3. 电子对产生（pair production）

康普顿散射和光电效应发生的概率随着光子能量 hv_0 的增加而变小。当入射光子能量大于电子静止能量的两倍，即 $hv_0 > 2m_0c^2$ 时，电子对效应逐渐占据主导。

电子对效应是指，一个能量 $hv_0 > 2m_0c^2 = 1.022\text{MeV}$ 的入射光子与原子核的电场相互作用，光子本身消失而产生一对正负电子的过程。这个过程中，原子核库仑场的作用非常重要，核外电子也参与了这一过程。可以证明，无论光子能量多高，一个孤立光子不可能产生一对正负电子，因为能量守恒和动量守恒不能同时满足。值得指出，对于原子核的库仑场，只有当光子能量 $hv_0 > 2m_0c^2$ 时电子对效应才能发生，而对于原子中电子的库仑场，光子能量需 $hv_0 > 4m_0c^2$ 时才有可能发生电子对效应。

根据能量守恒定律，正负电子对的动能和为

$$2T_e = hv_0 - 1.022\text{MeV} \qquad （5.6.20）$$

这些动能会因为带电粒子的电离作用而损失在物质内。动能损失后，两个正负电子的静止能量之和 1.022MeV 也会因电子对湮灭变成两个光子（能量均为 0.511MeV）而逸出物质（双逃逸），这些逸出去的光子能量就不能算作能量沉

积。因此，正负电子对动能占入射光子能量的份额为 $1-1.022/(h\nu_0)$。

一个能量为 $h\nu_0$ 的光子与一个原子序数为 Z 的原子发生电子对效应的微观截面为

$$\sigma_p = Z^2\sigma_0\left(\frac{28}{9}\ln\frac{2h\nu_0}{m_ec^2} - \frac{218}{27}\right) \qquad (5.6.21)$$

可见，微观截面与物质的原子序数 Z^2 成正比，随光子能量 $h\nu_0$ 增大而增大。光子一旦产生电子对效应，便完全离开了光子流，但是，这一过程将伴随有正负电子湮灭所产生的两条能量均约等于 0.511MeV 的次级 γ 辐射，这些 γ 辐射的能量不一定全部沉积在介质内，因此电子对效应的能量吸收截面为

$$\sigma_{pa} = Z^2\sigma_0\left(\frac{28}{9}\ln\frac{2h\nu_0}{m_0c^2} - \frac{218}{27}\right)\cdot\left(1 - \frac{1.022}{h\nu_0}\right) \qquad (5.6.22)$$

4. 光子束强度在介质中的衰减

光子与物质原子（电子）的三种基本相互作用，会导致光子数目的减少或使光子偏离原来的运动方向，使光子离开原来的光子束。下面来讨论一束平行窄束光子束通过物质时强度的减弱规律。上述三种作用过程都使窄束光子束的强度减弱，光子束减弱截面等于三种作用微观截面的总和，即

$$\sigma_T = \sigma_c + \sigma_{ph} + \sigma_p \quad (\text{cm}^2/\text{atom}) \qquad (5.6.23)$$

乘上单位体积的原子数 N，即得物质对 γ 射线的线性减弱系数 $\mu = N\sigma_T$，其物理意义为光子走单位长度被物质散射或吸收的概率。物质的质量减弱系数 μ/ρ 等于一个原子总截面 σ_T 乘以单位质量介质内的原子数 N/ρ，与物质所处的物理状态（气态、固态、液态）无关。康普顿散射的质量减弱系数为 $\mu_c/\rho = \sigma_c N_e/\rho$，其中 $N_e/\rho = ZN_0Z/A$ 为单位质量介质内的电子数（N_0 为阿伏伽德罗常量），所以 $\mu_c/\rho = \sigma_c N_0 Z/A$，除了 H 元素外，比值 $Z/A \approx 1/2$，故康普顿散射的质量减弱系数 μ_c/ρ 几乎与原子序数 Z 无关。

吸收和散射均会对窄束光子强度造成衰减，位置 x 处束流强度为 $I(x)$ 的窄束光子束垂直通过 dx 厚的物质层后，强度的衰减量为

$$-\mathrm{d}I = I(x)\mu\mathrm{d}x \qquad (5.6.24)$$

用质量减弱系数表示，（5.6.24）式可写成

$$-\mathrm{d}I = I(x)\mu_m\mathrm{d}x_m \qquad (5.6.25\mathrm{a})$$

其中 $\mu_m = \mu/\rho$ 为质量吸收系数，而 $\mathrm{d}x_m = \rho\mathrm{d}x$ 为质量厚度（单位为 g/cm^2）。（5.6.25a）的解为

$$I(x) = I_0\exp\left(-\int_0^{\rho x}\mu_m\mathrm{d}x_m\right) \qquad (5.6.25\mathrm{b})$$

这就是窄束光子强度的衰减规律，其中包括了散射的贡献。要注意的是，散射只是使光子离开了原光子束，窄束光子强度可通过散射而减弱，并不代表光子被吸收了。

从 γ 辐射剂量的角度来看，需要研究 γ 光子能量被吸收的规律。考虑到凡是以次级光子形式被保留下的那一部分能量不能算在被吸收之列，因此一个原子对光子的能量吸收微观截面为

$$\sigma_{Ta} = f_1\sigma_{ca} + f_2\sigma_{ph} + f_3\sigma_p \quad (\text{cm}^2/\text{atom}) \tag{5.6.26}$$

其中，f_1、f_2、f_3 分别为相应三个相互作用过程中被吸收掉的光子能量份额，它们都是小于 1 的数。f_1 是考虑到康普顿散射反冲电子在减速时所产生的次级轫致辐射的系数，近似等于 1。f_2 是考虑到光电吸收过程中，被原子吸收的一部分能量 Φ（其中 Φ 为电子的束缚能）以次级荧光辐射出去的系数，可近似取为 $f_2 = 1 - Y\Phi/(h\nu_0)$，其中 Y 为荧光的产额。f_3 是考虑到正负电子湮没产生的辐射和电子轫致辐射的系数，可近似取为 $f_3 = 1 - 2m_0c^2/(h\nu_0)$。因此，物质对 γ 光子的线性能量吸收系数 $\mu_a = N\sigma_{Ta}$，物质对 γ 光子的质量能量吸收系数为 μ_a/ρ。

通过质量能量吸收系数可以计算介质对 γ 光子的吸收剂量。当单个光子能量为 $h\nu_0$ 的单能 γ 束通过物质时，单位质量的物质吸收的 γ 辐射能量（吸收剂量）为

$$D = N_\gamma h\nu_0 \mu_a/\rho \tag{5.6.27}$$

其中，N_γ 为单位面积的光子数。

光子的减弱自由程定义为线性减弱系数 $\mu = N\sigma_T$ 的倒数，即 $\lambda = 1/\mu$；光子的吸收自由程定义为线性能量吸收系数 $\mu_a = N\sigma_{Ta}$ 的倒数，即 $\lambda_a = 1/\mu_a$。通常这两个自由程并不相同。表 5.16 给出了不同能量的 γ 光子在空气中的减弱自由程 λ 和吸收自由程 λ_a。可见，相同光子能量下两者数值相差比较大。这二者的差异会对估算核爆电磁脉冲的幅度值有影响。

表 5.16 不同能量的 γ 光子在空气中的减弱自由程 λ 和吸收自由程 λ_a

$h\nu_0$/MeV	0.1	0.2	0.3	0.4	0.5	0.6	0.8	1	1.5	2	3	4	5	6	8	10
λ/m	50.8	62.9	72.5	80.5	89.3	96.2	109	122	151	178	221	254	287	316	352	388
λ_a/m	341	296	275	266	263	265	272	282	314	338	379	402	432	457	492	518

图 5.57 给出了温度 273K，压强 1×10^5Pa，密度 $\rho=1.293$mg/cm^3，78.04% 的体积为氮，21.02% 的体积为氧，0.94% 的体积为氩的空气中，不同光子能量 $h\nu_0$ 的质量减弱系数 μ/ρ 和质量能量吸收系数 μ_a/ρ（曲线 2 和 5）。从图可以看出，

光子能量在 0.1~2MeV 的范围内，质量能量吸收系数 μ_a/ρ 变化较小，可近似取为常数，对于标准状况下的空气

$$\mu_a/\rho \approx 0.026\,\mathrm{cm^2/g},\quad \mu_a \approx 3.4\times10^{-5}\,\mathrm{cm^{-1}}$$

对于水

$$\mu_a/\rho \approx 0.03\,\mathrm{cm^2/g},\quad \mu_a \approx 0.03\,\mathrm{cm^{-1}}$$

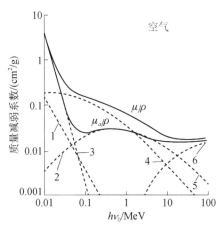

图 5.57　空气的质量减弱系数和质量能量吸收系数随 $h\nu_0$ 的变化

1. μ_R/ρ（雷利散射）；2. μ/ρ；3. μ_{ph}/ρ；4. μ_c/ρ；5. μ_a/ρ；6. μ_p/ρ

为方便起见，在某些条件下可采用近似结果。对于轻物质（原子序数 Z 小），光子能量在 0.5~10MeV 范围时，康普顿散射占优势。此时物质对光子的线性减弱系数近似为康普顿散射线性减弱系数，即 $\mu = N_e\sigma_c$，这里 $N_e = ZN_0/A$ 为电子数密度，其中 $N_0 = 6.02\times10^{23}$ 为阿伏伽德罗常量，A 为原子量。质量减弱系数为 $\mu/\rho = ZN_0\sigma_c/A$，对于除 H 以外的轻元素，质量减弱系数近似为常数 $\mu/\rho \approx N_0\sigma_c/2$，它只与光子能量有关而与物质类型无关。故对于两种不同的元素（或化合物），光子能量相同时，有相同的质量减弱系数，即

$$\frac{\mu_1}{\rho_1} = \frac{\mu_2}{\rho_2} \tag{5.6.28}$$

据此关系，可由已知元素的线性减弱系数 μ_1 求出其他元素（或化合物）的线性减弱系数 μ_2。

5.6.3　γ 辐射的迁移

γ 辐射、中子和光辐射（光子能量低）的迁移现象有许多相似之处，它们都

满足玻尔兹曼迁移方程，所不同的是这些微观粒子与物质相互作用的微观机制，这就使 γ 辐射场、中子场和光辐射的强度分布有很大的差别，但有些概念可以互相借用。

γ 源的几何形状、能谱和角分布多种多样。典型的有各向同性点源、单向或侧向发射的平面源、均匀分布的体源等。侧重讨论点源，因为其他几何形状的源可以视为点源的叠加。从能谱的角度说，也可以先讨论单能点源，而后再根据任意源的能谱分布进行叠加，得到具有特定能谱的点源辐射场。

任何光子源达到辐射场某点的强度、光子数或能注量，都可以分成直射贡献和散射贡献两部分。直射部分衰减规律遵循平方反比指数衰减规律。困难在于求得散射部分。散射后光子能量总是低于直射光子的能量，即散射光子比直射光子要"软"，而且是从各个方向上到达观测点的，因而散射光子不能看成窄束，所以在达到某个较低能量值前的光子将从各个方向积累到观测点。低能下限可取光电吸收为主要过程的能量，例如 0.01MeV。图 5.58 给出了不同源的 γ 辐射强度随距离的衰减曲线（半对数坐标）。曲线 1 为单能窄束强度曲线，斜率 μ（线性衰减系数）为常数；曲线 2 为连续能谱窄束强度曲线，斜率 μ（线性衰减系数）为对能谱的平均值，随距离增加略有减小；曲线 3 为连续能谱的宽束，与窄束的结果比较，由于散射部分的积累使得其斜率随距离有所增加，即衰减较慢，尤其是离源较近的小距离上更为明显。这个情况和远距离光冲量中散射部分有重要贡献的情况有些相似。

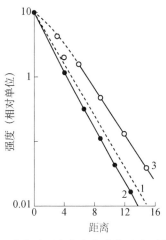

图 5.58　γ 强度随距离的变化曲线（半对数坐标）

曲线 1 为单能窄束；曲线 2 为连续能谱窄束；曲线 3 为连续能谱的宽束

　　实际光子通量比点源直射光子通量高，主要是散射的累计效应造成的。为定量描述散射的积累效应，引进积累因子 B_N，其定义为

$$B_N = \frac{(直射 + 散射)光子数通量}{直射光子数通量} = 1 + \frac{散射光子数通量}{直射光子数通量} \qquad (5.6.29)$$

分子为某点 γ 光子的总通量，即直射光子通量与散射光子通量之和。或

$$B_N(x) = \frac{\int N(x,E)\mathrm{d}E}{\int N_0(x,E)\mathrm{d}E} = 1 + \frac{\int N_s(x,E)\mathrm{d}E}{\int N_0(x,E)\mathrm{d}E} \qquad (5.6.30)$$

其中 $N(x,E)$ 为 x 处光子通量的能谱，N_s，N_0 分别为 x 处的散射和直射光子通量的能谱。

　　光子能量的积累因子 B_E 定义为

$$B_E(x) = \frac{\int \dot{\Phi}(x,E)\mathrm{d}E}{\int \dot{\Phi}_0(x,E)\mathrm{d}E} \qquad (5.6.31)$$

式中 $\dot{\Phi}$、$\dot{\Phi}_0$ 分别为光子总能量注量和光子直射能量注量的能谱。同样，剂量积累因子定义为

$$B_D(x) = \frac{\int \mu_a \dot{\Phi}(x,E)\mathrm{d}E}{\int \mu_a \dot{\Phi}_0(x,E)\mathrm{d}E} \qquad (5.6.32)$$

式中 μ_a 为物质对光子的线性吸收系数。

　　不同介质的光子能量积累因子 B_E 可通过理论计算得到，表 5.17 给出了水对不同能量 E_0 的单能 γ 辐射点源的能量积累因子 B_E 随无量纲距离 $\mu_a(E_0)R$（吸收自由程个数）的变化。选用无量纲距离 $\mu_a(E_0)R$ 的优点是，在相同的无量纲距离上，不同介质对相同能量的 γ 辐射的能量积累因子相等。

表 5.17　水中单能 γ 点源的能量积累因子 B_E

E_0/MeV	$\mu_a R$				
	2	4	6	8	10
0.5	5.1	14.3	28.0	48.0	77.6
1	3.7	7.7	13.0	18.5	27.1
2	2.8	4.9	7.0	9.6	12.4
4	2.2	3.2	4.4	5.6	6.8
6	1.9	2.8	3.6	4.3	5.2

　　由表中数据可见，低能 γ 辐射的能量积累因子 B_E 随无量纲距离 $\mu_a(E_0)R$ 增加得很快，表明低能光子散射的贡献很大，离源距离越远贡献越大。

　　随着离源的距离越远，散射部分积累得越多，低能 γ 辐射的迁移过程越接近扩散过程，因而它的角分布趋向一个稳定的分布。另一方面，由于存在光电效应对低能光子的吸收，经过多次散射后，康普顿散射所产生的低能光子数将等于光电吸收的光子数，这时散射 γ 辐射低于其初始能量的能谱便不再随距离变化。辐射场具有不随距离变化的能谱和角分布，是平衡辐射场的重要特征之一。

　　因此，真正处于平衡的辐射场，散射强度随距离的变化曲线在某个特征距离处应出现极大值，而在特征距离以后散射部分应和直射部分具有相同的随距离衰减规律，即对于定向平面源，其衰减形式为指数衰减规律 $e^{-\mu x}$，对于各向同性点源，其衰减形式为指数衰减加平方反比规律 $e^{-\mu x}/R^2$。也就是说，超过一定距离后，散射强度与直射强度之比不再随距离变化。

　　然而，实际情况并非如此。这是因为，当光子能量在 0.1MeV 以下时，康普顿散射不会改变散射光子能量，以致散射前后的许多光子具有很相近的能量、运动方向和减弱系数，这些缓慢变化的参数会使散射和直射强度的比值随距离增加而增加，散射部分与直射部分的比值随距离增加将变得越来越大。

　　综上所述，在距源一定距离后，辐射场可以达到能谱、角分布都随距离变化不大，散射直射比随距离增大的准平衡辐射场。核爆炸产生的 γ 辐射场就是这种准平衡场。

5.6.4　点源 γ 辐射在无限均匀大气中的传输

1. 各向同性单能 γ 点源在大气中的传播

　　各向同性的单能 γ 点源在无限均匀大气中传播的问题比较容易解决，它是讨论较为复杂问题的基础。源强为 G 的各向同性 γ 点源在距源 R 处产生的 γ 辐射能量通量为直射能量通量与能量积累因子 B_E 的乘积，即

$$\dot{\Phi}_\gamma(R) = \frac{G(t)}{4\pi R^2} B_E(R, E_0) e^{-\mu R} \qquad （5.6.33）$$

辐射能量通量的衰减形式为指数衰减加平方反比规律，式中源强 $G(t)$ 的单位为 MeV/s，能量通量 $\dot{\Phi}_\gamma$ 的单位为 MeV/（cm^2 · s），μ 为均匀大气对 γ 辐射的线性衰减系数。辐射能量通量 $\dot{\Phi}_\gamma$ 乘上质量吸收系数可得空气对 γ 的吸收剂量率 $\dot{\Phi}_\gamma \mu_a / \rho$（单位为 MeV/（Kg · s））。吸收剂量率乘电子电量 $e=1.6\times10^{-19}$ C 再除以空气中产生一对正负离子对所需的能量 $w=33.73$eV，就得 γ 辐射的照射量率 $(e/w)\dot{\Phi}_\gamma \mu_a / \rho$（单位为 C/（Kg · s））。γ 辐射和 X 射线在 1kg 空气中产生正、负电量各为 1 库仑（C）定义为单位照射量 1C/kg，照射量率则为 1C/（kg · s）。对于能量在 0.1～

2MeV 的光子，空气的质量能量吸收系数为 $\mu_a / \rho \approx 0.026\mathrm{cm^2/g}$，可算得在空气中照射量率为 1C/（kg·s）时，对应的 γ 辐射能量通量为 $\dot{\Phi}_\gamma = 6.72\times10^{12}\mathrm{MeV/}$（$\mathrm{cm^2 \cdot s}$）。利用照射量-剂量转换因子 34J/C，当 γ 辐射在空气中的吸收剂量为 1Gy（1Gy=1J/kg）时，γ 辐射能量注量为 $2.2\times10^{13}\mathrm{MeV/cm^2}$。

　　核爆炸 γ 辐射在空气中传播时被吸收，由于 1C/（kg·s）的照射量率与 γ 辐射能量通量 $\dot{\Phi}_\gamma$=$6.72\times10^{12}\mathrm{MeV/}$（$\mathrm{cm^2 \cdot s}$）相当，因此辐射能量通量为 $\dot{\Phi}_\gamma$ 的单能 γ（能量为 E_0）的照射量率为

$$P = 0.48\times10^{-11}\left(\mu_a(E_0)/\rho\right)\dot{\Phi}_\gamma(E_0,R) \quad （\mathrm{C/（kg \cdot s）}） \quad （5.6.34）$$

其中质量能量吸收系数 μ_a / ρ 的单位是 $\mathrm{cm^2/g}$，辐射能量通量 $\dot{\Phi}_\gamma$ 的单位为 MeV/（$\mathrm{cm^2 \cdot s}$）。如果 γ 辐射能量通量具有一定能谱分布，则照射量率为

$$P = 0.48\times10^{-11}\int \left(\mu_a(E)/\rho\right)\dot{\Phi}_\gamma(E,R)\mathrm{d}E \quad （\mathrm{C/（kg \cdot s）}） \quad （5.6.35）$$

如果原来是单能的 γ 辐射源，经过传播后 γ 辐射也变成有确定的能谱分布，则照射量率可以写成

$$P = 0.48\times10^{-11}\frac{\mu_a(E_0)}{\rho}\int \frac{\mu_a(E)}{\mu_a(E_0)}\dot{\Phi}_\gamma(E,R)\mathrm{d}E \quad （\mathrm{C/（kg \cdot s）}） \quad （5.6.36）$$

注意到在空气中产生一个自由电子所需的能量为 w=33.73eV（空气电离能），一个电子的电量为 e=1.6×10^{-19}C，即在空气中产生 1C 电量需要耗费约 34J 的能量，利用照射量-剂量转换因子 34J/C，可得时间从 0 时刻到某一时刻 t_1 的 γ 辐射在空气中的累积剂量为

$$D = 1.58\times10^{-10}\frac{\mu_a(E_0)}{\rho}\int_0^{E_0}\int_0^{t_1}\frac{\mu_a(E)}{\mu_a(E_0)}\dot{\Phi}_\gamma(E,R)\mathrm{d}E\mathrm{d}t \quad （\mathrm{Gy}） \quad （5.6.37）$$

在核爆炸 γ 辐射中，t_1 可取 15s。γ 辐射在空气中被吸收产生的吸收剂量率为

$$P_\gamma = 1.58\times10^{-10}\frac{\mu_a(E_0)}{\rho}\int_0^{E_0}\frac{\mu_a(E)}{\mu_a(E_0)}\dot{\Phi}_\gamma(E,R)\mathrm{d}E \quad （\mathrm{Gy/s}） \quad （5.6.38）$$

　　为了写成和辐射能量总通量（5.6.33）式相同的形式，通常把散射剂量和剂量率写成 D_sR^2 和 P_sR^2 的形式，此时散射 γ 剂量的能谱为

$$\frac{\mathrm{d}D_sR^2}{\mathrm{d}E} = 1.48\times10^{-5}\int_0^t \mu_a(E)\dot{\Phi}_{s\gamma}(E)R^2\mathrm{d}t \quad （5.6.39）$$

2. 蒙特卡罗方法的计算结果

　　对单能点源 γ 辐射的迁移计算，γ 辐射与物质三种基本相互作用的截面数据比较完整，通过计算可得距离源 R 处的光子能量通量 $\dot{\Phi}_\gamma$，由能量通量 $\dot{\Phi}_\gamma$ 便可算出其他有关量。计算中可选定标准状态下大气密度为 $1\mathrm{mg/cm^3}$。

对于直射部分的 γ 光子，其能量通量有解析表达式，为

$$\dot{\Phi}_{d\gamma} = \frac{G(t)\,\mathrm{e}^{-\mu(E_0)R}}{4\pi R^2} \qquad (5.6.40)$$

其中 $G(t)$ 为源强，单位为 MeV/s。由此可以算出其他直射量。散射量的计算没有解析结果，图 5.59 给出了不同初始能量 E_0 的 γ 造成的散射 γ 剂量 $D_s R^2$ 的空间分布。在源附近，散射剂量 $D_s R^2$ 先随距离 R 增加而后随距离减小，极值出现的距离 $R_{\max}$ 与光子的初始能量 E_0 有关，和这些光子的自由程相对应。过了极值后 $D_s R^2$ 的衰减也不是一根直线，它反映了经过不同距离后光子能量的变化。

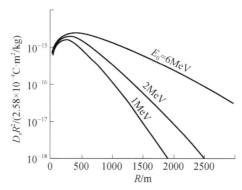

图 5.59　不同初始能量 E_0 的散射 γ 剂量 $D_s R^2$ 的空间分布

表 5.18 给出了剂量积累因子 B_D 随 μR 的变化，可拟合成以下公式：

$$B_D = 1 + \mu(E_0)R + \frac{\left(\mu(E_0)R\right)^2}{7E_0^{2.4}} \qquad (5.6.41)$$

式中 E_0 的单位为 MeV。

表 5.18　单能点源 γ 剂量积累因子 B_D 随 μR 的变化

E_0/MeV	μR				
	2	4	6	8	10
0.5	6.6	18.0	40.0	65.0	94.0
1	4.5	10.0	18.0	26.5	35.0
2	3.1	5.8	9.2	11.5	14.5
6	2.0	3.0	3.8	4.6	5.3

散射剂量的能谱可用各能区的剂量占总散射剂量的百分比表示，表 5.19 给出了 E_0=2MeV 单能 γ 源的计算结果。当离源距离 R >600m 后，各个距离上的谱形大致不变，这就证实了多次散射后辐射场具有准平衡场特征的结论。但是，由单

能 γ 点源在远距离出现平衡能谱的结论，并不能推断 γ 源比较复杂的核爆炸 γ 辐射场也具有同样的特点。

表 5.19　E_0=2MeV，各能区散射剂量占总散射剂量的百分比

ΔE / MeV	R/m			
	600	1000	1400	2000
0.01~0.05	17.5	176	15.6	19.7
0.1	23.5	24.0	22.0	27.9
0.5	46.8	45.6	44.8	49.1
1.0	64.8	64.3	64.6	68.3
1.5	81.4	81.7	81.8	82.4
2.0	100	100	100	100

5.6.5　核爆炸 γ 辐射的传播

现在讨论核爆炸 γ 辐射是如何传播的。首先把核爆炸 γ 源看成静止点源，根据裂变产物的 γ 能谱和氮俘获中子的 γ 能谱，求得 γ 辐射在无限均匀大气中的传播规律。实际问题中，点源和无限均匀大气这两个理想条件要修正。体源，冲击波形成的空腔，源的上升运动和地面的影响，都会对核爆炸 γ 辐射的传播产生修正。

1. 核爆炸点源 γ 辐射的空间分布

在静止点源条件下，以裂变产物缓发 γ 辐射能谱和氮中子俘获 ^{14}N(n,γ)^{15}N 产生的 γ 辐射能谱作为点源的初始能谱，根据单能 γ 辐射传播的结果进行叠加，可得单个 γ 光子剂量-距离平方乘积值 DR^2 随质量距离 $R_m=\rho R$ 的变化，如图 5.60 所示。由图可见，氮中子俘获 γ 辐射的衰减曲线是一条比较好的直线，即 $\ln(DR^2)$-R_m，可拟合成下列公式：

$$D_N R^2 = K_N \, \mathrm{e}^{-R_m/\lambda_N} \tag{5.6.42}$$

其中 $R_m = \rho R$ 为质量距离，而 $\lambda = 1(\mu / \rho)$ 为质量吸收系数的倒数。而裂变产物缓发 γ 辐射的距离衰减曲线并非一条直线，但也可以分段拟合成

$$D_f R^2 = K_f \, \mathrm{e}^{-R_m/\lambda_f} \tag{5.6.43}$$

选定标准状态的大气密度 ρ_0 为 1mg/cm^3，λ_f、λ_N 为该标准状态下的等效衰减长度（自由程与 ρ 的乘积）。

表 5.20 给出了 K_N、λ_N 和 K_f、λ_f 的拟合数值。实际上，K_f 及 λ_f 仍然是距离的

函数。

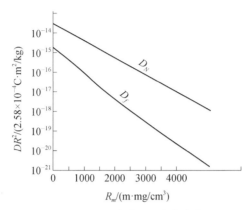

图 5.60　DR^2 随质量距离的变化

表 5.20　K_N、λ_N 和 K_f、λ_f 的拟合数值

适用范围 $R_m/$（m · mg/cm³）	300~5000	300~1400	1400~3000	3000~5000
K_N（2.58×10^{-4}C · m³/kg）	4.0×10⁻¹⁴			
λ_N（m · mg/cm³）	478			
K_f（2.58×10^{-4}C · m³/kg）		4.2×10⁻¹⁵	1.7×10⁻¹⁵	5.3×10⁻¹⁶
$\lambda_f/$（m · mg/cm³）		281	344	397

2. 体源对点源的修正

　　早期瞬发 γ 辐射可以看作点源。但裂变产物缓发 γ 和氮中子俘获 γ 这种缓发 γ 辐射源都必须视为体源，应考虑体源的影响。

　　用体源在观测点所产生的剂量 $D_V(r)$ 和点源在观测点所产生的剂量 $D_P(r)$ 二者的比值 $\xi(r) = D_V(r) / D_P(r)$ 来衡量体源的影响程度。

　　（1）含有裂变产物的放射性烟云的体源影响。选取半径分别为 r_0 = 300m 和 600m 的两种球状体源来比较，比值 $\xi_f(r) = D_V(r) / D_P(r)$ 随距离 r 的变化计算结果列于表 5.21。

　　由表中数据可见，当球状体源半径 r_0=300m 时，距离体源中心数百米范围内体源的影响不能忽略；当球状体源半径 r_0 = 600m 时，体源的影响范围比较大，一直到 3000m 处体源的贡献比点源还多出近 40%，但是由于放射性烟云的半径不会太大，r_0 = 300m 已相当具有代表性，因此，除了距源几百米范围内需要考虑体源影响外，其他距离上体源影响可以忽略。在关于裂变产物 γ 源的讨论中，可以只用点源结果，不考虑体源的影响。

表 5.21　具有同样源强的裂变碎片 γ 辐射球状体源与点源剂量的比值 $\xi_f(r) = D_V(r) / D_P(r)$

距源心距离 r/m	r_0=300m	r_0=600m
50	0.0690	0.00132
100	0.287	0.0561
300	1.58	0.663
600	1.25	2.94
900	1.24	2.30
1200	1.21	2.00
1600	1.15	1.72
2000	1.12	1.57
2500	1.11	1.47
3000	1.09	1.39
3500	1.08	1.34
4000	1.07	1.32
4500	1.07	1.29

（2）氮中子俘获产生的 γ 辐射体源的影响。慢中子在空间的分布有两种情况：一种是与弹体达到平衡的麦克斯韦中子在大气中慢化所生成的慢中子云，其衰减长度 λ_N 取 40m；另一种是泄漏出弹壳的快中子在大气中慢化所生成的慢中子云，其衰减长度 λ_N 取 140m。核爆炸所形成的慢中子云中，热平衡中子所占比例约占 90%，快中子慢化的约占 10%。选择这样的比例积分后，比值 $\xi_N(r) = D_V(r) / D_P(r)$ 随距离 r 的变化计算结果列于表 5.22。由表可见，当观察点距源心的距离 $r > 300$m 时 $\xi_N \approx 1$，体源和点源差别很小，所以在以后讨论氮俘获中子产生的 γ 辐射时也只用点源结果。

表 5.22　具有同样源强的氮俘获 γ 辐射体源与点源剂量的比值 $\xi_N(r) = D_V(r) / D_P(r)$

距源心的距离 r/m	ξ_N	距源心的距离 r/m	ξ_N
50	0.286	2000	1.02
100	0.731	2500	1.02
300	1.17	3000	1.01
600	1.09	3500	1.01
900	1.07	4000	1.01
1200	1.04	4500	1.01
1600	1.02		

3. 空腔的修正

核爆炸冲击波会造成空气质量在空间重新分布，使大气密度不均匀。冲击波使空气质量主要集中在靠近波阵面的狭窄区域内，而波阵面后方形成空气密度很低的球形区域（即空腔）。空腔尺寸随时间在不断增长，过较长一段时间空腔内的空气密度才恢复到正常大气密度，这段恢复时间远比放出大部分 γ 辐射的时间长，因此，γ 辐射的传播将受到空腔的影响。如果观测点在空腔内，则由于空气稀薄，γ 辐射的减弱程度就要小得多。反之，若观测点在空腔外，则 γ 辐射要穿过空气密集壳层区域后再进入均匀大气，而且不同时间情况也不一样。为讨论冲击波的影响，仿照光辐射传播，引进大气对 γ 辐射的光学厚度

$$\chi_0 = \int_0^R \mathrm{d}r' / \lambda$$

其中，λ 为 γ 辐射在密度为 ρ 的空气中的自由程（衰减长度）。注意到 γ 辐射的能量一定时，$\lambda \propto 1/\rho$，即 $\lambda_0 \rho_0 = \lambda \rho$，其中 λ_0 为 γ 辐射在密度 $\rho = \rho_0$ 时的自由程（衰减长度），ρ_0 为均匀大气的密度，故光学厚度

$$\chi_0 = \frac{1}{\lambda_0 \rho_0} \int_0^R \rho(r') \, \mathrm{d}r' \tag{5.6.44}$$

其中积分 $\int_0^R \rho(r') \, \mathrm{d}r'$ 为大气的质量距离，对于未扰动的均匀大气，$\rho(r') = \rho_0$，质量距离为

$$R_m = \int_0^R \rho(r')\mathrm{d}r' = \rho_0 R \tag{5.6.45}$$

对于扰动后的非均匀气体，$\rho(r') < \rho_0$，质量距离变小为

$$R_m = \rho_0 (R - L) \tag{5.6.46}$$

其中

$$L = \int_0^R \left(1 - \frac{\rho(r')}{\rho_0}\right)\mathrm{d}r' \tag{5.6.47}$$

为等效空腔半径。

根据力学计算提供的大气密度空间分布 $\rho(r', t)/\rho_0$，可以算出不同距离 R 不同时刻 t 的等效空腔半径 $L(R,t)$。图 5.61 给出了标准大气状态下不同当量爆炸的等效空腔半径随时间变化的计算结果。

利用爆炸相似律可推出关于等效空腔半径 L 的近似相似律。设两个当量分别为 Q_1、Q_2 的核装置分别在大气压强温度状态为 p_1、T_1 和 p_2、T_2 的空中爆炸，由爆炸相似律可知，冲击波到达的距离 R 和时间 t 遵循下列相似律

$$\frac{R_2}{R_1} = \left(\frac{Q_2 p_1}{Q_1 p_2}\right)^{1/3} \tag{5.6.48}$$

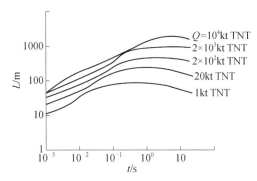

图 5.61 在标准大气状态下不同当量爆炸的等效空腔半径随时间变化的计算结果

$$\frac{t_2}{t_1} = \left(\frac{Q_2 p_1}{Q_1 p_2}\right)^{1/3} \left(\frac{T_1}{T_2}\right)^{1/2} \quad (5.6.49)$$

近似假定等效空腔半径正比于冲击波到达的距离即 $L\text{-}R$，则两个当量分别为 Q_1、Q_2 的空中爆炸产生的空腔半径满足近似相似关系

$$\frac{L_2(Q_2, t_2)}{L_1(Q_1, t_1)} = \left(\frac{Q_2 p_1}{Q_1 p_2}\right)^{1/3} \quad (5.6.50)$$

由此关系可以算得不同大气状态下空腔半径随爆炸当量和时间 Q、t 的变化。方法是，在 p_1、T_1、Q_1 状态下算出 R_1、t_1、L_1，根据相似律（5.6.48）～（5.6.50），可得 p_2、T_2、Q_2 状态下的未知量 R_2、t_2、L_2。

4. 运动 γ 辐射源对静止 γ 辐射源的修正

设点源或体源的中心是运动的，在 t 时刻源的中心上升高度为 $\Delta H_c(t)$，那么观察点到源中心的距离将会增加 $\Delta R(t)$，该点所测得的剂量率就比静止源的剂量率小，显然，这种影响越靠近爆心投影点越大。因此，在裂变产物的 γ 辐射剂量率的随距离的衰减项中，就要考虑空腔半径和距离随时间的变化，写成显式为

$$P_f(R, t) \sim \frac{e^{-[R + \Delta R(t) - L(t)]\rho/\lambda_f}}{(R + \Delta R(t))^2} \quad (5.6.51)$$

对于氮中子俘获产生的 γ 辐射剂量率的随距离的衰减项中，只需考虑空腔半径 $L(t)$，而不考虑观察点到源中心的距离的增加 ΔR，即

$$P_N \sim e^{-[R - L(t)]\rho/\lambda_N} / R^2 \quad (5.6.52)$$

5. 地面对 γ 辐射场的影响

大地对 γ 辐射的直接影响，可由地面对 γ 能量的反照率描述。入射光子的能量为 E_0，入射角为 φ 时，γ 能量的反照率为

$$A_{\gamma E}(\varphi) = 3.2 \frac{\rho_g}{Z^2 E_0 \cos\varphi} \quad (5.6.53)$$

其中 ρ_g 为土壤密度，近似为 1.7g/cm^3；Z 为土壤的平均原子序数，约为 13。

大地对裂变产物的 γ 辐射和氮俘获中子产生的 γ 辐射的积分反照率 $A_{\gamma E}(\theta)$ 的计算结果如图 5.62 所示，其中 θ 为爆心到测点连线与地面的夹角，由图可见，爆心与测点的连线越水平（即 θ 越小），反照率就越大。一般反照率不超过 20%，多数 γ 辐射被土壤吸收了。

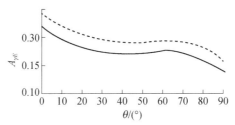

图 5.62　土壤对核爆炸 γ 辐射的积分反照率

实线为氮俘获 γ 辐射，虚线为裂变产物 γ 辐射

对于核爆炸早期的 γ 辐射来说，地面主要对 γ 散射部分影响比较大。如果是地爆，测点在地面，从爆炸源方向来的散射 γ 辐射约一半会射入地面，射入地面的 γ 辐射大部分被吸收。可以预料，距爆心较远处的散射 γ 强度近似等于无限均匀大气的一半左右；距爆心较近处，γ 辐射的直射部分是主要的，大地对 γ 散射将使 γ 辐射强度增加 10%～20%；当 γ 辐射源距地面高度增加时，γ 辐射的增加减小。

当爆炸高度低于 200～300m 时，估计约有一半的中子会被土壤吸收而不产生氮中子俘获 γ 辐射。当爆高比空气中慢中子云的半径还大时，地面影响便可以忽略。

习　题

1. 核爆炸 γ 辐射源有哪三类？分别是如何产生的？

2. γ 辐射与物质相互作用有哪几种？分别在什么情况下占主导作用？各有什么特点？

3. γ 辐射在大气和水中的辐射迁移有何特点？

4. 核爆炸中体源、空腔、运动 γ 源、地面分别对点源 γ 辐射有何修正？

5.7　核电磁脉冲

大气层核爆炸可以产生电磁脉冲，这是经实验证实的事实。目前，对产生核电磁脉冲的物理机理的认识，公认的理论模型是康普顿电流模型。模型认为，核爆放出的 γ 射线与大气原子发生康普顿散射产生康普顿电子，这些电子的定向流动将形成康普顿电流 J_c。同时，康普顿电子进一步与空气碰撞电离，产生次级电子-离子对。在电场中这些电子-离子向相反方向漂移将形成传导电流 σE。康普顿电流和传导电流方向相反，它们的矢量和随时间变化，在空间分布不均匀，它是激励核电磁脉冲的源。

所谓电场脉冲，是指在空间传播的时变电磁场 $E(r,t), B(r,t)$，它们持续的时间尺度很短，幅度往往很大。按照电动力学理论，电磁场的激励源是空间的时变电荷密度 $\rho_e(r,t)$ 和电流密度 $J(r,t)$，它们满足麦克斯韦方程组

$$\begin{cases} \nabla \cdot (\varepsilon E) = \rho_e \\ \nabla \cdot B = 0 \\ \nabla \times E = -\partial B / \partial t \\ \nabla \times (B / \mu) = \partial (\varepsilon E) / \partial t + J \end{cases} \tag{5.7.1}$$

其中 ε, μ 分别为介质的介电常量和磁导率，单位分别为 F/m 和 H/m。真空中它们的值分别为 $\varepsilon_0 = 8.85 \times 10^{-12}$ F/m，$\mu_0 = 4\pi \times 10^{-7}$ H/m。视 ε, μ 为常数，（5.7.1）中后面两个旋度方程可化为

$$\begin{cases} \nabla \times \nabla \times E = -\varepsilon\mu\partial^2 E / \partial t^2 - \mu\partial J / \partial t \\ \nabla \times \nabla \times B = -\varepsilon\mu\partial^2 B / \partial t^2 + \mu\nabla \times J \end{cases} \tag{5.7.2}$$

注意到矢量关系式 $\nabla \times \nabla \times A = \nabla(\nabla \cdot A) - \nabla^2 A$，再利用（5.7.1）中前面两个散度方程，（5.7.2）变为

$$\begin{cases} \nabla^2 E - \varepsilon\mu\partial^2 E / \partial t^2 = \nabla\rho_e / \varepsilon + \mu\partial J / \partial t \\ \nabla^2 B - \varepsilon\mu\partial^2 B / \partial t^2 = -\mu\nabla \times J \end{cases} \tag{5.7.3}$$

这就是电磁场分别满足的非齐次波动方程，$\rho_e(r,t), J(r,t)$ 为产生电磁波的激励源。在没有 $\rho_e(r,t), J(r,t)$ 的区域，有源波动方程变成自由波动方程

$$\begin{cases} \nabla^2 E - \varepsilon\mu\partial^2 E / \partial t^2 = 0 \\ \nabla^2 B - \varepsilon\mu\partial^2 B / \partial t^2 = 0 \end{cases} \tag{5.7.4}$$

即电磁场 $E(r,t), B(r,t)$ 可以脱离电荷电流源而单独存在，将以波动形式向外传

播，传播速度为相速度 $v = 1/\sqrt{\varepsilon\mu}$ 。

对于无限介质 ε, μ ，有源波动方程（5.7.3）的解为

$$\begin{cases} \boldsymbol{E}(\boldsymbol{r},t) = -\dfrac{1}{4\pi\varepsilon}\displaystyle\int_{\tau'}\dfrac{[\nabla'\rho_e]_v}{r}\mathrm{d}\tau' - \dfrac{\mu}{4\pi}\displaystyle\int_{\tau'}\dfrac{[\partial\boldsymbol{J}/\partial t]_v}{r}\mathrm{d}\tau' \\[3mm] \boldsymbol{B}(\boldsymbol{r},t) = \dfrac{\mu}{4\pi}\displaystyle\int_{\tau'}\dfrac{[\nabla'\times\boldsymbol{J}]_v}{r}\mathrm{d}\tau' \end{cases} \quad (5.7.5)$$

它们就是 t 时刻空间点 $\boldsymbol{r}$ 处的电磁场，其中右侧方括号 $[\nabla'\rho_e]_v,[\nabla'\times\boldsymbol{J}]_v$ 表示对先前（推迟）时刻 $t-r/v$ 源点 (x',y',z') 处的电荷和电流密度求梯度和旋度，$v=1/\sqrt{\varepsilon\mu}$ 为电磁波在介质中传播的相速度， r 是源点 (x',y',z') 到场点 (x,y,z) 之间的距离。体积分是对所有包括电荷电流的空间体积 τ' 进行的。

引入矢势 $\boldsymbol{A}(\boldsymbol{r},t)$ 和标势 $V(\boldsymbol{r},t)$ ，则电磁场 $\boldsymbol{E}(\boldsymbol{r},t),\boldsymbol{B}(\boldsymbol{r},t)$ 可表示为

$$\begin{cases} \boldsymbol{E} = -\nabla V - \partial\boldsymbol{A}/\partial t \\ \boldsymbol{B} = \nabla\times\boldsymbol{A} \end{cases} \quad (5.7.6)$$

考虑到能给出唯一电磁场 $\boldsymbol{E}(\boldsymbol{r},t),\boldsymbol{B}(\boldsymbol{r},t)$ 的矢势 $\boldsymbol{A}(\boldsymbol{r},t)$ 和标势 $V(\boldsymbol{r},t)$ 是不唯一的，一般要求它们满足洛伦兹规范条件

$$\nabla\cdot\boldsymbol{A} + \varepsilon\mu\partial V/\partial t = 0 \quad (5.7.7)$$

根据麦克斯韦方程组（5.7.1），利用洛伦兹规范条件（5.7.7），可得矢势 $\boldsymbol{A}(\boldsymbol{r},t)$ 和标势 $V(\boldsymbol{r},t)$ 满足的非齐次波动方程

$$\begin{cases} \nabla^2 V - \varepsilon\mu\partial^2 V/\partial t^2 = -\rho_e/\varepsilon \\ \nabla^2\boldsymbol{A} - \varepsilon\mu\partial^2\boldsymbol{A}/\partial t^2 = -\mu\boldsymbol{J} \end{cases} \quad (5.7.8)$$

可明显看出，在洛伦兹规范条件下，标势 $V(\boldsymbol{r},t)$ 的激励源就是电荷密度，矢势 $\boldsymbol{A}(\boldsymbol{r},t)$ 的激励源就是电荷密度。势的波动方程（5.7.8）的解为

$$\begin{cases} V(\boldsymbol{r},t) = \dfrac{1}{4\pi\varepsilon}\displaystyle\int_{\tau'}\dfrac{[\rho_e]_v}{r}\mathrm{d}\tau' \\[3mm] \boldsymbol{A}(\boldsymbol{r},t) = \dfrac{\mu}{4\pi}\displaystyle\int_{\tau'}\dfrac{[\boldsymbol{J}]_v}{r}\mathrm{d}\tau' \end{cases} \quad (5.7.9)$$

其中方括号 $[\ ]_v$ 表示取先前时刻 $t-r/v$ 的电荷电流密度值，也就是说， t 时刻的矢势 $\boldsymbol{A}(\boldsymbol{r},t)$ 和标势 $V(\boldsymbol{r},t)$ 是由先前 $t-r/v$ 时刻的电荷电流密度空间分布决定的，由此称为"滞后势"， $v=1/\sqrt{\varepsilon\mu}$ 为电磁波在介质中传播的相速度， r 是源点 (x',y',z') 到场点 (x,y,z) 之间的距离。体积分是对所有包括电流电荷的任何空间体积 τ' 进行的。

从以上讨论可见，空间时变电荷电流密度 $\rho_e(\boldsymbol{r},t),\boldsymbol{J}(\boldsymbol{r},t)$ 是电磁场的激励源。对于振荡的电偶极子和磁偶极子，可以由其时变电荷和时变电流通过（5.7.9）计

算得到矢势 $A(r,t)$ 和标势 $V(r,t)$，再进一步由（5.7.6）得到 t 时刻空间点 r 处的电磁场。

　　例如，正负两个电荷 $\pm Q$，相距为 l，组成一个电偶极子，其中正负电荷的距离随时间变换，即 $l(t)=l_0 f(t)$（$f(t)$ 是随时间变化的无量纲函数，在 0 到 1 之间取值）。建立坐标系，让正负电荷中心位于原点 $r=0$ 处，正负电荷的连线在 z 轴方向（单位矢量 e_z），则该电偶极子的电偶极矩矢量写为 $P(t)=Ql_0 f(t)e_z$，电流密度矢量为 $J(r,t)=\delta(r)\partial P(t)/\partial t$。根据电偶极子的电荷密度分布和电流密度分布，可由（5.7.9）计算出矢势 $A(r,t)$ 和标势 $V(r,t)$，从而在球坐标 (r,θ,φ) 下得到 t 时刻 r 处的电场分量和磁场分量

$$\begin{cases} E_r = \dfrac{\cos\theta}{2\pi\varepsilon_0}\left(\dfrac{P}{r^3}+\dfrac{\dot{P}}{cr^2}\right) \\[3mm] E_\theta = \dfrac{\sin\theta}{4\pi\varepsilon_0}\left(\dfrac{P}{r^3}+\dfrac{\dot{P}}{cr^2}+\dfrac{\ddot{P}}{c^2 r}\right) \\[3mm] B_\varphi = \dfrac{\mu_0\sin\theta}{4\pi}\left(\dfrac{\dot{P}}{r^2}+\dfrac{\ddot{P}}{cr}\right) \end{cases} \qquad（5.7.10）$$

式中 $P=Ql_0 f(t-r/c)$ 为先前时刻的电偶极矩大小（考虑了推迟效应），$\dot{P},\ddot{P}$ 分别表示 P 对时间的一阶导数和二阶导数。由（5.7.10）可见电磁场的两个特征：一是电场只有径向和极向两个分量，而磁场只有一个环向分量；二是电磁场分量中出现随离源距离变化的 $1/r^3,1/r^2,1/r$ 项，它们分别代表电偶极矩在 r 处产生的静电场、稳恒电流在 r 处的电磁场和时变电流在 r 处激励的辐射场。

　　特别强调，辐射场随距离反比变化，可以在离激励源很远的地方存在，即辐射场可以远距离传播。远距离辐射场中只有极向电场 E_θ 和环向磁场 B_φ 两个分量，它们的比值为 $E_\theta/B_\varphi=c$。

　　利用电偶极子模型，可以大致解释核电磁脉冲存在的极性相反的双峰结构。在核爆炸时，核爆 γ 射线与大气原子康普顿散射产生高速飞行的电子流，造成电荷分离，相当于突然产生一个时变的电偶极子。电偶极矩矢量可以写为 $P(t)=Ql_0 f(t)e_z$。设 $t=0$ 时刻发生核爆，则函数 $f(t)$ 就是关于时间的一个阶跃函数 $U(t)$，阶跃函数的时间导数 $U'(t)$ 就是函数 $\delta(t)$，即

$$f(t)=U(t)\equiv\begin{cases}0, & t\leqslant 0 \\ 1, & t>0\end{cases}, \quad U'(t)=\delta(t)\equiv\begin{cases}\infty, & t=0 \\ 0, & t\neq 0\end{cases} \qquad（5.7.11）$$

把电偶极矩大小 $P(t)=Ql_0 U(t)$ 代入（5.7.10）可得，$t=0$ 时刻核爆产生阶跃式的时变电偶极子 t 时刻在远距离产生的辐射场

$$\begin{cases} E_\theta(r,\theta,t) = \dfrac{\sin\theta}{4\pi\varepsilon_0} \dfrac{Ql_0 \delta'(t-r/c)}{c^2 r} \\[3mm] B_\varphi(r,\theta,t) = \dfrac{\mu_0 \sin\theta}{4\pi} \dfrac{Ql_0 \delta'(t-r/c)}{cr} \end{cases} \qquad (5.7.12)$$

其中 $\delta(t)$ 函数的时间导数 $\delta'(t)$ 是时域上的双脉冲，所以，这种阶跃式的时变电偶极子产生的核爆辐射场在时域上表现为具有双峰形式的脉冲，双峰的极性相反。

综上所述，要计算核爆炸在大气中和其他介质中产生的核电磁脉冲，首先要弄清楚核爆炸在介质中产生时变电荷和电流密度的物理机理，给出它们的时空分布，这是计算核电磁脉冲的前提。下面讨论核爆炸在空气中产生电荷密度和电流密度的时空分布。

5.7.1 空气的辐射电离、复合动力学

1. 空气的辐射电离

核爆放出的高能核辐射粒子（γ辐射、X 射线、中子、带电粒子）使空气介质的原子直接或间接电离，产生自由电子。随后，自由电子又会和正离子复合，或者附着在中性原子上而消失。这种核辐射在介质中的电荷产生和消失过程可导致各种各样的电磁现象，核电磁脉冲就是其中的一种。因此，探讨核爆炸电磁现象的物理机理，要先弄清核辐射在空气中的电离机制，在介质中产生的电荷密度和电流密度的时空分布。

使空气电离的源有两类。一类是外源，也叫外电离源，来自于介质外部，一般指核爆炸放出的电离辐射粒子——γ辐射、X 射线、β 射线和中子。外源源强用 $S(t)$ 表示，表示单位时间单位体积外源电离产生的电子数。另一类是内（电离）源，指外源中的 γ 和 X 射线与介质原子发生康普顿散射产生出来的高能康普顿电子、中子和 β 射线在空气穿行时产生的自由电子。因为这些高能自由电子具有电离能力，与介质原子发生碰撞时会电离出次级电子。简言之，外源在介质中产生的致电离辐射就称为内电离源，简称内源。内源源强与空气的电离状态有关。

外源和内源的电离源粒子使空气分子（原子）产生自由电子的过程（电离过程）一般可用反应式表示为

$$A + \Delta E \longrightarrow A^+ + e^- \qquad (5.7.13)$$

即 A 分子（原子）吸收电离源粒子的能量 ΔE 后，变成自由电子和正离子。例如，康普顿电子（内源粒子）在空气中每产生一对电子-离子对需要损失能量

33eV，故能量为 1MeV 的康普顿电子在空气中损失全部能量会产生约 3 万个电子-离子对。电子-离子总是成对出现的，电子的产生过程也是正离子的产生过程。

　　内源还包括大气的光致电离源，因为大气中带负电的离子被太阳光辐照后会丢失电子，相当于一个电子产生源。光致电离源的源强 $S_i(t) = I_d N_-$ 与负离子数密度 N_- 成正比，$I_d \approx 0.44 \mathrm{s}^{-1}$ 为光致电离系数。注意，光致电离只有在几十千米高空才有意义，在低空可不考虑（因为低空光子能量低，发生光致电离的概率小）。

　　电子的消失过程有以下两种：

　　（1）电子附着过程。空气中的自由电子附着在中性氧分子上消失，而中性氧分子变为负离子，反应式为

$$e + O_2 + O_2 \longrightarrow O_2^- + O_2$$

多写一个氧分子 O_2 是为了满足动量守恒定律。电子附着过程导致单位时间单位体积内自由电子的消失数为 ΓN_e，其中 N_e 为自由电子数密度，Γ 为氧的附着系数，它与大气密度有关，可取

$$\Gamma = 1.54 \times 10^8 (\rho / \rho_0)^2 \quad (\mathrm{s}^{-1}) \tag{5.7.14}$$

式中 ρ_0、ρ 分别为海平面标准状态下和任意条件下的大气质量密度。注意，电子的附着过程也是负离子的产生过程。产生负离子的源强为 ΓN_e。

　　（2）电子复合过程。空气中的自由电子和正离子复合成中性原子，使电子消失，反应过程为

$$e + O_2^+ \longrightarrow O + O$$
$$e + N_2^+ \longrightarrow N + N$$

电子-正离子复合过程导致单位时间单位体积自由电子的消失数目为 $\alpha_e N_e N_+$，其中 α_e 为电子-正离子复合系数，可取

$$\alpha_e \approx 2 \times 10^{-7} \quad (\mathrm{cm}^3/\mathrm{s}) \tag{5.7.15}$$

注意，电子-正离子复合过程也是正离子的消失过程，单位体积正离子的消失率是 $\alpha_e N_e N_+$。

　　正负离子的消失过程还包括：

　　（3）正负离子的复合过程。反应式写成

$$O_2^- + O_2^+ + A \longrightarrow 2O_2 + A$$
$$O_2^- + N_2^+ + A \longrightarrow O_2 + N_2 + A$$

反应过程同样需要考虑第三者（分子 A）的参与。正负离子的复合过程导致的单

位时间单位体积内负离子（正离子）的消失数目为 $\alpha_i N_+ N_-$，其中 α_i 为复合系数，可取

$$\alpha_i = 2 \times 10^{-7} + 2.1 \times 10^{-6} \left(\rho / \rho_0 \right) \quad \left(\mathrm{cm^3/s} \right) \tag{5.7.16}$$

它与大气密度关系不大。

2. 电离-复合方程组

综合电子、离子的产生和消失因素，可建立自由电子数密度 N_e、正负离子数密度 N_+ 和 N_- 满足的守恒方程——电离-复合方程组

$$\frac{\mathrm{d}N_e}{\mathrm{d}t} = S(t) - \Gamma N_e - \alpha_e N_e N_+ \tag{5.7.17}$$

$$\frac{\mathrm{d}N_+}{\mathrm{d}t} = S(t) - \alpha_e N_e N_+ - \alpha_i N_- N_+ \tag{5.7.18}$$

$$\frac{\mathrm{d}N_-}{\mathrm{d}t} = \Gamma N_e - \alpha_i N_+ N_- \tag{5.7.19}$$

其中，$S(t)$ 为产生电离的源强，指内外源（或内源）单位时间在单位体积内电离出的电子（正离子）数目，Γ 为电子附着系数，α_e 为电子-正离子复合系数，α_i 为正-负离子复合系数。显然，这组方程应该满足电荷守恒定理，即 $N_+ = N_e + N_-$。

大气中核爆产生康普顿电子的源函数 $S(t)$ 可用核爆 γ 通量 $\dot{\Phi}_\gamma(t)$ 除以 γ 的康普顿散射自由程得到。当产生电子的源函数 $S(t)$ 和有关系数已知时，通过数值方法求解电离-复合方程组，可求得任意时刻的电子数密度 $N_e(t)$ 和负离子数密度 $N_-(t)$，某种大气层核爆炸的典型结果如图 5.63 和图 5.64 所示。

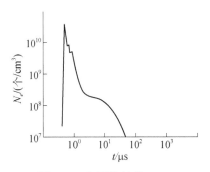
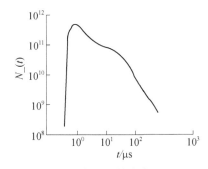

图 5.63　电子数密度 $N_e(t)$　　　　　图 5.64　负离子数密度 $N_-(t)$

核爆炸早期的瞬发 γ 穿出弹体进入大气后，通过康普顿散射产生康普顿电子。康普顿电子大体上沿 γ 的运动方向接近光速从爆心向外运动，形成康普顿电流 $\boldsymbol{J}_c$（方向朝爆心）。随后，康普顿电子与空气分子碰撞电离，又会产生大量次级电子和正离子，增加空气的电导率 σ，在电场中形成回电流 $\sigma\boldsymbol{E}$（方向与电场

相同，背离爆心）。两种类型的电流都与带电粒子数密度相关。

　　解电离-复合方程组的目的就是求得电子和离子的数密度，进而求出介质的电导率（包括电子电导率和离子电导率），从而得回电流和康普顿电流密度，两类电流密度的矢量和就是介质的总电流密度，它是产生核电磁脉冲的源。不过，由于产生电流过程的快慢不同，两类电流的大小和重要程度并不相同。

　　产生康普顿电子的源函数 $S(t)$ 与核爆放出的 γ 光子数目 N 密切相关。在源函数 $S(t)$ 已知时，通过解电离-复合方程（5.7.17），可得康普顿电子数密度 $N_e(r,t)$

$$N_e(r,t) \approx \frac{N_\gamma}{4\pi r^2 \lambda} \mathrm{e}^{-r/\lambda} \int_0^{R_e/V} \mathrm{e}^{-V\tau'/R_e} f(\tau-\tau')\mathrm{d}\tau' \qquad (5.7.20)$$

它与核爆放出的 γ 光子通量密切相关，其中 $\tau = t - r/c$，R_e 为康普顿电子的射程，V 为康普顿电子的速度，$f(t)$ 为核爆 γ 通量的时间谱，λ 为 γ 康普顿散射的自由程。康普顿电流密度为

$$\boldsymbol{J}_c = -N_e e \boldsymbol{V} \qquad (5.7.21)$$

它与电子飞行方向相反。若电子速度方向沿径向 $\boldsymbol{V} = V\boldsymbol{e}_r$，则康普顿电流密度也只有径向分量。

　　空气介质的电导率由次级电子和离子数密度决定。电子电导率与次级电子数密度 N_s 成正比

$$\sigma_e = N_s e \mu_e \qquad (5.7.22)$$

其中 μ_e 为电子在空气中的迁移率，单位为 $\mathrm{m}^2/(\mathrm{V\cdot s})$。次级电子数密度 N_s 与康普顿电子的数密度 N_e 相关（因为次级电子是康普顿电子电离产生的）。两种（正负）离子的电导率为

$$\sigma_i = 2N_- e \mu_i \qquad (5.7.23)$$

其中 μ_i 为（正负）离子在空气中的迁移率，N_- 为负（正）离子的数密度。介质总电导率为 $\sigma = \sigma_i + \sigma_e$。可见，求空气的电导率 σ，必须解电离-复合方程组求出电子和离子的数密度。

　　下面通过近似求解电离-复合方程组，给出电子和离子数密度的一些近似结果。一般说来，空气中的自由电子在氧上的附着率 ΓN_e 比电子-正离子复合率 $\alpha_e N_+ N_e$ 大得多，此时电子数密度守恒方程（5.7.17）变成

$$\frac{\mathrm{d}N_e}{\mathrm{d}t} = S(t) - \Gamma N_e \qquad (5.7.24)$$

其中 $S(t)$ 为产生电子的源。如果 $S(t)$ 是产生康普顿电子的源（核爆 γ 源），则 N_e 就是康普顿电子数密度；如果 $S(t)$ 是产生次级电子的电离源（内源，如康普顿电子），则 $N_e = N_s$ 就是次级电子的数密度。在初始条件 $N_e(t=0)=0$ 下，电子数密

度方程（5.7.24）的解为

$$N_e(t) = e^{-\Gamma t} \int_0^t S(t') e^{\Gamma t'} \, dt' \qquad （5.7.25）$$

（1）如果外源 $S(t)$ 随时间变化缓慢，可视为常数，则

$$N_e(t) = \frac{S}{\Gamma}(1 - e^{-\Gamma t}) \rightarrow \frac{S}{\Gamma}, \quad t \rightarrow \infty \qquad （5.7.26）$$

即电子数密度随时间指数增长，饱和值为 S/Γ。

（2）如果外源 $S(t)$ 随时间指数增长（在核装置核反应早期增殖阶段）

$$S(t) = S_0 e^{\alpha t} \qquad （5.7.27）$$

则

$$N_e(t) = \frac{S_0 e^{\alpha t}}{\Gamma + \alpha}(1 - e^{-(\Gamma + \alpha)t}) \rightarrow \frac{S(t)}{\Gamma + \alpha}, \quad t \rightarrow \infty \qquad （5.7.28）$$

下面看离子数密度的变化情况。外源源强 $S(t)$ 随时间的变化是脉冲式，当源强经过极大值后随时间缓慢下降时，离子产生率处于平衡，此时离子变化率 $dN_+/dt \approx 0$，$N_+ \approx N_-$，则电离-复合方程（5.7.18）简化为

$$S = \alpha_i N_+^2 \qquad 或 \qquad N_+ = \sqrt{S/\alpha_i} \qquad （5.7.29）$$

若源函数 $S(t)$ 经过极大值后随时间指数衰减 $S_0 e^{-bt}$，则离子数密度随时间下降的速率比源函数慢，即

$$N_+ \approx N_- = \sqrt{\frac{S_0}{\alpha_i}} e^{-(1/2)bt} \qquad （5.7.30）$$

这表明在核爆炸 γ 作用下，离子数密度的消失过程较缓慢，这将使爆炸源附近的电场持续较长一段时间。

当某时刻 t_0 起外源消失之后，$S(t) = 0$，$N_+ \approx N_-$，则电离-复合方程（5.7.18）变为

$$\frac{dN_+}{dt} \approx -\alpha_i N_+^2 \qquad （5.7.31）$$

在初始条件 $N_+(t_0) = N_{+0}$ 下，$t \geq t_0$ 时刻（5.7.31）的解为

$$N_+(t) = \frac{N_{+0}}{1 + \alpha_i N_{+0}(t - t_0)} \qquad （5.7.32）$$

式中 t_0, N_{+0} 分别为外源消失时刻和该时刻的离子数密度。可见，当外源消失后，离子数随时间消失，空气将恢复成中性状态。

以上讨论的是低层大气中核爆引起的电离复合过程。对于大当量高空爆炸，烟云中的放射性产物放出的缓发 γ 和 β 在几十千米高空都会引起附加电离，电离-

复合方程中也要考虑光致电离项（源强 $S_i(t) = I_d N_-$ 与负离子数密度 N_- 成正比），光致电离会导致自由电子数增加，负离子减少。通过数值解可求得电子数密度在附加电离区的时空分布。同样，几十千米以上的高空核爆炸的瞬发 γ 和中子以及缓发 γ 和 β 也都会在爆点下方的大气层造成大范围的附加电离区，需区分瞬发和缓发两种情况数值求解电离-复合方程，求得电子数密度的时空分布。电子数密度的时空分布不仅对解释核电磁脉冲的形成和规律，而且对判断和解释核爆炸对高空短波通信的影响也有重要意义。

5.7.2　康普顿电流模型

1. 核电磁脉冲产生的机理

核爆早期瞬发 γ 的平均能量 $\bar{E}_\gamma$ 约 1MeV，它们穿出弹体进入大气发生康普顿散射，产生康普顿电子。康普顿电子从 γ 中获得动能，大体沿 γ 的方向（以爆心为原点的径向）运动，形成（方向朝爆心的）康普顿电流 $\boldsymbol{J}_c$。

康普顿电子是产生次级电子的内源，它们与空气分子碰撞，又会电离出大量次级电子和正离子（1 个康普顿电子在空气中沉积 1MeV 能量可产生 3×10^4 个次级电子）。这些次级电子不再沿 γ 的方向径向飞行，对康普顿电流 $\boldsymbol{J}_c$ 没有贡献，次级电子的主要贡献是大大增加空气的电导率 σ，形成回电流 $\sigma\boldsymbol{E}$（与电场同方向）。

瞬发 γ 产生的康普顿电子沿径向飞出，使爆心附近电子减少，远离爆心处的电子过剩，形成一个径向电场 $\boldsymbol{E}_r$，这个电场会阻止康普顿电子继续向外运动，同时，由于空气电导率 σ 增加，在电场作用下形成的回电流 $\sigma\boldsymbol{E}$ 方向背离爆心，会抵消（朝爆心的）康普顿电流。因此，电导率具有削弱电流，抑制电磁脉冲幅度的作用。

康普顿电流 $\boldsymbol{J}_c$、回电流 $\sigma\boldsymbol{E}$ 和空间电荷密度 ρ 都会随核爆 γ 的时间谱变化，由麦克斯韦方程组可知，时变电荷电流将激励核电磁脉冲（NEMP）。实验表明，核爆 γ 在大气中形成的康普顿电流是激励 NEMP 的主要因素，这种 NEMP 的激励机制就简称康普顿电流模型。

康普顿电流主要源于核爆 γ 源。对于近地面爆炸，核爆瞬发 γ 源给出康普顿电流及其激励的 NEMP 的前沿部分。其他激励 NEMP 的 γ 源还有瞬发中子在弹体、土壤和空气中的非弹性散射伴随的 γ 源、瞬发中子被核俘获（辐射俘获）产生的次级 γ 源。这些因素会对 NEMP 的形状起到修正作用。

值得指出，如果康普顿电流 $\boldsymbol{J}_c$ 具有完全球对称的空间分布，则不可能向外辐

· 232 ·　　　　　　　　　　　　　　　　　核武器物理与效应

射电磁能量，也就不存在 NEMP。这是因为，如果 $\boldsymbol{J}_c$ 具有球对称空间分布，则 $\boldsymbol{J}_c$ 只有径向分量，电场强度也沿径向且是球对称空间分布的，在球坐标系（爆心为原点）下，电场的三个分量分别为

$$E_r \neq 0, \quad E_\theta = 0, \quad E_\phi = 0$$

电场的旋度为 0，由法拉第电磁感应定律 $\partial \boldsymbol{B} / \partial t = -\nabla \times \boldsymbol{E}$ 可知任意时刻磁感应强度 $\boldsymbol{B} = 0$（假设其初值为 0），由安培定律

$$\nabla \times \boldsymbol{B} = \mu_0 (\boldsymbol{J} + \varepsilon_0 \partial \boldsymbol{E} / \partial t)$$

可知总电流密度 $\boldsymbol{J} + \varepsilon_0 \partial \boldsymbol{E} / \partial t = 0$，其中 $\varepsilon_0 \partial \boldsymbol{E} / \partial t$ 为位移电流密度。总电流密度径向分量为

$$J_r + \varepsilon_0 \partial E_r / \partial t = 0$$

径向分量 $J_r = \sigma E_r - J_c$ 包括传导电流密度 σE_r 和康普顿电流密度 J_c（两者方向相反），即

$$\varepsilon_0 \partial E_r / \partial t + \sigma E_r = J_c \qquad (5.7.33)$$

可见径向电场 E_r 直接依赖于康普顿电流密度 J_c。当时间足够长时，位移电流密度远小于传导电流密度，即 $\varepsilon_0 \partial E_r / \partial t \ll \sigma E_r$，则电场直接依赖于康普顿电流 J_c

$$E_r = J_c / \sigma \qquad (5.7.34)$$

可见，在康普顿电流为 0 的空间区域，电场必为零，换句话说，电场不能脱离电流源单独存在，不能向远方辐射。结论是，如果康普顿电流 $\boldsymbol{J}_c$ 具有完全球对称的空间分布，就不可能向外辐射电磁能量，也就不存在 NEMP。

由此可见，核爆炸要产生向外辐射的 NEMP，必要条件是必须存在物理量空间分布的不对称因素，有导致涡旋电场和磁场的因素存在。实际上，导致大气层核爆炸康普顿电流 $\boldsymbol{J}_c$ 空间分布不完全球对称的物理因素有很多，比如大地与空气有交界面，径向有不均匀分布的介质；大气密度随高度的分布呈指数分布；地球磁场也不完全球对称分布；核装置本身的也不具对称性。实际上，不同高度的核爆炸产生的 NEMP 强弱不同，主要原因就是不同高度的不对称因素有较大差异。

2. 产生康普顿电流的源

前面已述，产生康普顿电流的主要电离源是核爆 γ 辐射，但高能中子、X 射线和地磁场对康普顿电流都有影响，也是构成 NEMP 复杂波形的重要因素。图 5.65 给出了 NEMP 的各种激励源，物理上都是通过产生 γ 辐射，进而在介质中通过康普顿散射、光电效应以及次级电离效应产生电流，再产生核电磁脉冲的。

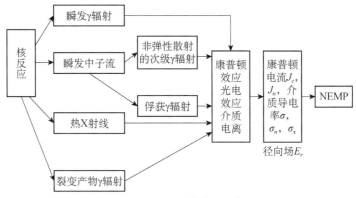

图 5.65　NEMP 激励源示意图

对于氢弹爆炸，其中的 D+T 热核聚变反应将产生大量的高能中子，这些高能中子在运动过程中将与空气中的氧、氮原子核发生(n,γ)、(n,p)和$(n,2n)$等核反应，释放出次级 γ 辐射、质子 p 和 α 粒子流。其中带正电的粒子大体上沿径向运动（因为电场沿径向），产生的电流 J_n 与康普顿电流 J_c 方向相反，同时带正电的粒子也会电离出大量次级电子，使空气的电导率增加。由此也会产生附加的径向电场，由于质子和 α 粒子的速度小、射程短，附加的电场比 γ 辐射造成的场要小得多。但高能中子的出现，会使 γ 辐射建立的径向场发生振荡，且使电流源发生振荡，这可能是形成氢弹爆炸 NEMP 前沿部分高频振荡的主要原因。

一般热 X 射线的发射要比瞬发 γ 出现时间晚，X 射线在 γ 辐射已建立的电场和电离环境下使空气产生更多的电离，从而造成附加的电导率 σ_x，使回电流增加为 $(\sigma+\sigma_x)E$。回电流增加破坏了 σE 和康普顿电流 J_c 的平衡，而使径向场迅速减小，因此，X 射线回电流 $\sigma_x E$ 的贡献，可使 NEMP 波形中叠加一个小脉冲。

在地磁场作用下，高速运动的康普顿电子的运动轨道会发生偏转，使得康普顿电流 J_c 的径向分量 J_r 略有减小，同时会出现横向电流分量 J_t。在靠近地面附近，虽然横向电流 J_t 比径向电流 J_r 小得多，但横向电流 J_t 的存在会使 NEMP 的前沿出现快讯号，而且沿着观测点在爆心东方和西方呈现出东正、西负的现象。

5.7.3　核电磁脉冲的特点

NEMP 的波形与核装置的特点、爆炸方式等因素密切相关。不同类型的核爆炸在不同距离上产生的 NEMP 的波形特点也不尽相同。NEMP 传播到的区域可分为源区、近区和远区。距离爆心几千米以内的区域称为源区，几千米到近百千米范围内的区域称为近区，百千米以外的区域称为远区。

1. 源区核电磁脉冲的特点

源区 NEMP 的电场场强幅值大（峰值在 $10^4 \sim 10^5$V/m 左右）、持续时间长（有的长达秒量级）。图 5.66 所示为源区 NEMP 的电场随时间变化的波形。在波的前沿部分高频分量丰富。除了前沿的振荡部分外，主要呈现两个准半周结构，前一个准半周持续的时间短，有几十到几百微秒，第二个准半周持续的时间很长，并有一个很长的平台，其频谱很宽，从几赫到 10^8Hz。源区在地面附近主要是垂直电场 E_θ（与电流密度垂直），而水平电场 E_r（与电流密度平行）小于垂直电场 E_θ 1～2 个量级。地面爆炸时，源区 NEMP 的磁场是低阻抗场，如图 5.67 所示，在国际单位制中，环向磁场 $B_\phi > \mu E_\theta / Z_0$，其波形由一个有振荡的负准半周和正准半周组成，磁场场强幅值在 $10^{-4} \sim 10^{-3}$T 量级，总的持续时间远小于电场的持续时间。对于地面观测点，除 E_ϕ 外，其他分量都近似等于零。随着爆炸高度的增加，磁场迅速下降，电磁场的特点由低阻抗场转变为高阻抗场。

图 5.66　源区 NEMP 电场波形示意图

图 5.67　源区 NEMP 磁场波形示意图

2. 近区核电磁脉冲的特点

随着与爆心距离的增加，NEMP 电场波形的高频分量迅速衰减，幅度也随着下降，总的持续时间变短，负半周中拖得很长的后尾消失，过渡到有三个准半周结构、持续时间约为几百微秒的近区 NEMP 波形。图 5.68 是根据苏联和美国提供的距爆心 44.6km 测得的近区核电磁脉冲波形，有三个准半周。图 5.69 是波形图 5.68 的频谱分布。

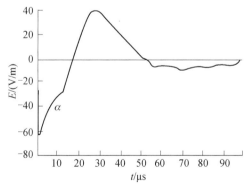

图 5.68　近区电磁波脉冲波形

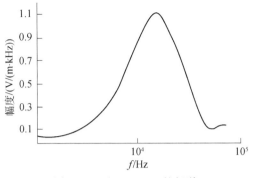

图 5.69　近区 NEMP 的频谱

不论是原子弹爆炸还是氢弹爆炸，不论是地面爆炸还是低空爆炸，近区 NEMP 波形的第一准半周总是负极性的，波形的频谱分布为连续谱，频谱分布在 100kHz 以下，主频在 10～20kHz 附近。随着与爆心距离的增加，高频分量损失较多，频谱分布逐渐向低于 100kHz 转移，主频率也逐渐低于 10～20kHz。

5.7.4　康普顿电流、空气电导率

1. 电子在空气中的射程

核爆 γ 形成康普顿电流密度 $\boldsymbol{J}_c$、空气电导率产生传导电流密度 $\sigma\boldsymbol{E}$，两者构成的总电流密度是激励 NEMP 的源。因此，从 γ 迁移理论出发，详细讨论 γ 康普顿散射产生的康普顿电流密度的时空变化规律，通过求解麦克斯韦方程组，可比较准确地得到 NEMP 的理论计算结果。许多文献都给出了这方面的详细论述。为突出实质的物理图像，下面做一些粗略估算。

γ 光子康普顿散射产生的康普顿电子是有一定的角分布的，出射电子的角分布取决于入射 γ 的能量和散射光子的方向，但电子主要是向前出射（即沿入射 γ 的方向出射）的。因此，为简化计算，可假定康普顿电子大体沿径向运动。另外，康普顿电子的动能也与散射角有关，在前向出射近似下，不妨假定电子动能约为入射 γ 光子能量的一半。

康普顿电子在大气中的射程可近似取为

$$R_e = R_{e0}(\rho_0 / \rho) \qquad (5.7.35)$$

它与大气密度成反比，式中 ρ_0、ρ 分别为海平面和某高度上的大气密度，海平面 R_{e0} 的数值参见表 5.23，它与电子的动能有关，对于动能为 0.5MeV 的电子，R_{e0} 大致为 150cm。

表 5.23　海平面空气中的电子射程 R_{e0}

电子能量/MeV	0.5	0.7	1.0	1.5	2.0	3.0	4.0
R_{e0} / cm	154.7	242.8	379.7	603.2	815.2	1276.1	1709.2

2. 康普顿电流

核爆 γ 辐射是产生康普顿电子的源，γ 辐射通量的时空分布要通过求解辐射输运方程得到。如果视核爆 γ 源为单能点源，则 t 时刻距爆心 r 处 γ 光子的通量可写为

$$\dot{\Phi}_r = \frac{N_\gamma}{4\pi r^2} e^{-r/\lambda} f(t - r / c) \qquad (5.7.36)$$

其中 N_γ 为 γ 光子数目，λ 为 γ 光子在空气中的平均自由程，$f(t)$ 为核爆 γ 辐射能量发射率的时间谱，满足归一化条件

$$\int_0^\infty f(t)\mathrm{d}t = 1 \qquad (5.7.37)$$

图 5.70 所示为时间谱 $f(t)$ 的曲线，它是与核装置特点有关的函数。对于不同爆炸方式（空气中爆炸、真空中爆炸）和不同 γ 辐射类型（裂变瞬发 γ、中子在空气中的非弹性散射 γ、同质异能素释放的 γ、氮俘获中子后释放的 γ 和裂变产物释放的 γ），时间谱函数 $f(t)$ 的形式各不相同。

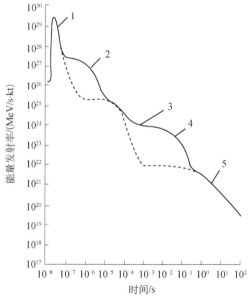

图 5.70　核爆炸 γ 辐射能量发射率的时间谱，实线为空气中爆炸，虚线为真空中爆炸

1. 裂变瞬发 γ；2. 中子在空气中的非弹性散射 γ；3. 同质异能素释放的 γ；
4. 氮俘获中子后释放的 γ；5. 裂变产物释放的 γ

根据 γ 光子通量可估算出单位时间在离源点 r 处单位体积内 γ 康普顿散射产生的康普顿电子数

$$S(t) = \mu_c \dot{\Phi}_\gamma = \dot{\Phi}_\gamma / \lambda \qquad (5.7.38)$$

其中 λ 为 γ 在空气中的康普顿散射自由程（康普顿散射线性吸收系数 μ_c 的倒数）。$S(t)$ 就是产生康普顿电子的外源，通过它可以得出康普顿电子数密度 $N_e(r,t)$。

下面导出康普顿电子数密度 $N_e(r,t)$ 满足的微分方程。注意到康普顿电子有速度 V，通过电离耗损其动能然后与离子复合而消失。设康普顿电子经过射程 R_e 后消失，故其平均寿命为 R_e/V，那么单位体积内康普顿电子的消失率为 $VN_e(r,t)/R_e$，因此 $N_e(r,t)$ 就满足以下守恒方程

$$\frac{dN_e}{dt} = S(r,t) - \frac{V}{R_e} N_e(r,t) \qquad (5.7.39)$$

将核爆 γ 的通量（5.7.36）代入康普顿电子外源 $S(r,t)$ 的表达式（5.7.36），再解微分方程（5.7.39），可得

$$N_e(r,t) = \frac{N_\gamma}{4\pi r^2} \frac{1}{\lambda} e^{-r/\lambda} e^{-\frac{V}{R_e}(t-r/c)} \int_{t-R_e/V}^{t} e^{\frac{V}{R_e}(t'-r/c)} f(t'-r/c)dt' \qquad (5.7.40)$$

令 $\tau = t-r/c$，$\tau' = t-t'$，则有

$$N_e(r,t) \approx \frac{N_\gamma}{4\pi r^2 \lambda} e^{-r/\lambda} \int_0^{R_e/V} e^{-V\tau'/R_e} f(\tau-\tau')d\tau' \qquad (5.7.41a)$$

考虑到康普顿电子在标准状态的大气中的平均寿命为 $R_e/V \approx 10^{-8}s$，在这么短的时间内，可认为时间谱函数 f 变化很小，那么康普顿电子数密度正比于核爆 γ 光子的通量

$$N_e(r,t) \approx \frac{R_e}{V\lambda} \dot{\Phi}_\gamma(r,t) \qquad (5.7.41b)$$

康普顿电流密度正比于康普顿电子数密度

$$\boldsymbol{J}_c = -N_e e\boldsymbol{V} \qquad (5.7.42)$$

忽略地磁场影响，电子速度沿径向 $\boldsymbol{V}=V\boldsymbol{e}_r$，则康普顿电流密度为

$$\boldsymbol{J}_c = -\boldsymbol{e}_r N_\gamma \frac{eV}{\lambda} \frac{e^{-r/\lambda}}{4\pi r^2} \int_0^{R_e/V} f(\tau-\tau')d\tau' \qquad (5.7.43a)$$

或

$$\boldsymbol{J}_c \approx -\boldsymbol{e}_r \frac{R_e}{\lambda} e\dot{\Phi}_\gamma \qquad (5.7.43b)$$

3. 电子电导率和离子电导率

下面估算空气的导电率。康普顿电子又是产生次级电子的源，康普顿电子在空气中的碰撞电离会产生大量的次级电子和离子。带电粒子的移动就会产生电导率。假设一个康普顿电子通过电离碰撞产生的次级电子数为 P_e，则单位时间单位体积内康普顿电子产生的次级电子数为

$$S_s(r,t) = \frac{V}{R_e} P_e N_e \qquad (5.7.44)$$

其中 $R_e/V \approx 10^{-8}\text{s}$ 为标准状态大气中康普顿电子的平均寿命；N_e 是康普顿电子数密度，由（5.7.41）给出；$S_s(r,t)$ 就是产生次级电子的源函数。次级电子产生后，会通过附着复合过程而消失，如果仅考虑次级电子在氧分子上的附着造成的衰减，则由（5.7.26）、（5.7.44）和康普顿电子数密度（5.7.41a），可得次级电子数密度为

$$N_s = \frac{S_s}{\Gamma} = \frac{V}{R_e} \frac{P_e}{\Gamma} N_e = \frac{V}{\lambda R_e} \frac{P_e}{\Gamma} \frac{N_\gamma}{4\pi r^2} e^{-r/\lambda} \int_0^{R_e/V} f(\tau-\tau') \mathrm{d}\tau' \qquad (5.7.45a)$$

或由康普顿电子数密度（5.7.41b），得

$$N_s(r,t) \approx \frac{P_e}{\lambda \Gamma} \dot{\Phi}_\gamma(r,t) \qquad (5.7.45b)$$

由此可得次级电子电导率

$$\sigma_e = N_s e \mu_e \qquad (5.7.46)$$

其中 μ_e 为空气中的次级电子迁移率，单位为 $\text{m}^2/(\text{V}\cdot\text{s})$。不计电场的影响，空气中的 μ_e 可用以下经验公式得出

$$\mu_e \approx 0.3(\rho_0/\rho) \qquad (5.7.47)$$

将（5.7.45b）、（5.7.47）代入（5.7.46），考虑到 γ 在空气中的平均自由程 λ 与大气质量密度 ρ 成反比，即 $\lambda \approx \lambda_0(\rho_0/\rho)$，则次级电子的电导率为

$$\sigma_e = 0.3 \frac{P_e}{\lambda_0 \Gamma} e \dot{\Phi}_\gamma \qquad (5.7.48)$$

下面看次级离子电导率。空气中离子电导率在不同时刻有不同的函数形式。

（1）当核爆 γ 通量的时间谱 $f(t)$ 过了极大值后，正离子数密度达到饱和时有 $\mathrm{d}N_+/\mathrm{d}t \approx 0$，且 $N_+ \approx N_-$，将次级电子的源函数 S_s 的表达式（5.7.44）和康普顿电子数密度 N_e 的表达式（5.7.41a）代入（5.7.29），得

$$N_-^2 \approx \frac{VP_e}{R_e \alpha_i} N_e = \frac{VP_e}{R_e \alpha_i \lambda} \frac{N_\gamma}{4\pi r^2} e^{-r/\lambda} \int_0^{R_e/V} f(\tau-\tau') \mathrm{d}\tau' \qquad (5.7.49)$$

或由康普顿电子数密度 N_e 的另一个表达式（5.7.41b），有

$$N_-^2 \approx \frac{P_e}{\alpha_i \lambda} \dot{\varPhi}_\gamma \qquad (5.7.50)$$

（2）当核爆 γ 源消失时，即 $f(t) \approx 0$ 以后，设 t_0 为 $f(t) \approx 0$ 的时刻，则 $t \geq t_0$ 时刻负离子数密度应取（5.7.32），即

$$N_- = \frac{N_{-0}}{1 + \alpha_i N_{-0}(t - t_0)} \qquad (5.7.51)$$

N_{-0} 为 t_0 时刻的负离子数密度，且 $N_+ \approx N_-$。考虑到负离子为次级电子附着在中性分子而来的，可近似为

$$N_{-0} = \int_0^{t_0} N_s \varGamma \mathrm{d}t \approx \frac{P_e}{\lambda} \frac{\mathrm{e}^{-r/\lambda}}{4\pi r^2} N_\gamma \qquad (5.7.52)$$

其中次级电子数密度 N_s 由（5.7.45b）给出。两种离子的电导率为

$$\sigma_i = 2N_- e \mu_i \qquad (5.7.53)$$

其中离子在空气中的迁移率可取

$$\mu_i \approx 2.5 \times 10^{-4} (\rho_0 / \rho) \quad (\mathrm{m}^2/(\mathrm{V} \cdot \mathrm{s})) \qquad (5.7.54)$$

离子和电子贡献的总电导率为

$$\sigma = N_e e \mu_e + 2N_- e \mu_i \qquad (5.7.55)$$

值得指出，虽然空气电导率由电子电导率和离子电导率组成，但在不同时段、不同空间区域，二者的贡献是不同的。对于源区辐射场，离子电导率的主要影响是会出现持续时间长达秒级的电场波形的后尾，次要影响是对场强的峰值有所限制，不能超过"饱和场"。对于近区外辐射场，只考虑电子电导率而忽略离子电导率，不会带来本质的影响。任何情况下都不能忽略电子电导率。

在核爆瞬发 γ 起作用的时间内，造成回电流的电导率主要来自电子电导率，离子电导率可忽略。随着瞬发 γ 越过峰值而消失后，电子电导率也随之消失。但由于离子消失过程比较缓慢，离子电导率会继续对回电流作出贡献。但因为变化过程比较缓慢，它只能激励源区的电磁场，而不能产生辐射场。

4. 简化算例

取 γ 通量 $\dot{\varPhi}_\gamma$ 的单位为 $2 \times 10^9 \mathrm{s}^{-1} \cdot \mathrm{cm}^{-2}$，取 γ 在任意密度空气中的平均自由程 $\lambda = \lambda_0 (\rho_0 / \rho)$，其中 γ 在海平面的平均自由程为 $\lambda_0 = 3 \times 10^2 \mathrm{m}$，取一个康普顿电子产生的次级电子数 $P_e = 3 \times 10^4$，取康普顿电子的射程 $R_e = 4\mathrm{m}$，代入相应公式可得康普顿电子电离碰撞产生的次级电子源为

$$S_s = \frac{P_e}{\lambda} \dot{\Phi}_\gamma = 2 \times 10^9 \left(\frac{\rho}{\rho_0} \right) \dot{\Phi}_\gamma \qquad (\mathrm{cm^{-3} \cdot s^{-1}}) \qquad (5.7.56)$$

康普顿电流密度（5.7.43b）为

$$J_c = eR_e \dot{\Phi}_\gamma / \lambda \approx 4 \times 10^{-8} \dot{\Phi}_\gamma \qquad (\mathrm{A/cm^2}) \qquad (5.7.57)$$

电子电导率（5.7.48）为

$$\sigma_e \approx \frac{10^{-4}}{\Gamma} \dot{\Phi}_\gamma \qquad (\Omega^{-1} \cdot m^{-1}) \qquad (5.7.58)$$

用上面近似计算公式可估算与 γ 通量 $\dot{\Phi}_\gamma$ 的峰值相对应的一些物理量。图 5.71 给出了虚拟 γ 通量 $\dot{\Phi}_\gamma(t)$ 随时间变化的图像，据此可求得康普顿电流密度和电子电导率 J_c、σ_e 随时间变化的图像，如图 5.72 和图 5.73 所示。

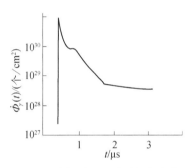

图 5.71　虚拟 $\dot{\Phi}_\gamma(t)$ 随时间的变化

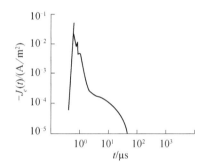

图 5.72　康普顿电流 $J_c(t)$ 随时间的变化

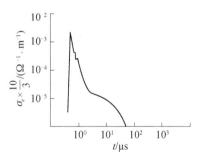

图 5.73　电子电导率 $\sigma_e(t)$ 随时间的变化

　　比较这三个图可见，康普顿电流径向分量 J_r 与电子电导率 σ_e 和 $\dot{\Phi}_\gamma(t)$ 的上升前沿极为相似，峰值出现的时间也极相近。为了看出 J_r、σ_e 对 $\dot{\Phi}_\gamma(t)$ 的响应，在 $\dot{\Phi}_\gamma(t)$ 的后沿给个小振荡，响应的 J_r、σ_e 的后沿上也出现了一个振荡，出现的时间相近。最大的差异是 J_r、σ_e 后沿的持续时间比 $\dot{\Phi}_\gamma(t)$ 的长得多。这是因为

$\dot{\Phi}_\gamma(t)$ 消失后，仍存在电子-离子的复合过程，复合过程使电子消失，才会使得 J_r、σ_e 随之消失，所以后沿持续时间就比较长。

5.7.5　源区核电磁脉冲的近似分析

康普顿电流密度和传导电流密度的矢量和

$$J = J_c + \sigma E \qquad (5.7.59)$$

是核电磁脉冲的激发源。康普顿电流密度和电导率都是由随时间变化的核爆 γ 通量决定的，它们有确定的函数关系。原则上，通过数值求解麦克斯韦方程组，可以得到电磁场随时空变化的规律。但严格求解该过程比较复杂，也难以抓住主要因素，揭示物理规律。因此近似分析是很有必要的。

1. 源区场

在核爆炸附近的源区，康普顿电流源基本是对称分布的，电场是无旋场，由法拉第电磁感应定律可知磁场为 0，再由安培定律

$$\nabla \times B = \mu_0 \left(\varepsilon_0 \frac{\partial E}{\partial t} + J \right) \qquad (5.7.60)$$

可知总电流密度（包括位移电流）为 0，将（5.7.59）代入，得不考虑磁场时的电场方程

$$\varepsilon_0 \frac{\partial E}{\partial t} = -(J_c + \sigma E) \qquad (5.7.61)$$

在核爆炸早期，康普顿电流密度远远大于传导电流密度，忽略传导电流，电场方程化为

$$\frac{\partial E}{\partial t} = \frac{1}{\varepsilon_0} J_c \qquad (5.7.62)$$

因为康普顿电流 J_c 取决于 γ 通量，它们的关系由式（5.7.43b）给出。因为电流密度只有径向分量，从而电场也只有径向分量。将式（5.7.43b）代入式（5.7.62），再对时间积分，利用电场初始条件 $E(t=0)=0$，可得到径向电场

$$E(r,t) = e_r \frac{R_e e}{\lambda \varepsilon_0} \int_0^t \dot{\Phi}_\gamma(t')\mathrm{d}t' \qquad (5.7.63)$$

将核爆早期 γ 通量 $\dot{\Phi}_\gamma$ 的表达式（5.7.36）代入，得

$$E(r,t) = e_r \frac{R_e e N_\gamma}{\lambda \varepsilon_0} \frac{\mathrm{e}^{-r/\lambda}}{4\pi r^2} \int_0^t f(t'-r/c)\mathrm{d}t' \qquad (5.7.64)$$

因为核爆早期 γ 辐射通量处于随时间指数增长的阶段，时间谱可表示为

$$f(t) = \alpha e^{\alpha t}$$

将此时间谱函数代入（5.7.64）对时间积分，略去 $e^{-\alpha r/c}$，得

$$E(r,t) = e_r \frac{R_e e N_\gamma}{\lambda \varepsilon_0} \frac{e^{-r/\lambda}}{4\pi r^2} \left(e^{\alpha t} - 1 \right) \qquad （5.7.65）$$

这是核爆早期 γ 通量随时间指数增长阶段的径向电场，可见，距离 γ 源 r 处的电场也随时间指数增长。这种电场不可以远距离传播，因为它随空间距离的衰减规律服从平方反比律和指数衰减律。

如果在核爆早期，保留康普顿电流而略去传导电流，但不忽略磁场（B 不为 0），则由法拉第电磁感应定律和安培定律

$$\frac{\partial \boldsymbol{B}}{\partial t} = -\nabla \times \boldsymbol{E}, \quad \nabla \times \boldsymbol{B} = \mu_0 \left(\varepsilon_0 \frac{\partial \boldsymbol{E}}{\partial t} + \boldsymbol{J}_c \right) \qquad （5.7.66）$$

可得电场满足的有源波动方程

$$\nabla^2 \boldsymbol{E} - \frac{1}{c^2} \frac{\partial^2 \boldsymbol{E}}{\partial t^2} = \mu_0 \frac{\partial \boldsymbol{J}_c}{\partial t} \qquad （5.7.67）$$

可见，在 γ 通量随时间指数增长的阶段，康普顿电流激励的径向电场 E_r 将以波动形式向外传播。

注意，电场波动方程（5.7.67）只适用于 γ 通量峰值时刻 t_M 之前。在 $t > t_M$ 以后，空气中的传导电流 σE 就不能忽略，波动方程（5.7.67）不再成立，变成

$$\nabla^2 \boldsymbol{E} - \frac{1}{c^2} \frac{\partial^2 \boldsymbol{E}}{\partial t^2} - \mu_0 \frac{\partial (\sigma \boldsymbol{E})}{\partial t} = \mu_0 \frac{\partial \boldsymbol{J}_c}{\partial t} \qquad （5.7.68）$$

传导电流的存在是抑制电场增长的因素。

2. 源区饱和场

时间 $t > t_M$（γ 通量峰值时刻）以后，传导电流 σE 不能忽略，磁场为 0 时的电场方程为（5.7.61），即

$$\varepsilon_0 \frac{\partial \boldsymbol{E}}{\partial t} = -\left(\boldsymbol{J}_c + \sigma \boldsymbol{E} \right) \qquad （5.7.69）$$

可见，传导电流密度 σE 是抑制电场增长的因素。解此微分方程，可得电场

$$\boldsymbol{E} = -\frac{1}{\varepsilon_0} \int_0^t \boldsymbol{J}_c e^{-\frac{1}{\varepsilon_0} \int_{t_M}^{t'} \sigma dt'} dt' \qquad （5.7.70）$$

近似为

$$\boldsymbol{E}(r,t) = e_r E_s \left[1 - \exp\left(-\frac{1}{\varepsilon_0} \int_0^t \sigma dt' \right) \right] \qquad （5.7.71）$$

其中 $E_s = J_c / \sigma$ 为径向电场的最大稳定值，称为饱和电场。在达到饱和电场这段

时间内，空气的电导率主要来自电子电导率的贡献，离子电导率可忽略，将康普顿电流密度 J_c 表达式（5.7.43b）、电子电导率 σ_e 表达式（5.7.46）代入，利用次级电子数密度 N_s 的表达式（5.7.45b），可得饱和电场 $E_s = J_c / \sigma$ 为

$$E_s = \frac{\Gamma R_e}{\mu_e P_e} \tag{5.7.72}$$

饱和电场与爆炸当量无关。取空气参数 $\Gamma = 10^8 \text{s}^{-1}, R_e = 4\text{m}, P_e = 3 \times 10^4, \mu_e = 0.3\text{m}^2/(\text{V} \cdot \text{s})$，可估算出饱和电场为 $E_s \approx 4 \times 10^4 \text{V/m}$。实际上，电子电导率是降低场强的，但电导率的形成需要一定时间，考虑这个时间差，饱和电场的峰值应该更高。另一方面，在电子电导率基础上再考虑离子的电导率后，饱和电场 E_s 又会有所降低。

饱和电场是由空气电离所激发出来的，它只在一定的空间电离区域存在，因此存在一个饱和电场区域的最大半径。下面来估算这个半径。忽略传导电流 $\sigma \boldsymbol{E}$ 时，电场随时空的变化关系由（5.7.65）给出，空间 r 处的电场是随时间指数增长的，设空间 $r = r_0$ 处的电场在 $t = t_M$ 时刻到达饱和值，由电场随时空的变化关系（5.7.65）和饱和电场表达式（5.7.72），可得

$$E_s = \frac{R_e e N_\gamma}{\lambda \varepsilon_0} \frac{\text{e}^{-r/\lambda}}{4\pi r^2} \left(\text{e}^{\alpha t_M} - 1\right) = \frac{\Gamma R_e}{\mu_e P_e} \tag{5.7.73}$$

其中 $r = r_0$ 为饱和电场的边界，则 r_0 满足以下方程

$$r_0^2 \, \text{e}^{r_0/\lambda} \approx \frac{\mu_e e P_e}{4\pi \lambda \Gamma \varepsilon_0} \Phi_0 \tag{5.7.74}$$

其中 $\Phi_0 = N_\gamma(\text{e}^{\alpha t_M} - 1) \approx N_\gamma \text{e}^{\alpha t_M}$，无量纲。

下面求饱和电场边界 r_0 处的康普顿电流 J_{s0}。将边界 r_0 处 γ 通量表达式（5.7.36）代入康普顿电流表达式 $\boldsymbol{J}_c = -e_r R_e e \dot{\Phi}_\gamma / \lambda$，并令 γ 通量的时间谱为 $f(t) = \alpha \text{e}^{\alpha t}$（$t \leqslant t_M$），略去 $\text{e}^{-\alpha r_0/c}$ 项，则饱和场边界 r_0 处的康普顿电流为

$$J_{s0} = \frac{\alpha \Gamma \varepsilon_0 R_e}{\mu_e P_e} \tag{5.7.75}$$

取参数 $\Gamma = 10^8 \text{s}^{-1}, R_e = 4\text{m}, P_e = 3 \times 10^4$，$\mu_e = 0.3\text{m}^2/(\text{V} \cdot \text{s})$，$\alpha = 2 \times 10^8 \text{s}^{-1}$，可得 $J_{s0} = 80 \text{A/m}^2$。

在电场达到饱和场这个时段，位移电流 $\varepsilon_0 \partial \boldsymbol{E} / \partial t$ 趋为 0，只考虑康普顿电流和传导电流，由法拉第电磁感应定律和安培定律可得电场的扩散方程

$$\mu \sigma \frac{\partial \boldsymbol{E}}{\partial t} - \nabla^2 \boldsymbol{E} = -\mu \frac{\partial \boldsymbol{J}_c}{\partial t} \tag{5.7.76}$$

也就是说，不考虑位移电流 $\varepsilon_0 \partial \boldsymbol{E} / \partial t$，只考虑康普顿电流和传导电流，由于空气

中存在的电导率是造成电场衰减的因素，电场不是以波动而是以扩散的形式向外传播的。对于地面核爆炸，在地面附近，极向电场 E_θ（也叫与径向电流垂直的电场）以趋肤效应的方式向地面两侧扩散传播，它仅在距地平线不大的角度内存在，大于一定角度后，在爆心上方相当大的空间内，极向电场 $E_\theta \approx 0$；在地面附近 $E_\theta \gg E_r$，可近似认为径向电场 $E_r \approx 0$。在离开地面的空中，径向电场 $E_r \approx E_\theta$，两者量级相当。源区地面测到的主要是垂直场 E_θ，径向电场 E_r 难以测量。

3. 源区场随时间的衰减

当核爆 γ 通量消失时，即 $t > t_M$ 以后，康普顿电流随即消失。不考虑磁场时的电场方程（5.7.61）当康普顿电流消失后变为

$$\varepsilon_0 \frac{\partial \boldsymbol{E}}{\partial t} = -\sigma \boldsymbol{E} \qquad (5.7.77)$$

此时电场随时间衰减，衰减速率完全取决于电导率。对时间积分得电场随时间的衰减服从以下指数规律

$$E(t) = E_s \mathrm{e}^{-\int_{t_M}^{t} \frac{\sigma}{\varepsilon_0} \mathrm{d}t'}, \quad t > t_M \qquad (5.7.78)$$

其中 $E_s = E(t_M)$ 为饱和场。图 5.74 所示为仅考虑空气中电子电导率时，距爆心 1km 处径向电场随时间的衰减，持续时间大致在几百微秒量级。也就是说，如果仅考虑空气中电子的电导率，因为电子电导率很大，所以电场 E 消失速率将极快，这难以解释实验中观察到的持续时间很长的电场，可以推测，在时间 $t > t_M$ 以后，离子电导率应该占据重要地位，在后期甚至占主导地位。

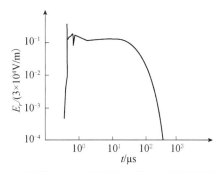

图 5.74 距爆心 1km 处径向电场 $E_r(t)$ 随时间的变化

仅考虑空气中离子的电导率 $\sigma \approx \sigma_i = 2N_- e\mu_i$，其中离子数密度 $N_+ \approx N_- = \sqrt{S/\alpha_i}$，这里 $S = S_s = P_e \dot{\Phi}_\gamma / \lambda \, (\mathrm{cm}^{-3} \cdot \mathrm{s}^{-1})$ 为康普顿电子碰撞电离产生次级电子的源函数，$\dot{\Phi}_\gamma$ 为 γ 通量，设早期 γ 通量 $\dot{\Phi}_\gamma$ 随时间的衰减近似为

$$\dot{\Phi}_\gamma = \frac{N_\gamma}{4\pi r^2} \mathrm{e}^{-r/\lambda} b \mathrm{e}^{-bt} \qquad (5.7.79)$$

则离子数密度

$$N_-(t) = \left(\frac{P_e \mathrm{e}^{-r/\lambda} b N_\gamma}{\lambda \alpha_i 4\pi r^2} \right)^{1/2} \mathrm{e}^{-bt/2} \qquad (5.7.80)$$

由此求出离子电导率 $\sigma \approx \sigma_i = 2N_-e\mu_i$，再代入（5.7.78）完成积分，可得 $t > t_M$ 时电场随时间的衰减规律为

$$E = E_s \exp\left\{ -\frac{4e\mu_i}{\varepsilon_0 b} \left(\frac{P_e N_\gamma b \mathrm{e}^{-r/\lambda}}{\lambda \alpha_i 4\pi r^2} \right)^{1/2} \mathrm{e}^{-bt_M/2} \left(1 - \mathrm{e}^{-\frac{b}{2}(t-t_M)} \right) \right\} \qquad (5.7.81)$$

上式可化为

$$E = E_0 \,\mathrm{e}^{-(t-t_M)/\tau} \qquad (5.7.82\mathrm{a})$$

其中 τ 为特征时间常数，近似为

$$\frac{1}{\tau} \approx \frac{2e\mu_i}{\varepsilon_0} \left(\frac{P_e N_\gamma b \mathrm{e}^{-r/\lambda}}{\lambda \alpha_i 4\pi r^2} \right)^{1/2} \mathrm{e}^{-bt_M/2} \qquad (5.7.82\mathrm{b})$$

在饱和电场半径 $r = r_0$ 处，利用 r_0 满足的超越方程（5.7.74），可得

$$\frac{1}{\tau} \approx \frac{2e\mu_i}{\varepsilon_0} \left(\frac{\Gamma \varepsilon_0 b}{\mu_e e \alpha_i} \right)^{1/2} \mathrm{e}^{-(\alpha+b)t_M/2} \qquad (5.7.83)$$

选取适当的参数，可估算出特征时间常数 τ 在 $10^{-2}\mathrm{s}$ 的量级，它比几百微秒（$10^{-4}\mathrm{s}$）长百倍，空气中离子的电导率是造成电场随时间衰减时出现长时间尾巴的原因。

4. 地爆源区磁场

在地面爆炸时，源区的地面可近似为良导体，根据电荷守恒，与空气中康普顿电流对应的地下会存在（方向相反的）镜像电流。如图 5.75 所示，镜像电流分布和空气中真实电流分布成镜面对称，但电流方向相反，形成封闭的电流环，从而产生磁场。考虑镜像电流后，径向电流为

$$\boldsymbol{J}_r = 2\boldsymbol{J}_c \qquad (5.7.84)$$

将以爆心为源点的球坐标系换成如图 5.76 所示的柱坐标（z 轴为轴线）系，则地面上（$z = 0$）电流的径向分量为 $\boldsymbol{J}_\rho = \boldsymbol{e}_\rho 2J_c \sin\theta$。在源区电场达到饱和值的时间内，位移电流很小，即

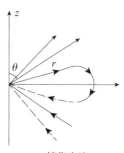

----- 镜像电流
——— 真实电流

图 5.75 镜像电流示意图

$$J > \varepsilon_0 \frac{\partial \boldsymbol{E}}{\partial t} \qquad (5.7.85)$$

忽略位移电流时，安培定律变为

$$\nabla \times \boldsymbol{B} = \mu_0 \boldsymbol{J} \qquad (5.7.86)$$

在柱坐标下，因为有径向分量 $J_\rho \neq 0$，故环向磁场 $B_\varphi \neq 0$，两者通过安培定律联系

$$-\frac{\partial B_\varphi}{\partial z} = 2\mu_0 J_c \sin \theta \qquad (5.7.87)$$

对 z 积分到地下趋肤层深度 δ，得

$$B_\varphi = -B_0 \sin \theta \qquad (5.7.88)$$

其中 $B_0 = 2\mu_0 J_c \delta$ 为磁场的峰值。

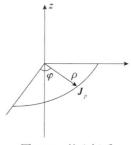

图 5.76 柱坐标系

磁场峰值除了与大气参数、地表的趋肤层深度相关外，还取决于 γ 通量的时间增殖系数 α。例如，在饱和电场半径 r_0 处，康普顿电流 J_{s0} 由（5.7.75）给出，则磁场的峰值为

$$B_0 = 2\frac{\alpha \Gamma R_e}{P_e \mu_e} \varepsilon_0 \mu_0 \delta \qquad (5.7.89)$$

取 γ 通量的时间增殖系数 $\alpha = 2\times10^{8}\,\text{s}^{-1}$ ，地表的趋肤层深度 $\delta = 20\text{m}$ ，其他参数同前，可得磁场峰值 $B_0 \approx 4\times10^{-3}\,\text{T}$ 。

将源区电场的特性小结如下：①爆炸早期，康普顿电流远大于传导电流 $J_c \gg \sigma E$ ，脉冲电场以瞬发 γ 辐射通量相同的增长率增长，上升前沿类似 γ 辐射通量的上升沿，并以波动形式向外传播。②当场强增长到饱和场 E_s 后，回电流 σE 的贡献使电场下降过零，形成第一个准半周期。③电场过零后，达到负向饱和值 $-E_s$ ，此时电子电导率小于离子电导率，电场随着离子电导率的缓慢消失形成长达几十毫秒甚至更长的负极性平台，完成第二个准半周，如图 5.66 所示。

5.7.6　远区核电磁脉冲的特点

远区核电磁脉冲有如下特点：①距离爆炸源区 100km 以内，NEMP 主要沿地面传播（称地波）。②距离爆炸源区 100~500km：需考虑从 60~90km 高度处大气的电离层 D 层反射回地面的波（称天波）和地波的叠加。天波比地波弱，且晚到 50~60μs 左右。合成波出现了新的准半周。③距离爆炸源区 500~1000km：天波的贡献增大，需考虑二次以上的反射天波。④距离爆炸源区 1000~3000km，NEMP 的传播由地球波导的传播条件决定，只剩下低于 30~40kHz 的低频波。图 5.77 为距爆炸源点 81km 和 322km 处的 NEMP 计算波形。

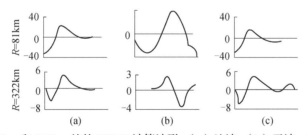

图 5.77　81km 和 322km 处的 NEMP 计算波形：（a）地波；（b）天波；（c）合成波

图 5.78 和图 5.79 分别为苏联国内热核爆炸和原子弹爆炸的实测的远区 NEMP 波形。重要区别是，热核爆炸 NEMP 的第一个半周是正极性，而原子弹爆炸 NEMP 的第一个半周是负极性。

图 5.80~图 5.82 为苏联测得的美国在太平洋进行的三次原子弹爆炸试验所产生的远区 NEMP 波形。代号为 Yucca 的第一个试验是 1958 年 4 月 28 日进行的 86000ft 的高空核爆。代号为 Nutmeg 的第二个试验是 1958 年 5 月 21 日在基尼岛进行的海面核爆。代号为 Tobacco 的第三个试验是 1958 年 5 月 30 日在埃尼威托

克岛进行的海面核爆。NEMP 的第一个半周都是负极性。场强的最大峰值都出现
在第三个峰值上。

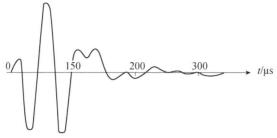

图 5.78   热核爆炸远区 NEMP 波形

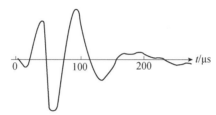

图 5.79   原子弹爆炸远区 NEMP 波形

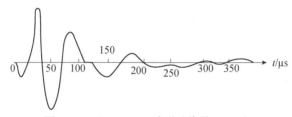

图 5.80   远区 NEMP 波形（代号 Yucca）

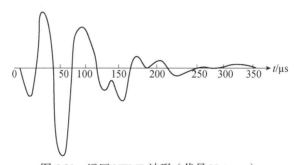

图 5.81   远区 NEMP 波形（代号 Nutmeg）

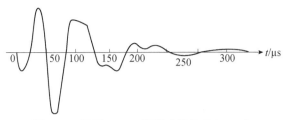

图 5.82　远区 NEMP 波形（代号 Tobacco）

习　题

1. 电子的复合过程分哪几种？相应的电离-复合方程如何表述？

2. 核电磁脉冲的产生机理是什么？产生康普顿电流的源主要有哪几种？各有什么特点？

3. 核电磁脉冲有什么特点？

参考文献

春雷. 2000. 核武器概论. 北京：原子能出版社.

卢希庭. 2010. 原子核物理. 修订版. 北京：原子能出版社.

钱绍钧. 2007. 中国军事百科全书——军用核技术. 北京：中国大百科全书出版社.

乔登江. 2003. 核爆炸物理概论（上、下册）. 北京：国防工业出版社.

王尚武, 张树发, 马燕云. 2013. 粒子输运问题的数值模拟. 北京：国防工业出版社.

Glasstone S. 1966. The Effects of Nuclear Weapons. Washington：United States Department of Defense and the Energy Research and Development Administration.

Glasstone S, Dolan P J. 1977. The Effects of Nuclear Weapons. 3rd ed. Washington：Government Printing Office.

第 6 章
核爆炸探测及核试验的诊断和测量

6.1 核爆炸的探测

空中核爆炸发生时，会产生强烈的冲击波、光辐射、早期核辐射、放射性沾染和核电磁脉冲，同时还会伴随次声波、水声波、地震波、地磁扰动等物理现象。通过对核爆炸产生的这一系列直接和间接物理效应的探测来判定核爆炸发生的方式、时间、地点、威力等过程称为核爆炸探测，也叫核爆侦查。

核爆炸探测的目的在于探测时空不确定的、远距离的核爆炸，以监测世界各地的核试验和侦查核作战时的核爆炸效果，并且要有全天候探测的功能。

6.1.1 核爆炸探测方法

核爆炸的方式不同，对其探测的方法也不相同。大气层中的核爆炸可利用次声波、核电磁脉冲以及放射性沉降来探测；水下核爆炸主要利用水声和地震波来探测；地下核爆炸主要利用地震波来探测。高空核爆炸可以用安装在卫星上的 X 射线、γ 射线和中子探测器来探测，或在地面上用可见光、气晖、电离度和核电磁脉冲等来探测。实际应用中一般都采用合理布站、两种或两种以上的探测方法联合组网的方式来提高探测的准确度。

1. 水声波探测法

处在静止状态的流体中的任何一点，都存在一定的静压强。当声波到达该点时，该处的流体压强将偏离静压，压强超出静压的部分称为声压。假设水是理想液体，即：①没有黏性和剪切弹性；②密度均匀，局部密度与平衡值相比变化很小；③不传热，由水声传播而引起的较冷和较热部分之间的热能交换可忽略不计，在水中传播的声波是线性的和不传热的。在这些假设下，水声波就可描述为一阶的简单压缩平面波，其瞬间的压力值仅取决于它在波传播方向上的位置。使用平面波来描述声波的传播可使其简化为一维问题，即可将声波理解为垂直于传播方向切片的薄片流体体积元在传播方向做往复运动。在声学中，将这些小体积元称为流体质元（或称粒子），当相邻的质元相互靠拢时（即压缩时），该处的压力就增加，而当相邻的质元相互离开时（即稀疏时），该处的压力就减小。假设各质元作谐波振荡，则其声压的时空变化可写为

$$p(x,t) = p_{\max} \cos(kx - \omega t) \qquad (6.1.1)$$

其中 $p_{\max}$ 为声压的最大值，x 为离原点的距离，t 为时间，$k=2\pi/\lambda$，$\omega=2\pi/f$ 分别是波数和角频率，$f=1/T$ 为频率，$\lambda=c_s/f=c_sT$ 为波长，即每个周期内波传播的距离，c_s 为声速。当传播经过一固定位置时，该位置的质点运动会以周期 T 反复重现。水中的典型声速为 $c_s=1500\text{m/s}$，故频率 $f=100\text{Hz}$ 的低频声波的波长为 $\lambda=15\text{m}$，而频率 $f=10\text{kHz}$ 的高频声波的波长只有 $\lambda=0.15\text{m}$。

声波实质上是介质中传播压力的变化，流体中压力变化实质上是在高压区流体质元相互汇聚，质元被推挤到一起，而在低压区质元相互分离。每个质元都是包含很多分子的流体小体积元，当声波通过时，这些质元只沿波传播方向振荡，即质元运动是纵向的。因此，声波是一种纵波，即质元的振动方向与声波的传播方向一致。

海洋是声音传播的良好介质，海面和海底之间的海洋是声音的波导。声音在水中可以传播很远，在远距离传播过程中与很多声源的声音相组合，使海洋成为一个喧闹的环境。最重要的海洋声参数是声速，声速的作用就如同光学中介质的折射率。海洋环境决定了声音波动方程中的折射率，而且洋面和洋底决定了其边界条件。通常声速 c_s 与介质密度和压缩系数有关，海洋中的声速是随静压渐增的函数，也与海水温度、盐度有关。海洋声速的经验公式为

$$c_s = 1449.2 + 4.6T - 0.055T^2 + 0.00029T^3$$
$$+ (1.24 - 0.01T)(S - 35) + 0.016h \qquad (6.1.2)$$

其中声速 c_s 的单位为 m/s；海水温度 T 的单位为 ℃；S 为海水的盐度，单位为‰；h 为离海平面的海水深度，单位为 m。海洋中的温度 T 和盐度 S 可分别绘制成等温线和等盐（度）线图，与等压线一样，等温线和等盐线是近似于平行的水平线。由于影响声速的上述三因素都是近似水平分层的，因而声速也是近似水平分层的，声速的这种分层特性对水声传播有重要影响。

海洋声速随深度的变化用声速廓线表示，典型的深海声速廓线如图 6.1 所

示。由图可见，海洋声速廓线可分为若干层，每层都具有不同的特性和产生条件。紧贴在海洋表面以下的是表面层，该层中的声速对冷热和风的日变化与局部变化相当敏感，而季节和昼夜变化都会引起海水温度的变化。表面层可能包含一层温度近似恒定的水混合层，它是由于空气和海面交界处风和波浪的作用使海水混合而产生的，此混合层对声波起着声道的作用，也称为表面声道区。太阳照晒使混合层的深度减小，而风浪使混合层的深度增加。例如，暴风雨使近海面的海水混合，从而在表面形成混合层或使已存在的表面混合层增厚。在表面混合层中，由于压力的梯度效应，声速随深度略为增加，在海水的表面速度最小。在长时间风平浪静的日照条件下，表面混合层将消失，而被温度随深度降低的温跃层所代替。

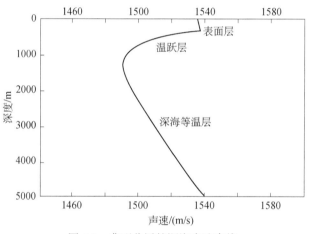

图 6.1 典型分层的深海声速廓线

温跃层，可细分为季节温跃层和主温跃层。季节温跃层是海水温度随深度发生剧烈变化的一层，该层温度和声速均随深度增加而减小，且温度梯度和声速梯度随季节变化。在夏秋季节，海洋近表水层温暖，季节性温跃现象很强烈且界限分明。在冬季和春季以及在北冰洋，季节温跃层不明显，往往与表面层合并在一起，无法区分。在季节温跃层下面是主温跃层，季节变化对主温跃层的影响很轻微，温度随深度增加降低显著。在主温跃层，温度效应是影响声速的主要因素，声速随深度增加而减小。主温跃层大约延伸至水下 1000m 或更深。

在主温跃层下直至洋底是深海等温层。该层中海水温度恒定，大约为 4℃，这是高压下盐水的热力学特性。由于压力随深度变化的影响，声速随深度增加。在温跃层和深海等温层的交界处，负声速梯度的温跃层与正声速梯度的等温层产生了深海声道，称作 SOFAR 声道（SOFAR-Sound Fixing And Ranging 的缩写）。

在 SOFAR 声道中声速有一最低值，声速最低值处的深度常被看作深海声道的轴线。

海洋中存在多种类型的声道，最常见的声道有浅海层声道、深海层声道和混合层声道。声波在海洋中扩散时几乎限制在这些声道中传播，其传播时衰减很小，可以沿声道传播到很远的地方。例如，在新西兰附近部署了一套常规拖曳式阵列声呐，它能够随时检测到远在 10000km 以外的太平洋发生的千克级 TNT 炸药爆炸的声波。为此，利用声波接受系统并进行合理的布站，就可以检测出水下、水上或靠近水面的核爆炸的威力和位置。

海洋中的环境噪声源多种多样，为排除噪声源的干扰，可以通过声波接收系统的合理布站和与其他类型探测系统合理组网来排除这些干扰，以达到准确探测的目的。

实际上存在与图 6.1 声速廓线不符的两个例外情况。一是在北冰洋地区，北极区域海面附近的水温最冷，因而在海洋与大气交界面处的声速最低，即在高纬度地区深海等温层几乎一直延伸到海洋表面。二是在靠近海岸的地带，海水不够深，不会在深海获得最低声速，因而声速廓线变为不规则和不可预测，它受表面加热和冷却、盐度变化及海流的影响小，而往往受附近淡水源对盐度的影响和大量时间短暂或局部空间的不稳定因素的影响。

海洋有其自身的内部循环运动，它包含了 90% 以上的海洋动能。循环运动包括相对恒定的洋流（例如墨西哥暖流），时间约数月、距离约数百千米的中等尺度的现象。此外，海洋内部存在波浪，波浪的水平尺度可至 10km，垂直尺度可为其水平尺度的 1/10，时间尺度可为几分钟到几小时。还存在尺度约为几厘米的微结构。通常所有海洋学结构对声音传播都有影响，引起声音的衰减和声音的波动。

海面和海底是海洋波导的上下边界条件。海面是一个近似理想的反射体，而海底地形变化很大，声音在此会有较大的损耗。海底主要由覆盖在洋底壳的一薄层沉积物构成，海底的特性随地区变化有明显不同。

2. 次声波探测法

大气层内的核爆炸是一个巨大的脉冲声源，典型的大气层核爆炸约有 50% 的能量转换为冲击波，它在传播过程中又衰减为次声波。核试验产生的次声波频率在 0.01～10Hz 范围，处于该频率范围的次声波具有以下特点：①波长在几十米到 3000 多米之间，周期在 0.01～100s 之间。②这种低频次声波通过上层大气层和地球表面的反射作用而在全球传播，基本占满了较低的大气层。忽略风的影响，将无风的干燥空气看成理想气体，则次声波的声速 c_s 可由理想气体方程近似给出

$$c_s = 20.07T^{1/2} \qquad (6.1.3)$$

其中，T 为热力学温度（K）。在 20℃=293K 温度下，次声波的传播速度为 344m/s。由于大气温度随高度有较大的变化，因此次声波的传播速度的变化范围很大。此外，次声波的传播速度强烈地受平流层风影响，上层大气层风是影响次声波传播性质的主要因素。

次声波在大气中的衰减涉及很多物理过程，如由大气黏性和热扩散引起的声波吸收，与分子振动和旋转状态的激发及退激引发的声波损耗，由非均匀项湍流散射和高空离子牵引引起的声波能量损失等。次声波的频率越高，在大气中的衰减就越快，而且大多数的能量消耗在高空。所有这些过程对低频次声波的吸收都很小，即周期 10s 以上的次声波（相当于波长几千米以上）能够传播几千米，而且能量损失很小。

大气中声音的传播速度受有效声速 c_{eff} 的控制，有效声速等于当地的声速 $c_s(T)$ 加上风速矢量 $\boldsymbol{u}$ 在声波传播方向 $\boldsymbol{n}$ 上的分量，即

$$c_{\text{eff}} = c_s(T) + \boldsymbol{u} \cdot \boldsymbol{n} \qquad (6.1.4)$$

其中，$\boldsymbol{n}$ 为在声波传播方向上的单位矢量。大气中的声道（或波导）是声速较低的一层大气层，它以声速较高的一层大气层或地球表面作为其上界或下界。声能通过折射或反射而截留在声道中并传至远处。图 6.2 显示了无风情况下不同季节大气中的有效声速，该图表明，次声波的远程传播明显具有上下两个声道——下声道的中轴在高度 18km 附近，上声道的中轴在大约 90km 处。考虑存在上层大气风时，图形将会发生显著变化，根据次声波传播方向与上层大气风的风向相同与否，环流风可以增强或削弱次声波的传播速度。

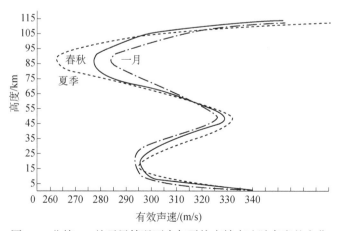

图 6.2　北纬 45° 处无风情况下大气平均有效声速随高度的变化

　　一次核爆炸的次声波波群持续时间可达几十分钟。利用次声波接收系统可以记录到核爆炸的次声信息，通过对波形和压力的测试分析可获得核爆炸的多种参数。由于次声波在其声道内的衰减很慢，核爆次声波可以传输到很远的地方。例如，1961 年 10 月 30 日苏联在新地岛进行的一次大气层核爆炸，记录到的次声波一直绕地球转了五圈，行程达 20 万 km。次声波的波形稳定，传播距离远，易于识别和接收，探测设备简单可靠，通过合理布站就可以比较精确地测定出核爆炸的位置和威力。因此，次声探测是大气和地（水）面核爆炸的主要探测手段之一。图 6.3 显示了近场观测到的一次小当量核试验的次声波。由图可以看出，在中等距离测得的小当量核试验的次声信号以较高频率的次声波为主。

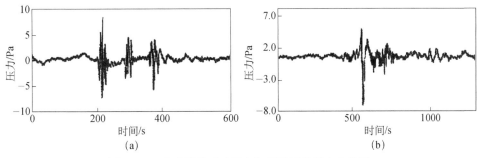

图 6.3　一次当量几千吨的大气层核试验的次声信号

（a）离爆心以东 440km；（b）离爆心以北 450km

　　核爆次声波的干扰源有飓风、火山爆发、流星爆炸、大型化学爆炸等，其中主要是飓风干扰。利用次声与核电磁脉冲探测的联合组网可以克服以上这些干扰。

3. 核电磁脉冲探测法

　　在大气层中发生核爆炸时，核爆炸产生的瞬发 γ 射线与周围介质作用产生康普顿电流，由于核爆炸环境的不对称性（引起不对称性的因素有大气与地面的交界面、大气密度随高度的指数分布、地球磁场的存在及爆炸装置的不对称性等），将产生向外辐射的核电磁脉冲。通过测量核电磁脉冲，可以判断核爆炸的性质和爆炸位置等。

　　一次中等威力的空中或地（水）面核爆炸，爆区的电磁脉冲电场强度高达数十万 V/m 以上。场强依爆炸方式不同而有所差异，地面爆炸时场强最大，距地面 4～7km 的空中爆炸时场强最小，再向上又接近地面核爆炸时的场强。核爆炸电磁脉冲的频谱较宽，从几赫兹到几百兆赫兹，波形持续时间为几百微秒。利用专用电磁脉冲接收设备和适当的布站，可获取核爆电磁脉冲波形和爆点位置等参数。核爆炸电磁脉冲探测方法的优点是反应迅速、分辨率高。

电磁脉冲探测法用于地面和空中核爆炸的探测，其主要干扰因素是自然界的闪电。利用电磁脉冲与其他探测方法的联合组网可以克服这一干扰。

4. 地震波探测法

核爆炸时产生的冲击波有一部分能量转化为地震波。水下和地下核爆炸转化为地震波的能量都较大，地面核爆炸转化为地震波的能量次之，而空中核爆炸转化为地震波的能量较小。利用拾震器和记录仪组成探测站，可接收到核爆炸地震信号。这种探测法对地下核爆炸敏感，是探测地（水）下核爆炸的主要方法，但对探测基站的选址要求较高。它的主要干扰因素是天然地震。下面分析天然地震和核爆炸地震的区别及产生过程。

1）天然地震震源

试验表明，当作用于某个弹性物质（如岩石）的应力超过该物质的限度时，它就会沿着薄弱面破裂，这就是最基本的震源物理模型。地震源的断层面对应着薄弱面，由于震源为各向异性的分量组成，这个简单的物理模型常被称为"剪切位错"模型。图 6.4（a）所示的地震示意图为通常的剪切位错源模型。两块岩石沿着一个断层面相对移动，并同时产生压缩波（P 波）和剪切波（S 波），P 波和S 波的极性和振幅具有方向性，表现为四象限分布。比如对 P 波而言，地面的第一运动（初动）是压缩还是扩张取决于台站在四象限中的分布方向。震源的延续时间取决于某点错动的时间（错动速率）和破裂穿过断裂层的时间（破裂速率），破裂速率取决岩石的性质，在实验室中观察到的破裂速率为几千米每秒。对于那些大的地震，它的断裂层达数十千米，扰动约经过数秒钟才能通过薄弱面。

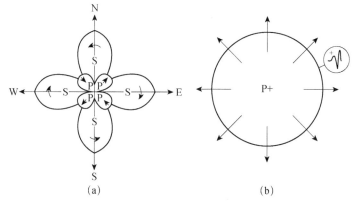

图 6.4　震源机制图：（a）天然地震源；（b）爆炸源

2）爆炸震源

爆炸源最基本的物理模型是在各个方向上作用力等同的点源，这种源通常称为各向同性源，如图 6.4（b）所示。一般情况下爆炸能量仅在几分之一秒的短时间内释放，比地震能量释放速率快得多。产生的 P 波能量在各个方向向外压缩（意味着地面的第一运动是正向的），并且没有 S 波的能量。从纯粹的爆炸源传来的能量与地震台站的方向无关。在实际中，由于地球内部的地质特性使得台站与震源的能量大小和方向有一定的相关性且生成特殊的 S 波。

许多方法提出，利用单纯剪切位错源与各向同性源在几何和时间上的不同来区分是天然地震还是爆炸事件。事实上，由于复杂的地理地质原因，一些已知的地震被观察到包含各向同性的成分，而一些已知的爆炸也被观察到包含有剪切位错的成分。因此，区分地震和爆炸是一个复杂的问题，只有综合应用许多不同的技术才能奏效。

3）地震波的产生

由震源传播机制，我们知道，在弹性介质（如岩石）中有两种扰动运动（即压缩运动和横向运动）同时传播。在压缩运动中，质点沿波传播的方向振动。在横向运动中，质点垂直于波的传播方向运动。压缩运动产生压缩波，横向运动产生剪切波。压缩波的一个直观例子是在空气中和海洋中传播的声波。在地震学中，压缩波和剪切波分别称为纵波（P 波）和横波（S 波），P 波比 S 波的传播速度快 1.7 倍，因而在地震台站监测 P 波和 S 波的不同到达时间是测量天然地震和爆炸地震震中距离的一种基本方法。P 波和 S 波又称为体波，这是因为它们通过地球内的实体进行传播。

另一个经常被观察到的地震波叫做面波，它主要是通过地球的表面来传播的。面波常以数学上解释它们的科学家来命名，称为瑞利波（R 波）和勒夫波（L 波）。究竟是瑞利波还是勒夫波，取决于地震波以压缩质点运动为主还是以质点横向运动为主。瑞利波质点在垂直面内做反向椭圆运动，而勒夫波是一种横波，质点的运动速度平行于分界面。在实际的地震图上，面波是主要的波型，许多不同的因素能使其振幅增大，如图 6.5 所示。面波是频散波，由于地球表面不同的速度结构，从而导致不同频率的面波以不同的速度传播。与体波相比，面波有典型的更长的波列。面波的激发在表面或接近表面处最大，并随着深度的增加而急剧下降。因此，浅（地层）的地震激发大量的面波，但随着震深增加，面波的活动就急剧下降。对于地壳地震，面波为地震图上的主要震相，但对于更深层的地震（如深度大于 100km 时）面波就微不足道了。这个事实给地震分析家提供了有力手段来区分深层地震和浅层地震。

　　当地震波通过海洋传播时，常被观察到 T（第三）震相，这是由靠近震中的海洋底部共振位移引起的扰动所产生的。这种扰动以声速在海洋的深海声道（SOFAR）中传递，如在传播路径的某些点，声波遇到某一障碍物，则被转换成地震能量，并以当地的地震波速率传播到台站，这种转换主要发生在陡峭的地形上，如大陆架或海岛上，在海岛上设立台站可观察到这种现象。图 6.5 显示了在小岛上地震台站记录的典型地震波。图 6.5（a）为离震中 2160km 处地震台站用长周期地震仪记录的地面垂直运动的地震波曲线，可清楚地观察到 P 波、S 波和面波（LR）；图 6.5（b）为一个设在海岛的地震台站用短周期地震仪所观察到的250km 以外发生的地震波曲线，能清楚地观察到 P 波、S 波和 T 波。

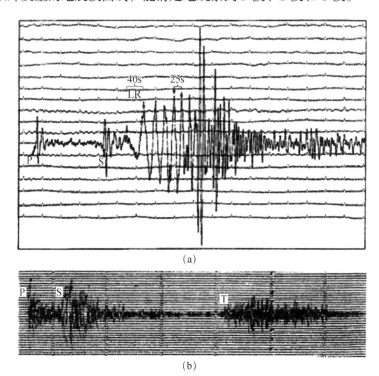

图 6.5　在小岛上用地震仪器所得到的地震波曲线：（a）用长周期地震仪器所得到的地震波曲线（图中时间间隔为 60s）；（b）在小岛上用短周期地震仪器所得到的地震波曲线

5. 放射性沉降物探测法

　　核爆炸时产生大量多种放射性同位素，它们随着爆炸烟云上升，飘散在空中，最后降落到地面。利用专门辐射探测仪器对空中和地面的取样做放射化学分析，就可获得核爆炸参数及核装料的有关信息。用这种方法来判断核爆炸是否发生的可信度较高，不仅可以提供是否是核爆炸的信息，而且还可以提供与核爆炸装置有关的重要信息。这种方法存在的主要问题是受气象影响较大，对放射性同位素取样所需的时间也较长。

6. 光辐射探测法

光辐射探测法是指通过测定核爆炸的光辐射特性来探测核爆炸的方法。这种方法可以和核爆电磁脉冲信号探测配合使用，利用核电磁脉冲与光辐射的时差特性来区别是核爆炸信号，还是雷电、化学爆炸等信号。该法也可以单独使用，通过测定核爆炸光辐射最小照度出现的时刻来确定核爆炸的当量。

6.1.2　核爆炸探测系统

核爆炸所产生的各种物理效应的强度随着距爆心距离的变化而有明显的差异，因此，根据探测范围和探测目的的不同，需要建立基于不同探测方法的探测系统。

1. 远距离核爆炸探测系统

远距离核爆炸探测系统主要服务于战略目的，通常联合使用预警卫星、地震、水声、次声和放射性沉降等多种类型的探测系统。

在高轨道上的预警卫星探测系统装有各种探测核爆炸射线的探测器、光学探测器和核电磁脉冲探测器等，以探测全球范围发生的核爆炸。通过通信网络将预警卫星探测到的核爆炸信息实时送到地面数据处理中心进行综合处理，并将处理结果上报给国家最高指挥决策部门。地震探测系统是由许多地震台站组成的核爆炸自动探测网络，可以远距离测量核爆炸发生的时间、地点和爆炸威力，它也是全球范围监视核爆炸的重要手段。利用多个台站组成的区域地震测试网可探测数千千米范围内的低威力地下核爆炸。另外，还有测定核爆炸产生的水声和次声波的台站系统，以及通过收集核爆炸的放射性产物，进行放射化学分析以获得核爆炸和核装料信息的放射性同位素探测系统。

2. 中距离核爆炸探测系统

中距离核爆炸探测系统探测数百千米范围内的核爆炸信息，提供给战区部队使用，供战区指挥员和指挥机关用于指挥作战。

这种中距离核爆炸探测系统，可在较大区域范围内自动监视发生的核爆炸，测量核爆炸所产生的核电磁脉冲和光辐射等效应的各种参数。通常选用的探测方法有：①以核电磁脉冲和光辐射的第一个脉冲同时出现为开机条件，利用核电磁脉冲与光辐射脉冲的时差特性来区分核爆炸信号、雷电信号和化学爆炸信号；②利用核爆炸光辐射最小照度到来时刻来确定核爆炸的威力；③利用光学狭缝对火球扫描成像或电荷耦合器件光学成像来测定爆心的坐标；④利用所测量的核电磁脉冲和冲击波超压（或地震波）信号到达的时间差，来确定核爆炸点的距离；⑤利用所探测到的放射性沉降物的剂量，来判断放射性沾染程度等。

3. 近距离核爆炸探测系统

近距离核爆炸探测系统提供核爆炸信息，用于为基层指挥员进行军民防护和作战指挥。这种系统通常采用一些简单的观测设备，如炮镜、指挥仪、经纬仪、量角器式观察设备、针孔相机和各种爆炸威力指示仪等，来观测核爆炸，并结合经验公式和图表，来确定核爆炸的威力、距离、方位和爆高等。此外，还可利用上述光学观测设备进行多端交会，来确定核爆炸位置；也可以利用测定核爆炸后一定时间的烟云直径或高度，来推测核爆炸的威力；利用冲击波正负压持续时间、光辐射最小照度到达时间与核爆炸威力之间的关系研制出的各种核爆炸威力指示仪，也是近距离测定核爆炸威力的重要手段。

6.2　核试验的诊断和测量

为改进核武器设计，评估试验效果，必须进行核试验。为检验核试验目的达成度，需要在核试验中进行大量的测试工作。测量核武器爆炸过程中产生的许多力学的、光学的、核辐射的参数，称为核武器物理诊断。为研究核爆炸的破坏效应、探索核试验的安全措施、改进核爆炸探测技术，需要对核爆炸的效应参数进行测量。

6.2.1　物理方法诊断

核武器爆炸涉及许多物理过程，为掌握物理过程的变化规律，改进核武器设计，需要对这些过程进行测量诊断。因此，在核武器试验中安排了各种实时的物理参数测量项目。实时物理参数测量是核武器试验中十分重要的工作。对于原子弹爆炸，需要诊断炸药起爆压缩核材料的过程，链式裂变反应的启动、增长与衰落的过程。链式反应动力学过程一般通过测量裂变反应产生的γ射线强度随时间的变化规律来进行诊断。对于氢弹及聚变助爆弹爆炸，除诊断裂变链式反应之外，还要诊断聚变反应启动的时刻、聚变反应持续的时间、聚变时达到的温度、聚变反应的总数目等参数，一般可通过测量聚变反应产生的快中子的波形来获取。聚变材料只有在高度压缩的条件下才能发生剧烈的聚变反应，需要诊断压缩后聚变反应区的形状和大小。在核试验中可通过厚针孔成像的原理来获取聚变中子的源区图像。为了诊断核爆炸过程中核装置内某一区域的温度，需要测量 X 射线的相关参数。

实时物理测量都是通过测量核爆炸产生的各种穿透力很强的射线来实现的。所采用的射线探测器可以借鉴实验室用的探测技术，例如闪烁探测器、半导体探测器等。但是，在核试验现场进行物理测量时，因为射线的束流强度很高，实验室常用的对单个射线计数的方法是不能使用的，必须采用累计计数技术，记录瞬时强电流信号。探测器的灵敏度要根据每次核试验的具体要求确定，常常需采用灵敏度很低的探测系统。核爆炸整个过程只持续微秒量级，某些过程的持续时间甚至只有纳秒量级，因此，所有探测系统都必须具有快速响应的能力。实时物理测量所用的是一类特殊的快速响应探测系统和核电子学技术。

为防止遭到核爆炸的破坏、可靠地取得测量数据，探测记录系统通常要放到距爆心几百米以外甚至更远的地点，因此，必须将探测器获取的快速信号进行远距离不失真传输，这要使用大量高性能的高频同轴电缆，其价格十分昂贵。光纤具有抗电磁脉冲干扰的性能，随着光纤技术的快速发展，在核试验的实时物理测量中也逐步采用光缆进行信号的传输。

核试验快信号的记录以单次记录示波器为主，20 世纪 90 年代出现的多路高速采样记录示波器，其具有的性能尤其适合于核试验的实时测量记录。

核试验的物理诊断，测量的对象是核爆炸。这类实时物理测量是一项难度高、规模大的高技术工作，原因有四：一是核爆产生的射线强度大、量程范围宽、数据量很大；二是核爆炸条件下的干扰因素很多、干扰强度很大；三是为了确保测试人员的生命安全，测试现场要求无人操作，依靠自动控制系统获取数据；四是核试验是一次性的测量事件，不可重复，要求测量设备具有极高的可靠性。

6.2.2　样品放射化学诊断

利用放射化学方法定量分析核装料中主要核素在爆炸前后的变化情况，可以得到核爆炸中核反应进行的综合结果、推算核爆炸威力等重要的武器性能参数。放射化学诊断方法是核试验中一种十分有效的手段，几乎每一次核武器试验都离不开放射化学诊断技术。

利用放射化学方法分析测定样品中裂变产物和剩余核装料的质量或核素比例，可以计算出核武器装料 ^{235}U 或 ^{239}Pu 的燃耗以及核爆炸中的裂变放能威力。

通过分析测定氢弹爆炸前后聚变装料 ^{6}LiD 的同位素组成的变化，可以得到其燃耗并计算出核爆炸中聚变放能威力。也可以通过分析测定气体样品中的裂变和聚变反应气体产物来推测核材料的燃耗。在核装置的特定部位放置活化指示剂（一种同位素），测定其经过中子辐照后产生的放射性活度，可以得到该部位的中子注量。所有这些参数都是检验和改进核武器理论设计的重要依据。

用于核试验放射化学分析的样品中，核装料、岩石和许多种裂变产物混杂在一起，其中待测元素含量比较少，一般质量在微克以下，而样品的分离纯化要求严格定量化，因此必须采用特定的放射化学方法。分离后得到的微量纯放射性核素需要用高精度、高灵敏度的 α、β、γ 射线测量设备和同位素质谱分析设备对其活度和含量加以鉴定与测定。

核试验的取样是一项很特殊的、难度很大的、又是必不可少的技术。为了在核爆炸后取到足够量的放射化学分析样品，人们研究开发了许多特殊的取样技术。在地下核试验中最重要的是钻探取样，从爆炸后空腔底部形成的玻璃体中取得固体样品。也可以利用预先埋设的特制钢丝绳抽取空气中的气体样品。大气层核试验中可以用无人驾驶飞机或火箭携带取样剂取样。对于地面核爆炸可以收集地面沉降物作为分析样品，还可利用炮射降落伞来获取分析样品。

6.2.3　效应参数测量

为研究核爆炸效应，必须知道效应所在位置的效应参数。在大气层核试验中要进行全面的效应参数测量，并要研究这些参数随爆炸威力、爆炸高度、与爆心的距离变化的规律。为研究核爆炸冲击波的力学效应，需要测量冲击波的超压、动压、超压到达时间、正压持续时间等参数。为研究核爆炸光辐射的毁伤效应，需要测量光辐射照度（也称光冲量）、辐射照度随时间的变化曲线等。为了研究核爆炸光辐射源，需要研究火球的发展规律，对火球进行各种速度的摄影。为研究核辐射效应，需要测量 γ 注量、快中子和热中子注量，有时还要测量缓发中子和 γ 注量率随时空的变化规律。为研究电磁脉冲效应，要测量电磁脉冲的峰值场强及其波形或频谱分布。在地面核试验中还要测量地面放射性沉降的时空分布等。在大气层核试验中通过效应参数，特别是对冲击波和光辐射参数的测量，可以比较准确地推算核爆炸的威力。

习　　题

1. 简述核爆炸的探测方法有哪几种？影响各种探测方法准确性的因素各有哪些？
2. 核爆炸探测系统有哪几种？如何探测？有何特点？
3. 核试验的诊断测量方法有哪几种？

参 考 文 献

春雷. 2000. 核武器概论. 北京：原子能出版社.
胡思得，刘成安. 2016. 核技术的军事应用—核武器. 上海：上海交通大学出版社.
中国人民解放军总装备部军事训练教材编辑工作委员会. 2005. 禁核试核查技术导论. 北京：国防工业出版社.
中国人民解放军总装备部军事训练教材编辑工作委员会. 2006. 核试验放射性核素监测核查技术. 北京：国防工业出版社.

第 7 章
核禁试后的核武器研究

1996 年 9 月 10 日，第五十届联合国大会通过决议，正式认可《全面禁止核试验条约》（Comprehensive Test Ban Treaty，简称 CTBT 或条约）文本，并向世界各国开放签署。1996 年 9 月 24 日，在联合国总部举行了 CTBT 的签字仪式。

CTBT 有以下六方面的内容：①规定"缔约国承诺不进行任何核武器爆炸试验或任何其他核爆炸，并阻止和预防在其权限和控制下的任何地点进行此类核爆炸；缔约国承诺不促成、不鼓励、不以任何方式参与任何核武器爆炸试验或其他任何核爆炸。"②在维也纳设立《条约》组织，所有缔约国均为《条约》组织成员。组织机构包括缔约国大会、执行理事会和技术秘书处。③为确保《条约》得到遵守，建立以国际监测系统、磋商与澄清、现场视察及建立信任措施为主体的国际核查机制。其中国际监测系统由地震、水声、放射性核素核查等全球监测网络组成；磋商与澄清指缔约国澄清并解释就遵约问题产生的怀疑；现场视察指对发生可疑事件的现场进行核查来澄清是否发生了违约核爆炸；建立信任措施是指缔约国对大规模化学爆炸进行自愿申报。④《条约》在其所列的 44 个有核能力的国家全部缴存批准书后的第 180 天起生效。44 国是指美俄英法中五个拥核国家以及印度、巴基斯坦、以色列等"核门槛"国家和其他有核能力的国家。目前虽然已经有 185 个国家签署了条约，其中 170 个国家的议会（国会）也批准了条约，但在 44 个有核能力的国家中还有 10 多个（包括美国、中国）尚未正式批准，因此条约还未正式生效。⑤《条约》无限期有效。在《条约》生效十年时，将召开审议大会，届时如有缔约国要求，会议将审议是否允许为和平目的进行地下核爆炸。⑥缔约国若断定与本条约主题有关的非常事件已使其最高国家利益受到危害，有权行使其国家主权退出《条约》。

应该指出，即使条约生效，但条约只是禁止核武器爆炸试验，并没有禁止核武器技术的研究，也没有禁止核武器。世界上的核武器并未销毁，发生核战争的危险依然存在，风险有时还很高。条约的签订使核武器研究进入了一个新的阶段，由过去采用核试验与数值模拟计算相互依赖的方法转向基于科学的研究上来。换句话说，由于条约的签订，使核试验这个核武器研究所倚重的重要支柱和手段被废除，核武器研究的重心将从过去基于试验的研究转向实验室的实验模拟和理论模拟。

面临条约的约束，如何在不进行核爆炸试验的条件下，保持核武器的可靠性、安全性及有效性，是今后各个拥核国家核武器研究的主要任务。中国也面临同样的处境。今后的两大主要任务是：一要加强计算能力建设提高数值模拟水平。用计算机对爆炸过程做模拟实验，从理论上把核爆炸全过程计算出来，实现对武器物理的精细设计，最大限度地取代真实核爆炸试验；二要从理论和实验两方面深入开展基础研究。通过物理问题的解析研究，把过去经验性的认识、经验性公式上升到科学性规律性的认识，消除在以往的数值模拟时不得已采用的经验因子与可调参数。当然，理论研究的结果是否准确，也需要实验来检验。不进行核爆炸试验的前提下，实验检验的手段主要有三个：一是进行实验室实验（地面实验），包括材料的物性参数测量、爆轰内爆动力学过程诊断、高温高密度等离子体动力学实验、中子物理实验等；二是进行次临界核试验，次临界核试验是指带有真实核材料的爆轰流体力学试验，但这种实验不会引起发散的核反应，即试验时确保核材料裂变中子的有效增殖因子小于 1，核材料始终处于次临界状态，不会发生核爆炸；三是将研究结果与过去核爆炸试验的实测数据进行比对。

图 7.1 所示为 CTBT 后美国核武器研究的整体思路。研究方法和手段包括：①地面实验。目的是获取全尺寸、全能量密度或真实材料的实验数据。②模拟仿真。对炸药爆轰和内爆过程、裂变燃烧（助爆燃烧）过程、辐射输运过程、次级内爆过程、次级聚变燃烧爆炸和爆炸效应等方面进行三维全物理过程的数值模拟。③科学和试验。对核武器物理力学问题进行理论研究、实验室规模的科学研究以及虚拟试验。

综上所述，条约签署后核武器研究的主要工作方法可概括为：以实验室实验、过去的核爆炸试验、次临界核试验为实验支柱，加强相关基础理论和计算模拟方法研究，理论和实验相互促进，不断改进和完善整体模拟计算的软件包，使其作为模拟武器动作过程的综合集成手段，以解决条约签署后核武器研究中出现的各种问题。

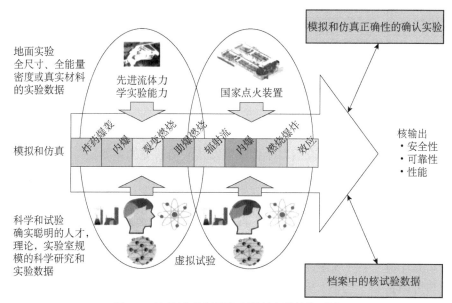

图 7.1 核禁试后美国核武器研究的整体思路

7.1 核武器物理与设计

核武器物理是核武器设计中新思想、新概念和新原理的源泉，是核武器持续发展的重要基础。核武器研制的一般流程是先从实验、理论和数值模拟三方面摸清楚核武器物理规律，再结合军事需求，将这些物理原理工程化。通过进行物理和工程可行性论证，对各部分和阶段进行分解实验、用计算机进行全过程的数值模拟和分析，确定工程设计方案和图纸，进行实体装置制造，最后进行核试验的检验鉴定来验证理论设计的正确性。通过试验结果的反馈，查找成功和不足加以改进完善，直至定型。图 7.2 所示为核武器研制的一般流程。

核武器物理主要包括三大方面的研究内容：第一方面涉及爆轰物理、动高压物理和内爆动力学；第二方面涉及高温高密度等离子体物理和辐射流体力学；第三方面涉及核物理和粒子（光子、中子、带电粒子）输运计算。下面分别加以介绍。

1. 爆轰物理、动高压物理、内爆动力学

这些都属于力学问题。核爆炸需要将核材料压缩到高密度状态，这需要依靠高爆炸药的爆轰过程来完成。爆轰物理研究旨在掌握炸药的性能、精确计算爆轰过程；动高压物理研究旨在掌握压力、温度、密度变化范围很大时武器所用材料

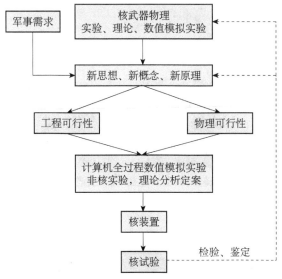

图 7.2　核武器研制的一般流程

的物态方程，研究冲击加载下材料的动态特性；内爆动力学研究旨在了解内爆压缩过程中各物质层的形状和状态变化。内爆压缩过程为武器剧烈核反应放能提供条件。

　　进行相关材料力学特性研究所需的试验与诊断设备有：大型力学加载设备，如轻气炮、X 射线图像诊断设备等。氢气炮是研究材料动态特性、破坏机理、高压物态方程和超高速碰撞效应的大型加载设备，图 7.3 所示为我国一级轻气炮室。X 射线是高速电子打靶后通过韧致辐射产生的，电子能量越大，X 射线波长越短，穿透力越强。图 7.4 所示为我国建造的"闪光 I 号"6MeV 相对论电子加速器。6MeV 的脉冲电子束打钨（W）靶可以产生韧致辐射，辐射的波长在 X 射线波段，因此，"闪光 I 号"也是一台闪光 X 射线照相设备，其用途是用 X 射线照相技术来诊断内爆动力学过程，用来测量高速运动物体瞬间的形状和界面位置，诊断爆轰过程中各物质层的形状和状态、确定被压缩物体的密度分布。若用 X 射线计算机断层摄影（X-CT）可得到物体的三维立体图像。"闪光 I 号"是强流相对论电子束（IREB）加速器，电子的能量只有 6MeV，韧致辐射 X 射线的波长较长。为提高电子能量，使 X 射线波长更短，我国又建设了电子直线感应加速器，电子能量 10MeV，产生的韧致辐射也可模拟核爆炸瞬时 γ 辐照效应。

图 7.3　一级轻气炮室（建在中国工程物理研究院）

图 7.4　"闪光Ⅰ号"相对论电子加速器（6MeV）（建在中国工程物理研究院）

2. 高温高密度等离子体物理、辐射流体力学

高温高密度等离子体物理研究武器所用材料（主要是聚变材料）在高温高密度等离子体状态下的物理特性；辐射流体力学（RHD）则研究高温（千万开以上）流体（带辐射）的各种物理现象和规律。大规模高精度的辐射流体力学数值模拟计算，是核武器物理设计中的一个重要基础领域。计算中涉及的主要物性参数包括高温物质的状态方程和辐射不透明度，尤其是各种密度和温度条件下的这些参数。这方面涉及的主要研究内容包括辐射流体力学方程组的数值求解程序研制、在介质中的辐射输运方程的建立与数值求解、光子与物质原子分子相互作用微观参数研究、物质的光辐射不透明度的高精度理论计算和实验测量等诸多方面。

3. 核物理、粒子输运计算

这里所说的粒子包括中子、高能光子、带电粒子（含各种原子核）。核武器的能源来源于核裂变和核聚变，核裂变由中子诱发产生，聚变所用的氚来源于中子与锂核的反应。核物理研究的内容包括中子核反应以及轻核聚变反应的基本参数（截面、能谱、角分布）的实验测量、核数据评价、中子群参数制作等；粒子输运计算包括中子、光子在介质中输运方程的建立与数值求解,核素燃耗方程的建立与求解,辐射流体力学方程组数值求解程序的研制和计算精度的检验,中子、光子、带电粒子输运和辐射流体力学方程组耦合计算程序的考查、计算精度的检验。涉及的物理参数有:武器所用各种材料的状态方程;各种材料在不同温度、密度下的辐射不透明度;中子与核反应的截面与角分布,轻核聚变参数等。

鉴于数值计算涉及多个联立非线性偏微分方程组和常微分方程组的数值求解,方程数量多,待求物理量的自变量多,时空、能量、方向分辨精细,过程发展极快,时空特征尺度差异很大,数值模拟存储量大,因此,高精度的数值计算必须依赖超级计算机才能完成。

核武器设计包括物理设计、工程设计和总体设计三个方面,其中物理设计要解决核武器的原理、所用材料和构型(配置、形状、尺寸)的问题。工程设计要解决核爆炸装置和引爆控制系统的工程设计问题。总体设计要解决总体结构最优化的设计问题。

7.2　核爆炸过程的实验室模拟

核爆炸过程的实验室模拟是指,在实验室条件下,对核爆炸物理过程进行分解研究的各种实践活动,包括核爆炸过程的实验模拟和计算模拟两个方面。其目的是观察、掌握核武器爆炸物理过程中感兴趣的现象和规律,为数值模拟提供各种高精度的实验参数,检验武器设计的计算机程序。CTBT 签订后,在不进行核爆炸试验的条件下持久地维持核武库的安全性和可靠性,使核爆炸过程的实验室模拟研究的重要性就更为突出。

核爆炸过程的实验室模拟主要涉及四个学科——材料物性、爆轰内爆动力学、高温高密度等离子体动力学和中子物理学。主要的实验模拟设备有爆轰或氢气炮驱动的冲击加载实验装置,Z-pinch 实验(脉冲功率驱动电磁内爆实验)装置,中子物理实验装置和惯性约束聚变(ICF)实验装置。例如,美国耗巨资建设的双轴闪光照相流体力学试验装置(DARHT)、先进流体试验装置(AHF)、国家点火装置(NIF)、先进辐射源(X-1)、Atlas 脉冲功率装置(IV-4)等模拟实验装置。

美国 NIF 装置采用大型激光器装置驱动 D-T 靶丸进行惯性约束聚变(简称激光 ICF)。激光 ICF 能够研究诸如高温高密度等离子体物理、辐射输运、辐射流体力学、内爆动力学、热核反应动力学等武器相关物理问题。通过激光 ICF 实验还可模拟核爆物理现象和规律、校验计算机程序。图 7.5 所示为美国劳伦斯·利弗莫尔国家实验室 NIF 激光装置上间接驱动靶结构图。

图 7.5　美国劳伦斯·利弗莫尔国家实验室 NIF 激光装置上间接驱动靶结构示意图

核爆炸过程的计算模拟又称为机上核爆或虚拟核试验。机上核爆利用爆炸动力学程序、辐射流体力学程序以及中子、光子输运程序，用计算机来数值计算特定核装置爆炸的物理过程和核爆炸当量，以评估武器性能，相当于在计算机上做核试验。机上核爆的其他用途有：核武器新原理的探索，新型号的预研、设计和可靠性论证，核试验测试项目及其量程的确定，库存过程对武器性能的影响等，应用广泛，作用巨大，节省高效。为增强核武器数值模拟的能力，美国曾提出"加速战略计算倡议"（Accelerate Strategy Computing Initiative，ASCI）。ASCI 计划的目的是期望将以试验为基础的武器评估方法转移到以计算为基础的武器评估方法，目标是开发高性能、全物理、全系统、三维的计算程序，形成评估全武器系统性能的能力，以支持核武器的设计、生产、认证以及事故分析。另一方面，试图通过 ASCI 计划的实施保留一支训练有素的年轻国防科技队伍。ASCI 计划要求在大幅提升计算能力的同时，在计算环境、理论模型、材料物性参数、计算方法等方面都要取得显著的进展。图 7.6 所示为 ASCI 计划与美国核武器库存维护的关系。美国提出的 ASCI 计划期望达到的四个最终目标为：①创造高性能的计算机试验，以分析核武器性能、预测武器的动作过程；②以高的置信度预测核武器在复杂事故环境中的反应；③指出武器的失效机理，延长库存武器寿命，减少正常维修；④使用虚拟样机，减少库存武器质量验证和部件替换所需的试验和生产设备。

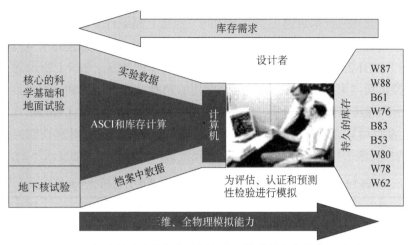

图 7.6 加速战略计算倡议计划与美国核武器库存维护的关系

核武器物理的计算机数值模拟的重要性体现在以下几个方面：①对物理过程诊断精细。计算机模拟可以精细了解核爆炸过程不同阶段核装置运作的物理状态，这一点是核试验测量难以做到的；②经济高效。计算机模拟可对相关感兴趣的问题进行广泛、深入、细致的研究，可多次重复运算，这比进行核试验花钱要少得多；③安全无公害。计算机模拟可安全无公害地进行核武器的优化设计，不会产生核试验可能造成的安全问题和环境污染问题；④模拟核爆炸的重要手段。核禁试条约签订后，核爆炸过程的数值模拟已成了维护武器库存放安全性、可靠性的不可或缺的重要手段。

7.3 大规模科学计算

进行核武器物理设计，常常要遇到复杂的大规模科学计算问题。这些问题包括对数量庞大的非线性偏微分方程组和常微分方程组进行联立数值求解。微分方程的类型多，要求解的物理量的自变量多。比如，中子输运方程中，既含有时间变量和多维空间变量，又含有中子运动方向变量和能量变量。对方程进行快速且高精度的数值求解，空间网格尺度要精细、时间步长要短，方向变量和能量变量的离散点要多，因而存储量和数值计算量巨大，必须要用超级计算机才能在合理的时间内完成计算。20 世纪 80 年代，西方国家深知超级计算机在核武器技术发展研究中所起的重要作用，一直对我国实行超级计算机和高性能处理器的禁运，直到 1983 年我国自主研发的亿次/s 运算速度的"银河 YH-1"超级计算机的诞生，才打破国外的技术封锁（当时美国的"克雷"超级计算机的运算速度也只有 2.35 亿次/s）。目前，我国"天河 TH-1"的峰值运算速度达到了 $4×10^{15}$ 次/s （4Peta/s），TH-2 的峰值运算速度已达到 $3.386×10^{16}$ 次/s。表 7.1 所示为美国洛斯·阿拉莫斯国家实验室 1952 年至今使用的超级计算机型号和运算性能。美国劳伦斯·利弗莫尔国家实验室在建造的新一代超级计算机"El Capitan"（加州酋长岩），浮点运算速度预计超过每秒 150 亿亿次，比 Trinity 的计算性能提升了 34 倍。图 7.7 反映了核武器设计越来越复杂和精密，对计算能力的要求不断提高。

表 7.1　美国洛斯·阿拉莫斯国家实验室使用的计算机型号和性能

型号	开始使用年份	相对性能（以 CARY-1 为 1）	运算速度
MANIAC I	1952	$3×10^{-4}$	
IBM701	1953	$3×10^{-4}$	1.2 万次/s
IBM704	1956	$5×10^{-4}$	2 万次/s
IBM7030CSTRETCH	1961	$1.6×10^{-4}$	60 万次/s
CDC66OO	1966	$5×10^{-2}$	200 万次/s
CDC7600	1971	$2.25×10^{-1}$	1000 万次/s
CRAY-1	1976	1	8000 万次/s
CRAY-X-MP/2	1983	3	2.35 亿次/s
CRAY-Y-MP	1988	35	27 亿次/s
CM-5	1992	1 000 以上	1300 亿次/s
Blue Mountain	1998		3.072 万亿次/s
ASCIQ	2003		20 万亿次/s
Cielo	2011		1.374 千万亿次/s
Trinity	2015		4.39 亿亿次/s

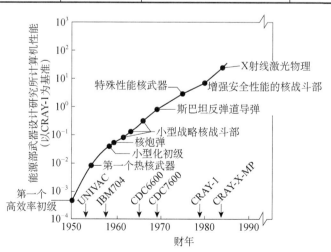

图 7.7　核武器设计计算要求不断提高

核武器设计对计算机运算速度的要求极高,从物理上来讲有以下主要原因。
①研究对象复杂。目前的数值模拟计算方法对复杂物理问题往往做了很多近似处
理,导致数值计算精度还不够高。例如,数值求解中子输运方程时的近似处理包
括能量多群化(群数不够多)、空间一维化、方向离散化(离散方向数不够多)
等大量近似;求解辐射输运方程时,需要物质的物态方程和辐射不透明度的精确
参数,这些参数往往需要现场快速计算。实际问题中,中子核反应截面随能量的
变化规律复杂,图 7.8 所示为中子与 ^{56}Fe 相互作用的总截面随中子能量的变化曲
线,图 7.9 所示为中子与 ^{235}U 相互作用的截面随中子能量的变化曲线。可见,在
一些能量区域反应截面随能量变化非常剧烈,如果采用中子多群计算,在截面变
化剧烈的能量区域,能群必须分得很细,才能正确反映实际情况,否则中子群参
数的误差就很大。因此,必须使用较多的群数,这会大大增加计算量。②多维计
算的需要。例如界面流体力学不稳定性研究,包括 Ritchmyer-Meshkov 不稳定
性、瑞利-泰勒不稳定性、开尔文-亥姆霍兹不稳定性等。图 7.10 所示为轻、重介
质交界面上瑞利-泰勒不稳定性的发展,该不稳定性发生在物质密度梯度和所受
力方向相反时,随着不稳定性的发展,会形成尖峰状密度分布,后期由于开尔文
-亥姆霍兹不稳定性的介入,会形成蘑菇状密度分布。③核爆全过程、全物理、
三维模拟的需要。核禁试后核武器的发展,要求不断提高计算精度,这都需要依
赖超级计算机。

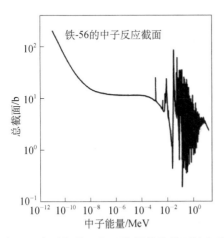

图 7.8　中子与 ^{56}Fe 相互作用的总截面随中子
能量的变化

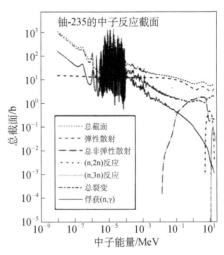

图 7.9　中子与 ^{235}U 相互作用的截面随中子能
量的变化

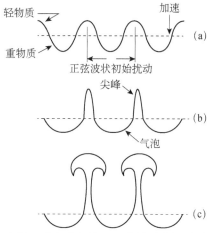

图 7.10 在轻、重介质交界面上瑞利-泰勒不稳定性的发展

7.4 核武器的库存管理

1996 年 10 月联合国总部开放签署《全面禁止核试验条约》，条约签署国承诺不进行核爆炸活动。在不进行核试验的条件下，拥核国家如何继续维护其核武库的有效性和可靠性，保持其核威慑的可信性，就成了必须解决的重要问题。美国早在 1995 年就实施了"库存核武器技术保证与管理计划"（Stockpile Stewardship and Management Program，SSMP），该计划集中反映了禁核试后美国在核武器研究、维护和管理方面的技术路线和指导思想。SSMP 的战略目标是继续增强核武器研制实体的核心智力和技术能力，SSMP 的具体任务是通过发展先进的实验能力和计算能力，维持对核武器性能、安全性和可靠性的评估能力，以满足国家的安全需求。

为了发展先进的实验能力，美国从 1996 年起耗巨资建设了一批与核武器物理研究相关的地面实验模拟设施，如双轴闪光照相流体力学试验装置（DARHT）、先进流体试验装置（AHF）、国家点火装置（NIF）、先进辐射源（X-1）、Atlas 脉冲功率装置（Ⅳ-4）等大型实验装置，以便开展与武器相关的流体力学、高能量密度物理和核武器效应试验。为了发展先进的计算能力，美国实施了"加速战略计算倡议"（ASCI），该倡议包括积极发展高性能超级计算机，开发三维全物理全系统的计算模拟程序，创造改进程序的技术环境等多方面的内容。所有这些工作的目的，就是要把核武器的研究与维护工作由过去基于核试验的时期加快转入

到基于科学的新时代,以确保其核武器技术的国际领先地位,继续维护其核霸权
地位。

要特别指出的是,美国也正在对现有战略核力量大张旗鼓地进行升级改造、
强化和保持其战略核力量优势。有证据表明,美国也可能正在发展新型核武器系
统,一直在秘密地进行新的核试验——"次临界核试验"和模拟核试验。2010 年
9 月在内华达试验场秘密进行"次临界核试验","次临界核试验"要确保引发核
材料钚的裂变链式反应前就中止链式反应。进行"次临界核试验"时,为制造与
核武器爆炸时相同的物理状态,需要专门的核试验场和大量爆炸物。以后更多采
用另一种模拟核试验方法,试验利用高强度 X 射线照射,创造出与核武器爆炸相
同的物理状态,成功实施了对核武器性能的检测。2011 年 5 月,美国国家核安全
管理局(NNSA)透露,桑迪亚国家实验室和洛斯·阿拉莫斯国家实验室在高温
高压条件下完成了两次模拟核试验。这种模拟核试验与"次临界核试验"不同,
它彻底摆脱了专门的核试验场和爆炸物的限制,只利用特殊的"Z 装置"发出的
X 射线制造的超高温和超高压条件,就可以进行核试验。"Z 装置"取得的数据
提供给超级计算机,就能准确模拟出核爆炸后的状况和核武器效应。"Z 装置"
位于美国桑迪亚国家实验室,能提供功率超过 300 万亿瓦的 X 射线辐射环境,产
生比地球核心还高的辐射压力。"Z 装置"与劳伦斯·利弗莫尔国家实验室的国
家点火装置(NIF)以及罗切斯特大学的"欧米茄"激光器一起,构成美国进行
"无爆炸核试验"不可缺少的核爆炸实验室模拟装置。美国国家核安全管理局局
长托马斯曾表示,"Z 装置"是美国维持安全、保安和可靠核武库而"不进行核
试验"这一承诺的组成部分。这种全新的核试验方式表明,美国依靠先进的实验
装置,核试验手段越来越隐蔽,已具有在不进行核爆炸的情况下研制新型核武器
的能力。

从美国公布的核武库维护与库存管理计划来看,美国会持续改进其核武器技
术,以保证其持久可靠的核威慑力。

7.5　各国核武器研究机构

美国的核武器研究机构主要有四个,即洛斯·阿拉莫斯国家实验室
(LANL)、劳伦斯·利弗莫尔国家实验室(LLNL)、圣地亚国家实验室(SNL)
和橡树岭国家实验室(ORNL)。

LANL 位于离新墨西哥州首府圣菲(Santa Fe)西北 56km 处,成立于 1943 年,

当时叫美国陆军"曼哈顿工程"特区 Y 场地。1958 年前美国的库存核武器都是该实验室设计的。LLNL 位于加利福尼亚州利弗莫尔以东 5km 处，距旧金山约 64km，成立于 1952 年 9 月，是美国的第二个核武器研究所，主要目的是研制氢弹。LANL 和 LLNL 两个实验室负责独立探索先进的武器概念，设计和制造核试验的装置和诊断设备，研制核战斗部或核炸弹，并监测它们进入库存后的可靠性。1960 年以后美国库存的核武器都是这两大实验室激烈竞争的产物。著名的内华达核武器试验场就位于这两大实验室连线的中间位置。SNL 的前身是美国"曼哈顿工程"特区 Y 场地（即后来的 LANL）的军械工程部，1945 年迁往洛斯·阿拉莫斯南边不远处的阿尔伯克基，专门从事核武器的装配，负责核武器的非核部件，诸如引信、定时器、安全和控制装置以及降落伞的研究、发展和工程技术。SNL 现划归著名的洛克希德·马丁公司管理。

俄罗斯的核武器研究、生产和试验机构主要有两个：一是全俄实验物理研究院（也叫俄罗斯联邦核中心，阿尔扎马斯-16），该院位于莫斯科东面 400km 的萨罗夫城，前身为 1946 年 4 月 8 日由苏联部长会议决定建立的原子弹研究设计局（第 11 设计局）。二是全俄技术物理研究院（也叫车里雅宾斯克-70 核中心，1011 研究院）。该院位于莫斯科东面约 1500km，在乌拉尔山的东侧，成立于 1955 年，是苏联的第二个核武器研究设计院。该院附近还有生产堆与乏燃料后处理工厂、铀富集厂和核武器生产厂。

除以上两个研究院以外，苏联还有两个核科学研究所。一是于 1943 年 4 月 12 日苏联科学院决定成立的苏联科学院第二研究所（也叫库尔恰托夫原子能研究所），它是苏联最早的核武器研究机构；二是桑格尔辐射研究所。苏联还有四个钚材料生产基地，两个铀浓缩气体扩散厂，若干重水材料生产厂和核试验场（新地岛，西伯利亚）。

英国的核武器研究机构是原子武器院（AWE-Atomic Weapons Establishment），包括埃德马斯顿（Aldermaston）原子武器研究院、勃菲尔德（Burghfield）和加地夫（Cardiff）的皇家兵工厂。埃德马斯顿原子武器研究院负责核战斗部的设计研发、核材料生产和加工以及武器试验的所有方面，代表了整个英国的核战斗部工业。

法国的核武器研究由法国原子能委员会负责。法国原子能委员会于 1945 年 10 月 18 日建立。1958 年 9 月 12 日，原子能委员会成立了军事应用部，负责研制、试验与生产核武器。军事应用部包括 6 个研究中心，其中里梅尔-凡伦顿（Limeil-Valenton）研究中心是核战斗部研究所，位于巴黎西南 15km 处，其地位相当于美国的 LANL 和 LLNL，属于军事应用部的核心。其余五个研究中心负责核战斗部和雷管生产、库存维护,核战斗部的武器化,研究冶金、化学、电子学、地震学、毒理学与核爆炸诊断,研究、生产炸药等工作。

中国的核武器研究机构是中国工程物理研究院,成立于 1958 年 10 月,本部位于四川省绵阳市,下属 11 个研究所、4 个国防科技重点实验室、2 个高技术重点实验室、12 个技术保障后勤实体。从事核武器研究、设计、实验、生产有关的工作。经过半个多世纪的努力,中国已建立起一支精干、有效的核自卫力量。中国发展核力量,完全是为了维护国家的独立、主权和领土完整,保卫人民和平安宁的生活。是为了打破核垄断,防止核战争,最终消灭核武器。但是,目前还看不到核大国放弃核威慑政策的迹象,为了维护我国战略核威慑的有效性,仍需加强核武器科学技术的研究。

表 7.2 给出了各个主要核国家的核试验场。

表 7.2　各国主要核试验场

国家	核试验场地区	经纬度	主要核试验方式
中国	罗布泊地区	北纬 41°,东经 89°	空中和地下核试验
美国	内华达地区	北纬 37°,西经 116°	空中和地下核试验
	阿姆奇特卡岛地区	北纬 51°,东经 179°	大威力地下核试验
	太平洋岛屿地区	北纬 11°,东经 165°	空中和水下核试验
俄罗斯	塞米巴拉金斯克	北纬 50°,东经 80°	空中和地下核试验
	新地岛地区	北纬 75°,东经 55°	空中和地下核试验
	西伯利亚地区	北纬 52°,东经 78°	空中核试验
英国	圣诞岛地区	北纬 12°,西经 157°	空中核试验
法国	撒哈拉沙漠雷根地区	北纬 27°,东经 0°	空中核试验
	南太平洋 波利尼西亚地区	南纬 23°,西经 139°	地下核试验
印度	波卡兰地区	北纬 26°,东经 71°	地下核试验
巴基斯坦	查盖地区	北纬 29°,东经 65°	地下核试验

习　　题

1.《全面禁止核试验条约》的签订时间及主要规定内容。

2. 简述 CTBT 后为保持核武器的可靠性、安全性及有效性所采取的研究方法。

参 考 文 献

春雷. 2000. 核武器概论. 北京：原子能出版社.

钱绍钧. 2007. 中国军事百科全书—军用核技术. 北京：中国大百科全书出版社.

胡思得，刘成安. 2016. 核技术的军事应用—核武器. 上海：上海交通大学出版社.

第8章
惯性约束核聚变

8.1 基 本 理 论

8.1.1 核聚变研究的背景

核聚变是指两个轻原子核聚合生成较重原子核的一种核反应过程。开展核聚变研究的背景主要有：一是能源的需求。轻核聚变放出的能量大，1kg 氘（D）和氚（T）聚变放能相当于 1 万 t 优质煤燃烧的放能。地球上核素氘的储量丰富，1L 海水中就含 0.03g 氘，这些氘通过 D-D 聚变反应放出的能量相当于 300L 汽油燃烧产生的热量。轻核聚变产物不含长寿命放射性废料，对环境污染小。常规燃煤电厂产生的煤尘中天然放射性同位素镭、铀、氡等的含量要比聚变电厂产生的放射性高 1000 倍以上。聚变电厂没有裂变电厂常见的临界事故的危险，更加安全。二是核武器研究的需求。全面核禁试条约（CTBT，1996 年 9 月 24 日签订）生效后，如何加强库存核武器的维护和库存管理，保障其可靠性、有效性和安全性？在实验室开展核聚变试验研究、核武器物理数值模拟和仿真研究，有助于对热核武器物理过程的精细研究。三是基础物理研究的需求。开展核聚变研究对促进高能量密度物理（能量密度$>10^5 J/cm^3$）、实验室天体物理和强场物理研究，提升大型脉冲功率驱动器（激光器、脉冲功率驱动器）研制的水平，推动我国精密加工和制造技术的升级换代，都有重要意义。

8.1.2 核聚变的实现条件

核聚变是两个轻核聚合释放能量的过程。常见的截面比较大的聚变反应有以下几种：

$$D+D \longrightarrow {}^3He（0.82MeV）+n（2.45MeV）$$
$$D+D \longrightarrow T（1.01MeV）+p（3.03MeV）$$
$$D+T \longrightarrow {}^4He（3.52MeV）+n（14.06MeV）$$
$$D+{}^3He \longrightarrow {}^4He（3.67MeV）+p（14.67MeV）$$
$$T+T \longrightarrow {}^4He+n+n+11.3MeV$$

图 8.1 所示为 D+T 聚变反应示意图。D 核和 T 核碰撞融合生成 ^{4}He 核和中子，同时放出 17.6MeV 的能量，这个能量称为聚变放能。

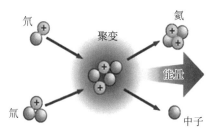

图 8.1　D+T $\longrightarrow$ ^{4}He+n 聚变反应示意图

聚变是核和核的融合过程，而核是带电粒子，它们接近时受到强烈的库仑排斥力阻止。要克服库仑斥力，需要两个核的相对运动动能很大，核聚变反应通常要在高温下才能发生，故核聚变有时又称热核聚变。简单估算可知聚变所需的温度量级，两个核电荷分别为 Z_1，Z_2 的轻原子核要发生聚变反应，需要克服两核间的库仑排斥势能 V（最大值称为库仑势垒）

$$V = \frac{Z_1 Z_2 e^2}{R} = \frac{Z_1 Z_2 e^2}{r_0\left(A_1^{1/3}+A_2^{1/3}\right)} \approx \frac{Z_1 Z_2}{\left(A_1^{1/3}+A_2^{1/3}\right)} \ (\text{MeV})$$

其中 $R = r_0(A_1^{1/3}+A_2^{1/3})$ 为两个核的半径之和（两核的质心距离），r_0=（1.1～1.5）$\times 10^{-15}$m，A_1，A_2 分别为两个核的质量数。库仑势垒的量级为 MeV。温度为 T 的热平衡态下，一个核的热运动平均动能为 $3kT/2$，最大相对运动动能为 $3kT$。从经典力学可知，热核聚变要发生，必须满足条件 $3kT \geqslant V$，由此可估算出所需温度在 10 亿 K 量级。

值得指出，聚变温度不一定需要 10 亿 K 量级，因为两核聚变是一个概率事件。根据量子力学理论，即使两核相对运动动能低于库仑势垒，仍有一定的概率穿透势垒，从而发生核聚变。另一方面，在热平衡态有大量核的动能会超过平均动能 $3kT/2$。实验表明，温度在千万开量级就有可观的聚变反应发生。

聚变反应是概率事件，概率大小用反应截面 $\sigma(v)$ 衡量，反应截面 $\sigma(v)$ 是两

个核相对运动速率 v 的函数。考虑到一定温度的平衡态下，核运动的速度服从麦克斯韦速率分布律，故一般用相对速率与截面乘积的平均值 $\langle \sigma v \rangle$ 来衡量聚变反应的速率，称为热核反应率参数，对于固定的反应类型，$\langle \sigma v \rangle$ 只是温度的函数。图 8.2 所示为几种聚变反应的反应率参数随温度的变化曲线，可见，在同等温度下，D-T 热核反应率最大。

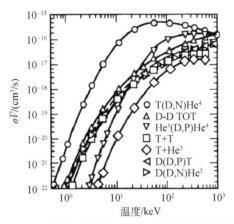

图 8.2　几种聚变反应的反应率参数随温度的变化

衡量聚变反应剧烈程度的量是单位时间单位体积内发生聚变反应的数目，称为热核反应率密度。D+T 热核反应率密度为

$$\frac{\mathrm{d}n}{\mathrm{d}t} = n_D n_T \langle \sigma v \rangle_{DT} \tag{8.1.1}$$

其中 n_D，n_T 分别为 D 核和 T 核的数密度，$\langle \sigma v \rangle_{DT}$ 为 D-T 热核反应率参数，单位为 $\mathrm{cm^3/s}$，它强烈依赖于温度。当温度 $T < 25\mathrm{keV}$ 时，D-D 热核反应率和 D-T 热核反应率分别为

$$\langle \sigma v \rangle_{DD} = 3.68 \times 10^{-14} T^{-2/3} \mathrm{e}^{-18.76 T^{-1/3}} (\mathrm{cm^3/s}) \tag{8.1.2a}$$

$$\langle \sigma v \rangle_{DT} = 3.68 \times 10^{-12} T^{-2/3} \mathrm{e}^{-19.94 T^{-1/3}} (\mathrm{cm^3/s}) \tag{8.1.2b}$$

如果等离子体的温度足够高（相对运动动能大）、密度足够大（核与核的碰撞频率高）、高温高密度状态维持的时间足够长，则聚变反应可以放出大量的聚变能。

1. 劳森判据（ $n\tau$ 判据 ）

聚变反应需要在高温下进行，所以维持等离子体温度不降很关键。然而，高温等离子体存在诸多降温因素，比如高温辐射冷却因素。因此，必须有能量不断加入到等离子体，才能维持高温不降。如果聚变放能能够利用起来，让它沉积在等离子体内，维持高温就有可能。

　　能够依靠聚变放能使聚变反应自持进行下去的条件称为劳森判据。所谓自持的聚变是指，在一个孤立的聚变反应堆中，聚变反应释放的能量必须超过（至少等于）加热其中的等离子体到热核反应温度所消耗的能量与高温等离子体辐射能量损失之和，即

$$E_{\text{fusion}} = E_{\text{thermal}} + E_{\text{radiation}} \qquad (8.1.3)$$

其中，E_{fusion} 表示单位体积内等离子体的聚变放能，E_{thermal} 和 $E_{\text{radiation}}$ 分别表示单位体积内等离子体的热能（内能）和辐射能量损失。单位体积中 D-T 反应的聚变放能为

$$E_{\text{fusion}} = n_D n_T \langle \sigma v \rangle_{DT} Q \tau \qquad (8.1.4)$$

它是 D-T 热核反应率密度与每次聚变放能 Q 和约束时间 τ 三者的乘积。设 D-T 核的数目相等，$n_D = n_T = 0.5n$（n 为离子的数密度），则

$$E_{\text{fusion}} = \frac{1}{4} n^2 \langle \sigma v \rangle_{DT} Q \tau \qquad (8.1.5)$$

设等离子体为理想气体，则将其中的离子和电子加热到温度 T 所需的能量（内能）为

$$E_{\text{thermal}} = \frac{3}{2} n_i kT (\text{离子}) + \frac{3}{2} n_e kT (\text{电子}) \qquad (8.1.6)$$

设电子数目与离子数目相等，即 $n_i = n_e = n$，则单位体积内能变成

$$E_{\text{thermal}} = 3nkT \qquad (8.1.7)$$

　　等离子体的辐射能量损失主要是带电粒子的韧致辐射损失。考虑到热核反应通常发生在 20～100keV 温度区，当温度 $T>4.7$keV 时，D-T 聚变释能即可超过辐射损失。若忽略辐射损失，则一个自持的聚变系统能量的"得"应大于能量的"失"，即 $E_{\text{fusion}} \geqslant E_{\text{thermal}}$，即

$$\frac{1}{4} n^2 \langle \sigma v \rangle_{DT} Q \tau \geqslant 3nkT \qquad (8.1.8)$$

由此可得

$$n\tau \geqslant \frac{12kT}{\langle \sigma v \rangle_{DT} Q} \qquad (8.1.9)$$

此式给出了自持聚变时，密度、温度和约束时间三者之间应该满足的关系，称为劳森判据。设 D-T 反应的温度为 10keV（相当于 1 亿 K），此时聚变反应率参数 $\langle \sigma v \rangle \approx 10^{-16} \text{cm}^3/\text{s}$，则劳森判据为

$$\begin{cases} T = 10\text{keV} \\ n\tau \geqslant 10^{14}\,\text{s/cm}^3 \end{cases} \tag{8.1.10}$$

对于 D-D 反应，温度为 100keV，此时聚变反应率参数 $\langle \sigma v \rangle \approx 0.5 \times 10^{-16}\text{cm}^3/\text{s}$，则劳森判据为

$$\begin{cases} T = 100\text{keV} \\ n\tau \geqslant 10^{16}\,\text{s/cm}^3 \end{cases} \tag{8.1.11}$$

可见，若采用 D-D 聚变反应，要达到劳森判据其密度和约束时间的乘积要比 D-T 反应增加百倍。

对于磁约束聚变（MCF），由于技术条件的限制，不可能获得极高的磁场强度。一定场强的磁场只能约束一定密度的等离子体。根据磁压力大于等离子体热力学压力的条件，对磁场提出的要求为磁压力大于热压力，即 $B^2/(2\mu_0) > n_i kT_i + n_e kT_e \approx 2nkT$，一定磁场强度 B 能够约束的等离子体粒子数密度的上限为 $n_{\max} = B^2/(4\mu_0 kT)$。目前实验室能得到的磁场强度大致为 $B \approx 10\text{T}$，不能对密度太高的等离子体维持约束。目前，MCF 中的等离子体密度约为 10^{14}cm^{-3} 量级，相当于大气密度的十万分之一。该离子密度下，要达到劳森判据要求，等离子体约束时间要长达 $0.1 \sim 1\text{s}$。

惯性约束聚变（ICF）依靠等离子体运动的惯性来维持约束，约束时间由等离子体动力学来决定，约等于靶丸解体的时间，大约是 10^{-9}s 量级。在这样短的时间尺度内要达到劳森判据，离子密度至少要高达 10^{23}cm^{-3} 量级。考虑到驱动器效率和净能量输出，则要求离子密度再提高 100 倍，达到 $10^{25} \sim 10^{26}\text{cm}^{-3}$ 量级，这相当于固体密度的 $100 \sim 1000$ 倍。

图 8.3 给出了聚变点火的温度和密度条件，可见，对于 ICF 内爆来说，质量密度在 $10^2 \sim 10^4\text{g/cm}^3$ 范围，温度在 $10^7 \sim 10^9\text{K}$ 范围。ICF 采用的是高密度、短约束时间的运行模式，要达到劳森判据，困难在于获得高密度。而 MCF 采用的是低离子密度、长约束时间的运行模式，要达到劳森判据，关键在于获得较长的约束时间。值得注意的是，ICF 的温度和密度范围跟核武器试验的温度和密度状态是重合的，因此，通过开展 ICF 研究可以研究核武器物理和性能，这也是美国国家点火装置（National Ignition Facility，NIF）和 OMEGA 在实现燃料点火之前的主要任务之一。

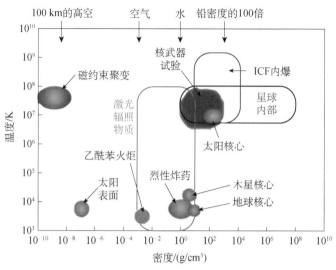

图 8.3　点火的温度和密度条件

2. 劳森判据的 ρR 表述形式

ICF 采用的技术途径是将聚变燃料压缩到极高密度状态并使之在短于惯性约束的时间内（即靶丸解体的时间尺度内）完成聚变反应放能。由于约束时间和粒子数密度分别正比于燃料半径和燃料质量密度，即 $\tau \propto R$，$n \propto \rho$，故两者的乘积 $n\tau \propto \rho R$，因此，对于 ICF 等离子体来说，最有意义的品质因素是燃料质量密度和靶丸半径的乘积 ρR，用这一参数来讨论惯性约束聚变比用 $n\tau$ 参数更方便。下面将 $n\tau$ 判据转换为 ρR 判据。

由（8.1.10）可知，D-T 反应的劳森判据为 $n\tau \geqslant 10^{14}\text{s/cm}^3$（对应温度为 10keV），其中离子数密度 $n = \rho/m$，m 为一个离子的质量，考虑到一个 D-T 中 2 个离子的质量为 $3m_n+2m_p$，则一个离子的质量 $m = （3m_n+2m_p）/2=4.19\times10^{-24}\text{g}$。等离子的约束时间取决于等离子体的惯性，设 v_s 为靶丸等离子体中的飞散速度（可取靶丸等离子体中的声速 c_s），等离子体约束时间 $\tau \approx R/c_s$，其中 R 为靶丸半径，$c_s = \sqrt{(\partial p / \partial \rho)_T}$ 为靶丸等离子体中的声速，在 10keV 温度下，$c_s \approx 7.58\times10^7\text{cm/s}$，于是，$n\tau \geqslant 10^{14}\text{s/cm}^3$ 判据等价于 $\rho/m \times R/c_s \geqslant 10^{14}\text{s/cm}^3$，即 $\rho R \geqslant 0.03\text{g/cm}^2$。考虑到阻止聚变产物 α 粒子的扩散，使其能量沉积在热斑中，故 ICF 的 D-T 等离子体的劳森判据的面密度一般取为

$$\begin{cases} T = 10\text{keV} \\ \rho R \geqslant 0.3\text{g/cm}^2 \end{cases} \qquad (8.1.12)$$

3. ICF 中的点火能量和功率

下面来估算 ICF 中的点火能量和功率。对于固体 D-T 靶，离子数密度 $n=5\times10^{22}\,\mathrm{cm^{-3}}$，由劳森判据 $n\tau\geqslant10^{14}\mathrm{s/cm^3}$ 可得约束时间 $\tau\geqslant2\mathrm{ns}$。在 10keV 的温度下，靶丸等离子体中的声速 $c_s\approx7.58\times10^7\mathrm{cm/s}$，从而靶球半径 $R=c_s\tau\geqslant0.15\mathrm{cm}$，即要达到点火条件靶丸的最小半径应为 0.15cm。加热半径为 0.15cm 的靶球中的 D-T 等离子体到温度 $kT=10\mathrm{keV}$，所需能量为

$$E_{\mathrm{in}}=\frac{4}{3}\pi R^3\times\frac{3}{2}nk\left(T_e+T_i\right)\approx1.18\mathrm{MJ}$$

如果用激光驱动，则所需的入射激光功率为

$$W=\frac{E_{\mathrm{in}}}{\tau}\approx\frac{1.18\mathrm{MJ}}{2ns}=5.9\times10^{14}\,\mathrm{W}$$

如果考虑高温等离子体辐射和扩散造成的能量损失，以及激光对等离子体的能量转换效率，则需更多的激光能量和功率。由于入射能量

$$E_{\mathrm{in}}=\frac{4}{3}\pi R^3\times\frac{3}{2}nk\left(T_e+T_i\right)=4\pi R^3nkT=4\pi\left(v_s\tau\right)^3nkT=4\pi(n\tau)^3v_s^3\frac{kT}{n^2}$$

当 $n\tau$ 值一定时，入射能量 E_{in} 与离子数密度的平方 n^2 成反比。当离子数密度 n 增加时，需要输入的能量就会减少。因此，压缩靶丸到高密度可以降低对注入激光能量的需求。

4. 托卡马克工作基本原理

图 8.4 所示为托卡马克装置结构及 Joint European Torus（JET）托卡马克装置。托卡马克装置中，环向磁场线圈（铁芯或空芯）是激发等离子体电流，产生环向磁场的线圈。环形真空环（内有等离子体）为变压器的次级线圈，变压器原边的电能，通过耦合引起环内感应而产生等离子体环向电流。流经等离子体的环形电流通过欧姆加热机制对等离子体进行加热，由环形电流和垂直场线圈产生的纵向磁场（垂直磁场或极向磁场）与环向磁场一起包围并约束等离子体。平衡场线圈控制等离子体柱的平衡位置。

目前，这类托卡马克聚变装置已取得了巨大成功，在这种装置上已经可以把氘的聚变燃料等离子体加热到 4 亿～5 亿 K 的高温，在这样的温度下发生大量的聚变反应。国际热核实验堆（International Thermonuclear Experimental Reactor，ITER）是由法国、英国、美国、日本、中国、俄罗斯等国共同投资建造的进行磁约束聚变研究的国际项目，地址在法国，耗资 50 亿～100 亿美元。预计能量增益 $Q>10$，它是最后一个托卡马克实验室堆。

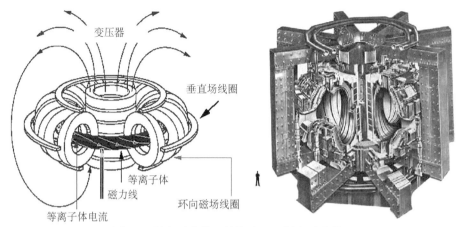

图 8.4　托卡马克装置结构及 JET 托卡马克装置

8.1.3　激光惯性约束聚变

含 D-T 材料的微小靶丸的惯性约束聚变研究，目前主要有激光驱动、Z 箍缩驱动和重离子驱动等驱动方式，其中激光驱动又分激光直接驱动和间接驱动方式。激光间接驱动先把激光能量转化为 X 射线的能量，再用 X 射线驱动 D-T 靶丸。图 8.5 所示为惯性约束聚变的几种驱动方式（聚变方案），有 ICF 直接压缩模式、ICF 间接压缩模式、重离子压缩模式和 Z 箍缩模式。

图 8.5　惯性约束聚变的几种驱动方式，从左到右分别为激光直接驱动聚变、激光间接驱动聚变和 Z 箍缩驱动聚变

ICF 直接压缩模式直接把多路激光束打在 D-T 靶丸的外壳，通过激光能量沉积形成对靶丸外壳材料的烧蚀，产生的高温等离子体向外喷发，利用火箭燃料喷射反推原理推动靶丸聚心内爆，在靶丸中心形成高温高密度条件，促成 D-T 核聚变发生。ICF 间接压缩模式则是先把多路激光束打在柱形黑腔内壁的 Au 材料上（D-T 靶丸放置在黑腔中心），让激光与 Au 材料作用转换成 X 射线辐射场的能量，再用 X 射线在靶丸外壳的能量沉积形成对外壳材料的烧蚀，产生内爆。重离

子压缩模式类似于 ICF 间接压缩模式，只不过是用重离子束代替了激光束，利用重离子束与 Au 材料作用产生 X 射线辐射场。Z 箍缩模式则是将强大的电流通过环形金属丝阵，电流加热使丝阵气化，强大的环向磁场与轴向电流相互作用产生朝向 Z 轴（中心轴）的箍缩力，丝阵产生巨大的向轴运动速度，在中心轴撞击形成 X 射线辐射场，X 射线在靶丸外壳的能量沉积形成对外壳材料的烧蚀、内爆。

1. 中心点火

不论采用哪种方式驱动靶丸聚心内爆，只要保持内爆压缩过程中的球对称性，最终都会在靶丸中心形成热斑，率先引发 D-T 聚变反应（俗称点火）。1963 年苏联科学家巴索夫、1964 年我国科学家王淦昌分别独立提出了通过中心点火方式，用激光压缩靶丸产生热核聚变的思想。图 8.6 阐释了激光惯性约束聚变的四个基本过程——高功率辐射场（激光或 X 射线）辐照靶丸外壳沉积能量；靶丸外部烧蚀后物质向外喷发，使靶丸内部 D-T 燃料向心聚爆；D-T 燃料密度被压缩到最高后发生滞止；D-T 燃料点火聚变燃烧。图 8.7 所示为点火时聚变燃料内部的温度和密度随靶丸半径的分布。由图可见，聚变点火时热斑外围的高密度区逐渐向热斑中心转递，而热斑中心的高温区则以热波（燃烧波）的形式向外围传播。

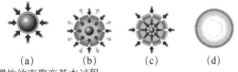

(a)　　　　(b)　　　　(c)　　　　(d)

惯性约束聚变基本过程：
- (a) 高功率辐射场（激光或X射线）辐照靶丸；
- (b) 靶丸外部烧蚀，燃料向心聚爆；
- (c) 燃料密度被压缩到最高，发生滞止；
- (d) 燃料点火，发生燃烧。

图 8.6　激光惯性约束聚变的基本过程

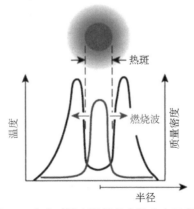

图 8.7　点火时聚变燃料的参数分布示意图

国际上的主要激光聚变装置有美国罗切斯特大学的 OMEGA 装置、美国的国家点火装置（NIF）、法国的兆焦耳激光装置 Laser Mégajoule（LMJ）、日本大阪大学的激光装置 GEKKO-Ⅱ。我国的激光聚变装置也有神光Ⅱ、星光Ⅱ以及神光Ⅲ原型机。

美国的 NIF 占地面积有 3 个足球场大，工程造价 35 亿美元，激光束总共192 束，输出激光能量为 1.8MJ，激光波长为 0.351μm；1995 年在罗切斯特大学建成固体激光器 OMEGA 装置，激光有 60 束、脉宽 1ns、总能量约 30kJ、总功率 30TW。法国的 LMJ 装置是在美国的帮助下研制的，于 2010 年建成，激光脉宽 3～5ns、光束 240 路、激光能量 2MJ。日本的 GEKKO-Ⅱ于 20 世纪 80 年代中期建成，激光脉宽 1ns、光束 12 路、激光能量 5～8kJ，目前正在运行。我国在建的神光-Ⅲ激光装置是一台输出 48 束、三倍频激光能量达到 60kJ/1ns 与 180kJ/3ns的巨型高功率固体激光驱动器，建成后其总体规模与综合性能将大于美国 NOVA和 OMEGA 装置，位居世界第三、亚洲第一，使我国在这一领域进入世界先进行列。图 8.8 展示了美国 NIF 上采用的激光间接驱动工程原型聚变靶的大小和结构示意图。

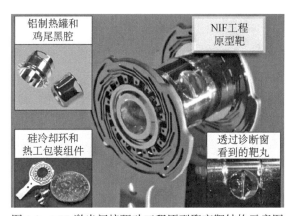

图 8.8　NIF 激光间接驱动工程原型聚变靶结构示意图

2. 激光 ICF 的主要物理过程

激光 ICF 的主要物理过程包括黑腔物理、内爆物理和点火物理三方面。其中，黑腔物理涉及激光等离子体相互作用、黑腔辐照均匀性、辐射输运问题；内爆物理涉及内爆动力学和流体力学不稳定性问题；点火物理则涉及热斑形成和聚变反应动力学问题。

（1）黑腔物理方面。激光等离子体相互作用是激光间接驱动 ICF 的基础。激光束通过低密度等离子体传输到黑腔壁的过程中，会受到激光等离子体相互作用的影响。物理过程包括受激拉曼散射（SRS）、受激布里渊散射（SBS）、激光束成丝、激光束间的能量交换等。

激光等离子体相互作用会导致激光能量从激光注入口散射出来，减少压缩靶丸的能量输入；激光等离子体不稳定性将产生高能超热电子，它们会穿透靶丸将靶丸预热，降低靶丸的压缩度；激光束成丝、激光束间的能量交换、激光束与预定方向的偏离等因素都会降低激光能量吸收，从而破坏靶丸辐照的均匀性。

黑腔的作用是将进入黑腔的激光能量转化为辐照靶丸的 X 射线能量。设计的关键是，努力降低腔壁材料对 X 射线吸收和从激光入射口的 X 射线漏失。激光入射口尺寸大小要求保证允许激光有效进腔的同时，又能降低激光强度从而避免有害的激光等离子体相互作用效应。采用腔内填充低密度等离子体的方式，抑制腔壁金属等离子体的运动，减小腔壁的运动。

黑腔内壁的高 Z 材料（Au）吸收激光能量，将激光能量转换成 X 射线能量。激光与物质相互作用涉及非局域热力学平衡（Non-LTE）条件下的原子物理和电子热传导问题。在 ICF 物理中，电子热传导起的重要作用是激光烧蚀固体，沉积到临界面的激光能量通过产生的电子传到烧蚀波前，通过烧蚀波产生内爆压缩并最终形成点火热斑。

在温度足够高时，稠密光学厚介质中的辐射输运成为主导的能量输运机制，由于光子的能量密度与 T^4 成正比，因此温度很高时，辐射能量输运的作用将超过电子热传导的作用。部分电离的高 Z 稠密等离子体中的辐射输运问题也是一个非常复杂的问题。

黑腔辐照均匀性要求包括：黑腔内靶丸辐照的均匀性、黑腔对称性控制、点火黑腔中激光束的排布。

（2）内爆物理方面。图 8.9 所示为 NIF 冷冻靶靶丸结构示意图。靶丸从外到内由烧蚀层、氘氚冰层、氘氚气芯构成，是一种多层球壳结构。其中烧蚀层外有厚度 3μm 的碳氢（CH）材料薄层，往内是固体 D-T 冰，中心内腔为低密度 D-T 饱和气。靶丸烧蚀材料有 CH 掺杂的 Ge，Be 掺杂的 Cu，聚酰亚胺等。D-T 三相点的温度为 19.7K，此时 D-T 气的密度为 0.5mg/cm^3；18.2K 下 D-T 气的密度为 0.3mg/cm^3。该冷冻靶的特点是半径厚度比 $R/\Delta R$ 较大。冷冻靶具有如下优点：具有较高的初始燃料密度和较低的冲击波预热灵敏特性；利用等熵压缩靶丸可降低驱动能量；与实心球靶比，燃料能获得更大的速度，且更易实现对靶丸的等熵压缩。

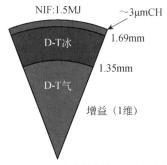

图 8.9 NIF 冷冻靶靶丸结构示意图

靶丸的内爆动力学行为可用火箭方程描述。利用精确的脉冲整形可实现高效等熵压缩，压缩效果取决于点火激光脉冲形状、冲击波汇聚时刻。靶丸外围的烧蚀层吸收黑腔内的 X 射线后升温气化向外喷射，产生向心推力，压缩内部靶丸。同时要注意屏蔽黑腔中 X 射线和热电子对氘氚燃料产生预热。氘氚冰是热核燃烧的主要燃料，保持近费米简并等熵压缩，形成中心热斑的大部分燃料。

（3）点火物理方面。能否实现中心点火，最大的挑战是实现压缩的对称性。必须弄清非对称压缩出现的物理机理。在内爆过程中靶丸是流体力学不稳定的，不稳定性存在于各个物质的交界面。烧蚀壳、D-T 冰壳、D-T 气存在三种密度不同的物质区和两个交界面。流体力学不稳定性容易导致内爆壳层的破裂。存在的三种主要流体力学不稳定性分别为 Rayleigh-Taylor 不稳定性（R-T 不稳定性），Kelvin-Helmoltz 不稳定性（K-H 不稳定性）以及 Richtmyer-Meshkov 不稳定性（R-M 不稳定性）。

1）R-T 不稳定性

当压强梯度的方向和密度梯度的方向相反时，界面将出现 R-T 不稳定性。R-T 不稳定性容易出现的两个区域分别为：①球壳的外表面，当球壳因激光束加热向内加速时，界面是不稳定的；②球壳内表面，当球壳被热斑气体减速时，界面也是不稳定的。图 8.10 所示为 R-T 不稳定性的产生和发展过程。

2）K-H 不稳定性

一定厚度流体沿着无限大流体表面运动时，两个流体区域彼此切向流过时会导致 K-H 不稳定性。ICF 中 K-H 不稳定性的作用体现在两个方面：一是 R-T 不稳定性气泡非线性发展阶段；二是相邻 R-T 不稳定性气泡的相互作用。图 8.11 所示为 K-H 不稳定性的发展过程。

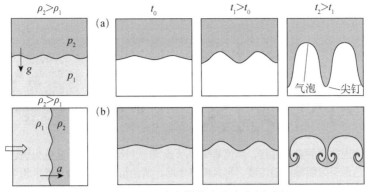

图 8.10 R-T 不稳定性的产生和发展过程

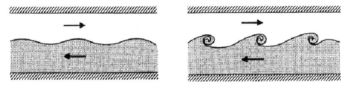

图 8.11 K-H 不稳定性的发展过程

3）R-M 不稳定性

冲击波经过的两种流体的界面时，界面会出现 R-M 不稳定性。R-M 不稳定性在 ICF 中很重要，因为 R-M 不稳定性产生扰动种子后，会被更剧烈的 R-T 不稳定性放大。图 8.12 所示为 R-M 不稳定性的发展过程。

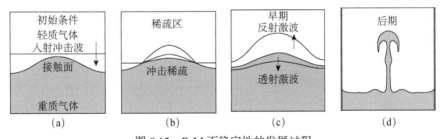

图 8.12 R-M 不稳定性的发展过程

3. ICF 快点火方案

图 8.13 所示为快点火方案的点火过程。ICF 快点火方案先通过传统方式将 D-T 燃料压缩到高质量密度（$300 \sim 500 \mathrm{g/cm^3}$），再用超短超强（脉宽约 20ps、能量约 100kJ）的激光辐照靶丸或者金锥，产生相对论电子束流（电子能量 $\sim$ 1.5MeV、电流 $\sim$ GA），在燃料压缩度处于最高值的时刻，及时将强流电子束通过高密度区输运到已经压缩的 D-T 靶丸中很小的区域上（$\sim 20 \mu m$），并沉积能量，

快速点燃核聚变，然后利用聚变放能实现自持聚变燃烧。

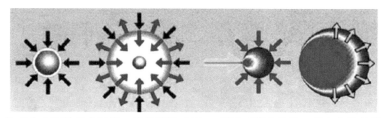

图 8.13 快点火方案的点火过程，黑色箭头表示 ns 激光对靶丸烧蚀，蓝色为烧蚀等离子体向外膨胀，红色箭头为能量向心传输、靶丸内爆压缩，黄色箭头为 ps 激光产生相对论电子束往靶心输运

与中心点火方案相比，快点火方案因为其不需要通过内爆过程产生热斑，所需的激光能量可降低 1 个量级，有望在 250kJ 量级激光能量上实现聚变，同时对辐照不均匀性要求也可放宽 3～5 倍。虽然增加了一个 PW 量级的超短脉冲激光器，但工程造价仅为千万美元的量级。总的来看，快点火方案的工程造价可降低至中心点火方案工程造价的 $\frac{1}{20} \sim \frac{1}{10}$，是 ICF 实验研究的一个重要里程碑。图 8.14 给出了两种典型的快点火方案——通道点火和金锥引导点火。

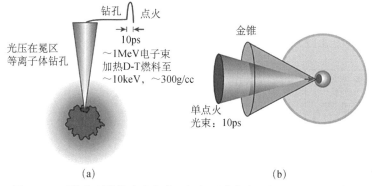

图 8.14 两种典型的快点火方案：（a）通道点火；（b）金锥引导点火

1）中心点火与快点火物理差异

中心点火要求主燃料层的内爆压缩过程接近等熵压缩过程，始终保持在低温状态下压缩到高密度，同时在靶丸芯部形成一个高温和密度相对低的点火热斑（等压模型：热斑区和外围的压力基本平衡）。而快点火则不要求在靶丸中心产生点火热斑，只要求燃料压缩到高密度，点火热斑由其他方式产生（等容模型，热斑区和外围的密度相等）。图 8.15 展示了中心点火与快点火过程中靶丸内部温度密度的空间分布以及点火过程的物理差异。

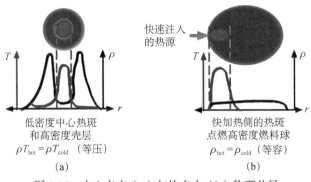

低密度中心热斑
和高密度壳层
$\rho T_{hot} = \rho T_{cold}$ （等压）
(a)

快速注入
的热源

快加热侧的热斑
点燃高密度燃料球
$\rho_{hot} = \rho_{cold}$ （等容）
(b)

图 8.15 中心点火（a）与快点火（b）物理差异

2）快点火物理方案的优点

一是降低了对点火时质量密度的要求，等质量情况下，中心点火靶的密度要高于快点火靶密度。二是降低了对对称性的要求，快点火方案无须在内爆压缩时形成热斑，故其内爆速度可控制在 200km/s 左右，远低于中心点火的 350～400km/s，因此，内爆过程中的加速度就会小很多，瑞利-泰勒不稳定性的发展会在很大程度上被减弱。三是降低了对点火能量的要求，快点火方案是等容压缩过程，相同质量的靶条件下，压缩激光能量得到降低。四是有高能量增益，利用强磁场或金锥导引相对论电子束传输，可以提升电子束的定向传输能力，增加中子产额。图 8.16 给出了不同燃料密度下实现快点火所需的能量随激光功率和光强变化。对于不同的燃料密度，在功率-能量平面给出了所容许的窗口（划线区）。图 8.17 给出了不同能量的相对论电子在燃料中的穿透深度，需选择匹配的相对论电子能量和靶面密度，才能尽可能地把电子束能量沉积到靶的局部区域，提升局部的温度，并最终实现点火。

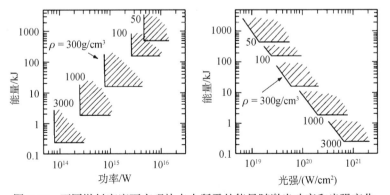

图 8.16 不同燃料密度下实现快点火所需的能量随激光功率和光强变化

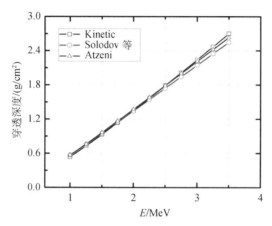

图 8.17 不同能量的相对论电子在燃料中的穿透深度

3）快点火实验装置参数对比

图 8.18 给出了国际上研究快点火的激光装置，以及这些装置所具有的长脉冲（压缩）能量和短脉冲（快点火）能量。目前快点火遇到的主要困难有：如何有效地产生所需的超热电子束（1～3MeV），提高激光-电子束能量的转换效率？如何有效地将超热电子能量输运到已压缩的靶芯区，克服大发散角、成丝和不稳定性问题？

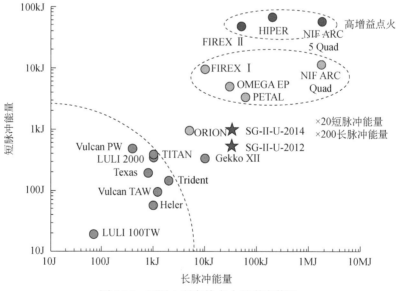

图 8.18 国际上研究快点火的激光装置

8.1.4　Z 箍缩驱动

Z 箍缩（Z-Pinch）就是等离子体在轴向（Z 方向）的强大电流与其环向磁场相互作用产生的径向（R 方向）洛伦兹力作用下，形成朝向 Z 轴的自箍缩运动过程。

电流通过一根金属导线时，会在导线周围产生环绕导线的磁场。麦克斯韦方程 $\nabla \times \boldsymbol{H} = \boldsymbol{j}$ 告诉我们，轴向（Z 方向）的电流密度 $\boldsymbol{j}$ 会产生环向磁场强度 $\boldsymbol{H}$。在垂直于导线的面上做面积分，有

$$\int_S (\nabla \times \boldsymbol{H}) \cdot \mathrm{d}\boldsymbol{S} = \int_S \boldsymbol{J} \cdot \mathrm{d}\boldsymbol{S} \tag{8.1.13}$$

右边为通过导线的电流 I，左边的面积分可以化为线积分。考虑到对称性，在离导线中心 r 处的圆环上，环向磁场强度大小相等，线积分等于 $2\pi r H(r)$，因此离导线中心 r 处的圆环上环向磁场强度为

$$H(r) = I / (2\pi r) \tag{8.1.14}$$

由此可得离导线中心 r 处的磁感应强度 $B = \mu H$，其中 μ 为磁导率。若导线是金属导体，电流将从导体表面很薄一层内流过（金属内部无电场，无电流），故导体内部无磁场，磁场只分布在导体表面一层和导体外部的空间。导线中的运动电荷 q 在磁场中将受洛伦兹力 $\boldsymbol{f} = q\boldsymbol{v} \times \boldsymbol{B}$ 作用，将产生向轴的加速度，引起电荷束流朝向 Z 轴的自箍缩（Z 箍缩）。当电流足够强时，这种箍缩效应将使等离子体产生聚心内爆，并在 Z 轴附近形成高温高密度区。

金属套筒的外边界 r 处的磁压为

$$P_m = \frac{1}{2}\mu_0 H^2 = \frac{1}{2}\mu_0 \left(\frac{I}{2\pi r}\right)^2 = \frac{10^{-7}}{2\pi} \frac{I^2}{r^2} \tag{8.1.15}$$

其中电流 I 的单位为 A，r 的单位为 m，磁压 P_m 的单位为 Pa=N/m²，真空中磁导率为 $\mu_0 = 4\pi \times 10^{-7} \mathrm{N/A^2}$。若取 I=20MA，r=1cm，可得 $P_m \approx 63.7$GPa。当 I 不变时，套筒表面的压力随其半径 r 变小而增大，如 r 由 1cm 减少到 0.5cm，压力要放大 4 倍，同样当 I 增大 1 倍时，压力也要增大 4 倍。

1. 脉冲功率技术

获得大磁压的有效办法是增大电流，这有赖于脉冲功率技术。脉冲功率技术就是将大量的能量在极短时间内释放的一种技术。它采用电容储能或电感储能等办法，先在相对较长的时间内把低功率电磁能储存起来，再经过快速压缩、转换，最后瞬间释放给负载形成高功率脉冲的一种高技术。伴随脉冲功率技术的迅速发展，国内外陆续建立了一些大型脉冲功率装置，利用它们来研究大电流 Z 箍缩等离子体内爆产生的软 X 射线辐射，以及利用这些 X 射线辐射来间接驱动氘

氘靶丸发生惯性约束聚变，这就是 Z 箍缩驱动惯性约束聚变。图 8.19 所示为 Z 箍缩脉冲功率装置。

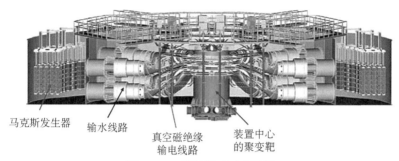

马克斯发生器　　输水线路　　真空磁绝缘　　装置中心
　　　　　　　　　　　　　输电线路　　的聚变靶

图 8.19　Z 箍缩脉冲功率装置

2. Z 箍缩内爆产生 X 射线的主要过程

Z 箍缩内爆产生 X 射线的原理是，当强电流通过轻质量的气柱、金属箔壳、单丝或丝阵时，强大的欧姆加热将使载流介质气化产生等离子体，等离子体在环向磁场作用下发生沿径向的内爆压缩，最终在轴线处汇聚而发生碰撞滞止，动能转换为内能而升温，高温等离子体释将放出大量 X 射线。这是一个从电能转换为等离子体动能，然后动能转换为等离子体内能（热能），最后内能转换为 X 射线辐射能（光能）的过程。图 8.20 所示为 Z 箍缩内爆产生 X 射线及内爆压缩的主要过程。在 ICF 研究中，这种 X 射线辐射可用来驱动靶丸内爆。

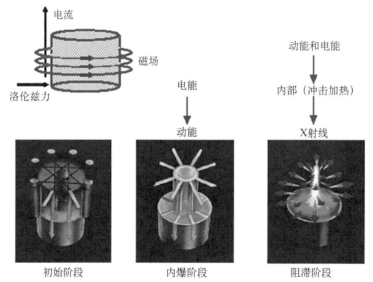

初始阶段　　　　　内爆阶段　　　　　阻滞阶段

图 8.20　Z 箍缩内爆产生 X 射线及内爆压缩的主要过程

3. Z 箍缩驱动 ICF 研究

1991 年，俄罗斯科学家 Smirnov 提出了用快 Z 箍缩驱动惯性约束聚变的研究方向。1997 年，美国科学家 Metzen 提出了 Z 箍缩黑腔概念。1997 年，美国 Sandia 国家实验室的 Saturn 装置（电流 8MA）产生的 Z 箍缩 X 辐射源（黑腔温度 60～80eV）用于 ICF 物理烧蚀实验。1997 年，Sandia 实验室开始在 Z 装置（电流 20MA）上进行三种黑腔的概念研究，探索利用 Z 箍缩驱动聚变靶产额达到 200～1000MJ 范围能量输出的能力。2007 年，对 Z 装置进行改造。2010 年 ZR 装置（电流 26MA）开始运行。2007 年底，中国工程物理研究院彭先觉院士提出了 Z 箍缩驱动聚变点火靶的新概念。2010 年，美国 Slutz 博士首次提出了 MagLIF 的概念。2013 年，中国工程物理研究院 PTS 装置（10MA）试运行。图 8.21 给出了 Z 箍缩 ICF 的三种间接驱动方式，分别为动态黑腔、静态壁黑腔、Z 箍缩驱动真空黑腔。动态黑腔通过套筒或丝阵直接内爆后撞击泡沫材料，可以获得较高的辐射温度，并对靶丸进行有效压缩，能量转换效率较高，但辐射源、靶丸耦合在一起，增加了内爆过程中流体不稳定性的发展；静态壁黑腔通过上下两端的丝阵内爆产生 X 射线，然后再将 X 射线引入到中间黑腔中，通过将辐射源产生和靶丸分开，也可以实现高辐射温度靶丸压缩，但 X 射线源的抽取到中间黑腔中的效率会比较低；Z 箍缩真空黑腔通过上下两端的丝阵直接内爆产生 X 射线，将辐射源和靶丸分开，也可降低压缩过程中的流体力学不稳定性，但其辐射温度和内爆效率较低。

图 8.21　Z 箍缩的三种间接驱动方式（动态黑腔、静态壁黑腔、Z 箍缩驱动真空黑腔）

磁化套筒惯性聚变（Magnetized Liner Inertial Fusion，MagLIF），如图 8.22 所示。磁化套筒 Z 箍缩直接驱动三个过程：D-T 气体被轴向磁场磁化，激光加热燃料并产生电流，电流产生径向磁场约束、压缩等离子体达到聚变条件。

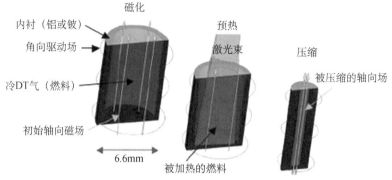

图 8.22　磁化套筒惯性聚变示意图

4. 我国 Z 箍缩驱动 ICF 研究情况

继 2007 年底中国工程物理研究院彭先觉院士提出了 Z 箍缩驱动聚变点火靶的新概念后，2013 年中国工程物理研究院的 PTS 装置（10MA）开始试运行。国内开展 Z 箍缩驱动聚变研究主要依赖的单位和实验装置有北京应用物理与计算数学研究所，中国工程物理研究院流体物理研究所（"阳"加速器——500-850kA/80-110ns，PTS 装置——10MA/90n），中国工程物理研究院核物理与化学研究所，中国工程物理研究院激光聚变研究中心，西北核技术研究院（"强光一号"装置——1.5MA/100ns），清华大学电机工程与应用电子技术系（PPG-1 装置——400kA/100ns），国防科技大学核科学与技术系主要开展理论和数值模拟方面的 Z 箍缩研究。

研究 Z 箍缩驱动的 X 射线内爆压缩过程，可分解为 X 射线辐射产生、内爆压缩和停滞三个阶段。初始阶段涉及环形金属丝阵等离子体的形成和融合；内爆阶段涉及主体等离子体的聚心运动、电磁能转换为等离子体动能、动能阻滞转换为等离子体内能（热能）和 X 射线辐射能；停滞阶段涉及主体等离子体的聚心停滞、热化、强辐射形成。由于涉及高温等离子体与电磁场的相互作用，因此研究工具需采用辐射磁流体力学（RMHD）或磁流体力学（MHD）程序，常用的初始阶段数值模拟程序有 ZEUS2D，内爆和停滞阶段的数值模拟程序 FLASH 等。

Z 箍缩驱动惯性约束聚变近期的研究重点包括：研制数值模拟程序；脉冲功率驱动器与负载耦合全电路模拟；获得最大 X 射线辐射产额的 Z 箍缩负载优化设计；丝阵的早期行为（丝消融、丝等离子体融合、先驱等离子体形成）；Z 箍缩等离子体不稳定性研究（MRT 不稳定性）；Z 箍缩等离子体辐射特性研究（X 射线辐射机理、能量转换机制）；双层丝阵内爆动力学特征；Z 箍缩动态黑腔物理研究；制定 Z 箍缩实验物理方案、分析实验结果，检验物理建模和数值模拟等。

8.1.5 辐射磁流体力学

Z 箍缩产生 X 射线辐射间接驱动靶丸 ICF 的研究，必须考虑高温等离子体（电磁流体）的辐射、等离子体的流体力学运动，研究电磁力对流体运动的影响，电磁场对等离子体的加热作用对流体内能的改变等。

1. 辐射磁流体力学方程组

高温流体中存在辐射场。设 E_r^0, F_r^0, P_r^0 分别为辐射场的能量密度、能量通量和动量通量（辐射压强张量），F_r^0/c^2 为辐射场的动量密度。物理量的上标"0"表示在流体静止坐标系的物理量。欧拉观点下非相对论的辐射流体力学（RHD）方程组为

$$\frac{\partial \rho}{\partial t} + \nabla \cdot (\rho \boldsymbol{u}) = 0 \tag{8.1.16a}$$

$$\frac{\partial}{\partial t}\left(\rho \boldsymbol{u} + \boldsymbol{F}_r^0 / c^2\right) + \nabla \cdot \left(\boldsymbol{P}_m^0 + \rho \boldsymbol{u}\boldsymbol{u} + \boldsymbol{P}_r^0\right) = \boldsymbol{f} \tag{8.1.16b}$$

$$\frac{\partial}{\partial t}\left(\frac{1}{2}\rho u^2 + E_m^0 + E_r^0\right) + \nabla \cdot \left[\left(\frac{1}{2}\rho u^2 + E_m^0 + E_r^0\right)\boldsymbol{u} + \boldsymbol{F}_m^0 + \boldsymbol{F}_r^0 + \left(\boldsymbol{P}_m^0 + \boldsymbol{P}_r^0\right) \cdot \boldsymbol{u}\right]$$
$$= \rho w + \boldsymbol{f} \cdot \boldsymbol{u} \tag{8.1.16c}$$

其中 $\rho, \boldsymbol{u}$ 分别为流体元的质量密度和宏观流速（实验室坐标系度量的），E_m^0, F_m^0, P_m^0 分别为实物粒子的能量密度、能量通量和动量通量（物质压强张量）。$\boldsymbol{f}$ 为作用在单位体积流体上的体积力（彻体力），w 为单位质量流体元内的能量沉积。

处在电磁场中的等离子体，有电荷密度和电流密度 $\rho_e, \boldsymbol{j}$，它们与电磁场 $\boldsymbol{E}, \boldsymbol{B}$ 发生相互作用，使等离子体流体与电磁场进行动量和能量交换。因此，流体元的运动方程（8.1.16b）的右边要加上电磁力密度 $\rho_e \boldsymbol{E} + \boldsymbol{j} \times \boldsymbol{B}$（因为等离子体局部近似电中性，$\rho_e \boldsymbol{E} \ll \boldsymbol{j} \times \boldsymbol{B}$），能量守恒方程（8.1.16c）的右边要加上电磁功率密度 $\boldsymbol{j} \cdot \boldsymbol{E}$。

说明三点：

（1）以上 $\rho_e, \boldsymbol{j}, \boldsymbol{E}, \boldsymbol{B}$ 是实验室坐标系的电磁量，在实验室坐标系下，流体元不静止，而是具有流速 $\boldsymbol{u}$。流体静止坐标系下的电磁量 $\rho_e^0, \boldsymbol{j}^0, \boldsymbol{E}^0, \boldsymbol{B}^0$ 与实验室坐标系下的相应量可通过四维电荷密度和电磁场张量的洛伦兹变换得出，结果为

$$\begin{cases} \boldsymbol{j}^0 = \boldsymbol{j} + \boldsymbol{u}\left[(\gamma-1)\dfrac{\boldsymbol{j} \cdot \boldsymbol{u}}{u^2} - \gamma \rho_e\right] \\ \rho_e^0 = \gamma\left(\rho_e - \dfrac{\boldsymbol{j} \cdot \boldsymbol{u}}{c^2}\right) \end{cases}, \quad \begin{cases} \boldsymbol{B}_{//}^0 = \boldsymbol{B}_{//} \\ \boldsymbol{B}_{\perp}^0 = \gamma\left(\boldsymbol{B}_{\perp} - \boldsymbol{u} \times \boldsymbol{E}/c^2\right) \end{cases}, \quad \begin{cases} \boldsymbol{E}_{//}^0 = \boldsymbol{E}_{//} \\ \boldsymbol{E}_{\perp}^0 = \gamma\left(\boldsymbol{E}_{\perp} + \boldsymbol{u} \times \boldsymbol{B}\right) \end{cases}$$

其中 $\gamma = 1/\sqrt{1 - u^2/c^2}$ 为洛伦兹因子。电磁场的下标//表示平行于流体元速度 u 方向的电磁场分量，下标 $\perp$ 表示垂直于流体元速度 u 方向的分量。考虑到流体元速度远远小于光速，洛伦兹因子 $\gamma \approx 1$，故有洛伦兹变换

$$\begin{cases} \boldsymbol{j}^0 = \boldsymbol{j} - \rho_e \boldsymbol{u}, \\ \rho_e^0 = \rho_e \end{cases} \quad \begin{cases} \boldsymbol{B}^0 = \boldsymbol{B} - \boldsymbol{u} \times \boldsymbol{E}/c^2 \\ \boldsymbol{E}^0 = \boldsymbol{E} + \boldsymbol{u} \times \boldsymbol{B} \end{cases}$$

洛伦兹逆变换为

$$\begin{cases} \boldsymbol{j} = \boldsymbol{j}^0 + \rho_e^0 \boldsymbol{u}, \\ \rho_e = \rho_e^0 \end{cases} \quad \begin{cases} \boldsymbol{B} = \boldsymbol{B}^0 + \boldsymbol{u} \times \boldsymbol{E}^0/c^2 \\ \boldsymbol{E} = \boldsymbol{E}^0 - \boldsymbol{u} \times \boldsymbol{B}^0 \end{cases}$$

（2）电磁力密度 $\rho_e \boldsymbol{E} + \boldsymbol{j} \times \boldsymbol{B}$ 和电磁功率密度 $\boldsymbol{j} \cdot \boldsymbol{E}$ 是电磁场施加给流体粒子（电子和离子）的，它们使流体粒子的动量和能量（包括动能和内能）增加，这是以消耗电磁场本身的动量和能量密度为代价的。因为电磁场能量密度 $E^* = \varepsilon_0 E^2/2 + B^2/(2\mu_0)$ 和动量密度 $\boldsymbol{p}^* = \boldsymbol{F}^*/c^2 = \varepsilon_0 \boldsymbol{E} \times \boldsymbol{B}$ 满足的守恒方程为

$$\frac{\partial E^*}{\partial t} + \nabla \cdot \boldsymbol{F}^* = -\boldsymbol{j} \cdot \boldsymbol{E} \tag{8.1.17a}$$

$$\frac{\partial \boldsymbol{p}^*}{\partial t} + \nabla \cdot \boldsymbol{P}^* = -\rho_e \boldsymbol{E} - \boldsymbol{j} \times \boldsymbol{B} \tag{8.1.17b}$$

其中电磁能流矢量 $\boldsymbol{F}^*$（也叫坡印亭矢量）和电磁场的动量通量 $\boldsymbol{P}^*$（电磁场胁强张量）分别为

$$\boldsymbol{F}^* = \boldsymbol{E} \times \boldsymbol{B}/\mu_0$$

$$\boldsymbol{P}^* = \frac{B^2}{2\mu_0}\boldsymbol{I} - \frac{\boldsymbol{BB}}{\mu_0} + \frac{\varepsilon_0 E^2}{2}\boldsymbol{I} - \varepsilon_0 \boldsymbol{EE}$$

由（8.1.17）可见，电磁场施加给流体粒子的电磁功率密度 $\boldsymbol{j} \cdot \boldsymbol{E}$ 来自于电磁场能量密度 E^* 的时间变化率。电磁场施加给流体粒子的电磁力密度 $\rho_e \boldsymbol{E} + \boldsymbol{j} \times \boldsymbol{B}$ 来自于电磁场动量密度 $\boldsymbol{p}^*$ 的时间变化率。

（3）利用广义欧姆定律，可把电磁功率密度写为 $\boldsymbol{j} \cdot \boldsymbol{E} = j^2/\sigma + (\boldsymbol{j} \times \boldsymbol{B}) \cdot \boldsymbol{u}$，它包括焦耳热 j^2/σ（变成流体元内能，σ 是等离子体电导率）和电磁力做功 $(\boldsymbol{j} \times \boldsymbol{B}) \cdot \boldsymbol{u}$（变成流体元动能）两项。

将动量守恒方程（8.1.16b）两边点乘质元的宏观流速 $\boldsymbol{u}$，可得磁流体元动能方程

$$\frac{\partial}{\partial t}\left(\frac{1}{2}\rho u^2\right) + \nabla \cdot \left(\frac{1}{2}\rho u^2 \boldsymbol{u}\right) + \boldsymbol{u} \cdot \left(\nabla \cdot \left(\boldsymbol{P}_m^0 + \boldsymbol{P}_r^0\right)\right) = \boldsymbol{f} \cdot \boldsymbol{u} + (\boldsymbol{j} \times \boldsymbol{B}) \cdot \boldsymbol{u}$$

再将该方程从能量守恒方程（8.1.16c）中减去，利用电磁功率密度 $\boldsymbol{j} \cdot \boldsymbol{E} = j^2/\sigma +$

$(\boldsymbol{j}\times\boldsymbol{B})\cdot\boldsymbol{u}$，可得流体元内能方程

$$\frac{\partial}{\partial t}\left(E_m^0+E_r^0\right)+\nabla\cdot\left[\left(E_m^0+E_r^0\right)\boldsymbol{u}+\boldsymbol{F}_m^0+\boldsymbol{F}_r^0\right]+\left(\left(\boldsymbol{P}_m^0+\boldsymbol{P}_r^0\right)\cdot\nabla\right)\cdot\boldsymbol{u}=\rho w+j^2/\sigma$$

最后得到的辐射磁流体力学方程组为

$$\frac{\partial\rho}{\partial t}+\nabla\cdot(\rho\boldsymbol{u})=0 \tag{8.1.18a}$$

$$\frac{\partial}{\partial t}\left(\rho\boldsymbol{u}+\boldsymbol{F}_r^0/c^2\right)+\nabla\cdot\left(\boldsymbol{P}_m^0+\rho\boldsymbol{uu}+\boldsymbol{P}_r^0\right)=\boldsymbol{f}+\boldsymbol{j}\times\boldsymbol{B} \tag{8.1.18b}$$

$$\frac{\partial}{\partial t}\left(E_m^0+E_r^0\right)+\nabla\cdot\left[\left(E_m^0+E_r^0\right)\boldsymbol{u}+\boldsymbol{F}_m^0+\boldsymbol{F}_r^0\right]+\left(\left(\boldsymbol{P}_m^0+\boldsymbol{P}_r^0\right)\cdot\nabla\right)\cdot\boldsymbol{u}=\rho w+j^2/\sigma$$
$$\tag{8.1.18c}$$

2. 辐射磁流体力学的封闭性

辐射磁流体力学（RMHD）方程组比辐射流体力学（RHD）方程组多 3 个电磁量，它们满足法拉第电磁感应定律、安培定律和广义欧姆定律

$$\nabla\times\boldsymbol{E}=-\partial\boldsymbol{B}/\partial t \tag{8.1.19}$$

$$\nabla\times\boldsymbol{B}=\mu_0\left(\varepsilon_0\partial\boldsymbol{E}/\partial t+\boldsymbol{j}\right) \tag{8.1.20}$$

$$\boldsymbol{j}(\boldsymbol{r},t)=\sigma\left(\boldsymbol{E}+\boldsymbol{u}\times\boldsymbol{B}-\frac{\boldsymbol{j}\times\boldsymbol{B}}{n_e e}+\frac{1}{n_e e}\nabla\cdot\boldsymbol{P}_e\right) \tag{8.1.21}$$

说明：麦克斯韦方程组中的高斯定理 $\nabla\cdot\boldsymbol{E}=\rho_e/\varepsilon_0$ 不需要，除非要计算电荷密度 ρ_e（注意等离子体中不是 ρ_e 决定电场强度 $\boldsymbol{E}$，而是 $\boldsymbol{E}$ 决定 ρ_e）。另一个麦克斯韦方程 $\nabla\cdot\boldsymbol{B}=0$ 和电荷守恒定律 $\partial\rho_e/\partial t+\nabla\cdot\boldsymbol{j}=0$ 自然满足。

3. 广义欧姆定律

欧姆定律本指静止导体中的电流密度与电场间的关系。广义欧姆定律则指运动的电磁流体的电流密度与电磁场、流体元速度以及压强梯度间的关系，如（8.1.21）那样，可清楚看到由电流密度传导电流 $\sigma\boldsymbol{E}$、感应电流 $\sigma\boldsymbol{u}\times\boldsymbol{B}$（导体切割磁力线）、霍尔电流 $-\sigma\boldsymbol{j}\times\boldsymbol{B}/(n_e e)$、热电电流 $\sigma\nabla p_e/(n_e e)$（由压力梯度形成的电子流）四项构成。广义欧姆定律的推导过程如下。

设磁流体内由电子、离子流体两种成分，满足电中性条件 $\rho_e\equiv q_e n_e+q_i n_i=0$，在电磁场中两种成分流体元的运动方程分别为

$$\frac{\partial}{\partial t}(m_e n_e\boldsymbol{u}_e)+\nabla\cdot(m_e n_e\boldsymbol{u}_e\boldsymbol{u}_e)+\nabla\cdot\boldsymbol{P}_e=q_e n_e(\boldsymbol{E}+\boldsymbol{u}_e\times\boldsymbol{B})+\int\mathrm{d}v m_e\boldsymbol{v}\left(\frac{\partial f_e}{\partial t}\right)_{\mathrm{coll}}$$
$$\tag{8.1.22a}$$

$$\frac{\partial}{\partial t}\left(m_i n_i \boldsymbol{u}_i\right) + \nabla \cdot \left(m_i n_i \boldsymbol{u}_i \boldsymbol{u}_i\right) + \nabla \cdot \boldsymbol{P}_i = q_i n_i \left(\boldsymbol{E} + \boldsymbol{u}_i \times \boldsymbol{B}\right) + \int \mathrm{d}\boldsymbol{v} m_i \boldsymbol{v}\left(\frac{\partial f_i}{\partial t}\right)_{\mathrm{coll}}$$

（8.1.22b）

两式相加，注意到 $\displaystyle\sum_{i=1}^{S}\int \mathrm{d}\boldsymbol{v} m_i \boldsymbol{v}\left(\frac{\partial f_i}{\partial t}\right) = 0$，$m_i \gg m_e$，可得单流体的运动方程

$$\frac{\partial(\rho \boldsymbol{u})}{\partial t} + \nabla \cdot (\rho \boldsymbol{u}\boldsymbol{u}) + \nabla \cdot \boldsymbol{P} = \rho_e \boldsymbol{E} + \boldsymbol{j} \times \boldsymbol{B}$$

（8.1.23a）

其中

$$\begin{cases} \boldsymbol{u} = \dfrac{m_i n_i \boldsymbol{u}_i + m_e n_e \boldsymbol{u}_e}{m_i n_i + m_e n_e} \approx \boldsymbol{u}_i \\[2mm] \rho = m_i n_i + m_e n_e \approx m_i n_i \\[1mm] \rho_e = q_i n_i + q_e n_e \\[1mm] \boldsymbol{j} = q_i n_i \boldsymbol{u}_i + q_e n_e \boldsymbol{u}_e \end{cases}$$

随体微商形式的单流体运动方程为

$$\rho \frac{\mathrm{d}\boldsymbol{u}}{\mathrm{d}t} + \nabla \cdot \boldsymbol{P} = \boldsymbol{j} \times \boldsymbol{B}$$

（8.1.23b）

广义欧姆定律可由电子流体的运动方程（8.1.22a）导出。略去电子的惯性项，取 $m_e \rightarrow 0$，得

$$\nabla \cdot \boldsymbol{P}_e = q_e n_e \left(\boldsymbol{E} + \boldsymbol{u}_e \times \boldsymbol{B}\right) + \int \mathrm{d}\boldsymbol{v} m_e \boldsymbol{v}\left(\frac{\partial f_e}{\partial t}\right)_{\mathrm{coll}}$$

（8.1.24）

由于

$$\begin{cases} \boldsymbol{u} \approx \boldsymbol{u}_i \\ q_i n_i + q_e n_e = \rho_e \approx 0 \\ q_i n_i \boldsymbol{u}_i + q_e n_e \boldsymbol{u}_e = \boldsymbol{j} \end{cases}$$

所以

$$\begin{cases} q_e n_e \boldsymbol{u}_e = \boldsymbol{j} - q_i n_i \boldsymbol{u}_i \approx \boldsymbol{j} + q_e n_e \boldsymbol{u} \\ \boldsymbol{u}_e - \boldsymbol{u}_i \approx \boldsymbol{j} / (q_e n_e) \end{cases}$$

（8.1.25）

（8.1.25）表明，流体静止坐标系下的电流密度与实验室坐标系下的电流密度相同，因为

$$\boldsymbol{j}^0 \equiv q_e n_e \left(\boldsymbol{u}_e - \boldsymbol{u}\right) + q_i n_i \left(\boldsymbol{u}_i - \boldsymbol{u}\right) \approx q_e n_e \left(\boldsymbol{u}_e - \boldsymbol{u}_i\right) = \boldsymbol{j}$$

当电荷密度为 0 时，由洛伦兹变化也可得到此结论。注意到（8.1.24）右侧的最后一项为离子与电子碰撞而施加在电子流体上的碰撞力密度，可近似取为

$$\int \mathrm{d}\mathbf{v} m_e \mathbf{v} \left(\frac{\partial f_e}{\partial t} \right)_{\mathrm{coll}} \approx -v_{ei} n_e m_e \left(\mathbf{u}_e - \mathbf{u}_i \right)$$

其中 v_{ei} 为电子-离子的碰撞频率。利用（8.1.25），注意到电子电量 $q_e = -e$，可得碰撞力密度

$$\int \mathrm{d}\mathbf{v} m_e \mathbf{v} \left(\frac{\partial f_e}{\partial t} \right)_{\mathrm{coll}} \approx \frac{v_{ei} m_e \mathbf{j}}{e} \qquad (8.1.26)$$

利用（8.1.25）和（8.1.26），则（8.1.24）变为

$$\nabla \cdot \mathbf{P}_e \approx q_e n_e (\mathbf{E} + \mathbf{u} \times \mathbf{B}) + \mathbf{j} \times \mathbf{B} + v_{ei} m_e \mathbf{j} / e \qquad (8.1.27)$$

因为等离子体的电导率为 $\sigma = n_e e^2 / (m_e v_{ei})$，其中，$v_{ei}$ 为电子-离子碰撞频率，则（8.1.27）变为广义欧姆定律

$$\mathbf{j} = \sigma \left(\mathbf{E} + \mathbf{u} \times \mathbf{B} - \frac{\mathbf{j} \times \mathbf{B}}{e n_e} + \frac{\nabla \cdot \mathbf{P}_e}{e n_e} \right) \qquad (8.1.28)$$

关于广义欧姆定律的两点讨论：

（1）如果电子-离子碰撞频率远大于电子在磁场中的回旋频率，即 $v_{ei} \gg \omega_{ce} = eB / m_e$，此时

$$\frac{\sigma}{e n_e} = \frac{e}{m_e v_{ei}} = \frac{\omega_{ce}}{B v_{ei}} \ll 1 \qquad (8.1.29)$$

则广义欧姆定律（8.1.28）后两项可忽略，变为

$$\mathbf{j} = \sigma (\mathbf{E} + \mathbf{u} \times \mathbf{B}) = \sigma \mathbf{E}^0 \qquad (8.1.30)$$

即电子-离子碰撞频率高时，电流密度 $\mathbf{j}$ 与流体静止系下的电场 $\mathbf{E}^0$ 通过电导率标量 σ 相联系。

（2）如果电子-离子碰撞频率远小于电子在磁场中的回旋频率，即 $v_{ei} \ll \omega_{ce} = eB / m_e$，则广义欧姆定律（8.1.28）后两项要保留，变为

$$\mathbf{j} = \sigma \mathbf{E}^0 - \frac{\omega_{ce}}{B v_{ei}} \mathbf{j} \times \mathbf{B} \qquad (8.1.31)$$

其中 $\mathbf{E}^0 \equiv \mathbf{E} + \mathbf{u} \times \mathbf{B} + \nabla \cdot \mathbf{P}_e / (n_e e)$ 为等效电场。即电子-离子碰撞频率低时，电流密度 $\mathbf{j}$ 与等效电场 $\mathbf{E}^0$ 通过电导率张量 $\boldsymbol{\sigma}$ 联系

$$\mathbf{j} = \boldsymbol{\sigma} \cdot \mathbf{E}^0 \qquad (8.1.32\mathrm{a})$$

写成矩阵形式为

$$j_i = \sum_{k=1}^{3} \sigma_{ik} E_k^0, \quad i = 1, 2, 3 \qquad (8.1.32\mathrm{b})$$

即电流密度 $\mathbf{j}$ 的每个分量与等效电场 $\mathbf{E}^0$ 的三个分量都有关，其中 σ_{ik} 为 3×3 矩阵的九个矩阵元。设磁场 $\mathbf{B}$ 沿 x 轴方向，即 $\mathbf{B} = B \mathbf{e}_x$，则可求出电导率张量为

$$\boldsymbol{\sigma} = \frac{\sigma}{1+\omega_{ce}^2 / \nu_{ei}^2} \begin{bmatrix} 1+\omega_{ce}^2 / \nu_{ei}^2 & 0 & 0 \\ 0 & 1 & -\omega_{ce} / \nu_{ei} \\ 0 & -\omega_{ce} / \nu_{ei} & 1 \end{bmatrix} \tag{8.1.33}$$

显然，当电子-离子碰撞频率高，即 $\nu_{ei} \gg \omega_{ce}$ 时，电导率张量变为对角张量，对角元就是电导率，即 $\boldsymbol{\sigma} = \sigma \boldsymbol{I}$，此时（8.1.32a）退化为（8.1.29）。

4. 电磁力密度 $\boldsymbol{j} \times \boldsymbol{B}$ 和欧姆加热项 j^2 / σ 的计算

在辐射磁流体力学方程组中，运动方程中有电磁力密度项 $\boldsymbol{j} \times \boldsymbol{B}$，内能守恒方程中有欧姆加热项 j^2 / σ，如何计算它们呢？

忽略位移电流密度 $\varepsilon_0 \partial \boldsymbol{E} / \partial t$，由安培定律可得

$$\boldsymbol{j} = \nabla \times \boldsymbol{B} / \mu_0 \tag{8.1.34}$$

则电磁力密度

$$\boldsymbol{j} \times \boldsymbol{B} = (\nabla \times \boldsymbol{B}) \times \boldsymbol{B} / \mu_0 \tag{8.1.35}$$

利用矢量运算公式

$$\begin{cases} \nabla(\boldsymbol{f} \cdot \boldsymbol{g}) = \boldsymbol{f} \times (\nabla \times \boldsymbol{g}) + (\boldsymbol{f} \cdot \nabla)\boldsymbol{g} + \boldsymbol{g} \times (\nabla \times \boldsymbol{f}) + (\boldsymbol{g} \cdot \nabla)\boldsymbol{f} \\ \nabla \cdot (\boldsymbol{fg}) = (\nabla \cdot \boldsymbol{f})\boldsymbol{g} + (\boldsymbol{f} \cdot \nabla)\boldsymbol{g} \end{cases} \tag{8.1.36}$$

令 $\boldsymbol{f} = \boldsymbol{g} = \boldsymbol{B}$，有

$$\begin{cases} \nabla\left(B^2 / 2\right) = \boldsymbol{B} \times (\nabla \times \boldsymbol{B}) + (\boldsymbol{B} \cdot \nabla)\boldsymbol{B} \\ \nabla \cdot (\boldsymbol{BB}) = (\boldsymbol{B} \cdot \nabla)\boldsymbol{B} \end{cases} \tag{8.1.37}$$

即

$$\boldsymbol{B} \times (\nabla \times \boldsymbol{B}) = \nabla\left(B^2 / 2\right) - \nabla \cdot (\boldsymbol{BB}) \tag{8.1.38}$$

代入（8.1.35），得电磁力密度

$$\boldsymbol{j} \times \boldsymbol{B} = \nabla \cdot \left(\frac{\boldsymbol{BB}}{\mu_0}\right) - \nabla\left(\frac{B^2}{2\mu_0}\right) \equiv -\nabla \cdot \boldsymbol{P}_{\text{mag}} \tag{8.1.39}$$

其中

$$\boldsymbol{P}_{\text{mag}} = \frac{B^2}{2\mu_0}\boldsymbol{I} - \frac{\boldsymbol{BB}}{\mu_0} \tag{8.1.40}$$

为磁压强张量（磁场的动量通量）。可见电磁力密度 $\boldsymbol{j} \times \boldsymbol{B}$ 来自于磁压。欧姆加热项 j^2 / σ 都与磁感应强度 $\boldsymbol{B}(\boldsymbol{r}, t)$ 有关。

5. 磁感应强度方程及其求解

磁感应强度 $\boldsymbol{B}(\boldsymbol{r}, t)$ 满足的方程可由法拉第电磁感应定律、安培定律、广义欧姆定律（8.1.19）～（8.1.21）给出。如果忽略位移电流密度 $\varepsilon_0 \partial \boldsymbol{E} / \partial t$，则由安培

定律可得

$$j = \nabla \times B / \mu_0 \tag{8.1.41}$$

设电子-离子碰撞频率 $\nu_{ei} \gg \omega_{ce}$，由广义欧姆定律可得

$$E = j / \sigma - u \times B = \nabla \times B / (\mu_0 \sigma) - u \times B \tag{8.1.42}$$

代入法拉第定律，就得磁感应强度 $B(r,t)$ 满足的方程

$$\partial B / \partial t = \nabla \times (u \times B) - \nabla \times (\nabla \times B / (\sigma \mu_0)) \tag{8.1.43}$$

（8.1.43）可进一步简化。设电导率 σ 为常数，利用

$$\nabla \times (\nabla \times B) = \nabla (\nabla \cdot B) - \nabla^2 B = -\nabla^2 B \tag{8.1.44}$$

磁感应强度方程（8.1.43）变为

$$\frac{\partial B}{\partial t} = \nabla \times (u \times B) + \eta_m \nabla^2 B \tag{8.1.45}$$

其中右边第一项为对流项，右边第二项为磁扩散项，$\eta_m = 1 / (\sigma \mu_0)$ 称为磁扩散系数。利用流体力学的随体导数公式

$$\frac{\partial B}{\partial t} = \rho \frac{\mathrm{d}}{\mathrm{d}t} \left(\frac{B}{\rho} \right) - \nabla \cdot (uB) \tag{8.1.46}$$

再利用矢量运算公式

$$\begin{cases} \nabla \cdot (uB) = (\nabla \cdot u)B + (u \cdot \nabla)B \\ \nabla \times (u \times B) = u(\nabla \cdot B) - (u \cdot \nabla)B - B(\nabla \cdot u) + (B \cdot \nabla)u \end{cases} \tag{8.1.47}$$

磁感应强度方程（8.1.45）变为

$$\rho \frac{\mathrm{d}}{\mathrm{d}t} \left(\frac{B}{\rho} \right) = (B \cdot \nabla)u + \eta_m \nabla^2 B \tag{8.1.48}$$

它可和辐射磁流体力学方程组一起求解。

6. 辐射磁流体力学方程组的随体微商形式

将时间偏导数写成随体时间导数，两者的关系为

$$\frac{\mathrm{d}(\ )}{\mathrm{d}t} = \frac{\partial(\ )}{\partial t} + (u \cdot \nabla)(\ ) \tag{8.1.49}$$

在流体力学框架下可以证明，对于任何流体力学量 $Q(r,t)$（可以为标量），均有

$$\frac{\partial Q}{\partial t} = \rho \frac{\mathrm{d}}{\mathrm{d}t} \left(\frac{Q}{\rho} \right) - \nabla \cdot (uQ) \tag{8.1.50}$$

其中 $\rho(r,t)$ 为流体的质量密度。分别取 $Q = 1$，$\rho u + F_r^0 / c^2$，$E_m^0 + E_r^0$，则可得欧拉观点下随体微商形式的辐射磁流体力学方程组

$$\rho \frac{\mathrm{d}}{\mathrm{d}t}\left(\frac{1}{\rho}\right) = \nabla \cdot \boldsymbol{u} \qquad (8.1.51\text{a})$$

$$\rho \frac{\mathrm{d}}{\mathrm{d}t}\left(\boldsymbol{u} + \frac{\boldsymbol{F}_r^0}{\rho c^2}\right) - \nabla \cdot \left(\boldsymbol{u}\boldsymbol{F}_r^0 / c^2\right) + \nabla \cdot \left(\boldsymbol{P}_m^0 + \boldsymbol{P}_r^0\right) = \boldsymbol{f} + \boldsymbol{j} \times \boldsymbol{B} \qquad (8.1.51\text{b})$$

$$\rho \frac{\mathrm{d}}{\mathrm{d}t}\left(e_m^0 + e_r^0\right) + \nabla \cdot \left(\boldsymbol{F}_m^0 + \boldsymbol{F}_r^0\right) + \left[\left(\boldsymbol{P}_m^0 + \boldsymbol{P}_r^0\right) \cdot \nabla\right] \cdot \boldsymbol{u} = \rho w + j^2 / \sigma \qquad (8.1.51\text{c})$$

其中 $\boldsymbol{j}$ 由（8.1.34）给出，$\boldsymbol{j} \times \boldsymbol{B} = -\nabla \cdot \boldsymbol{P}_{\text{mag}}$ 由（8.1.39）和（8.1.40）给出，$\boldsymbol{B}(\boldsymbol{r}, t)$ 由方程（8.1.48）的解给出。在此基础上可进一步得到拉格朗日观点下的辐射磁流体力学方程组，这里不再赘述。

习 题

1. 实现热核聚变的劳森判据如何表示？由其推导出的 $n\tau$ 判据和 ρR 判据分别如何表示？通常有哪几种方式可实现热核聚变？

2. 磁约束聚变和惯性约束聚变的区别是什么？

3. 惯性约束聚变"快点火"方式相比起中心点火方式有哪些优点？

4. 内爆点火过程中主要存在哪几种流体力学不稳定性？其产生原因分别是什么？

5. Z 箍缩驱动聚变点火的原理是什么？有哪些方式？

8.2 粒子模拟方法

8.2.1 惯性约束聚变的集成模拟

针对中心点火、快点火和 Z 箍缩惯性约束聚变研究，国内外都做了大量的数值模拟和实验工作，开发了许多数值模拟软件。通常，对于中心点火模拟，需要粒子模拟程序（PIC）、辐射流体力学程序（RHD）；对于快点火模拟，需要 PIC 程序、RHD 程序、PIC-Fluid 混合模拟程序；对于 Z 箍缩模拟，需要 PIC 程序、MHD 程序+RHD（RMHD）。粒子模拟程序用来研究激光与靶的相互作用过程，辐射流体力学程序用于研究靶丸内爆压缩过程，粒子-流体混合模拟程序用于研究相对论电子束在靶中的传输和能量沉积过程。表 8.1 给出了国内外主流的 ICF

模拟程序，其中黑字体部分为国防科技大学自主研发的程序。

表 8.1　国内外主流的 ICF 模拟程序

国家	压缩	粒子束产生	粒子束输运
美国	LASNEX/HYDRA/DRACO	PSC/OSIRIS	LSP/ZUMA
欧洲（HiPER）	SARA	PICLS	PETRA
日本（FI3）	PINOCO	FISCO	FIBMET（FK）
中国	LARED-S/**TARGET-A**	LARED-P/**LAPINE/** **PDLPICC/PLASIM**	EBT3D/HFPIC/**HEETS**

8.2.2　粒子模拟的基本概念

粒子模拟简称 PIC（particle-in-cell）模拟，它是通过跟踪大量带电粒子在外加电磁场和自洽场中的运动，来研究等离子体集体运动特性的一种计算方法。通过将电磁场量按网格离散化，将流体元分割成离散的带电粒子分布在网格中，粒子受网格点上的电磁场的作用而运动，而电磁场又取决于带电粒子在空间的分布。

1962 年学者 Dawson 首次将 PIC 方法推广应用到等离子体模拟。根据电磁场对粒子运动的影响，粒子模拟可采用各种模型，如：①静电模型——该模型认为在许多等离子体现象中，静电力起着决定性作用，这时不必求解复杂的麦克斯韦方程组，而只需求解泊松方程就够了；②静磁模型——此时仅考虑低频自洽场；③全电磁模型——此时需求解全部麦克斯韦方程组。

静电模型的求解。电荷为 q 的带电粒子，处在空间位置 r_j 处，r 处的电势 ϕ 和电场 E 可从泊松方程得到

$$\nabla^2\phi = -4\pi q\delta(r-r_j), \quad E = -\nabla\phi \tag{8.2.1}$$

其中哈密顿（Hamilton）算子和拉普拉斯算子分别为

$$\nabla = \sum_{\sigma=1}^{n} e_\sigma \frac{\partial}{\partial x_\sigma}, \quad \nabla^2 = \sum_{\sigma=1}^{n} \frac{\partial^2}{\partial x_\sigma^2}$$

这里 n（$n=1$，2，3）为空间维数，e_σ 为 σ 方向单位矢量，x_σ 为 σ 方向的坐标。解（8.2.1）可得 r 处的电场为

$$E(r) = \frac{a_n q(r-r_j)}{|r-r_j|^n}, \quad a_n = \begin{cases} 2\pi, & n=1 \\ 2, & n=2 \\ 1, & n=3 \end{cases} \tag{8.2.2}$$

所有处在位置 r_j 处电荷为 q_i 的带电粒子，作用在 r_i 处电荷为 q_i 的第 i 个粒子上的力为

$$F_i = q_i \sum_{j \neq i} E_{ij}$$

第 i 个粒子的运动方程为

$$\ddot{r}_i = \frac{F_i}{m_i} = \frac{q_i}{m_i} \sum_{j \neq i}^{N} E_{ij} = \frac{a_n q_i}{m_i} \sum_{j \neq i}^{N} \frac{q_j (r_i - r_j)}{\left| r_i - r_j \right|^n} \tag{8.2.3}$$

上述计算构成物理闭环，即 $r_i \rightarrow F_i \rightarrow r_i$，但是直接使用上述解法是不切实际的，因为该运算量与 N^2 成正比，而等离子体中带电粒子数目 N 是非常巨大的。引入超粒子的概念，用少量模拟粒子来代替真实等离子体中的带电粒子是个可能的解决方法。但是，超粒子存在的问题有：①抬高热涨落（噪声）的水平（$\propto 1/\sqrt{N}$）；②增大近程碰撞。接下来我们会介绍由超粒子模型引起的近程库仑碰撞。

我们知道，等离子体主要表现出集体运动的特性，近距离碰撞作用引起的效应可以忽略。1969 年 Birdsall 通过引入有限大小粒子（finite-size particle）模型代替点粒子模型，避免了点粒子模型中过高的近程库仑碰撞频率，而又不改变远程相互作用，从而使集体运动特性保存下来，并使实际所需的粒子数目减小一个数量级。如图 8.23 所示，当有限大小粒子相距远时，是库仑力远程相互作用，是多体相互作用，表现出集体运动特性；当两个有限大小粒子开始重合时，它们之间的作用力开始下降；当两粒子完全重合时，它们之间的作用力下降到零。

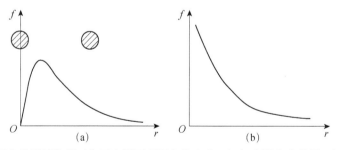

图 8.23　两个粒子间的相互作用力随两者距离的变化：（a）有限大小粒子；（b）超粒子

有限大小粒子云是指宏观尺度 $> \lambda_D$（德拜长度）的云形粒子，电荷呈连续分布，电荷分布满足 $\int_{-\infty}^{\infty} S(r)\,dr = 1$，其中 $r = |r|$ 是距此粒子中心的距离。为避免出现可疑的各向异性问题，要求 $S(-x) = S(x)$。

图 8.24 给出了矩形粒子云和三角形粒子云的示意图。矩形粒子云的电荷分

布为

$$S_1(x) = \begin{cases} 1, & |x| \leqslant \dfrac{\Delta x}{2} \\ 0, & |x| > \dfrac{\Delta x}{2} \end{cases} \tag{8.2.4}$$

其中 $|x|$ 是距粒子中心的距离，Δx 为空间网格的长度。三角形粒子云的电荷分布为

$$S_2(x) = \begin{cases} 1 - \dfrac{|x|}{\Delta x}, & |x| \leqslant \Delta x \\ 0, & |x| > \Delta x \end{cases} \tag{8.2.5}$$

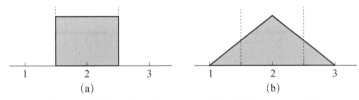

图 8.24　矩形粒子云（a）和三角形粒子云（b）示意图

有限大小粒子云的优点是，可以用一简化模型，计算一个试验粒子在等离子体中走单位距离所经受动量的平均平方变化，对碰撞效应做一些粗估。

计算模型：设 1 为试验粒子，2 为固定的散射中心，L 是碰撞参数。如图 8.25 所示，速度大小为 v 的试验粒子受散射中心的作用，引起的动量变化（粒子所受力的冲量）为

$$\Delta P = F(\rho) \cdot \frac{2L}{v} \tag{8.2.6}$$

等离子体中，试验粒子走单位距离引起的动量的平均平方变化为

$$\frac{\left\langle (\Delta P)^2 \right\rangle_{2D}}{\Delta S} = \frac{2 \displaystyle\int_{L_{\min}}^{L_{\max}} \dfrac{F^2(L) 4 L^2}{v^2} n_0 \mathrm{d}L}{\Delta S} \quad （二维） \tag{8.2.7}$$

$$\frac{\left\langle (\Delta P)^2 \right\rangle_{3D}}{\Delta S} = \frac{\displaystyle\int_{L_{\min}}^{L_{\max}} \dfrac{F^2(L) 4 L^2}{v^2} n_0 2 \pi L \mathrm{d}L}{\Delta S} \quad （三维） \tag{8.2.8}$$

其中 n_0 为散射中心的等离子体密度（单位体积内的散射中心个数）。根据（8.2.2）可知，对于点粒子，库仑力的表达式为

$$F(L) = \begin{cases} 2q^2 / L, & 二维 \\ q^2 / L^2, & 三维 \end{cases} \tag{8.2.9}$$

故

$$\frac{\left\langle (\Delta P)^2 \right\rangle_{2D}}{\Delta S} = \frac{32q^4 n_0}{v^2 \Delta S}\left(L_{\max} - L_{\min} \right) \quad (\text{二维}) \qquad (8.2.10)$$

$$\frac{\left\langle (\Delta P)^2 \right\rangle_{3D}}{\Delta S} = \frac{8\pi q^4 n_0}{v^2 \Delta S} \ln \frac{L_{\max}}{L_{\min}} \quad (\text{三维}) \qquad (8.2.11)$$

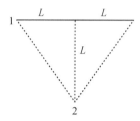

图 8.25　试验粒子与散射中心的位置关系

对于有限大小粒子，设其半径为 a，当两粒子的中心距 L 大于 $2a$ 时，力的表达式与点粒子相同，当 L 小于 $2a$ 时，简单地设力随 L 线性变化，并取 $L_{\min} = 0$，得库仑力的表达式如下。对于二维情况，有

$$F_{2D} = \begin{cases} \dfrac{q^2 L}{2a^2} & , \quad L_{\max} < 2a \\[2mm] \dfrac{2q^2}{L} & , \quad L_{\max} > 2a \end{cases} \quad , \ \text{在} \ L = 2a \ \text{处连续} \qquad (8.2.12)$$

从而

$$\frac{\left\langle (\Delta P)^2 \right\rangle_{2D}}{\Delta S} = \left(\int_0^{2a} + \int_{2a}^{L_{\max}} \right) = \begin{cases} \dfrac{2q^4 n_0}{5v^2 \Delta S} \cdot \dfrac{L_{\max}^5}{a^4}, & L_{\max} < 2a \\[3mm] \dfrac{32q^4 n_0}{v^2 \Delta S}\left(L_{\max} - \dfrac{8}{5}a \right), & L_{\max} > 2a \end{cases} \qquad (8.2.13)$$

对于三维情况，有

$$F_{3D} = \begin{cases} \dfrac{q^2}{L^2}, & L_{\max} > 2a \\[3mm] \dfrac{q^2 L}{8a^3} & L_{\max} < 2a \end{cases} \quad , \ \text{在} \ L = 2a \ \text{处连续} \qquad (8.2.14)$$

从而

$$\frac{\left\langle(\Delta P)^2\right\rangle_{3D}}{\Delta S}=\begin{cases}\dfrac{\pi}{48}\cdot\dfrac{q^4 n_0}{v^2\Delta S}\cdot\dfrac{L_{\max}{}^6}{a^6}, & L_{\max}<2a\\[3mm]\dfrac{8\pi q^4 n_0}{v^2\Delta S}\left(\ln\dfrac{L_{\max}}{2a}+\dfrac{1}{6}\right), & L_{\max}>2a\end{cases} \qquad(8.2.15)$$

当有限大小粒子的半径 $a=L_{\max}=\lambda_D=\left(kT/(4\pi n_e e^2)\right)^{1/2}$（德拜长度）时，与点粒子相比有限大小粒子的碰撞效应在二维情况下要减小一个数量级，在三维时减小的更多。也就是说，与点粒子相比，有限大小粒子的近程库仑碰撞效应大大降低。同时，这种计算方法表明，在比粒子尺寸小的区域内电荷密度的波动现象是不能分辨的，波长小于 a 的短波效应就损失掉了。

如果我们取 $a=\lambda_D$，而德拜长度范围内的波动现象恰好是我们所不关心的，我们要模拟的是波长大于 a 的集体相互作用，那么这种损失是可以接受的。

二维等离子体的碰撞频率为

$$\frac{v}{\omega_{pe}}\approx\begin{cases}\dfrac{1}{16N_D}, & \text{对点粒子}\\[3mm]\dfrac{R}{16N_D}, & \text{对有限大小粒子}\end{cases} \qquad(8.2.16)$$

其中

$$v=\frac{4\sqrt{2\pi}}{3}\frac{n_e e^4\ln\Lambda}{m_e^{1/2}T_e^{3/2}}$$

为电子碰撞频率，$\omega_{pe}=\left(4\pi n_e e^2/m_e\right)^{1/2}$ 为电子等离子体波圆频率，$N_D=n_0\lambda_D^2$ 为德拜方块内的电子数，$R<1$ 为由于粒子的有限大小引起的碰撞率的减小因子。

对于实验室等离子体，通常比值 $v/\omega_{pe}\approx10^{-6}\sim10^{-2}$。如果要求 $v/\omega_{pe}\approx3\times10^{-4}$，对于点粒子，则德拜方块内的电子数 $N_D=200$，对于一个 $100\lambda_D\times100\lambda_D$ 大小的系统，含有 10^4 个德拜方块，所需模拟粒子总数为 $N=2\times10^6$；对于半径 $a=\lambda_D$ 的有限大小粒子，$R=10^{-1}$，则德拜方块内的电子数 $N_D=20$，对于一个 $100\lambda_D\times100\lambda_D$ 大小的系统，所需模拟粒子总数 $N=2\times10^5$，少了一个量级。

三维等离子体的碰撞频率

$$\frac{v}{\omega_{pe}}\approx\begin{cases}\dfrac{1}{113.1}\cdot\dfrac{1}{N_D}\cdot\ln(37.7N_D), & \text{对点粒子}\\[3mm]\dfrac{1}{113.1}\cdot\dfrac{R(a,N_D)}{N_D}\ln(37.7N_D), & \text{对有限大小粒子}\end{cases} \qquad(8.2.17)$$

其中 $N_D=n_0\lambda_D^3$ 为德拜球内的电子数，R 为由于粒子的有限大小引起的碰撞率的减小因子，它不仅与粒子的半径 a 的大小有关，而且与 N_D 有关。

　　对实验室等离子体，如果要求 $\nu / \omega_{pe} \approx 3 \times 10^{-4}$ ，对于点粒子，德拜球内的电子数 $N_D = 300$ ，对于一个 $100\lambda_D \times 100\lambda_D \times 100\lambda_D$ 大小的系统来说，含有 10^6 个德拜球，所需模拟的粒子总数 $N = 3 \times 10^8$ ；而对于半径 $a = \lambda_D$ 的有限大小粒子，$R = 9 \times 10^{-2}$ ， $N_D = 4$ ， $N = 3 \times 10^6$ ，少了两个量级。

　　图 8.26 所示为 Okuda 和 Birdsall 给出的二维和三维情况下，有限大小粒子散射截面与点状超粒子散射截面之比的计算结果。①二维情况，半径为德拜长度的有限大小粒子的散射截面大多比点状超粒子的散射截面小一个数量级，而且与一个德拜球内的粒子数 N_D 无关。尺寸 a 越大，散射截面越小。②三维情况，散射截面与一个德拜球内粒子个数有关，有限大小粒子的散射截面更小。

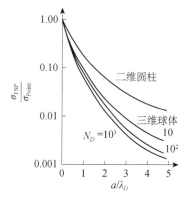

图 8.26　二维和三维情况下，有限大小粒子散射截面与点状超粒子散射截面之比

　　PIC 模拟对网格大小和时间步长的要求为：网格尺寸满足 $\Delta x = \delta \lambda_D$ ；二维计算时间 $\propto (\Delta x)^{-3}$ ；三维计算时间 $\propto (\Delta x)^{-4}$ 。网格尺寸越小，计算时间越长。高阶插值可以减少所采用的模拟粒子数。（8.2.4）、（8.2.5）分别给出了 1 阶（矩形）、2 阶（三角形）粒子云形状，下面给出了 3 阶、4 阶、5 阶、6 阶时的粒子云形状。

$$W^{(3)}(x) = \frac{1}{\Delta^3}\left(-x^2 + \frac{3}{4}\Delta^2\right) \qquad \left(0 \leqslant x \leqslant \frac{\Delta}{2}\right)$$

$$= \frac{1}{\Delta^3}\frac{1}{8}(2x - 3\Delta)^2 \qquad \left(\frac{\Delta}{2} \leqslant x \leqslant \frac{3}{2}\Delta\right)$$

$$W^{(4)}(x) = \frac{1}{\Delta^4}\frac{1}{6}\left(4\Delta^3 - 6\Delta x^2 + 3x^3\right) \qquad (0 \leqslant x \leqslant \Delta)$$

$$= \frac{1}{\Delta^4}\frac{1}{6}(2\Delta - x)^3 \qquad (\Delta \leqslant x \leqslant 2\Delta)$$

$$W^{(5)}(x) = \frac{1}{\Delta}\frac{1}{192}\left(115 - 120\frac{x^2}{\Delta^2} + 48\frac{x^4}{\Delta^4}\right) \qquad \left(0 \leqslant x \leqslant \frac{\Delta}{2}\right)$$

$$= \frac{1}{\Delta}\frac{1}{96}\left(55 + 20\frac{x}{\Delta} - 120\frac{x^2}{\Delta^2} + 80\frac{x^3}{\Delta^3} - 16\frac{x^4}{\Delta^4}\right) \qquad \left(\frac{\Delta}{2} \leqslant x \leqslant \frac{3}{2}\Delta\right)$$

$$= \frac{1}{\Delta}\frac{1}{24}\left(\frac{5}{2} - \frac{x}{\Delta}\right)^4 \qquad \left(\frac{3}{2}\Delta \leqslant x \leqslant \frac{5}{2}\Delta\right)$$

$$W^{(6)}(x) = \frac{1}{\Delta}\frac{1}{60}\left(33 - 30\frac{x^2}{\Delta^2} + 15\frac{x^4}{\Delta^4} - 5\frac{x^5}{\Delta^5}\right) \qquad (0 \leqslant x \leqslant \Delta)$$

$$= \frac{1}{\Delta}\frac{1}{120}\left(51 + 75\frac{x}{\Delta} - 210\frac{x^2}{\Delta^2} + 150\frac{x^3}{\Delta^3} - 45\frac{x^4}{\Delta^4} + 5\frac{x^5}{\Delta^5}\right) \qquad (\Delta \leqslant x \leqslant 2\Delta)$$

$$= \frac{1}{\Delta}\frac{1}{120}\left(3 - \frac{x}{\Delta}\right)^5 \qquad (2\Delta \leqslant x \leqslant 3\Delta)$$

其中 x 是距粒子中心的距离，Δ 为空间网格的长度。图 8.27 所示为插值从 1 到 6 阶时粒子云的示意图。阶数越高，粒子云的扩展范围越大。

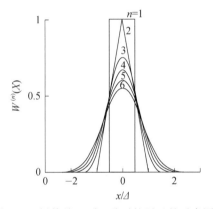

图 8.27　插值从 1 到 6 阶时粒子云的示意图

8.2.3　粒子模拟方法描述

1. PIC 方法的基本理论和计算过程

等离子体中，电磁场的时空变化满足麦克斯韦方程组

$$\frac{\partial \boldsymbol{B}}{\partial t} = -\nabla \times \boldsymbol{E}$$

$$\frac{\partial \boldsymbol{E}}{\partial t} = c^2 \nabla \times \boldsymbol{B} - \frac{\boldsymbol{j}}{\epsilon_0}$$

$$\nabla \cdot \boldsymbol{B} = 0 \qquad (8.2.18)$$

$$\nabla \cdot \boldsymbol{E} = \frac{\rho}{\varepsilon_0}$$

事实上只需要前两个方程（法拉第定律和安培定律）即可，因为 $\nabla \cdot \boldsymbol{B} = 0$ 和 $\nabla \cdot \boldsymbol{E} = \frac{\rho}{\varepsilon_0}$（高斯定律）可通过前两个方程和电荷守恒定律自然得出。例如，对（8.2.18）式的第一式施加散度算子即

$$\nabla \cdot \left(\frac{\partial \boldsymbol{B}}{\partial t}\right) = -\nabla \cdot (\nabla \times \boldsymbol{E}) \qquad (8.2.19)$$

上式等号右边旋度的散度为 0，故可得 $\nabla \cdot \boldsymbol{B} = 0$。如果初始时刻 $\nabla \cdot \boldsymbol{B} = 0$，则 $\nabla \cdot \boldsymbol{B} = 0$ 一直成立。对（8.2.18）式的第二式施加散度算子并结合电荷守恒定律就可以得到第四式

$$\nabla \cdot \left(\frac{\partial \boldsymbol{E}}{\partial t}\right) = \nabla \cdot (c^2 \nabla \times \boldsymbol{E}) - \frac{\nabla \cdot \boldsymbol{j}}{\varepsilon_0} \qquad (8.2.20)$$

由电荷守恒定律：$\frac{\partial \rho}{\partial t} = -\nabla \cdot \boldsymbol{j}$，可得到 $\nabla \cdot \boldsymbol{E} = \frac{\rho}{\varepsilon_0}$。因此，若满足电荷守恒定律，则自动满足高斯定律。图 8.28 所示为 PIC 方法的计算过程。

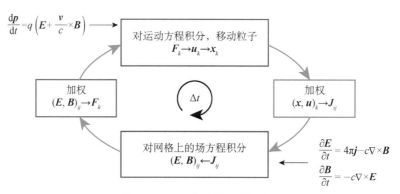

图 8.28　PIC 方法的计算过程

　　PIC 方法的基本思路是：由电磁场 $(\boldsymbol{E}, \boldsymbol{B})$ → 电磁力 $\boldsymbol{F}$ → 粒子速度和位置 $(\boldsymbol{u}, \boldsymbol{r})$ → 电流密度 $\boldsymbol{j}$ → 电磁场 $(\boldsymbol{E}, \boldsymbol{B})$（完成闭环），其中需要数值求解粒子运动方程和两个麦克斯韦方程。

2. PIC 方法的差分格式

在时空坐标下数值求解粒子运动方程和两个麦克斯韦方程时，空间坐标要网格化，时间变量要离散化为时间段 $\Delta t_{n+1/2} = t_{n+1} - t_n$ ，由此不同物理量的离散值可能定义在空间网格不同的位置上（网格边界或是网格中心）、时间网格的不同时刻（时间步的整点 t_n 还是半点 $\Delta t_{n+1/2}$ ）。

计算空间网格点上不同时刻的电磁场时，采用蛙跳格式。此格式将电场 $\boldsymbol{E}$ 定义在时间步的半点 $t_{n+1/2}$ ，磁场 $\boldsymbol{B}$ 定义在时间步的整点 t_n 。图 8.29 给出了麦克斯韦方程组中的法拉第定律和安培定律的蛙跳格式——由时间步半点时刻 $t_{n+1/2}$ 的电场 $\boldsymbol{E}^{n+1/2}$ 求时间步的整点 t_{n+1} 时刻的磁场 $\boldsymbol{B}^{n+1}$ ；再由磁场 $\boldsymbol{B}^{n+1}$ 和电流 $\boldsymbol{j}^{n+1}$ 求时间步半点时刻 $t_{n+3/2}$ 的电场 $\boldsymbol{E}^{n+3/2}$ 。一直交叉进行下去。

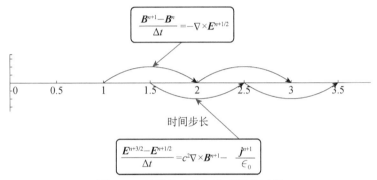

图 8.29　蛙跳格式求解电磁场的过程

以上左边采用时间网格中心差分，具有二阶精度 $O(\Delta t^2)$ ，电场和磁场定义在不同的时间步上。目前，很多 PIC 程序采用时域有限差分方法（FDTD），其差分格式为

$$\frac{\boldsymbol{E}^{n+1/2} - \boldsymbol{E}^n}{\Delta t / 2} = c^2 \nabla \times \boldsymbol{B}^n - \frac{\boldsymbol{j}^n}{\epsilon_0} \qquad (8.2.21)$$

$$\frac{\boldsymbol{B}^{n+1/2} - \boldsymbol{B}^n}{\Delta t / 2} = -\nabla \times \boldsymbol{E}^{n+1/2}$$

此格式将电磁场 $\boldsymbol{E}$ 和 $\boldsymbol{B}$ 定义在同一时刻，可以减小蛙跳格式带来的色散。通过初始值 $\left(\boldsymbol{E}^n, \boldsymbol{B}^n, \boldsymbol{j}^n\right) \to \left(\boldsymbol{E}^{n+1/2}, \boldsymbol{B}^{n+1/2}\right)$ ，更新粒子的位置和动量后得到电流 $\boldsymbol{j}^{n+1}$ ，再计算 $\boldsymbol{B}^{n+1}, \boldsymbol{E}^{n+1}$

$$\frac{\boldsymbol{B}^{n+1} - \boldsymbol{B}^{n+1/2}}{\Delta t / 2} = -\nabla \times \boldsymbol{E}^{n+1/2} \qquad (8.2.22)$$

$$\frac{E^{n+1} - E^{n+1/2}}{\Delta t / 2} = c^2 \nabla \times B^{n+1} - \frac{j^{n+1}}{\epsilon_0}$$

此时，E 和 B 定义在同一时刻，可以减小蛙跳格式带来的色散。

电子或离子在电磁场中的运动由相对论的洛伦兹方程描述。求出粒子的速度和位置(u, r)后可得出第 $\alpha(\alpha = e, i)$ 类粒子的电流密度和电荷密度，它们由电子和离子的空间分布决定

$$J_\alpha(r) = \sum_{l=1}^{N_\alpha} q_{\alpha l} v_{\alpha l} S(r - r_{\alpha l}), \qquad J(r) = J_e(r) + J_i(r)$$

$$\rho_\alpha(r) = \sum_{l=1}^{N_\alpha} q_{\alpha l} S(r - r_{\alpha l}), \qquad \rho(r) = \rho_e(r) + \rho_i(r) \qquad （8.2.23）$$

第 α（$\alpha = e, i$）类粒子的运动方程为

$$\frac{\mathrm{d}P_\alpha}{\mathrm{d}t} = q_\alpha \left(E_\alpha + \frac{P_\alpha \times B_\alpha}{\gamma_\alpha m_\alpha c} \right) \qquad （8.2.24）$$

$$\frac{\mathrm{d}x_\alpha}{\mathrm{d}t} = v_\alpha \qquad （8.2.25）$$

其中相对论动量为 $P_\alpha = \gamma_\alpha m_\alpha v_\alpha$。采用显示求解方法推动粒子，差分格式为（为简化记号，以下省去粒子类型标号 α）

$$\frac{P^{n+\frac{1}{2}} - P^{n-\frac{1}{2}}}{\Delta t} = q \left(E^n + \frac{P^{n+\frac{1}{2}} - P^{n-\frac{1}{2}}}{2c\gamma^n m} \times B^n \right) \qquad （8.2.26）$$

$$\frac{x^{n+1} - x^{n-1}}{2\Delta t} = v^{n+\frac{1}{2}}, \quad \gamma^{n+\frac{1}{2}} = \sqrt{1 + \left(P^{n+\frac{1}{2}} / mc \right)^2} \qquad （8.2.27）$$

计算动量的格式（8.2.25）写成矩阵形式为

$$\begin{pmatrix} P_x^{n+\frac{1}{2}} \\ P_y^{n+\frac{1}{2}} \\ P_z^{n+\frac{1}{2}} \end{pmatrix} = A \begin{pmatrix} 1 + f_x^2 - f_y^2 - f_z^2 & 2(f_x f_y + f_z) & 2(f_x f_z - f_y) \\ 2(f_x f_y - f_z) & 1 - f_x^2 + f_y^2 - f_z^2 & 2(f_y f_z + f_x) \\ 2(f_x f_z + f_y) & 2(f_y f_z - f_x) & 1 - f_x^2 - f_y^2 + f_z^2 \end{pmatrix} \begin{pmatrix} P_x^{n-\frac{1}{2}} \\ P_y^{n-\frac{1}{2}} \\ P_z^{n-\frac{1}{2}} \end{pmatrix}$$

$$+ B \begin{pmatrix} 1 + f_x^2 & f_x f_y + f_z & f_x f_z - f_y \\ f_x f_y - f_z & 1 + f_y^2 & f_y f_z + f_x \\ f_x f_z + f_y & f_y f_z - f_x & 1 + f_z^2 \end{pmatrix} \begin{pmatrix} E_x^n \\ E_y^n \\ E_z^n \end{pmatrix} \qquad （8.2.28）$$

3. PIC 方法的边界条件

PIC 模拟方法的边界条件需要分别考虑电磁场和粒子的边界条件，通常使用的各类边界条件如下：

（1）电磁场的边界条件：①周期边界条件，$\phi(x,t) = \phi(x + \Delta x, t + \Delta t)$ $x = 0$ 或 L_x。②反射边界条件。③吸收边界条件：Lindman 边界条件；PML（perfectly matched layer）完全匹配层。

（2）粒子的边界条件：①自由边界条件。②热化回流边界条件。③周期边界条件。④吸收边界条件。

4. PIC 方法的并行化设计

图 8.30 所示为 PIC 并行程序的设计图。其基本思想是：先读入激光、靶等参数，初始化粒子和场，按粒子来划分节点，将计算的离子数均匀地分配到各个计算节点；再将定义在网格点的电场强度、磁场强度、电荷密度、电流密度等参量存储到所有计算节点，这样将推动粒子运动、由空间粒子分布求电荷、电流密度完全并行处理；然后将各个节点上的电荷、电流密度相加，再广播到各个节点上，各个节点同时求解麦克斯韦方程。

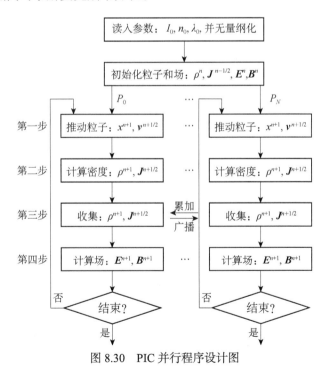

图 8.30　PIC 并行程序设计图

前面我们介绍了 PIC 方法的基本原理，PIC 方法在超短超强激光驱动粒子加速、新型辐射源产生、相对论粒子束传输等领域发挥着重要的作用，得到了广泛的应用。但 PIC 也存在很多缺点，具体表现如下：

（1）精细网格不稳定性（也称网格自加热）：要使热运动在朗道阻尼机制下能够将波长小于德拜长度 λ_D 的波阻尼，网格大小需满足 $\Delta x < \xi\lambda_D$（Δx 为网格大小，ξ 与插值函数有关，对于二阶云因子 $\xi = 3$）。对于超热电子在高密度等离子体中的输运问题，由于其温度一般小于 500eV，同时背景等离子体密度达到数万倍临界密度，$\Delta x < \xi\lambda_D$ 这一限制将导致网格数量无法承受。尽管利用高阶插值可以提高 ξ 因子，放宽对网格的限制，或者利用隐式差分的方法快速阻尼高频波，可使网格大小提高数十倍到数百倍，但目前利用完全 PIC 方法研究"快点火"中的超热电子输运还是不太现实。

（2）电磁场求解的稳定性对时间步长的限制（即 Courant 条件）：这是显式 PIC 算法中熟知的稳定性要求，即时间步长要小于电磁波穿越最小网格所需的时间 $\Delta t < \Delta x/c$，隐格式则为无条件稳定。

（3）蛙跳格式的时间步长限制：显示 PIC 在推动粒子时，用的是上一时刻的电磁场量，为了分辨等离子体中的电子响应，时间步长须小于等离子体的周期，即 $\Delta t < 2/\omega_{pe}$。

（4）库仑碰撞修正：PIC 中考虑电离或库仑碰撞修正时，通常是在 PIC 的循环中，增加蒙特卡罗抽样过程，根据各种作用的概率随机选择粒子，对电离度或者速度根据经验公式或简化模型进行修正。通常须确保时间步长小于两次小角度库仑碰撞的时间间隔，即 $\Delta t < v_{ei}^{-1}$，这将极大增加计算量。

习　　题

1. 有限大小粒子云是如何定义的？有什么优点？
2. 粒子模拟中电磁场方程如何求解？
3. 粒子模拟中如何推动粒子运动？
4. 粒子模拟中电磁场和粒子的边界条件分别有哪几种？分别是如何定义的？

8.3　粒子-流体混合模拟方法

8.3.1　混合模拟的思想

粒子-流体混合模拟程序是指这样一种数值模拟程序，它将等离子体中一种或几种粒子采用单流体或多流体方法描述，而剩余粒子则采用动理学方法作粒子描述。流体与电磁场的耦合方式有：全麦克斯韦方程，低频静磁场模型（Darwin 模型），静电模型，欧姆定律。

粒子-流体混合模拟（hybrid PIC-fluid）最初被应用在天体物理研究中。由于不同种类粒子运动的时间尺度差异较大，故离子常用动理学方法处理，而电子则通常视为无质量的流体，研究的时间尺度介于长时间的磁流体和短时间的粒子模拟之间。

图 8.31 展示了激光 ICF "快点火" 研究中粒子/流体混合模拟的需求。"快点火" 中超热电子的特点是数密度小、碰撞频率低、能量较高（$0.1 \sim 10\text{MeV}$）、非热平衡/各向异性，不满足流体描述的条件，需用动理学方法来描述。而背景冷电子的特点是数密度 n_c 高（$10^{23} \sim 10^{26}\text{cm}^{-3}$）、能量相对较低（$1\text{eV} \sim 10\text{keV}$）、碰撞频率高、几乎接近热平衡分布（麦克斯韦分布）、简并和量子效应可能比较重要，可以采用流体方法来描述。

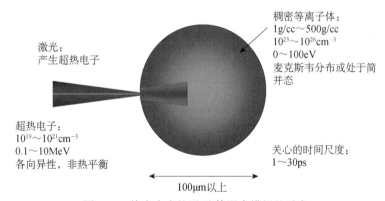

激光：
产生超热电子

稠密等离子体：
1g/cc～500g/cc
$10^{23} \sim 10^{26}\text{cm}^{-3}$
0～100eV
麦克斯韦分布或处于简并态

超热电子：
$10^{19} \sim 10^{21}\text{cm}^{-3}$
0.1～10MeV
各向异性，非热平衡

关心的时间尺度：
1～30ps

100μm以上

图 8.31　快点火中粒子/流体混合模拟的需求

"快点火" 过程所涉及的时间和空间尺度为：①动力学过程：燃料解体时间>10ps，薄靶膨胀时间>10ps；②冷电子：德拜长度<1 nm，等离子体频率>10^{15}s^{-1}；

③超热电子：传输距离 >100 μm，德拜长度 ~ 1 μm，持续时间 1～10ps。因此，我们可以得到如下结论：①超热电子处于非热平衡、各向异性状态，具有较低的数密度和碰撞频率，需要用含碰撞的动理学方法来处理；②背景电子则接近热平衡的麦克斯韦分布、具有较高的数密度碰撞频率，可以当作流体来处理；③能量沉积有碰撞机制+电阻率机制，阻尼场的产生和能量沉积需要同时结合电阻率和碰撞引起的能量沉积；④研究大尺度问题的快速工具，要求运行速度快，能求解全尺度问题。

图 8.32 给出了激光 ICF "快点火"中的粒子/流体混合模拟程序的框架图。用运动论层次的动理学方法（PIC）描述高能入射粒子，采用坐标动量 $(\boldsymbol{X}_\alpha, \boldsymbol{P}_\alpha)$ 作为粒子状态变量；用流体力学层次的流体方法描述背景冷等离子体，采用双流体成分（电子和离子）的粒子数密度、流体宏观流速和温度 $(n_j, \boldsymbol{u}_j, T_j)(j=i,e)$ 作为状态变量。两者通过麦克斯韦方程进行耦合。入射粒子的温度较高，可忽略入射粒子间的碰撞，而只需考虑背景等离子体对其的散射和碰撞效应。

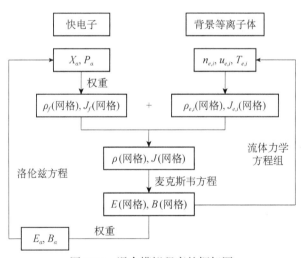

图 8.32　混合模拟程序的框架图

当入射粒子的状态 $(\boldsymbol{X}_\alpha, \boldsymbol{P}_\alpha)$ 给定后，可计算其对网格点电荷电流密度的贡献。同样，当背景冷等离子体成分的状态 $(n_j, \boldsymbol{u}_j, T_j)(j=i,e)$ 给定后，也可以计算其对网格点电荷电流密度的贡献。网格点的总电荷电流密度 $(\rho, \boldsymbol{j})$ 是它们两者的和，由此通过麦克斯韦方程组可求得网格点上的电磁场 $(\boldsymbol{E}, \boldsymbol{B})$。由格点电磁场推出粒子所在位置的电磁场 $(\boldsymbol{E}_\alpha, \boldsymbol{B}_\alpha)$，$(\boldsymbol{E}_\alpha, \boldsymbol{B}_\alpha)$ 用于粒子运动方程来推动粒子运动，重新计算入射粒子的状态 $(\boldsymbol{X}_\alpha, \boldsymbol{P}_\alpha)$；而格点电磁场可以用到磁流体力学方程组（MHD）中来重新计算背景冷等离子体的状态变量 $(n_j, \boldsymbol{u}_j, T_j)(j=i,e)$。

8.3.2 混合模拟方法描述

1. 背景等离子体的双流体描述

电子成分的状态变量 $(n_j, \boldsymbol{u}_j, T_j)(j=i)$ 满足的流体力学方程组为

$$\frac{\partial n_e}{\partial t} + \nabla \cdot (n_e \boldsymbol{v}_e) = 0 \quad （连续性方程） \tag{8.3.1a}$$

$$\frac{\partial \boldsymbol{v}_e}{\partial t} + \boldsymbol{v}_e \cdot \nabla \boldsymbol{v}_e = \frac{q_e}{m_e}\left(\boldsymbol{E} + \frac{1}{c}\boldsymbol{v}_e \times \boldsymbol{B}\right) - \frac{1}{m_e n_e}\nabla(n_e T_e) - \sum_j v_{ej}(\boldsymbol{v}_e - \boldsymbol{v}_j) \quad （动量方程）$$

$$\tag{8.3.1b}$$

$$\frac{3}{2}n_e\frac{\partial T_e}{\partial t} + \frac{3}{2}n_e\boldsymbol{v}_e \cdot \nabla T_e = -n_e T_e \nabla \cdot \boldsymbol{v}_e + \nabla \cdot (\kappa \nabla T_e) + \sum_j v_{ej}\frac{m_e m_j}{m_e + m_j}(\boldsymbol{v}_e - \boldsymbol{v}_j)^2$$

$$- \sum_j \frac{3m_e n_e v_{ej}}{m_j + m_e}(T_e - T_j) \quad （能量守恒方程） \tag{8.3.1c}$$

其中动量方程中考虑了电子流体的热压力、电子与其他成分的碰撞；内能守恒方程中考虑了电子流体热压力做功、电子热传导、电子和其他成分碰撞的能量交换。

离子成分的状态变量 $(n_j, \boldsymbol{u}_j, T_j)(j=e)$ 满足流体力学方程组为

$$\frac{\partial n_i}{\partial t} + \nabla \cdot (n_i \boldsymbol{v}_i) = 0 \quad （连续性方程） \tag{8.3.2a}$$

$$\frac{\partial \boldsymbol{v}_i}{\partial t} + \boldsymbol{v}_i \cdot \nabla \boldsymbol{v}_i = \frac{q_i}{m_i}\left(\boldsymbol{E} + \frac{1}{c}\boldsymbol{v}_i \times \boldsymbol{B}\right) - \frac{1}{m_i n_i}\nabla(n_i T_i) - \sum_j v_{ij}(\boldsymbol{v}_i - \boldsymbol{v}_j) \quad （动量方程）$$

$$\tag{8.3.2b}$$

$$\frac{3}{2}n_i\frac{\partial T_i}{\partial t} + \frac{3}{2}n_i\boldsymbol{v}_i \cdot \nabla T_i = -n_i T_i \nabla \cdot \boldsymbol{v}_i + \nabla \cdot (\kappa \nabla T_i) + \sum_j \frac{m_j m_i}{m_j + m_i}v_{ij}(\boldsymbol{v}_i - \boldsymbol{v}_j)^2$$

$$- \sum_j \frac{3m_i n_i v_{ij}}{m_i + m_j}(T_i - T_j) \quad （能量守恒方程） \tag{8.3.2c}$$

其中动量方程中考虑了离子流体的热压力、离子与其他成分的碰撞；内能守恒方程中考虑了离子流体热压力做功、离子热传导、离子和其他成分碰撞的能量交换。

2. 静态磁流体描述（阻尼磁流体）

磁流体中的三个电磁量满足如下三个方程，由欧姆定律可得到电场

$$\boldsymbol{E} = \eta \boldsymbol{j}_c \tag{8.3.3}$$

其中，η 为等离子体电阻率，$\boldsymbol{j}_c$ 为背景冷电子传导电流密度。由安培定律可得到

磁场

$$\nabla \times \boldsymbol{B} = \mu_0 \left(\boldsymbol{j}_c + \boldsymbol{j}_h \right) \tag{8.3.4}$$

其中，$\boldsymbol{j}_h$ 为超热电子的电流密度。

电场和磁场之间通过法拉第定律进行耦合

$$\frac{\partial \boldsymbol{B}}{\partial t} = -\nabla \times \boldsymbol{E} \tag{8.3.5}$$

由安培定律（8.3.4）可得传导电流密度

$$\boldsymbol{j}_c = \nabla \times \boldsymbol{B} / \mu_0 - \boldsymbol{j}_h \tag{8.3.6}$$

从而欧姆定律（8.3.3）变为

$$\boldsymbol{E} = \eta \nabla \times \boldsymbol{B} / \mu_0 - \eta \boldsymbol{j}_h \tag{8.3.7}$$

可见 $\boldsymbol{j}_c$，$\boldsymbol{E}$ 均由 $\boldsymbol{j}_h$，$\boldsymbol{B}$ 决定。将（8.3.6）、（8.3.7）代入法拉第定律（8.3.5），就得磁感应强度 $\boldsymbol{B}$ 满足的方程

$$\frac{\partial \boldsymbol{B}}{\partial t} = \eta \nabla \times \boldsymbol{j}_h + \nabla \eta \times \boldsymbol{j}_h + \frac{\eta}{\mu_0} \nabla^2 \boldsymbol{B} - \frac{1}{\mu_0} \nabla \eta \times \left(\nabla \times \boldsymbol{B} \right)^2 \tag{8.3.8}$$

上式中右边第一项是由超热电子的电流密度梯度产生的磁场，并将使电流密度梯度持续增大，导致对电子束的束缚或是成丝现象；第二项是由电阻梯度产生的磁场，会使电子往高电阻的方向偏折，并引起靶的加热。如果靶的电阻随着温度而增加，第二项产生的磁场将增强第一项的效果，否则将产生反向的磁场，把电子往外推；第三项和第四项分别为磁场的扩散项和对流项。

3. 入射电子束的描述

假设背景等离子体静止，且忽略超热电子之间的碰撞及大角度散射，则超热电子分布函数 $f(\boldsymbol{r}, \boldsymbol{p}, t)$ 满足 Fokker-Planck 方程

$$\frac{\partial f}{\partial t} = -\frac{\partial}{\partial \boldsymbol{r}} \cdot (\boldsymbol{v} f) - \frac{\partial}{\partial \boldsymbol{p}} \cdot \left[\left(\boldsymbol{F} + \langle \Delta \boldsymbol{p} \rangle \right) f \right] + \frac{1}{2} \frac{\partial}{\partial \boldsymbol{p}} \frac{\partial}{\partial \boldsymbol{p}} : (\Delta \boldsymbol{p} \Delta \boldsymbol{p} f) \tag{8.3.9}$$

其中

$$\boldsymbol{F} = -e(\boldsymbol{E} + \boldsymbol{v} \times \boldsymbol{B}) \tag{8.3.10}$$

$$\Delta \boldsymbol{p} = \left(\langle \Delta p \rangle - \frac{p}{2} \langle \Delta \theta^2 \rangle \right) \frac{\boldsymbol{p}}{p} \tag{8.3.11}$$

$$\langle \Delta \boldsymbol{p} \Delta \boldsymbol{p} \rangle = p^2 \langle \Delta \theta^2 \rangle \left(\boldsymbol{I} - \frac{\boldsymbol{p} \boldsymbol{p}}{p} \right) \tag{8.3.12}$$

$\Delta \boldsymbol{p}$ 为拖曳项，$\langle \Delta \theta^2 \rangle$ 为散射项。能量在 10keV 到几十 MeV 的电子在固体靶中传输时，拖曳项为

$$\langle \Delta p \rangle \approx -\frac{Zn_e e^4}{4\pi \epsilon_0^2 m_e v^2} \ln \frac{K}{I_{ex}} = -\frac{Zn_e e^4}{4\pi \epsilon_0^2 m_e v^2} \ln \Lambda_d \qquad (8.3.13)$$

其中，$\ln\Lambda_d$ 为拖曳库仑对数。散射项主要由电子与原子之间的碰撞引起，根据第一玻恩近似可得

$$\langle \Delta \theta^2 \rangle \approx \frac{Z^2 n_e e^4}{2\pi \epsilon_0^2} \frac{\gamma m_e}{p^3} \ln \frac{4\pi a}{\lambda_{dB}} = \frac{Z^2 n_e e^4}{2\pi \epsilon_0^2} \frac{\gamma m_e}{p^3} \ln \Lambda_s \qquad (8.3.14)$$

其中，$\ln\Lambda_s$ 为散射库仑对数，I_{ex} 为原子的平均激发能，$\lambda_{dB} = \dfrac{h}{P} = 2\pi\hbar / P$ 为原子的德布罗意波长，$a \approx 4\pi\epsilon_0 \hbar^2 / (Z^{1/3} m_e e^2)$ 为原子的静电屏蔽长度。

4. 碰撞效应

求解与 Fokker-Planck 方程等价的随机微分方程为

$$d\boldsymbol{r} = \boldsymbol{v}dt \qquad (8.3.15a)$$

$$dp = \langle \Delta p \rangle dt = -\frac{Zne^4}{4\pi \varepsilon_0^2 mv^2} \ln \Lambda_i dt \qquad (8.3.15b)$$

$$d\theta = \langle \Delta \theta^2 \rangle^{1/2} dW = \left(\frac{Z^2 ne^4}{2\pi \varepsilon_0^2} \frac{\gamma m}{p^3} \ln \Lambda_s dt \right)^{1/2} \Gamma(t) \qquad (8.3.15c)$$

称为简化的蒙特卡罗模型，它忽略了电子的大角度散射和韧致辐射。$dW = \Gamma(t)dt^{1/2}$ 是 Wiener（即扩散）过程的增量，$\Gamma(t)$ 为随时间变化的高斯分布随机数，其均值为 0，方差为 1。这种方法对高度局域和各向异性的分布情况的求解是很理想的。

5. 背景的描述

1）背景等离子体温度方程

背景电子等离子体的含 Fokker-Planck 碰撞项的弗拉索夫方程为

$$\frac{\partial f_e}{\partial t} + \boldsymbol{v} \cdot \frac{\partial f_e}{\partial \boldsymbol{r}} - \frac{e}{m_e} \boldsymbol{E} \cdot \frac{\partial f_e}{\partial \boldsymbol{v}} = C(f_e, f_i) + C(f_e, f_h) \qquad (8.3.16)$$

通过取上述方程的二阶速度矩，注意到内能密度和能流定义式

$$\iiint f_e \frac{1}{2} m v^2 d\boldsymbol{v} = n_e \frac{3}{2} T_e, \quad \iiint f_e \frac{1}{2} m v^2 \boldsymbol{v} d\boldsymbol{v} = \boldsymbol{S} = \kappa \nabla T_e \qquad (8.3.17)$$

κ 为电子热传导系数。可得背景电子的温度方程，

$$\frac{3}{2} n_e \frac{\partial T_e}{\partial t} = \nabla \cdot (\kappa \nabla T_e) + \eta j_h^2 + \frac{3}{2} \frac{n_h T_h}{\tau_{eh}} \qquad (8.3.18)$$

其中，τ_{eh} 为超热电子和背景电子的碰撞弛豫时间。

2）等离子体电阻率

电阻率是反映材料导电性能的物理量，在等离子体中，它是由电子、离子、中性粒子等与电子的碰撞引起的。磁流体力学中的广义欧姆定律为

$$\eta \boldsymbol{j} = \boldsymbol{E} + \boldsymbol{u}\times\boldsymbol{B} - \frac{1}{ne}\boldsymbol{j}\times\boldsymbol{B} + \frac{1}{ne}\nabla p_e \qquad (8.3.19)$$

上式右边第三项为霍尔效应项，第四项为热压力项。

等离子体电阻率的作用体现在以下几个方面：①超热电子的电流密度 $>10^{14}\,\mathrm{A/cm^2}$，需要被局部冷电子的回流来中和。在无碰撞等离子体中，这种阻尼电场很小，而在阻尼等离子体中，阻尼电场的作用是明显的，通过等离子体电阻对带电粒子进行阻止是可能的。②电场的旋度不为 0，则磁场就会保持增长，磁场的典型增长率可由法拉第定律求得。100T 的磁场在微米量级的区域足以使超热电子发生偏转或引导其传输。利用磁场对超热电子的准直以及电子发生成丝现象是非常可能的。③等离子体存在电阻率意味着欧姆加热效应会比较明显，利用欧姆加热把等离子体加热到几百电子伏的温度是有可能的。固体靶会通过欧姆加热效应被显著加热，而高密度压缩靶中，超热电子将通过碰撞效应被阻止而不是欧姆加热过程。

下面讨论几种常用的电阻率（电导率倒数）公式。首先讨论 Spitzer 电阻率，这也是最常用的电阻率，其表达式如下

$$\eta = \frac{Ze^2 m_e^{1/2}}{3\sqrt{\pi}\pi\varepsilon_0^2}\frac{\ln\Lambda}{(2k_B T_e)^{3/2}} \approx 1.03\times10^{-4}\frac{Z\ln\Lambda}{T_e^{3/2}} \qquad (8.3.20)$$

上式可以通过线性化的 Vlasov-Fokker-Planck 方程而获得，Spitzer 电阻率主要依赖于温度 T 和原子序数 Z，弱耦合极限下有效。下面来推导 Spitzer 电阻率。

假设处于平衡态的电子和离子分别具有如下平移麦克斯韦分布函数

$$f_e(\boldsymbol{v}) = \frac{n_e}{\pi^{3/2}\left(2\kappa T_e/m_e\right)^{3/2}}\exp\left(-m_e\left(\boldsymbol{v}-\boldsymbol{u}_e\right)^2/(2\kappa T_e)\right) \qquad (8.3.21a)$$

$$f_i(\boldsymbol{v}) = \frac{n_i}{\pi^{3/2}\left(2\kappa T_i/m_i\right)^{3/2}}\exp\left(-m_i\left(\boldsymbol{v}-\boldsymbol{u}_i\right)^2/(2\kappa T_i)\right) \qquad (8.3.21b)$$

如果等离子体中存在电场 $\boldsymbol{E}$，则电子和离子会在电场力作用下往相反方向做加速运动，形成电流

$$\boldsymbol{J} = n_i q_i \boldsymbol{u}_i + n_e q_e \boldsymbol{u}_e \qquad (8.3.22)$$

从实验室坐标系变换到以电子为参考的坐标系（电子流体静止系）上，该坐标系下，电子流体的宏观速度为 0，而离子的运动速度可以表示为

$$u_{rel} = u_i - u_e$$

结合离子的运动方程

$$m_i \frac{\partial u_{rel}}{\partial t} = \frac{n_e q_i^2 q_e^2 \ln \Lambda}{4\pi\varepsilon_0^2 \mu_e} \left\{ \frac{\partial}{\partial v} \left[v^{-1} \operatorname{erf}\left(\sqrt{\frac{m_e}{2\kappa T_e}} v \right) \right] \right\}_{v=u_{rel}} + q_i E \quad (8.3.23)$$

可得稳态下的电场

$$E = -\frac{n_e q_i e^2 \ln \Lambda}{4\pi\varepsilon_0^2 \mu_e} \left\{ \frac{\partial}{\partial v} \left[v^{-1} \operatorname{erf}\left(\sqrt{\frac{m_e}{2\kappa T_e}} v \right) \right] \right\}_{v=u_{rel}} \quad (8.3.24)$$

当离子的运动速度 $u_{rel} \ll u_{e,th} = \left(\kappa T_e / m_e \right)^{1/2}$ 时，注意到电流密度

$$J = n_i q_i u_i + n_e q_e u_e = n_i q_i \left(u_i - u_e \right) = n_i q_i u_{rel}$$

则

$$E = \frac{n_e q_i e^2 \ln \Lambda}{3\sqrt{\pi}\pi\varepsilon_0^2 m_e} \frac{u_{rel}}{\left(2\kappa T_e / m_e \right)^{3/2}} = \frac{Z e^2 m_e^{1/2} \ln \Lambda}{3\sqrt{\pi}\pi\varepsilon_0^2} \frac{J}{\left(2\kappa T_e \right)^{3/2}} \quad (8.3.25)$$

从而 Spitzer 电阻率为

$$\eta = \frac{Z e^2 m_e^{1/2}}{3\sqrt{\pi}\pi\epsilon_0^2} \frac{\ln \Lambda}{\left(2k_B T_e \right)^{3/2}} \quad (8.3.26)$$

如果电子的温度 T_e 以 eV 为单位，则

$$\eta = 1.03 \times 10^{-4} \frac{Z \ln \Lambda}{T_e^{3/2}} \quad (\Omega \cdot m) \quad (8.3.27)$$

注意上述推导中，没有考虑 e-e 碰撞，采用了如下形式的摩擦力 $R_{ei} \approx -m_e n_e v_{ei} u_{rel}$，由于 e-i 碰撞频率 $v_{ei} \propto 1/T_e^{3/2} \sim 1/v_{te}^3$，速度大的电子会越来越快，速度小的会越来越慢，随着时间增长会偏离平移麦克斯韦分布。同时考虑 e-e 碰撞后，需对摩擦力项进行修正。考虑磁场影响后，电阻率将变为张量。

Spitzer 电阻率适用范围：仅考虑电子-离子的碰撞，只适用于完全电离、非简并等离子体，低密度、高温等离子，温度通常要在 50～100eV 以上。强激光与固体靶相互作用时，通常只有靠近靶前几十个微米深度的等离子体才适用。

在固体和稠密等离子体中，在激光与固体靶相互作用中，会遇到高密度、低温的等离子体，此时，等离子体可能不是弱耦合，而是简并的。Spitzer 电阻率会给出碰撞时间小于离子之间的电子交换时间。那么等离子体电阻率曲线应该是什么形式？稠密等离子体中，采用量子分子动力学-密度泛函理论（QMD-DFT）计算温度低至几电子伏时的电阻率。QMD-DFT 把离子作为经典方式处理，电子则用密度泛函理论的全量子力学方法处理。中等温度到高温时则可以采用 Lee-

More-Desjarlais 模型研究，需要同时考虑简并、电离、散射过程来获得准确的电阻率。因此，通常的等离子体电阻率曲线应该如图 8.33 所示。高温区为 Spitzer 电阻率适应的区域，低温区需考虑量子力学的散射。

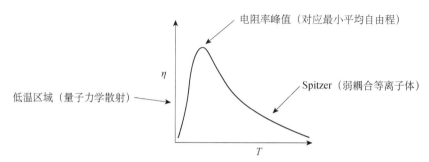

图 8.33　通常的等离子体电阻率曲线

此外，对于 Al 和 CH 塑料，它们的电阻率也可由拟合公式给出：

$$\text{Al：}\quad \eta = \frac{T_b}{5\times10^6 + 170 T_b^{5/2} + 3\times10^5 T_b} \tag{8.3.28}$$

$$\text{CH：}\quad \eta = \frac{1}{4.3\times10^5 + 1.3\times10^3 T_b^{3/2}} \tag{8.3.29}$$

当然，考虑到各种材料的电阻率在温度为几十电子伏时存在一个饱和值 $\eta_0 = 2\times10^{-6}\,\Omega\cdot\mathrm{m}$，故电阻率的公式可表示如下：

$$\eta = \frac{1}{1/\eta_0 + 1/\eta_{\text{spitzer}}} \tag{8.3.30}$$

3）定容比热容

定容比热容是指单位体积物质的热容量，可以采用如下几种形式：

（1）理想气体：单原子气体的定容比热容为 $\frac{3}{2} n_{k_B}$，双原子气体的定容比热容为 $\frac{5}{2} n_{k_B}$。其中 n 为原子（或分子）的数密度，k_B 为玻尔兹曼常量。

（2）拟合 Thomas-Fermi 模型，得出背景等离子体的定容比热容为

$$C = \left[0.3 + 1.2 T' \frac{2.2 + T'}{\left(1.1 + T'\right)^2} \right] n_b \tag{8.3.31}$$

其中 $T' = Z^{-4/3} k_B T_b / e$，而 T_b 为背景等离子体温度，n_b 为背景粒子的数密度。

6. 程序中超热电子注入实现

激光形式为

$$I = I_p \exp\left(-\frac{r^2}{R^2}\right) \exp\left(-4\frac{(t-t_p)^2}{t_p^2}\right) \qquad (8.3.32)$$

电子在激光峰值前后 t_p 时间内注入，注入半径通常在 $2R$ 处截断。

超热电子动能：超强激光与等离子体相互作用驱动的超热电子，当激光预脉冲很弱时，相当于激光主脉冲与陡峭壁面的等离子体相互作用，这时产生的超热电子能量可用 Beg 公式来描述 $\langle K \rangle = 143(I\lambda^2)^{1/3}$，反之，则用 Wilks 有质动力公式描述 $\langle K \rangle = 4.77(I\lambda^2)^{1/2}$。

超热电子能谱分布为指数分布

$$\exp(-K/\langle K \rangle) \qquad (8.3.33a)$$

它可视为二维非相对论或一维强相对论的麦克斯韦分布。或

$$\exp(-3K/(2\langle K \rangle)) \qquad (8.3.33b)$$

它可视为非相对论的三维麦克斯韦分布。

超热电子的角分布

$$\begin{aligned} p_r &= p\sin\theta\cos\phi \\ p_\theta &= p\sin\theta\sin\phi \\ p_z &= p\cos\theta \end{aligned} \qquad (8.3.34)$$

通常 $\theta_{\min} = -\theta_{\max}$，且电子按径向动量相反的成对形式生成。

超热电子数密度为

$$N(r) = \frac{f_{abs}I}{\langle K \rangle} 2\pi r \Delta r \Delta t \qquad (8.3.35)$$

其中，f_{abs} 为激光-超热电子的能量耦合效率。超热电子的注入过程中，每个注入的电子附加一个权重

$$\omega = \exp\left(-\frac{K}{\langle K \rangle}\right) r \frac{I}{\langle K \rangle} \qquad (8.3.36)$$

对权重修正，以保证总电子数为

$$N = \Delta t \int_0^\infty \frac{f_{abs}I}{\langle K \rangle} 2\pi r \mathrm{d}r \qquad (8.3.37)$$

电子分布按 Sobel 序列随机数方式生成。

7. 计算过程

首先计算背景等离子体的温度和电阻，将超热电子的电流分配到网格点上，然后计算不考虑磁扩散的中间场，接着计算磁扩散项，计算施加在超热电子上的

场，计算磁场对超热电子的偏转效应，接着对超热电子施加碰撞过程，计算电场对超热电子的加速作用，推动超热电子运动，最后计算网格点上的欧姆加热。

粒子-流体混合模拟在快速模拟大尺度等离子体中的相互作用行为时，也存在如下缺点：

（1）把电子人为地分为热电子和冷电子，需要在其温度达到某个既定的阈值时实现相互转换。

（2）时间尺度和空间尺度取得较大，在背景等离子体德拜长度和等离子体周期内发生的物理现象将会缺失，如 Weibel 不稳定性。

（3）需要预先设定材料的性质，如电阻、比热等，但很多参数还存在不确定性，尤其是在低温下的参数。

习　　题

1. 快点火中为什么需要采用粒子-流体混合模拟方法？其基本思想是什么？
2. 超热电子输运中为什么需考虑电阻率的影响？其具体有哪些描述形式？

8.4　辐射流体力学模拟方法

8.4.1　辐射流体力学模拟的需求

在惯性约束聚变（包括激光驱动聚变、Z 箍缩驱动聚变等）和核武器设计中，辐射流体力学过程都是非常重要的过程，需要对其有深入的认识。图 8.34 所示为激光间接驱动惯性约束聚变示意图。该过程分为激光 X 辐射转换阶段、X 射线压缩聚变靶丸内爆阶段、聚变点火阶段和聚变燃烧阶段。其中强激光在黑腔靶内转换为强 X 光辐射、腔内靶丸吸收 X 光辐射、内爆过程的辐射传输等过程均与辐射输运密切相关。

高温等离子体的辐射输运过程与弱 γ、质子、电子、中子在冷物质中的穿透相比，存在极大差别。在微观上，高温等离子体的辐射输运过程中存在强的、能级密集的自发辐射及受激辐射，等离子体的状态参数和辐射不透明特性亦随辐射输运过程发生巨大变化。在宏观上，辐射输运过程与流体力学运动互相耦合，相互影响，必须同时考虑流体力学运动和辐射输运。

图 8.34　激光间接驱动惯性约束聚变示意图

8.4.2　辐射流体力学模拟的几个基本概念

1. 描述辐射场的常用物理量

这里所讲的辐射是指处于激发状态的原子放出的电磁辐射（不是核内产生的 γ 辐射），它只涉及原子核外电子能级间的跃迁。从量子观点来看，这种跃迁产生的辐射称为光子，从波动观点来说这种辐射又称为电磁波。光子可用静止质量为 0、能量为 $h\nu$、动量为 $(h\nu/c)\boldsymbol{\Omega}$ 的粒子来描述。辐射流体力学中的光子能量比 γ 辐射量子的能量低得多。光子为玻色子，相空间体积元 $\mathrm{d}\nu\mathrm{d}\Omega\mathrm{d}V$ 内的量子态数目为 $2\nu^2\mathrm{d}\nu\mathrm{d}\Omega\mathrm{d}V/c^3$。

描述辐射场的常用物理量有：

谱辐射强度　　　　　　$I_\nu(\boldsymbol{R},\boldsymbol{\Omega},t)=h\nu cf(\boldsymbol{R},\nu,\boldsymbol{\Omega},t)$　　　　　（8.4.1）

谱能量密度　　　　　　$U_\nu(\boldsymbol{r},t)=(1/c)\int_\Omega I_\nu\mathrm{d}\Omega$　　　　　（8.4.2）

谱辐射能流　　　　　　$\boldsymbol{S}_\nu(\boldsymbol{r},t)=\int_\Omega\boldsymbol{\Omega}I_\nu\mathrm{d}\Omega$　　　　　（8.4.3）

谱辐射压强张量　　　　$\boldsymbol{P}_\nu(\boldsymbol{r},t)=(1/c)\int_\Omega\boldsymbol{\Omega}\boldsymbol{\Omega}I_\nu\mathrm{d}\Omega$　　　　（8.4.4）

如果辐射场与物质均处在局域热力学平衡状态，两者有共同的局域温度 $T(\boldsymbol{r},t)$，则谱辐射强度 $I_\nu(\boldsymbol{R},\boldsymbol{\Omega},t)$ 即为普朗克黑体辐射强度 $B_\nu(T)$，完全由局域温度决定，与光子运动方向无关，即

$$I_\nu=B_\nu(T)=\left(2h\nu^3/c^2\right)\left(e^{h\nu/(kT)}-1\right)^{-1}\qquad（8.4.5）$$

由此可得谱能量密度

$$U_v = (4\pi / c)B_v \tag{8.4.6a}$$

谱辐射压强

$$P_v = U_v / 3 = 4\pi B_v / (3c) \tag{8.4.7a}$$

辐射能量密度

$$U = \int_0^\infty U_v \mathrm{d}v = aT^4 \tag{8.4.6b}$$

总辐射压强

$$P = aT^4 / 3 \tag{8.4.7b}$$

其中常数

$$a = 7.57 \times 10^{-16} \, \mathrm{J} / (\mathrm{m}^3 \cdot \mathrm{K}^4) \tag{8.4.8}$$

沿着单方向的辐射能流大小为

$$S_+ = 2\pi \int_0^\infty B_v \mathrm{d}v \int_0^{\pi/2} \cos\theta \sin\theta \mathrm{d}\theta = \sigma T^4 \tag{8.4.9}$$

其中 $\sigma = ac / 4$ 。

　　在目前激光惯性约束聚变的实验条件下，物质的温度约为 200～300 万 K，还达不到辐射能量密度>物质内能密度的条件。实际情况是辐射能量密度 ≪ 物质内能密度、辐射压强 ≫ 物质压强，但辐射能流 ≫ 物质能流。因此，辐射能流在能量传输过程中起着十分重要的作用。换句话说，能量贮存靠物质，能量输运靠辐射。

　　描述辐射与物质相互作用主要有两个特征量：一是辐射传输的光学厚度 τ；二是辐射传输的马赫数 M。光学厚度 τ 的定义为

$$\tau = \int_0^{x_f} \mathrm{d}x / \bar{\ell} \approx x_f / \bar{\ell} \tag{8.4.10}$$

其中 x_f 为辐射波波头位置，$\bar{\ell}$ 为辐射平均自由程（Rossland 或普朗克平均自由程）。光学厚度 τ 为无量纲量，是指一定厚度的物质所包含的辐射平均自由程的个数。如果光学厚度 $\tau \gg 1$，则称物质是光学厚的，反之，如果光学厚度 $\tau \ll 1$，则称物质为光学薄的。

　　辐射传输的马赫数 M 定义为辐射波的传播速度 u_R 和波后声速 u_s 之比，即

$$M = u_R / u_s \tag{8.4.11}$$

它是描述辐射输运与流体运动耦合的特征量。注意辐射波的传播速度 u_R 不是光速 c。当马赫数 $M > 1$ 时，称辐射波超声速传输（烧蚀）；当 $M < 1$ 时，称辐射波亚声速传输（烧蚀）。Marshak 波是强辐射在物质中热传导可能形成的前沿很陡的热波。

2. 辐射产生源

X 射线的产生源为高温等离子体。激光等离子体发射 X 射线主要有三种物理机理：①自由-自由（f-f）跃迁，包括自由电子在离子的库仑场中减速产生的轫致辐射及其逆过程（逆轫致吸收）；②束缚-自由（b-f）跃迁，包括束缚电子吸收光子发生的光电效应及其逆过程（自由电子跃迁到离子的束缚态产生的复合辐射）；③束缚-束缚（b-b）跃迁，包括束缚态电子由高能级跃迁到低能级产生线谱发射及其逆过程（线谱吸收）。

前两种物理机理产生的 X 射线属于连续谱，后一种机理发射的 X 射线属于线谱。对于高 Z 材料，因有上亿条谱线相互重叠，呈带谱结构。对于束缚态电子主要是光电效应和线谱吸收及其逆过程（复合辐射）和线谱发射。自由电子与光子相互作用可能发生逆轫致吸收、轫致辐射和散射。在激光聚变条件下，光子的散射通常可忽略。

当电子能量为 10～100eV 时，自由-束缚（f-b）过程是主要的辐射过程。当电子能量为数千电子伏时，束缚-束缚（b-b）过程是主要的辐射过程，特别是高 Z 等离子体。当电子能量为数 10keV 或更高时，以自由-自由（f-f）过程的辐射为主。

表 8.2 列出了 X 射线发射的主要物理过程。

表 8.2　X 射线发射的主要物理过程

	电子发射	电子吸收	光子吸收
自由-自由跃迁	轫致辐射	逆轫致吸收	逆轫致吸收或焦耳加热
束缚-自由跃迁	复合辐射	光电效应	光电离
束缚-束缚跃迁	线谱发射	线谱吸收	线谱吸收

3. 辐射输运方程

辐射输运方程是光子辐射强度满足的 Boltzmann 方程，在不考虑光子散射影响的情况下，辐射输运方程可写为

$$\frac{1}{c}\frac{\partial I_v}{\partial t} + \boldsymbol{\Omega} \cdot \nabla I_v = j_v\left(1 + \frac{c^2}{2hv^3}I_v\right) - \mu_v I_v \tag{8.4.12}$$

其中，j_v 和 μ_v 分别为物质的自发辐射系数和物质对辐射的线性吸收系数（物质的辐射特性参数）。（8.4.12）的右侧项称为物质的净辐射功率密度（自发辐射+受激辐射−吸收），它既取决于物质的辐射特性参数，也取决于辐射场本身。辐射输运方程的实质是辐射能量守恒方程，它描述谱辐射强度 I_v 的时空变化，适用于平衡和非平衡辐射情况。

物质处于局域热平衡（LTE）是指，实物粒子（电子、离子）的密度足够大，碰撞相当频繁，实物粒子在能级上的分布概率可认为是平衡的，可用 Maxwell-Boltzmann 分布和 Saha 分布公式描述，但光子态（谱）不一定平衡。达到局域热动平衡的条件是，对于所有的能级 p 和 q，电子碰撞去激发的速率至少是自发辐射的 10 倍。所谓电子碰撞去激发是指，一个自由电子与处于 q 态的束缚电子碰撞，使其退激到一个较低的束缚态 p 上，自由电子仍然回到自由态的过程。

局域热平衡分为部分局部热平衡和完全局域热平衡。部分局域热平衡是指系统中物质（电子、离子）可以建立起局域的热动平衡，粒子在量子态的分布服从 Fermi-Dirac 分布或 Bose-Einstein 分布或经典的 Boltzmann-Maxwell 分布，其中局域温度存在空间梯度，而辐射（光子）部分却处于非平衡状态，其辐射强度 $I_\nu \neq B_\nu(T)$ 不是平衡普朗克分布。完全局域热平衡系统是指辐射与物质均达到局域平衡的系统，此时不管是实物粒子还是光子，它们都有统一的局域温度，电子在量子态上服从 Fermi-Dirac 分布，光子在量子态上服从 Bose-Einstein 分布。光子强度就是普朗克分布 $B_\nu(T)$，其中共同的局域温度存在空间梯度。

一般情况下，物质与辐射不可能处于完全局域热平衡状态。在部分局部热平衡情况下，电子处在能量为 ε_n 的一个量子态 n 上的概率服从 Fermi-Dirac 分布（由局域温度决定）

$$p_n = \left(e^{(\varepsilon_n-\mu)/(kT(r))}+1\right)^{-1}$$

此物质的自发辐射系数与辐射的线性吸收系数的比值为

$$j_\nu / \mu_\nu = \left(2h\nu^3/c^2\right)e^{-h\nu/(kT(r))}$$

于是（8.4.12）的右侧光源项变为

$$j_\nu\left(1+\left(c^2/\left(2h\nu^3\right)\right)I_\nu\right)-\mu_\nu I_\nu = \mu_\nu'\left(B_\nu - I_\nu\right)$$

其中

$$\begin{cases} \mu_\nu' = \mu_\nu\left(1-e^{-h\nu/(kT)}\right) \\ B_\nu = \dfrac{2h\nu^3}{c^2}\dfrac{1}{e^{h\nu/(kT)}-1} \end{cases} \qquad (8.4.13)$$

μ_ν' 为物质对辐射的等效线性吸收系数，它扣除了物质受激辐射，B_ν 是普朗克黑体辐射强度。辐射输运方程（8.4.12）可简化为

$$\frac{1}{c}\frac{\partial I_\nu}{\partial t}+\boldsymbol{\Omega}\cdot\nabla I_\nu = \mu_\nu'\left(B_\nu(T)-I_\nu\right) \qquad (8.4.14)$$

（8.4.14）的右侧是物质的净辐射功率密度=物质自发辐射功率密度 $\mu_\nu'B_\nu$ –单位时

间单位体积物质等效吸收的光能 $\mu'_\nu I_\nu$。

4. 辐射输运方程近似解法——扩散近似

当谱辐射强度 $I_\nu(\boldsymbol{\Omega})$ 的角分布呈弱各向性时，可对其作 P_1 近似，也就是将 $I_\nu(\boldsymbol{\Omega})$ 展开到方向变量 $\boldsymbol{\Omega}$ 的一阶项，即

$$I_\nu(\boldsymbol{\Omega}) = \frac{1}{4\pi}I_{0\nu}(\nu) + \frac{3}{4\pi}\boldsymbol{\Omega}\cdot\boldsymbol{I}_{1\nu}(\nu) \tag{8.4.15}$$

其中展开系数

$$I_{0\nu} = \int I_\nu \mathrm{d}\Omega = cU_\nu \tag{8.4.16}$$

$$\boldsymbol{I}_{1\nu} = \int I_\nu \boldsymbol{\Omega}\mathrm{d}\Omega = \boldsymbol{S}_\nu \tag{8.4.17}$$

分别与谱辐射能量密度 U_ν 和谱辐射能流 $\boldsymbol{S}_\nu$ 有关。将展开式（8.4.15）代入输运方程（8.4.13），并对立体角 $\mathrm{d}\Omega$ 积分，可得零阶矩方程

$$\frac{\partial U_\nu}{\partial t} + \nabla\cdot\boldsymbol{S}_\nu = c\mu'_\nu\left(\frac{4\pi B_\nu}{c} - U_\nu\right) \tag{8.4.18}$$

将展开式（8.4.15）代入输运方程（8.4.13），且两边同乘 $\boldsymbol{\Omega}$ 后再对 $\mathrm{d}\Omega$ 积分，可得一阶矩方程

$$\frac{1}{c}\frac{\partial\boldsymbol{S}_\nu}{\partial t} + \frac{c}{3}\nabla U_\nu = -\mu'_\nu\boldsymbol{S}_\nu \tag{8.4.19}$$

方程（8.4.18）和（8.4.19）是辐射输运方程（8.4.13）的扩散近似方程组。

假设辐射流达到稳态，由（8.4.19）可得辐射扩散流表达式

$$\boldsymbol{S}_\nu = -\frac{cl_\nu}{3}\nabla U_\nu \tag{8.4.20}$$

其中 $l_\nu = 1/\mu'_\nu$ 为光子的自由程。将（8.4.20）代入（8.4.18），可得谱辐射能量密度 U_ν 满足的扩散方程

$$\frac{\partial U_\nu}{\partial t} - \nabla\left(\frac{cl_\nu}{3}\nabla U_\nu\right) = c\mu'_\nu\left(\frac{4\pi}{c}B_\nu - U_\nu\right) \tag{8.4.21}$$

解此方程可得谱辐射能量密度 U_ν，进而得到谱辐射能流 $\boldsymbol{S}_\nu$ 和谱辐射强度 I_ν。

扩散近似成立条件为展开式（8.4.15）的第二项要远远小于第一项，即

$$\frac{1}{4\pi}I_{0\nu}(\nu) \gg \frac{3}{4\pi}\boldsymbol{\Omega}\cdot\boldsymbol{I}_{1\nu}(\nu) \tag{8.4.22}$$

由两项之比 $\dfrac{3|\boldsymbol{I}_{1\nu}|/4\pi}{I_{0\nu}/44\pi} = \dfrac{l_\nu|\nabla I_{0\nu}|}{I_{0\nu}} = \dfrac{l_\nu}{L_\nu}$（其中 L_ν 为 I_0 的梯度长度）知，当光子自由程 $l_\nu \ll L_\nu$ 时，扩散近似成立（通常只需梯度长度 $L_\nu > 3l_\nu$ 即可）。换句话说，扩散近似只对光厚介质成立。

8.4.3 辐射流体力学模拟方法描述

1. 三温辐射流体力学方程组

欧拉观点下的流体力学方程组为

$$\frac{\partial \rho}{\partial t} + \nabla \cdot (\rho \boldsymbol{v}) = 0 \qquad (8.4.23a)$$

$$\frac{\partial}{\partial t}(\rho \boldsymbol{v}) + \nabla \cdot (\rho \boldsymbol{v}\boldsymbol{v}) + \nabla P_t = 0 \qquad (8.4.23b)$$

$$\frac{\partial}{\partial t}(\rho E_t) + \nabla \cdot \left[(\rho E_t + P_t)\boldsymbol{v} \right] = Q_{\text{las}} - \nabla \cdot \boldsymbol{q} \qquad (8.4.23c)$$

其中，ρ 为流体总质量密度，$\boldsymbol{v}$ 为流体的平均速度，$P_t = p_i + p_e + p_{\text{rad}}$ 为总压强，$E_t = e_i + e_e + e_{\text{rad}} + v^2/2$ 为总比内能，$\boldsymbol{q} = \boldsymbol{q}_e + \boldsymbol{q}_{\text{rad}}$ 为总能流（包括电子的热传导和辐射能流），Q_{las} 为激光能量沉积。

在三温模型中，将总比内能守恒方程拆分为电子、离子和辐射比内能的守恒方程

$$\frac{\partial}{\partial t}(\rho e_i) + \nabla \cdot (\rho e_i \boldsymbol{v}) + P_i \nabla \cdot \boldsymbol{v} = \rho \frac{c_{v,e}}{\tau_{ei}}(T_e - T_i) \qquad (8.4.24a)$$

$$\frac{\partial}{\partial t}(\rho e_e) + \nabla \cdot (\rho e_e \boldsymbol{v}) + P_e \nabla \cdot \boldsymbol{v} = \rho \frac{c_{v,e}}{\tau_{ei}}(T_i - T_e) - \nabla \cdot \boldsymbol{q}_e + Q_{\text{abs}} - Q_{\text{emi}} + Q_{\text{las}} \qquad (8.4.24b)$$

$$\frac{\partial}{\partial t}(\rho e_{\text{rad}}) + \nabla \cdot (\rho e_{\text{rad}} \boldsymbol{v}) + P_{\text{rad}} \nabla \cdot \boldsymbol{v} = -\nabla \cdot \boldsymbol{q}_{\text{rad}} - Q_{\text{abs}} + Q_{\text{emi}} \qquad (8.4.24c)$$

其中，电子流体的能源为激光能量沉积 Q_{las} 和对辐射能量的吸收 Q_{abs}，能壑为电子的辐射损失能源 Q_{emi}。辐射场的能源来自于电子的辐射光能 Q_{emi}，能壑为被电子流体吸收的辐射能 Q_{abs}。另外考虑了电子流体与离子流体的碰撞能量交换。

2. 三温辐射流体力学方程组的分裂算法

采用分裂算法求解，将流体力学运动与能量交换两部分分开计算。对于左边流体运动部分，有

$$\frac{\partial}{\partial t}(\rho e_i) + \nabla \cdot (\rho e_i \boldsymbol{v}) + P_i \nabla \cdot \boldsymbol{v} = 0 \qquad (8.4.25a)$$

$$\frac{\partial}{\partial t}(\rho e_e) + \nabla \cdot (\rho e_e \boldsymbol{v}) + P_e \nabla \cdot \boldsymbol{v} = 0 \qquad (8.4.25b)$$

$$\frac{\partial}{\partial t}(\rho e_{\text{rad}}) + \nabla \cdot (\rho e_{\text{rad}} \boldsymbol{v}) + P_{\text{rad}} \nabla \cdot \boldsymbol{v} = 0 \qquad (8.4.25c)$$

对于能量交换部分，离子、电子和辐射的比内能增量如下

$$\rho \frac{\partial e_i}{\partial t} = \rho \frac{c_{v,e}}{\tau_{ei}}(T_e - T_i) \qquad (8.4.26a)$$

$$\rho \frac{\partial e_e}{\partial t} = \rho \frac{c_{v,e}}{\tau_{ei}} (T_i - T_e) - \nabla \cdot \boldsymbol{q}_e + Q_{abs} - Q_{emi} + Q_{las} \qquad (8.4.26b)$$

$$\rho \frac{\partial e_{rad}}{\partial t} = -\nabla \cdot \boldsymbol{q}_{rad} - Q_{abs} + Q_{emi} \qquad (8.4.26c)$$

（8.4.26b）右边第二项为电子的热传导能流项

$$\boldsymbol{q}_e = -\kappa_e \nabla T_e \qquad (8.4.27)$$

其中热传导系数为

$$\kappa_e = \frac{4 T_{ele}^{5/2}}{Z e^4 m^{1/2} \ln \Lambda} = \frac{16\sqrt{2\pi}}{3} \frac{v^2}{v_{ei}} n_{ele} \qquad (8.4.28)$$

$$v_{ei} = \frac{4\sqrt{2\pi}}{3} \frac{Z e^4 m^{1/2} \ln \Lambda}{T_{ele}^{3/2} m^{1/2}} \qquad (8.4.29)$$

为电子-离子的碰撞频率。

分裂求解电子的热传导项（隐格式求解）

$$\rho \frac{\partial e_e}{\partial t} = \nabla \cdot \kappa_e \nabla T_e \qquad (8.4.30)$$

辐射输运中，采用多群扩散理论，电子流体和辐射场内能守恒方程（8.4.26b）和（8.4.26c）中的总辐射能流 $\boldsymbol{q}_{rad}$、辐射发射项 Q_{emi} 和辐射吸收项 Q_{abs} 分别都包括每个能群的贡献

$$Q_{abs} = \sum_{g=1}^{N_g} Q_{abs,g}, \quad Q_{emi} = \sum_{g=1}^{N_g} Q_{emi,g}, \quad \boldsymbol{q}_{rad} = \sum_{g=1}^{N_g} \boldsymbol{q}_g, \quad 1 < g < N_g \qquad (8.4.31)$$

每个能群中辐射能量密度 u_g 满足

$$\frac{\partial u_g}{\partial t} + \nabla \cdot (u_g \boldsymbol{v}) + \left(\frac{u_g}{e_{rad} \rho} \right) P_{rad} \nabla \cdot \boldsymbol{v} = -\nabla \cdot \boldsymbol{q}_g - Q_{abs,g} + Q_{emi,g} \qquad (8.4.32a)$$

总的辐射能为

$$\rho e_{rad} = \sum_{g=1}^{N_g} u_g \qquad (8.4.32b)$$

一维情况下，电子热传导电流为

$$\boldsymbol{q}_e = -\kappa_e \frac{\partial T_e}{\partial z} \qquad (8.4.33)$$

当电子温度的空间梯度很大时，如 $v / v_{ei} \geq 0.1 L_T$（$L_T = \partial \ln T_e / \partial z$），有 $\boldsymbol{q}_e \geq n_e T_e v_e$，这与真实物理相悖。解决办法是引入限流因子 f，以便当电子的温度梯度很大时，给出更可靠的热传导系数

$$q_e = \min\left[K_e \frac{\partial T_e}{\partial z}, f n_e T_e v_e \right], \quad f = 0.03 \sim 0.1 \tag{8.4.34}$$

实验表明，对于强度为$10^{14} \sim 10^{15}\,\mathrm{W/cm^2}$的激光产生的超热电子热传导，限流因子$f$可取$0.08 \pm 0.02$。

3. 人工黏性

人工黏性是指偏微分方程在离散过程中引起的数值耗散，需加以合理修正。对于一维波动方程

$$\frac{\partial u}{\partial t} + a\frac{\partial u}{\partial x} = 0 \tag{8.4.35}$$

对上式进行时间前向、空间后向差分，可得

$$\frac{u_i^{t+\Delta t} - u_i^t}{\Delta t} + a\frac{u_i^t - u_{i-1}^t}{\Delta x} = 0 \tag{8.4.36}$$

将$u_i^{t+\Delta t}$和u_{i-1}^t围绕u_i^t作泰勒展开后，代入上式，得

$$\begin{aligned}\frac{\partial u}{\partial t} + a\frac{\partial u}{\partial x} &= \frac{a\Delta x}{2}(1-v)\frac{\partial^2 u}{\partial x^2} + \frac{a(\Delta x)^2}{6}(3v - 2v^2 - 1)\frac{\partial^3 u}{\partial x^3} \\ &= O\left[(\Delta t)^3, (\Delta t)^2(\Delta x), (\Delta t)(\Delta x)^2, (\Delta x)^3\right]\end{aligned} \tag{8.4.37}$$

其中$v = a\Delta t / \Delta x$。对比原波动方程（8.4.36）知，右边多出的二阶项类似于物理黏性对流动的耗散，会把初始时刻的间断波抹平（如图8.35所示）。而多出的三阶项为色散项，它将导致波的不同相位在传播中发生畸变，表现出波前和波后有振荡（如图8.36所示）。

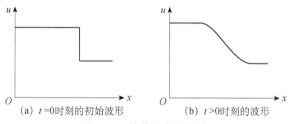

(a) $t=0$时刻的初始波形 　　(b) $t>0$时刻的波形

图 8.35　数值耗散的影响

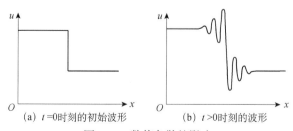

(a) $t=0$时刻的初始波形 　　(b) $t>0$时刻的波形

图 8.36　数值色散的影响

常用的人工黏性

（1）Neumann-Richetmyer 人工黏性

$$\text{当}(\Delta u)^2 \gg c_s^2 \text{时，}\quad q_1 = \begin{cases} a_1\rho\left(\dfrac{\partial u}{\partial x}\right)^2, & \left(\dfrac{\partial u}{\partial x}\right) < 0 \\ 0, & \left(\dfrac{\partial u}{\partial x}\right) \geqslant 0 \end{cases} \quad (8.4.38)$$

其中 $\Delta u = u_1 - u_2$，而 u_1 和 u_2 分别为冲击波前和波后的速度，c_s 为当地声速。

（2）Longley-Ludford 人工黏性

$$\text{当}(\Delta u)^2 \ll c_s^2 \text{时，}\quad q_2 = \begin{cases} a_2\rho\left(\dfrac{\partial u}{\partial x}\right)^2 c_s, & \left(\dfrac{\partial u}{\partial x}\right) < 0 \\ 0, & \left(\dfrac{\partial u}{\partial x}\right) \geqslant 0 \end{cases} \quad (8.4.39)$$

（3）Landshoff 人工黏性

$$q_{Lv} = q_1 + q_2$$

4. 物态方程

物态方程是描述物质密度 ρ、温度 T 和压力 p 之间关系的方程，在辐射流体力学计算中，通常有以下几种模型。

（1）理想气体状态方程

$$p = nkT \text{ 或 } p = (\gamma-1)\rho e \quad (8.4.40)$$

方程没有考虑粒子之间的相互作用，适用于高温低密度物质。

（2）Fermi 简并气体。考虑带电粒子的库仑相互作用（仅含排斥力），适用于密度接近固体，温度为几电子伏到几十电子伏时，这时带电粒子的库仑相互作用能与它们的动能相比较。

（3）Thomas-Fermi 模型。不区分自由电子和束缚电子，离子间的相互作用都归于电子（仅包含排斥力和热压力），适用于高密度、高温状态的描述。

（4）Thomas-Fermi-Dirac 模型。同时包含了粒子间的排斥力和量子力学束缚（交换）力，消除了 Fermi 和 Thomas-Fermi 理论预言的正常固体的非真实的大压力。

（5）插值表。通过原子分子计算程序获得物质的状态方程制成数据表格，然后供辐射流体力学程序计算时通过插值方式调用，如 SESAME 数据库。

5. 辐射自由程

辐射自由程有以下两种：

（1）Rosseland 平均自由程。按辐射能密度的温度（空间）梯度取平均，适用于光学厚的情形。

$$\overline{l_R} = \frac{\int_0^\infty l_v \dfrac{d\varepsilon_v}{\partial T} dv}{\int_0^\infty \dfrac{d\varepsilon_v}{\partial T} dv} = \int_0^\infty l_v G_R(u) du$$

其中，$G_R(u) = \dfrac{15}{4\pi^4} \dfrac{u^4 e^u}{(e^u - 1)^2}$ 为 Rosseland 平均权重因子，$u = \dfrac{h\nu}{kT}$，平均自由程约为峰值×3.8，故较高 u 起主要作用。

（2）普朗克平均自由程。利用辐射谱平均的吸收系数获得自由程（倒数关系），适用于光学薄情形。

$$\overline{l_p} = \frac{1}{\int_0^\infty \mu_v' G_p(u) du}$$

其中，$G_p(u) = \dfrac{15}{\pi^4} \dfrac{u^3}{e^u - 1}$ 为普朗克平均权重因子。

Rosseland 平均自由程和普朗克平均自由程的差别：首先，两者平均时所取的权重因子不同；其次，Rosseland 平均是有效吸收系数倒数（即自由程）的平均，而普朗克平均是有效吸收系数平均值的倒数。

（3）插值表。即将材料在不同温度和密度条件下的物态方程和辐射不透明通过原子分子计算软件提前计算好，做成表格，供辐射流体力学程序计算时调用，这是目前辐射流体力学模拟中比较常用的方法，也是最能准确反映物理真实的方法。

习　题

1. 辐射传输马赫数是如何定义的？
2. ICF 中产生 X 射线的主要机制有哪三种？分别在什么时候占优？
3. 辐射输运方程的扩散近似是如何描述的？成立的前提条件是什么？
4. 描述物质的状态方程主要有哪几种？适用条件是什么？
5. Rosseland 平均自由程和普朗克平均自由程是如何定义的？适用条件是什么？

参 考 文 献

马燕云. 2003. 惯性约束聚变快点火方案中若干重要问题的粒子模拟研究. 长沙：国防科学技术
　大学研究生院.

邵福球. 2002. 等离子体粒子模拟. 北京：科学出版社.

王尚武，张树发，马燕云. 2013. 粒子输运问题的数值模拟. 北京：国防工业出版社.

徐涵. 2002. 激光尾流场加速电子机理的粒子模拟研究. 长沙：国防科学技术大学研究生院.

徐涵，常文蔚，卓红斌. 2002. $2\frac{1}{2}$ 粒子模拟并行程序设计. 计算物理，19：305-310.

徐涵，卓红斌，杨晓虎，等. 2017. 超热电子在稠密等离子体中输运的混合粒子模拟方法. 计算
　物理，34（5）：505-525.

杨晓虎. 2012. 超强激光与等离子体相互作用中超热电子的产生和输运研究. 长沙：国防科学技
　术大学研究生院.

Anderson J D. 2007. 计算流体力学基础及应用. 吴颂平，刘赵淼，译. 北京：机械工业出版社.

Atzeni S. 1999. Inertial fusion fast ignitor：igniting pulse parameter window vs the penetration depth
　of the heating particles and the density of the precompressed fuel. Physics of Plasmas，6：3316.

Davies J R，Bell A R，Haines M G，et al. 1997. Short-pulse high-intensity laser-generated fast
　electron transport into thick solid targets. Physical Review E，56：7193.

Fryxell B，Olson K，Ricker P，et al. 2000，FLASH：an adaptive mesh hydrodynamics code for
　modeling astrophysical thermonuclear flashes. The Astrophysical Journal Supplement Series，131
　（1）：273-334.

Meyer-ter-Vehn J. 2011. Fast ignition of ICF targets：an overview. Plasma Physics and Controlled
　Fusion，43：A113-A125.

Wu S Z，Zhou C T，Zhu S P，et al. 2011. Relativistic kinetic model for energy deposition of intense
　laser-driven，electrons in fast ignition scenario. Physics of Plasmas，18：022703.

Xu H，Yang X H，Liu J，et al. 2019. Control of fast electron propagation in foam target by high-Z
　doping. Plasma Physics and Controlled Fusion，61：025010.

Yang X H，Borghesi M，Robinson A P L. 2012. Fast-electron self-collimation in a plasma density
　gradient. Physics of Plasmas，19：062702.

Yang X H，Zhuo H B，Ma Y Y，et al. 2015. Effects of resistive magnetic field on fast electron
　divergence measured in experiments. Plasma Physics and Controlled Fusion，57：025011.

第9章
国际核军控态势及核武器发展

9.1 世界核军控态势

核军控是核军备控制的简称。核军备就是指一个核武国家拥有的核弹头及其运载工具（陆射洲际导弹、潜射洲际导弹和战略轰炸机）的数量，控制就是指减少数量规模。世界核军控制定了很多条约，条约主要涉及四个方面的内容：①禁止使用核武器；②限制和裁减核武器规模；③限制核武器发展；④防止核武器及其技术扩散。世界上的核弹头约 90% 为美俄所拥有，这些条约大部分是美俄之间的双边条约。

禁止使用核武器的条约主要有两个：一是《禁止使用核及热核武器宣言》（1961 年 11 月签订）；二是《禁止核武器条约》（2021 年 1 月生效）。这些条约拥核国家大都没有签署。

限制和裁减核武器规模的条约总共有八个，基本是美苏（俄）两个核超级大国的双边条约。主要有 1972 年 5 月 26 日签署的《限制进攻性战略武器条约》和《限制反弹道导弹系统条约》（简称反导条约，2002 美国退出）；1979 年 6 月 18 日签署的《限制进攻性战略武器条约》；1987 年 12 月 8 日签署的《消除中程和中短程导弹条约》（简称中导条约，2018 美国退出）；1991 年 7 月 13 日签署的《削减和限制进攻性战略武器条约》（1998 到期）；1993 年 1 月 3 日签署的《进一步削减和限制进攻性战略武器条约》；2002 年 5 月 24 日签署的《削减进攻性战略武器条约（莫斯科条约）》；2010 年 4 月 13 日签署的《新削减和限制进攻性战略武器条约》（2021 年 2 月 5 日到期，随后续约 5 年）。《新削减和限制进攻性战略武器条约》是目前美俄之间唯一有效的核军控条约。

限制核武器发展和防核武器扩散的相关条约有以下六个：《禁止使用核及热

核武器宣言》(1961 年 11 月签署);《部分禁止核试验条约》(1963 年 8 月签署);《不扩散核武器条约》(1968 年 7 月签署，简称 NPT);《限制地下核试验条约》(1974 年 7 月签署);《和平利用地下核爆条约》(1976 年 5 月签署);《全面禁止核试验条约》(1996 年 9 月签署，简称 CTBT)。其中两个重要条约是 NPT 和 CTBT。

至今，美俄间签署的核军控双边条约基本到期或被废止。2002 年美国单方面率先退出《限制反弹道导弹系统条约》，2018 年美国单方面废除《消除中程和中短程导弹条约》，这两个重要军控条约的退出和废除，虽然俄罗斯是被动的一方，但也使俄美两国都去除了发展反导系统和中程核武器的一个枷锁，获得了实际的利益。美国国会至今还未正式批准《全面禁止核试验条约》。《新削减战略武器条约》由当时美国总统奥巴马和俄罗斯总统梅德韦杰夫于 2010 年签署。条约规定了 2018 年 2 月 5 日前两国要达到的战略核力量的裁减目标——实战部署的核弹头为 1550 枚，载具（包括战略导弹及战略轰炸机）总数不超过 800 枚，包括实战部署 700 枚与非实战部署 100 套，并提出了现场检查双方是否遵守合约核查监督机制。虽然美国认为《新削减战略武器条约》存在缺陷，其中未包括"短程战术核武器"和俄罗斯"新的运载系统"，俄罗斯也对条约内容有自己的不满，但在 2021 年 1 月 26 日条约到期后两国仍然无条件地续约 5 年，成为目前美俄间现存的唯一军控条约。

美俄两个核大国拥有的核弹头数目占全世界总数的约 90%。根据 2023 年瑞典国际和平研究所提供的"全球拥核国家核弹头数清单"的最新数据，美国拥有的战略核弹头总数有 5244 枚，其中在役部署的有 1670 枚，在役库存的有 1938 枚，退役待拆解的有 1536 枚；俄罗斯现有的战略核弹头总数 5889 枚，其中在役部署约 1674 枚，在役库存 2815 枚，退役待拆解 1400 枚。

"911"事件后，美国政府频繁退约毁约，突破了世界核军控条约的限制和束缚，为发展中程导弹、导弹防御系统和低当量战术核武器扫除了障碍，同时投巨资对老旧核力量进行更新换代。

9.2 美国核力量发展现状

自 1945 年美国爆炸第一颗原子弹以来，世界主要国家在核武器领域的激烈竞争就一直没有停止过。目前，世界上的核国家主要分为三类：一是国际公认的核国家，即美俄英法中五个联合国安理会常任理事国；二是拥有核武器但不被国际社会承认的国家，主要有以色列、印度、巴基斯坦和朝鲜；三是积极谋求拥有核武器的"核门槛"国家，主要有伊朗。目前，世界主要核国家仍将核武器视为维护国家安全的战略基石，正加快推进核武器的更新换代和现代化；拥有核武器国家在谋求建立"三位一体"的核威慑体系；"核门槛"国家也在积极谋求成为事实核国家。

表 9.1 和图 9.1 分别给出了 2019 年和 2021 年美国"三位一体"战略核力量规模。

表 9.1　美国战略核力量（2019）

类型/型号	数量	部署弹头数量	弹头总数量
"民兵Ⅲ型" 洲际弹道导弹（Minuteman Ⅲ）	400	400	800
"三叉戟Ⅱ型" 潜射弹道导弹（TridentⅡD5）	240 （14 艘俄亥俄级战略导弹潜艇）	约 890	1920
战略轰炸机 （B-52H、B-2A）	107 （其中 46 架 B-52H、20 架 B-2A 具备装载核武器能力）	300	850
总计	747	约 1590	3570

注：此表未包含俄美两国储存的、退役的以及等待拆卸的战略核弹头，战术核武器及核弹头，数据截至时间为 2019 年初。

美国核力量2021				
类型/名称	数量	部署年份	弹头×当量（千吨）	可用核弹头
洲际弹道导弹 LGM-30 G Minuteman III				
Mk-12A	200	1979	1–3 W78 x 335 (MIRV)	600[2]
Mk-21/SERV	200	2006[3]	1 W87 x 300	200[4]
小计	400[5]			800[6]
潜射弹道导弹 UGM-133A Trident II D5/LE 240[7]				
Mk-4A		2008[8]	1–8 W76-1 x 90 (MIRV)	1,511[9]
Mk-4A		2019	1–2 W76-2 x 8 (MIRV)[11]	25[10]
Mk-5		1990	1–8 W88 x 455 (MIRV)	384
小计	240			1,920[12]
轰炸机				
B-52H Stratofortress	87/44[13]	1961	ALCM/W80-1 x 5–150	528
B-2A Spirit	20/16	1994	B61-7 x 10–360/-11 x 400 B83-1 x low-1,200	322
小计	107/60[14]			850[15]
战略核武器小计				3,570
非战略核武器				
F-15E, F-16 DCA	n/a	1979	1–5 B61-3/-4 bombs x 0.3–170[16]	230
小计				230[17]
总储量				3,800
已部署				1,800[18]
库存				2,000
已退役				1,750
总数				5,550

图 9.1　美国战略核力量（2021）

截至 2021 年，美国现役"三位一体"战略核力量的重要组成为：陆基有 400 枚"民兵Ⅲ"洲际弹道导弹，潜基有 14 艘"俄亥俄"级战略核潜艇携带的 240 枚"三叉戟ⅡD5"潜射弹道导弹，空基有 60 架 B-52H、B-2A 等重型战略轰炸机。"民兵Ⅲ"陆基洲际弹道导弹分散部署在 3 个导弹联队所辖的 9 个导弹中队，有 450 个难以被同时摧毁的导弹发射井；14 艘"俄亥俄"级战略导弹核潜艇，每艘艇有 24 个导弹发射口，配 16 枚潜射导弹，因为难以被对手发现和追踪，构成美国最可靠的战略核威慑核心力量；60 架战略轰炸机可携带核武器并可投放炸弹与巡航导弹，有 5 个轰炸机联队所辖的 9 个轰炸机中队，分别部署在米诺特、怀特曼和沃伦 3 个空军基地。

据 2021 年 6 月的统计数据，美国拥有的战略核弹头总数 5550 枚，包括部署的 1800 枚、库存在役的 2000 枚和退役待拆解的 1750 枚。2021 年 3 月美国拜登政府亮出了美国部署的战略核弹头底牌（1357 枚）。2021 年 9 月拜登政府又亮出另一张核弹头总数的底牌——2020 年核弹头总数 3750 枚（包括部署和库存在役）。

"民兵Ⅲ"陆基洲际弹道导弹的最大射程为 13000km，发动机采用三级固体燃料，配 300kt TNT 当量的核弹头 W87/MK21 或 335kt TNT 当量的核弹头 W78/MK12A（3 枚独立核弹头）。使用寿命延长至 2030 年。2019 年进行了 3 次"民兵Ⅲ"抽检发射试验。2020 年 8 月 4 日和 2021 年 8 月 11 日又进行了二次发射试验，每枚导弹携带 3 枚训练弹头，从加州范登堡空军基地发射飞到太平洋马绍尔群岛夸贾林环礁靶场，射程达 7500km。

"俄亥俄"级战略导弹核潜艇长 170m，宽 13m，吃水深 10.8m，水面排水量 16499t，水下排水量 18450t，水面最高航速 20kn，水下最高航速 25kn，水下自持时间可达 90 天。每艘核潜艇装有"三叉戟ⅡD5"潜射导弹发射口 24 个，鱼类发射管 4 个。使用寿命延长至 2030 年。潜射战略导弹"三叉戟ⅡD5"弹长 13.42m，弹径 2.1m，重 59.1t，由美国洛克希德·马丁公司生产。其最大射程为 11000km，对攻击目标的圆概率偏差为 90m。导弹可带 8 枚 W88 核弹头（当量 475kt TNT）或 12 枚 W76 核弹头，是世界上携带分导式核弹头最多的潜射战略导弹。2019 年完成 5 枚潜射导弹发射试验，2021 年 9 月 17 日又进行了一次发射试验。

2005 年以来，美国奥巴马政府为满足威胁应对需求，致力于现存核武器的改进与升级，延长库存核武器寿命，以保持自身的绝对核优势。为此实施了"核弹头延寿项目"和"运载系统延寿与更新"两大项目，具体内容见图 9.2 和图 9.3。

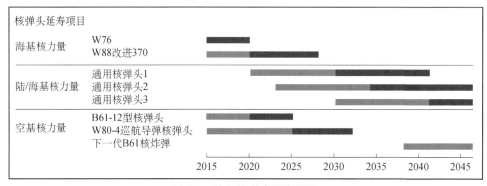

图 9.2　美国核弹头延寿项目

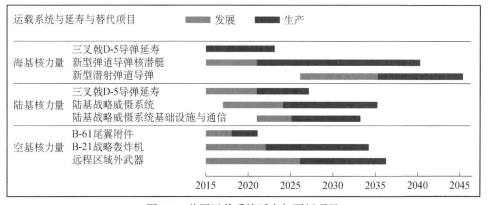

图 9.3　美国运载系统延寿与更新项目

在"核弹头延寿项目"领域，2019 年 2 月美国完成了首个 W76-2 低当量潜射导弹核弹头的生产，并在 2019 年末交付海军，装在潜射弹道导弹"三叉戟Ⅱ D5"上，替代过去部署的两类三种核弹头——W76-0（10 万 t TNT 级）、增强型 W76-1（W76-0 的升级版本，比 W76-0 低 9 万 t TNT）和 W88（45.5 万 t TNT 级）。2019 年 8 月，美国又完成了 3 次核航空炸弹 B61-12 的非核系统的飞行测试，B61-12 具有极强的地面坚固防护工事的穿透能力，可以打击敌方坚固的地下指挥所等高价值目标。

在"运载系统延寿与更新"领域，2019 年 9 月美国波音和洛克希德·马丁等公司获得了将"民兵Ⅲ"陆基洲际导弹所用的 MK21 再入器集成到"陆基战略威慑系统"合同，对 MK21 再入器进行更新，以提高其命中率。"陆基战略威慑系统"是一款新型陆基洲际导弹，正式名称为"哨兵"，准备取代"民兵Ⅲ"。2017 年美国海军开始装载升级版的潜射弹道导弹"三叉戟 Ⅱ D5 LE"（LE 代表寿命延长），该导弹配备新型 MK6 制导系统。海军的 W76-1/MK4A 弹头也在进行类似的引信升级，2019 年 4 月签署新导弹发射管建设的协议，2019 年 7 月完成新型潜射导弹发射系统测试，2019 年 8 月签署"三叉戟ⅡD5"导弹发射系统建设合同。同时，为了取代正在服役的"俄亥俄"级战略核潜艇，新一代"哥伦比亚"级战略核潜艇的设计建造工作也在顺利进行，首艘 SSBN-826 于 2021 年开工建造，计划 2027 年服役，预计造价 130 亿美元；次艘 SSBN-827 计划 2029 年服役，造价 50 亿美元。"哥伦比亚"长 171m，宽 13m，排水量 20810t，比"俄亥俄"重 2000t。动力采用 S1B 核反应堆，艇堆同寿（42 年）；每艇配备 16 枚"三叉戟ⅡD5"导弹，导弹可携带 W88 核弹头和高超声速武器；采用大孔径阵列（LAB）声呐、全电推进、消声覆盖层、X 型船尾舵，静音能力大大提升。2020年代后期计划把"俄亥俄"全部替换掉。2019 年 7 月美空军透露，正在开发一款新型战略轰炸机 B-21（别名"突袭者"），2023 年 11 月 10 日，美空军 B-21"突袭者"战略轰炸首飞成功。与现役 B-2 轰炸机的区别在于，B-21 翼展尺寸和有效载荷小了，但发动机数量增大了，隐身性能更好了，据说要比 B-2 先进两代。两款轰炸机都是同一个合同商——诺斯罗普·格鲁曼公司设计制造的。另外，美国还在开发改进型的 B61-13 核航空炸弹，该炸弹具有极强的穿地能力。美国还在设计一款新型核动力空射巡航导弹——远程防区外巡航导弹（LRSO），计划携带W80-4 低当量核弹头。W80-4 是目前空射巡航导弹使用的 W80-1 的改进型，将在 2030 年取代 AGM-86B 空射巡航导弹。

特朗普政府上台后，强调"恢复国家核力量，更新战略核武库"。2019 年 6 月起花巨资实施大规模核武器升级和核现代化十年计划，每年投资 400 亿～600 亿美元。特朗普曾说："美国必须重建核武库，美方希望永不使用核武器，但要使核武库足够强大，以吓阻侵略行为。"核武器升级和核现代化主要围绕以下重点工作开展：一是库存核武器的延寿计划；二是大规模核武器升级计划，研发和建造新一代战略核武器；三是赋予核武器新的使命，在战场上使用核武器获得主动；四是想方设法极力压制其他国家核武器的发展。

核现代化十年计划的投资重点是：①新型"陆基战略威慑 GBSD"洲际导弹"哨兵"的研制；②新一代"哥伦比亚级"战略导弹核潜艇的研发和建造；③B-21 隐身战略轰炸机（突袭者）研制；④低当量核弹头 W76-2 研制（爆炸当量只相当于 5～6kt TNT，2019 年 12 月已完成。据《防务世界》报道，2020 年 2 月美国首次在俄亥俄级战略核潜艇"田纳西"号上部署）；⑤装备低当量核弹头的海射巡航导弹 SLCM-N 和弹道导弹研制；⑥高超声速武器系统研制；⑦在夏威夷部署雷达探测和导弹防御系统（计划花费 19 亿美元）。美国国防部 2021 财年预算涵盖了以上所有项目的投资，此外还包括"三叉戟"ⅡD5 导弹延寿、远程防区外导弹及 F-35 战机的研制生产费用。值得一提的是，美国在高超声速武器系统研究方面，进行了几十年，先后研发高超声速常规打击武器、战术助推滑翔器、AGM-183A 空射快速响应武器、"驭波者"高超声速飞行器、X-43 和 X-51 高超声速无人技术验证机、HTV-2 高超声速导弹，AGM-183A 空射高超声速助推滑翔导弹。2019 年 6 月，美空军利用 B-52 轰炸机进行了"空射快速响应武器"（ARRW）项目——AGM-183A 空射高超声速助推滑翔导弹首次试验。高超声速滑翔飞行器先利用导弹的推进动力将滑翔弹头送到高空，然后推进导弹与滑翔弹头分离，滑翔弹头利用地球引力加速向地面俯冲，以突破敌人的防空系统，精确摧毁目标。至今美国尚没有高超声速武器系统型号正式服役。

2001 年"911"事件发生后，2002 年美国就决定单方面退出《反导条约》，发展国家导弹防御（national missile defence，NMD）和战区导弹防御（theater missile defense，TMD）系统；2018 年美又退出《中导条约》，发展射程在 500～5500km 的中程弹道导弹和巡航导弹，目前正寻找机会试图在亚太地区部署这些导弹，以夺取在西太平洋的制海权，实施其"西太平洋威慑战略"。2019 年 8 月美国试射了射程 500km 的常规陆基巡航导弹（可能是陆射型"战斧 4"导弹）和 1600km 的战斧巡航导弹，还测试了射程在 3000～4000km 的新型中程弹道导弹。

近年来，美国在旧"三位一体"战略核力量配置的基础上，增加了远程常规精确打击能力、导弹防御系统、先进核综合体基本建设、灵活反应能力建设四项内容，形成了新的"三位一体"战略核力量配置。其中，远程常规精确打击能力包括新型常规战术导弹、陆基弹道导弹和巡航导弹，以及高超声速武器。

2018 年特朗普政府想扭转冷战后核武器在美国国防战略中的作用逐渐减小的趋势，发布了新版的《核态势评估报告》。报告阐述了美国核武器的三大使命——即攻击敌方能承受非核打击的重要目标、对向美国发动核生化武器袭击的国家进行核反击、用核武器应付出人意料的军事突发事件。报告称，要保持对俄中的核优势，美国"必须具备充足的设计、研发及生产能力，以维护并更新其核武库"。2019 年 4 月，美国发布了《美国核威慑政策》，阐述了美国的核威慑政策与核武器的作用，规划了应对中俄的三位一体核力量形式。再次强调美从未考虑过"不首先使用核武器"的政策，原因是奉行这个政策可能会招致敌方的核攻击或被敌方胁迫。2019 年 6 月，美国又公布了《联合核作战条令》，再次明确了使用核武器的条件、组织与程序，宣称美国需在战场上使用核武器获得主动权。2020 年 4 月，美国发布《下一代军控中的美国优先事项》，提出了"下一代军控"谈判中美国的主要诉求，那就是限制俄罗斯"三位一体"的战略和非战略核武器、新型的战略核武器，同时限制中国核力量的扩张与发展。2020 年 4 月 6 日，美国国防部发布《核威慑：美国国防的基础和支撑》，聚焦维持"三位一体"核威慑力量的必要性与美国核武器的作用，强调美国将继续推进核力量的现代化，确保核力量的可靠性与核威慑的可信性，使"三位一体"核力量提供互补的能力，确保美国能够有效抵御和响应任何外部威慑。400 枚洲际弹道导弹分散部署，难以被同时摧毁，可保证潜在对手在首波打击中不可能解除美国的核武装；240 枚海基潜射导弹难以发现和追踪，是最具生存性的一支核力量，构成美国可靠的二次核反击力量；空基核轰炸机则是核力量中最为灵活的一支，在危机发生时可向对手清晰传递美国的战略意图及决心信号。

从美国公布的核武库维护与库存管理计划来看，美国绝不会停止核武器的研究，而且还正在继续改进其核武器技术，不断实施核武器现代化计划，以保证其持久可靠的核威慑力。早在 2014 年就公布了在未来 30 年维持战略核力量所需的费用，计划投入 1.2 万亿美元对现存核武器的投送系统、核战斗部、指挥、控制和通信系统进行全面改造，包括海基、陆基、空基战略和战术核武器投送平台的现代化，核弹头的更新与延寿，研制通用核弹头（各种打击平台可以互用的核爆炸组件和大量使用通用或可调整部件的非核系统的核弹头），生产低当量小型核弹头等。美国国防部在 2018 年 2 月正式发布美国核武器的现代化改造，提出发展潜射弹道导弹和新型海射巡航导弹等两种新型低当量核武器。

9.3　俄罗斯核力量发展现状

俄罗斯"三位一体"战略核力量是由陆基洲际弹道导弹（SS 系列）、潜基弹道导弹（SS-N 系列）和战略轰炸机（图-95MS 系列和图-160）及其携带的核弹头组成。战略核力量以陆基为本、海基为重。陆基核力量是俄罗斯核战略威慑的支柱。

2007 年美俄《进一步削减和限制进攻性战略武器条约》（简称 START-Ⅱ）实施，条约允许俄罗斯部署进攻性战略核弹头总数在 3000 枚和 3500 枚之间。表 9.2 列出了 START-Ⅱ实施后俄罗斯核武库规模，其中 3496 枚战略核弹头，2750 枚非战略核弹头。

表 9.2　START- Ⅱ 后俄罗斯核武库规模（2007 年）

	件数	型号	核弹头数量/枚
战略核力量			
ICBM	605 90 105	SS-25（机动） SS-25（井基） SS-19（井基）	605 90 105
SLBM/SSBN	120 112 176	SS-N-20（MIRV*6）/6 艘台风级 SS-N-23（MIRV*4）/7 艘 D-Ⅳ 级 SS-N-18（MIRV*3）/11 艘 D-Ⅲ 级	720 448 528
轰炸机	25 10 40	图-160 海盗旗 图-95 熊-H6 图-95 熊-H16	300 60 640
战略核力量总计			3496
非战略核力量总计 反弹道导弹（ABM）（应计在战略防御武器） 地对空导弹（SAM）（防空） 空对地导弹（ASM） SLCM Bomb 核炸弹 ASW 核弹（反潜武器）			2750
核力量总计			6250

注：ICBM 洲际弹道导弹，SLBM/SSBN 潜基弹道导弹/核动力弹道导弹潜艇，MIRV 独立分导多弹头，ABM 反弹道导弹，SAM 地对空导弹，ASM 空对地导弹，SLCM 海射巡航导弹，Bomb 核炸弹，ASW 反潜武器。

2010 年 4 月 13 日美俄签订《新削减和限制进攻性战略武器条约》（简称 NEW START）。NEW START 规定，截至 2018 年 9 月 1 日俄部署的弹道导弹携带的核弹头数量不得超过 1550 枚。实际上俄达到了 NEW START 规定的要求——517 个战略发射器共配备了 1420 枚弹头。表 9.3 所示为 2019 年俄罗斯现役战略核力量的规模——拥有核弹头总数约 4490 枚，其中战略核弹头约 2670 枚（约 1600 枚部署在弹道导弹和战略轰炸机基地，约 1070 枚库存），非战略核弹头 1820 枚。此外，还有约 2000 枚核弹头处在退役待拆解状态。因此，俄实际拥有的核弹头总数约 6490 枚。

表 9.3　俄罗斯战略核力量规模（2019 年）

类型/型号	数量	部署弹头数量	弹头总数量
洲际弹道导弹（RS-20V、RS-18、RS-12M、RS-12M1、RS-12M2、RS-24、RS-26、RS-28）	318	860	1165

续表

类型/型号	数量	部署弹头数量	弹头总数量
潜射弹道导弹 （RSM-50、RSM-54、RSM-56）	160 （10 艘战略导弹潜艇）	小于 720 （大约三分之一的潜艇 处于大修中）	720
战略轰炸机 （Tu-95MS、Tu-160）	68 （可能实际部署 50）	约 300	786
总计	546	约 1600	约 2670

图 9.4 所示为 2021 年俄罗斯的现役核力量（包括战略与非战略）。其中攻击性的战略核力量包括 554 个发射器（包括陆基和海射战略导弹数目和战略轰炸机数量）和 2585 枚战略核弹头，加上防御性非战略核弹头 1912 枚，共有在役核弹头总数 4497 枚（其中部署 1600 枚，在役库存 2897 枚）。截至 2021 年 6 月，若计算退役待拆解的核弹头 1760 枚，俄罗斯核弹头总数是 6257 枚。2021 年 3 月 1 日，俄透露了底牌——部署的战略核弹头数为 1456 枚，这个数目少于 NEW START 限制的 1550 枚。

陆基战略核力量是俄罗斯核威慑的支柱，据 2021 年数据，俄罗斯部署了三款主力陆基洲际弹道导弹约 310 枚，携带核弹头约 1189 枚。三款导弹的型号分别是"白杨-M"RS-12M1/2（北约称 SS-27-Mod 1，RS-12M1 为机动式，RS-12M2 为竖井式）、"亚尔斯"RS-24（北约称 SS-27-Mod2）和"萨尔马特"RS-28（北约称 SS-X-29）。"白杨-M"系单核弹头洲际导弹，采用矢量推力技术和抗核加固技术，可滑翔变轨飞行，命中精度高。"亚尔斯"可配 4 个 MIRV 核弹头，可采用机动/竖井两种平台发射，射程达 1.1 万 km。"萨尔马特"也称"撒旦"之子，射程达 1.8 万 km，一枚导弹可装配 10 枚 MIRV 核弹头，采用了诸多高新突防技术，若装上助推式高超声速滑翔飞行弹头，末端再入速度可达 20 马赫，可轻松突破美国导弹防御系统。俄罗斯早期的洲际弹道导弹型号有"撒旦"RS-20V（北约称 SS-18 M6，可配 10 个 MIRV 核弹头），"匕首"RS-18（北约称 SS-19 M3，可配 6 个 MIRV 核弹头），"白杨"RS-12M（北约称 SS-25）等。2019 年 7 月和 11 月俄分别进行了 2 次"白杨"导弹发射试验。目前俄有 3 个陆基洲际导弹军，下辖 11 个师 39 个团。3 个"亚尔斯"导弹团 2020 年开始列装，2021 年开始战斗值勤，成为陆基战略导弹的新主力。

海基战略核力量是俄罗斯核威慑的重要力量。目前俄海军共有战略导弹核潜艇 11 艘，其中"德尔塔-Ⅲ"1 艘，"德尔塔-Ⅳ"6 艘，"北风之神"4 艘，分别配备"舡鱼"、"蓝天"、"布拉瓦"三款主力潜射弹道导弹共 176 枚，核弹头 816

俄罗斯核力量2021					
类型/名称	型号	载具数目	部署年份	弹头数×当量（千吨）	弹头总
战略威慑武器					
洲际弹道导弹					
SS-18 M6 Satan	RS-20V	46	1988	10 x 500/800 (MIRV)	460
SS-19 M3 Stiletto	RS-18 (UR-100NUTTH)	0	1980	6 x 400 (MIRV)	0
SS-19 M4	? (Avangard)	4	2019	1 x HGV	4
SS-25 Sickle	RS-12M (Topol)	27	1988	1 x 800	27
SS-27 Mod 1 (mobile)	RS-12M1 (Topol-M)	18	2006	1 x 800?	18
SS-27 Mod 1 (silo)	RS-12M2 (Topol-M)	60	1997	1 x 800	60
SS-27 Mod 2 (mobile)	RS-24 (Yars)	135	2010	4 x 100? (MIRV)	540
SS-27 Mod 2 (silo)	RS-24 (Yars)	20	2014	4 x 100? (MIRV)	80
SS-X-29 (silo)	RS-28 (Sarmat)	-	(2022)	10 x 500? (MIRV)	-
小计		**310**			**1,189**
潜射弹道导弹					
SS-N-18 M1 Stingray	RSM-50	1/16	1978	3 x 50 (MIRV)	48
SS-N-23 M1	RSM-54 (Sineva)	6/96	2007	4 x 100 (MIRV)[r]	384
SS-N-32	RSM-56 (Bulava)	4/64	2014	6 x 100 (MIRV)	384
小计		**11/176**[l]			**816**
轰炸机					
Bear-H6/16	Tu-95MS6/MS16/MSM	55	1984/2015	6-16 x AS-15A ALCMs or 14 x AS-23B ALCMs	448
Blackjack	Tu-160/M	13	1987/2021	12 x AS-15B ALCMs or AS-23B ALCM, bombs	132
小计		**68**[k]			**580**
战略核武器小计		**554**[m]		**2,585**[n]	
战术核武器					
反弹道导弹/防空/岸防					
S-300/S-400 (SA-20/SA-21)		750	1992/2007	1 x low	~290
53T6 Gazelle		68	1986	1 x 10	68
SSC-1B Sepal (Redut)		8[p]	1973	1 x 350	4
SSC-5 Stooge (SS-N-26) (K-300P/3M-55)		60	2015	(1 x 10)[q]	25
地对空					
Bombers/fighters (Tu-22M3(M3M)/Su-24M/Su-34/MIG-31K)		~300	1974-2018	ASMs, ALBM, bombs	~500
陆基					
SS-26 Stone SSM (9K720, Iskander-M)		144	2005	1 x 10-100	70
SSC-7 Southpaw GLCM (R-500/9M728, Iskander-M)[s]					
SSC-8 Screwdriver GLCM (9M729)[t]		20[u]	2017	1 x 10-100	20
海军					
Submarines/surface ships/air				LACM, SLCM, ASW, SAM, DB, torpedoes	~935
战术核武器小计					**1,912**
总储量					**4,497**
已部署					1,600
库存					2,897
已退役数量					**1,760**
总数					**6,257**

图 9.4　俄罗斯现役核力量（2021 年）

MIRV 独立分导式弹头，HGV 超高速滑翔弹头，ALCM 空射巡航导弹，ASM 空对地导弹，ALBM 空射弹道导弹，SSM 地对地导弹，GLCM 陆射巡航导弹，LACM 对地攻击巡航导弹，SLCM 海射巡航导弹，ASW 反潜武器，SAM 地对空导弹，DB 钻地武器

枚。新型主力战略核潜艇是“北风之神”级（Borei）第四代核潜艇，2014 年开始服役，潜深可达 450m。俄计划在 2027 年前用“北风之神”级取代所有老旧的“德尔塔”级核潜艇。“北风之神”的动力系统采用第四代压水堆 OK-650B，换料周期长达 30 年。表面采用消声瓦大大提升了静音能力。2020 年 6 月 12 日，“北风之神”的改进型“北风之神 955A”型战略核潜艇“弗拉基米尔大公”号交付北方舰队，属第 4 艘“北风之神”级核潜艇。每艘“北风之神”配“布拉瓦”潜射导弹 RSM-56（北约代号 SS-N-32）共 16 枚，其中 1 枚“布拉瓦”导弹最多可

携带 6 个 MIRV 核弹头。"布拉瓦"潜射导弹长 12.1m，直径 2m，重量 36.8t，有效载荷 1.15t，射程 12000km，采用三级固体燃料发动机推进，可变轨飞行，M 形弹道。采用多层抗核加固，隐身性能好，命中精度 350m。2019 年 8 月进行了一次"布拉瓦"潜射导弹发射试验。在 2020 年 12 月 12 日进行的一次试验中，"北风之神 955A"在 22s 内接连发射 4 枚"布拉瓦"导弹，展示了俄罗斯可靠而强有力的核反击力量，向西方亮剑秀肌肉的意味明显。

空基战略核力量是俄罗斯核威慑力量的重要补充。目前俄罗斯拥有图-95MS（即"熊-H"）和图-160（即"海盗旗"）两款战略轰炸机共 68 架，配备核弹头 580 枚。图-95MS 可携带 6-16 枚"Kent 型"空射巡航导弹 AS-15A（Kh-55）和 14 枚 AS-23B（Kh-102）。图-160 可携带 12 枚空射巡航导弹 AS-15B 和 AS-23B，还可携带 AS-16（Kh-15）"反冲"（Kickback）短程攻击导弹和核重力炸弹。新版改进型轰炸机图-160M2 和新一代隐形战略轰炸机 PAK-DA 正在制造，PAK-DA 计划于 2028 年实现首飞。

此外，在非战略防卫性核力量中，俄罗斯还有图-22M3"逆火"超声速轰炸机，第四代攻击型核潜艇 28 艘（如"亚森"级，其中 2 艘可配备高超声速武器）。第五代"莱卡"级核潜艇也正在研制，核反应堆采用液态金属冷却剂，计划配"口径"、"锆石"高超声速巡航导弹。

2002 年以来，为应对美国频繁退约毁约、加强导弹防御力量建设、北约不断东扩、俄罗斯注重加强核武器突防能力建设与核打击能力的跃升，加快了新一代"三位一体"战略核武器研制和新质杀手锏反制力量建设的步伐，强化突防与打击能力，加紧进行核武器的研发和更新换代。普京总统在 2018 年、2019 年两次国情咨文中，提出了俄罗斯庞大的武器研制计划。

在新一代"三位一体"战略核武器研制方面，成果显著，突出代表有：①"萨尔马特"洲际弹道导弹 RS-28（北约代号 SS-X-29，也称"撒旦"之子）。"萨尔马特"长 35.5m，直径 3m，起飞重 208t，有效载荷 10t，射程 1.8 万 km（可越过南北极攻击），可配 10 枚 MIRV 核弹头（当量 90 万 t）。若搭载"先锋"高超声速滑翔弹头（滑翔+巡航），速度可达 20 马赫（7km/s）以上，可穿透美国的导弹防御系统，已在 2022 年服役。俄国防部还透露，新一代洲际弹道导弹"雪松"将在 2024 年研发，以取代现役的"亚尔斯"导弹，具有机动型和发射井两种型号。②"北风之神"级战略核潜艇。俄计划 2027 年前将"北风之神"级核潜艇数量增至 10 艘。2020 年 6 月 12 日第 4 艘交付北方舰队（型号 955A），2021 年再计划交付 2 艘。"北风之神"长 170m、宽 13m、高 10.5m，排水量 1.7 万 t，潜深 450m，航速 56km/h（30kn），布置 16 个"布拉瓦"潜射导弹发射筒。核动力采用第四代压水核反应堆 OK-650B，换料周期 30 年。表面采用消声瓦等静音技术，隐身能力大提升。机动性好，信息化程度高。③ "图-95MS" 和 "图-160" 战略轰炸机升级改造，图-95MSM（图-95MS 的改进型）配 NK-12MPM 涡桨发动机，换相控阵火控雷达、显示设备和飞控系统。旋转发射架可装 6 枚导弹，外挂导弹 10 枚。2020 年 8 月 22 日首飞，2020 年 5 架服役，服役到 2040 年。图-160M（图-160 的改进型）配 4 具 NK-32 涡扇发动机，单台推力 25t，换全新航电、无线通信和现代化武器系统。航程远（1.4 万 km），速度快（2 马赫），武器载荷大（45t），旋转发射架可装 12 枚巡航核导弹，射程远（4500km），可防区外发射。2021 年交付空天军。④新式远程隐形战略轰炸机 PAK-DA 研制。PAK-DA 直译为 "远程航空兵未来航空复合体"，目前多译为 "未来远程航空兵飞机"，内部代号 "产品 80"、"使者"，是俄罗斯空军的下一代远程战略隐身轰炸机。PAK-DA 的发动机推力与现役轰炸机比载荷大升，可续航 30h。性能比肩甚至超越美国的战略轰炸机，核常兼备，目前，PAK-DA 正处于研发的最后阶段。该第五代战略轰炸机的航程 15000km，计划 2025 年～2030 年列装，替换在役的战略轰炸机，确保俄罗斯空军未来与美国拥有相同实力甚至超越美国的战略轰炸力量。该机具有多种功能，可携带 KH-101/102 核/常巡航导弹（射程 5000km），以后将配高超声速导弹，将作为轰炸机、指挥中心和侦察机使用。PAK-DA 由俄罗斯图波列夫设计局和联合航空制造集团联合开发，俄罗斯对该机的研制处于高度保密状态。

　　高超声速战略导弹等新质作战力量的主要代表有：①带高超声速弹头的 "先锋" 导弹（Avangard）。作为未来导弹发展新方向的高超声速技术，已成为各国竞相开发的重点领域。"先锋" 导弹也叫做带高超声速滑翔飞行器（HGV）的洲际弹道导弹。2020 年 12 月 13 日俄罗斯首次向外展示这款 "先锋" 导弹，速度可达 20 马赫，是专门针对美退出《反导条约》而研制的一款突防利器，它由 SS-19M4 洲际导弹来助推，可变轨飞行，携带核常两种弹头。2018 年 12 月进行了 "先锋" 导弹国家飞行试验。2019 年 6 月完成了 "先锋" 导弹团部署，2021 年开始加入战斗值勤。目前每枚 "先锋" 导弹携带一枚高超声速滑翔飞行器 HGV，装配 1 枚核弹头。在俄罗斯的 39 个导弹团中有 1 个是 "先锋" 超声速导弹团。② "海燕" 核动力洲际战略巡航导弹。"海燕" 的代号为 9M730，北约代号 SSC-X-9，也称 "天幕坠落"。它能以亚声速在低空无限时飞行，航程无限远。发射时采用固体燃料发动机助推，巡航时采用紧凑型微小型核反应堆的核动力发动机。可携带核弹头，躲避敌方反导系统拦截，攻击地球上的任何目标。2019 年 1 月完成 "海燕" 核动力装置试验，2020 年 6 月进行了技术验证飞行测试。此前，

"海燕"至少进行过 13 次相关试验。③"波塞冬"核动力无人潜航器。"波塞冬"也称"状态-6"核动力鱼雷，长 24m，直径 3m，可水下 1000m 深潜，时速 200km（采用超空泡技术），航程不受限制，能配备核弹头。2019 年年初完成测试，并确定了 32 枚的部署计划。"波塞冬"的两艘母艇是 09852 型"别尔哥罗德"号和 09851 型"哈巴罗夫斯克"号特种核潜艇。首艘"别尔哥罗德"艇造了 27 年，于 2019 年 4 月下旬下水（艇长 184m，排水量 2.4 万 t，称为"深海巨兽"）。第二艘"哈巴罗夫斯克"艇于 2022 年也下水（艇长 113m，宽 12m，直径 10m，排水量 1 万 t，潜深 500m）。每艘艇均可搭载 6 具"波塞冬"。"波塞冬"自主性能优、突防能力强，远不能发现，近不能拦截。可携带 200 万 t TNT 当量核弹头进行超远程攻击，作战距离可达 1 万 km。爆炸产生的 300ft 巨浪，可攻击敌方海岸城市，可摧毁潜艇、航母、海军基地、海港，称为航母杀手。④"锆石"高超声速反舰导弹。"锆石"导弹采用超声速燃烧冲压发动机技术，速度可达 9 马赫，射程达 1000km；可在水面\水下\空中\陆上发射。2020 年春，"戈尔什可夫元帅"号神盾护卫舰上进行了"锆石"导弹飞行测试。这种高超声速反舰导弹可突破敌方的反导系统，对敌方航母具有巨大的攻击力，计划在第五代多目标核潜艇（如第五代"Laika"级核潜艇）以及大型反潜舰上列装。⑤"匕首"空射超声速弹道导弹、"神剑"海基巡航导弹 SS-N-30A 和国家导弹防御体系。"匕首"可由米格-31 战斗机发射，速度可达 10 马赫，射程 1500km，具有高速突防能力，携带核常兼备弹头，已在俄罗斯北方舰队海军航空兵战斗值班。

美国退出《中导条约》和《反导条约》后，俄也采取了相应的行动开发和部署中程导弹，并在超高声速导弹技术方面取得了巨大进步。"匕首"空射超声速弹道导弹、"锆石"高超声速反舰巡航导弹、"神剑"海基巡航导弹和空射巡航导弹（X-101 和 X-102）、"口径-M"巡航导弹为当下俄罗斯反击美国的 4 种主要武器。X-101、X-102 在 2018 年启动了电子战系统换装，以提高抗干扰能力。"口径-M"巡航导弹将采用新的发动机，射程将提高到 4500km，预计 2027 年前完成研制。

在常规军事力量建设与美国差距拉大的情况下，俄罗斯不再寻求与美国开展"对称式"的军备竞赛，而是将有限的经费重点保障核力量发展，保持对美战略威慑。根据《2020 年前俄罗斯联邦武装力量建设与发展构想》《2020 年前及未来俄罗斯联邦基本军事技术政策》，俄罗斯加强核力量现代化建设，完善核力量的集中作战指挥系统，以确保在任何情况下作战命令能够传达至战略运载工具；研制和部署新型陆基和海基导弹系统；改进升级现役重型战略轰炸机；为战略运载工具研发专用战斗部和高效突防装备；针对核力量存在的安全隐患和存在的问题，加强核力量安全管理和维护，不断提高核武器可靠性和安全性。在 2020 年 12 月 21 日举行的国防委员会扩大会议上，普京说：到 2020 年为止，俄核武器现代化率已超出 86%。提出了今后俄核军备的重点任务，那就是继续建设"三位一体"的战略核力量、研制非核遏制力量、高精度武器装备以及新概念武器装备（包括机器人、无人机、自控系统等人工智能武器装备）。国防部长绍伊古则总结了 2020 年取得的成绩——"三位一体"的战略核力量中的 95% 都处于战备状态；火箭军的 3 个团列装了新一代"亚尔斯"洲际战略导弹，首个"先锋"高超声速巡航导弹团进一步完善；5 架经过改装升级的图-95MSM 战略轰炸机服役；"北风之神 A"级首艇"弗拉基米尔大公号"在北方舰队服役。当年有 1.3 万大学生加入了俄军。会上部署了 2021 年的具体建设任务，核武器装备的现代化率要超出 88.3%；"亚尔斯"洲际导弹和"先锋"高超声速导弹加入战斗值勤；"萨尔马特"洲际弹道导弹做飞行试验；改装的"图-160M"战略轰炸机举行飞行试验；两艘"北风之神 A"战略核潜艇服役。

9.4 其他有核国家核力量发展现状

除了美俄两个核超级大国外，法中英等其他拥核国家的现役核武库规模都相对较小。一些新兴核国家为了自卫需要，也正在研制或部署新的核武器系统。

法国拥有海空"两位一体"的战略核力量，核力量规模一直位居世界第三。其中海基核力量占 90% 以上，主要有 4 艘"凯旋"级战略核潜艇，每艇可装备 16 枚 M51 系列潜射战略导弹（三级固体燃料导弹），而每枚导弹可携带 4～6 个分导式 TN75 和 TNO 型核弹头。目前法国部署 M51 系列潜射战略导弹共 48 枚（射程 1 万 km 左右），"阵风"战略轰炸机 50 架，核弹头总数 300 枚（冷战时期最多曾部署 540 枚核弹头）。法国空基核武器发射系统也正在换装，正在研制速度 8 马赫的超高速战略巡航导弹 ASN4G。新一代多用途"阵风"战斗机和 ASMP-A 超声速空地导弹将取代以前的系统，ASMP-A 导弹携带的新一代核弹头为 TNA。

英国是世界上第三个拥有核武器的国家，曾建立海陆空"三位一体"战略核力量。英国由于受到美国的核保护，因而奉行最低限度的核威慑战略。冷战结束后，在全面分析面临的国际安全环境和威胁后，于 1998 年决定仅保留海基战略核力量。目前，英国仅保留海基核力量，拥有"前卫"级战略核潜艇 4 艘，每艇携带 16 枚"三叉戟 II D5（LE）"潜射导弹（美国同款导弹的延寿型号）。射程在

1 万 km 左右的潜射导弹一共 48 枚（每枚可携带 1~8 枚核弹头），核弹头总数 225 枚。正在新造"继承者"级战略核潜艇，首艇估计 2028 年服役。目前英国日常只有 1 艘潜艇在海上巡航。

印度为了实现大国梦，一直在军事上追求现代化，在核力量建设上雄心勃勃。1974 年印度进行首次"和平核爆炸"，1998 年又连续进行了 5 次核试验，成为事实上的拥核国家。此后，印度积极谋求"三位一体"的战略核威慑能力，已研制出"大地"和"烈火"两种系列的陆基弹道导弹、K-X 系列的潜射弹道导弹。目前印度拥有"歼敌者"级战略核潜艇 1 艘，洲际导弹 70 枚，海基导弹 16 枚，"幻影"、"捷豹"轰炸机共 48 架，核弹头 150 枚。已部署近程、中程弹道导弹，正在研制远程和洲际弹道导弹。2012 年 4 月 19 日，"烈火-5"陆基导弹首次成功试射，射程超过 5000km。2018 年 12 月又成功试射"烈火-5"，标志着印度开始迈进拥有远程弹道导弹国家的行列。此外，印度还在研发射程超过 8000km 的"烈火-6"洲际弹道导弹，该导弹可携带 10 枚分导式多弹头。2014 年 12 月，印度首艘核潜艇"歼敌者"号进行了海试。在"烈火"系列陆基导弹基础上研发 K-4 和 K-5 潜射系列导弹，其中 K-4 的射程达 3500km。2014 年 3 月 25 日首次进行了 K-4 潜射导弹的水下浮筒试射，2019 年 11 月又再次试射。目前正在研制的 K-5 导弹射程将达到 6000km。

为应对印度的挑战，巴基斯坦继续扩大核武库和军用核材料生产。1998 年巴基斯坦公开进行核试验，成为事实上的拥核国家。巴基斯坦的核武器从完全依赖高浓铀向更多依赖更轻、更紧凑的钚弹转变，运载工具正从单一的空载核弹，向包括能携载核弹头的弹道导弹和巡航导弹发展，从液体燃料向固体燃料的中程导弹发展。2015 年 3 月 9 日，巴基斯坦成功试射一枚射程 2750km 的"沙欣-3（哈塔夫-6）"中程弹道导弹，它是巴射程最远的弹道导弹。截至 2021 年，巴基斯坦拥有核弹头 165 枚，"幻影"战斗机 36 架，导弹 154 枚，其中陆基弹道导弹（沙欣-3、纳瑟、阿巴比尔）106 枚，其余为陆基巡航导弹"巴布尔 1/2"、空射巡航导弹"雷电"、海基巡航导弹"巴布尔 3"。

以色列核力量正在由陆基向海基和潜基方向发展，继续完善其"三位一体"运载系统。目前以色列拥有 60~80 个核弹头，有约 100 枚"杰里科-1"和"杰里科-2"弹道导弹，两者都具有运载核弹头能力，前者射程约 500km，后者射程约 1500km。长期以来，以色列采取核计划模糊策略，从未公开宣称其拥有核武器，声称自己"不会是第一个将核武器引入中东地区的国家"。尽管如此，国际上普遍认为以色列早在 20 世纪 60 年代末就已成为世界上第六个能够制造核武器的国家。

朝鲜将核武器作为维护国家战略安全的核心要素，继续加强其军事核计划，夯实其对美的核遏制力，已具备一定的核武器生产能力。2003 年 1 月 10 日朝鲜宣布退出《核不扩散条约》，2006 年 10 月 9 日进行了第一次核试验。累计进行了多次核试验，最大核爆炸当量约 1 万 t TNT 左右。宁边核设施是朝鲜主要的核武器及核材料研究中心，其 5 兆瓦产钚堆可年产 6～7kg 钚，足够制造一枚核弹。目前朝鲜有射程 1.2 万 km "火星-16" 洲际弹道导弹，2019 年 10 月试射了射程 3500km 的 "北极星-4" 潜射导弹，核弹头数目不详。

伊朗已掌握生产高浓铀涉及的铀转化和铀浓缩关键技术，具备一定规模的高浓铀生产潜力，但近年内造出核武器可能性不大。2015 年 7 月 14 日，伊朗和美俄英法德中六国和欧盟就解决伊朗核问题的《联合全面行动计划》最终文本（即 "全面协议"）达成一致。"全面协议" 的达成，使和平解决长达 12 年的伊朗核问题取得实质性突破，对控制伊朗核材料生产能力，阻止伊朗达到核武器材料 "红线" 的目的，巩固国际核不扩散机制具有重要意义。遗憾的是，2017 年特朗普政府上台后就立马撕毁 "伊核协议"。美国拜登政府上台后想重返 "伊核协议"，但谈判困难重重，前景黯淡。

9.5　中国核力量和面临的形势

中国作为联合国安理会常任理事国，也是一个核大国，拥有 "三位一体" 的战略核力量投送能力和国家导弹防御能力。据公开资料，中国的陆基战略核力量有 DF5A/B/C 液体洲际弹道导弹（射程 1.3 万 km，可带 5 个分导式核弹头 MIRV）和 DF31/ DF41 固体洲际弹道导弹（射程 1.2 万 km，可带 3 个分导式核弹头 MIRV），另外还有 DF21/DF26 核常兼备的洲际弹道导弹，陆基洲际弹道导弹总数 280 枚。有海基 "巨浪 II" 潜射战略导弹 72 枚、094/094A 型战略导弹核潜艇 6 艘。有空基 "轰六" 战略轰炸机 20 架。陆海空基核弹头总数 410 枚。此外，中国还有 DF17 超高声速滑翔导弹（HGV）。在五个常任理事国中，我国的核弹头数目和运载工具数量少，目前居世界第三位。

当前，中国面临的核军控形势有以下几个特点：

（1）美俄新一轮核军备竞赛加剧，中国会被动卷入新一轮核军备竞赛。美国 2002 年退出 "反导条约" 后，2019 年 8 月又退出 "中导条约"，美俄目前唯一有效的军控条约就是《新削减战略武器条约》（简称 NEW START）。该条约 2021 年 2 月到期后续约 5 年，但两国对该条约的不满和分歧也很突出。2026 年到期后何去何从，不得而知。由于美俄两个核大国互信基础脆弱，关系紧张，核态势趋于恶化。为占得先机，取得各自核威慑力量的领先优势，都在实施核武器大规模升级计划和中导计划。新一轮核军备竞赛事实上已经全面铺开。2019 年 4 月美国发布《核威慑政策》声明，规划了应对中俄的"三位一体"核力量形式。2019 年 6 月特朗普政府实施大规模核武器升级计划，与此同时，俄罗斯也发布了《2018 年至 2027 年国家武器装备发展纲要》，计划再次提高战略火箭兵新装备的比例，开发射程 500km 的常规陆基巡航导弹，并计划于 2027 年将"北风之神"战略核潜艇数量增至 10 艘，以淘汰老旧的"德尔塔"核潜艇。英国在 2019 年发布了《英国未来的核威慑力量》白皮书，对未来核武器和平台发展进行了规划。为了应对新的核态势，中国也会被动卷入新一轮核军备竞赛。

（2）中国会被动卷入新一轮核军控谈判。未来的世界即将面临一个没有核军备控制条约约束的时代，处在新一轮核军控条约谈判的前夜。在重构新的核军控体系时，美国希望在拟定新的裁军合约时将中国纳入谈判进程，中国日益成为国际核裁军矛盾的焦点。因此，中国会被动地卷入新一轮核军控谈判。

（3）限制俄中核力量扩张是美国下一代军控的优先事项。2020 年 4 月 6 日美国发布"下一代军控中的美国优先事项"文件，文件主要从当前军控面临的挑战、美国的军控诉求、落实诉求的实施理念三个方面阐明了其对未来军控的思考，在统一美国军控界认识的基础上，通过切实有效的军控工作增进美国安全，回归并重构以安全为重点的军控共识理念。认为当前美国军控面临的主要挑战是如何限制俄中正在进行的持续核力量扩张。文件明确提出以美俄中三边军控对话、谈判甚至军备竞争为手段，希望下一代军控谈判能够：①找到继续限制俄罗斯"三位一体"战略核力量的方法；②缓解俄罗斯庞大且不断增加的非战略核武器对未来军控体系的挑战与冲击；③解决对俄罗斯不受《NEW START》条约约束的新型战略核武器的限制问题；④限制中国核力量的扩张与发展。

（4）中国对"新一轮核军控条约"谈判的态度。中国对"新一轮核军控条约"谈判的态度是，目前不会参加谈判。因为美俄两个核超级大国的核弹头数目占全球总数的 97%，应该承担特殊责任大幅度削减战略进攻性武器与核弹头。中国未来是否参加谈判，有四个前提条件：一是美俄大幅削减了战略进攻性导弹与核弹头；二是中国战略核力量大幅提升，特别是海基和空基力量补齐短板；三是中国基本建成完全自主独立的导弹防御体系；四是中国周边拥核国家都纳到谈判中来。

当前，中国面临的安全形势和军事斗争特点：

（1）美国战略上围堵和挤压中国的动作频繁。美国毁约退约，发展中程导弹和低当量核武器，潜心经营印太战略，提出"太平洋威慑倡议 PDI"，目标就是针对中国。随着《中导条约》被美俄废除，美国千方百计想在中国周边部署中程导弹，客观上恶化了中国的安全环境。美国的超声速远程战略轰炸机经常在中国东海防空识别区挑衅（2020 年 8 月 17 日），在亚太地区的海军陆战队部署"战斧"巡航导弹，2020 年在战略核潜艇田纳西"号上部署 W76-2 低当量核弹头（爆炸当量在 5000t TNT 左右），都是一系列挑衅行为。

（2）美国在中国周边捣乱陷于歇斯底里的状态。亲自插手中国南海、台湾和周边事务，企图在日本和我国台湾部署中程导弹和核武器，核扩散武装澳大利亚。近年来，南海形势风起云涌，美国对台湾问题介入程度愈加严重。为适应新的形势，美国调整了核武器发展规划和升级计划，推出了多项中导计划，甚至宣称要恢复地下核试验。针对美国发出"重启核试验"的信号，中方对此表达了严重关注。据新华社消息，2020 年 6 月 8 日，外交部发言人华春莹说："我们敦促美方切实承担起应尽的义务，恪守'暂停核试验'承诺，维护条约的宗旨和目标。我们也希望美方认真倾听国际社会的呼声，多做有助于维护国际核裁军与核不扩散体系的事，不要在破坏全球战略稳定的道路上越走越远。"

习　　题

1. 世界核军控制定了很多条约，条约主要涉及哪四个方面的内容？每个方面的代表性条约是什么？

2. 美俄之间签署了哪些核军控条约？现在仍然生效的军控条约有哪些？

3. 截至 2021 年，美国和俄罗斯的现役"三位一体"战略核力量的组成分别是什么？

4. 自奥巴马政府开始，美国核武库现代化计划的主要内容是什么？

5. 为突破美国的导弹防御系统，俄罗斯开发的几种有代表性的高超声速武器分别是什么？

6. 俄罗斯有几款世界上最先进的战略核武器？

7. 对中国的核力量建设和核对策的建议和认识。

参 考 文 献

李驰江. 2021 国际军备控制与裁军. 北京：世界知识出版社.

中国人民解放军总装备部军事训练教材编辑工作委员会. 2005. 禁核试核查技术导论. 北京：国防工业出版社.

Fiscal Year 2021-Stockpile Stewardship and Management Plan-Biennial Plan Summary. NNSA.

Kristensen H M，Korda M. 2019. French nuclear forces，2019. Bulletin of the Atomic Scientists，75，1：51-55.

Kristensen H M，Korda M. 2020. Chinese nuclear forces，2020. Bulletin of the Atomic Scientists，76，6：443-457.

Kristensen H M，Korda M. 2020. Indian nuclear forces，2020. Bulletin of the Atomic Scientists，76，4：217-225.

Kristensen H M，Korda M. 2021. Russian nuclear weapons，2021. Bulletin of the Atomic Scientists，77，2：90-108.

Kristensen H M，Korda M. 2021. United Kingdom nuclear weapons，2021. Bulletin of the Atomic Scientists，77，3：153-158.

Kristensen H M，Korda M. 2021. United States nuclear weapons，2021. Bulletin of the Atomic Scientists，77：1，43-63.

Nuclear deterrence：America's foundation and backstop for national defense. 2020. Washington D. C.：U. S. Department of Defense.

Nuclear posture review. 2018. Washington：Office of the Secretary of Defense.